UTB 3466

Eine Arbeitsgemeinschaft der Verlage

Böhlau Verlag · Wien · Köln · Weimar
Verlag Barbara Budrich · Opladen · Farmington Hills
facultas.wuv · Wien
Wilhelm Fink Verlag · München
A. Francke Verlag · Tübingen und Basel
Haupt Verlag Bern · Stuttgart · Wien
Julius Klinkhardt Verlagsbuchhandlung · Bad Heilbrunn
Mohr Siebeck · Tübingen
Nomos Verlagsgesellschaft · Baden-Baden
Orell Füssli Verlag · Zürich
Ernst Reinhardt Verlag · München · Basel
Ferdinand Schöningh Verlag · Paderborn · München · Wien · Zürich
Eugen Ulmer Verlag · Stuttgart
UVK Verlagsgesellschaft · Konstanz, mit UVK/Lucius · München
Vandenhoeck & Ruprecht · Göttingen · Oakville
vdf Hochschulverlag AG an der ETH · Zürich

Grundwissen der Ökonomik

Betriebswirtschaftslehre

Herausgegeben von
F.X. Bea · Tübingen
M. Schweitzer · Tübingen

Claudia Fantapié Altobelli
Sascha Hoffmann

Grundlagen der Marktforschung

UVK Verlagsgesellschaft mbH · Konstanz
mit UVK/Lucius · München

Bibliografische Information der Deutschen Bibliothek
Die Deutsche Bibliothek verzeichnet diese Publikation in der
Deutschen Nationalbibliografie; detaillierte bibliografische Daten sind im
Internet über <http://dnb.ddb.de> abrufbar.

ISBN 978-3-8252-3466-9

© UVK Verlagsgesellschaft mbH, Konstanz und München 2011

Einbandgestaltung: Atelier Reichert, Stuttgart
Druck und Bindung: fgb · freiburger graphische betriebe, Freiburg

UVK Verlagsgesellschaft mbH
Schützenstr. 24 · 78462 Konstanz
Tel. 07531-9053-21 · Fax 07531-9053-98
www.uvk.de

Vorwort der Herausgeber

Für Studierende und Praktiker ist es erfahrungsgemäß eine große Hilfe, wenn ihnen das Wissen eines Faches in einer knappen, systematisch aufbereiteten und leicht fasslichen Form dargeboten wird. Gleichzeitig müssen sie die Gewissheit haben, dass die Inhalte dem gegenwärtigen Erkenntnisstand entsprechen.

Diesem Ziel dienen die Uni-Taschenbücher (UTB), die wir in der Reihe „Grundwissen der Ökonomik: Betriebswirtschaftslehre" herausgeben. Die Themen der Einzeltitel sind so gewählt, dass sie den gesamten Wissensbereich der modernen Betriebswirtschaftslehre abdecken.

Als Autoren konnten Hochschullehrer gewonnen werden, die dank der Verschiedenheit von Alter, Herkunft und Wissenschaftsauffassung die Gewähr dafür bieten, dass der Charakter der Reihe von keiner bestimmten Schulrichtung geprägt, sondern ein getreues Abbild der Wissenschaftsvielfalt in der Betriebswirtschaftslehre geboten wird.

Eine Besonderheit der Reihe besteht darin, dass Bände, bei denen es sich vom Gegenstand her anbietet, durch Arbeitsbücher ergänzt werden. Diese Studienhilfen dienen vor allem der Vertiefung theoretischer Erörterungen, der Einübung von Wissen und der Anwendung des Erlernten auf praktische Fälle. Mit diesem Konzept ist zugleich die Chance verbunden, die Tätigkeit von Dozenten didaktisch und methodisch zu unterstützen und sie von Arbeiten zu befreien, deren Erledigung zwangsläufig zu Lasten vordringlicher Aufgaben ginge.

Der Leser sei abschließend auf zwei Titel der Reihe hingewiesen, die wir als Basis-Lehrangebote konzipiert haben: die dreibändige „Allgemeine Betriebswirtschaftslehre" und das neue „BWL-Lexikon". Die Allgemeine Betriebswirtschaftslehre, von einem Expertenteam verfasst, bildet die Klammer um die Einzeltitel der Reihe und bezweckt eine systematische und branchenunabhängige (allgemeine) Einführung in das Fach. Ergänzend ermöglicht das neue UTB-Lexikon mit über 2000 Stichwörtern für alle Titel der Reihe eine kurze und leicht fassliche Klärung von Einzelproblemen. Es kann als fallweise Suchhilfe oder begleitend im laufenden Lernprozess eingesetzt werden.

Tübingen, Februar 2011

F. X. Bea
M. Schweitzer

Vorwort

Das Buch *Grundlagen der Marktforschung* richtet sich vorwiegend an Studierende und Dozenten der Wirtschaftswissenschaften an Universitäten und Fachhochschulen; es bietet jedoch auch für Praktiker eine übersichtliche Einführung in die Marktforschung.

Nicht zuletzt die Einführung gestufter Studiengänge an deutschen Hochschulen erfordert eine Anpassung der bisherigen Lehrmaterialien. Gerade in den Bachelorstudiengängen steigt die Nachfrage nach kompakteren Einführungen in einzelne Themengebiete. Deshalb wurde das vorliegende Buch hinsichtlich seines Inhalts und Umfangs so konzipiert, dass es als begleitende Lektüre in Bachelorveranstaltungen zum Thema Marktforschung eingesetzt werden kann. Es basiert auf dem umfassenderen Buch *Marktforschung* (Fantapié Altobelli 2011), das allen Interessierten, wie bspw. Studierenden im Vertiefungsfach Marketing, ein noch detaillierteres Verständnis der einzelnen Marktforschungskonzepte und Analysemethoden liefert.

Angesichts der rasanten Entwicklungen auf dem Gebiet der Marktforschung ist das Verfassen eines einführenden Buches eine echte Herausforderung: Einerseits sollen die wichtigsten Verfahren und Konzepte übersichtlich dargestellt werden, andererseits muss für den interessierten Leser auch ein Ausblick auf weiterführende Methoden geboten werden. Beides haben wir versucht umzusetzen: Nach einem einleitenden ersten Teil zum allgemeinen Verständnis der Marktforschung gehen wir in Teil zwei ausführlich auf die einzelnen Elemente der Planung und Realisation von Marktforschungsvorhaben ein. Während im zweiten Teil der Schwerpunkt auf der quantitativen Marktforschung liegt, haben wir die Besonderheiten der qualitativen Marktforschung im dritten Teil gesondert dargestellt. In Teil vier erläutern wir zentrale Marktforschungsanwendungen in den Bereichen Produkt-, Werbe- und Preisforschung. Im abschließenden fünften Teil behandeln wir schließlich ausgewählte Prognoseverfahren der Marktforschung.

Bei der gesamten Darstellung haben wir auf Verständlichkeit und Nachvollziehbarkeit der Ausführungen Wert gelegt. Aus diesem Grunde wurden sämtliche dargestellten Verfahren anhand von Beispielen erläutert. Darüber hinaus haben wir die zentralen Methoden und Anwendungsgebiete durch Fallbeispiele aus der Marktforschungspraxis veranschaulicht, anhand derer die Leser Einblicke in die praktische Arbeit von Marktforschungsinstituten gewinnen können.

Um die Nutzbarkeit des Buches für die Prüfungsvorbereitung zu verbessern, haben wir für alle Kapitel Lernziele formuliert, die zum einen die Inhalte des

Kapitels in kompakter Form zusammenfassen und zum anderen als Basis für eine Lernkontrolle dienen. Abgeschlossen wird jedes Kapitel durch Wiederholungsfragen, um den eigenen Wissensstand überprüfen zu können. Zudem sind zentrale Begriffe hervorgehoben worden, um das Auffinden der relevanten Definitionen zu erleichtern.

Um den Einsatz des Buches in der Lehre zu erleichtern, stellen wir auf der Internetseite **www.grundlagen-der-marktforschung.de** zusätzliches Lehr- und Übungsmaterial zur Verfügung. Darüber hinaus befinden sich auf der Seite weiterführende Literaturhinweise sowie nützliche Links zum Thema Marktforschung.

Die Erstellung des Buches wäre ohne Unterstützung nicht möglich gewesen. Unser Dank gilt daher zunächst den zahlreichen Marktforschungsinstituten, welche stets eine große Kooperationsbereitschaft gezeigt haben. Stellvertretend seien hier GfK, Nielsen, Naether Marktforschung, Schaefer Marktforschung, TNS Infratest, Wegener Marktforschung genannt. Danken möchten wir auch dem Team des Instituts für Marketing, Frau Dipl-Kffr. Ella Jurowskaja, Herrn Dipl.-Kfm. Robert Kramer, Frau cand. rer. pol. Maike Hoffmann und Herrn cand. rer. pol. Matthias Abeling. Frau Barbara Naziri hat bei der Überarbeitung des Manuskripts wie gewohnt engagiert und zuverlässig mitgewirkt. Bedanken möchten wir uns sehr herzlich auch bei Herrn Dr. Wulf von Lucius (v. Lucius u. v. Lucius Verlagsgesellschaft) für die wie immer optimale Betreuung während der Entstehung des Buches sowie bei Herrn Walter Engstle (UVK Verlagsgesellschaft mbH).

Hamburg, im Januar 2011

Claudia Fantapié Altobelli   Sascha Hoffmann

INHALTSÜBERSICHT

INHALTSVERZEICHNIS

1. Teil: Grundlagen

Lernziele

In diesem Kapitel erfahren Sie
- welche Informationen für das Treffen von Marketingentscheidungen benötigt werden,
- welche Aufgaben die Marktforschung erfüllt,
- welche Teilschritte ein Marktforschungsprojekt umfasst,
- welche grundlegenden Forschungsansätze zur Wahl stehen,
- welche Forschungsziele jeweils verfolgt werden,
- welche methodische Ausrichtung den verschiedenen Forschungsansätzen zu Grunde liegt.

1. Der Informationsbedarf des Marketing

Rationales betriebswirtschaftliches Handeln setzt das Treffen von Entscheidungen voraus; diese wiederum erfordern die Berücksichtigung entscheidungsrelevanter Informationen. Damit wird deutlich, dass der betrieblichen Informationswirtschaft innerhalb der Unternehmensführung eine entscheidende Rolle zukommt. So muss eine rationale und zielgerichtete Unternehmensplanung systematisch von Informationsprozessen begleitet werden. Dabei werden Informationen zum einen zur Ermittlung einer Problemlücke, d. h. zur *Erkennung und Formulierung von Problemen* benötigt, zum anderen zur Bewertung und Auswahl der Handlungsalternativen i. S. einer Problemlösung. Im Rahmen des Marketing sind zahlreiche Entscheidungen sowohl auf strategischer als auch auf taktisch-operativer Ebene zu treffen. Abb. 1.1 zeigt den allgemeinen Planungs- und Entscheidungsprozess im Marketing.

Eine Informationsgewinnung über Umwelt, Märkte und Unternehmen findet zunächst im Rahmen der Situationsanalyse statt; allerdings werden Informationen auf jeder weiteren Stufe des Planungs- und Entscheidungsprozesses benötigt. Insofern wird der Marketing-Planungsprozess von einem Informationsbeschaffungspreis überlagert, da auf jeder Stufe des Planungsprozesses Teilentscheidungen zu treffen sind.

Grundsätzlich lassen sich die Informationsbereiche des Marketing in
- Umweltinformationen und
- Unternehmensinformationen
gliedern.

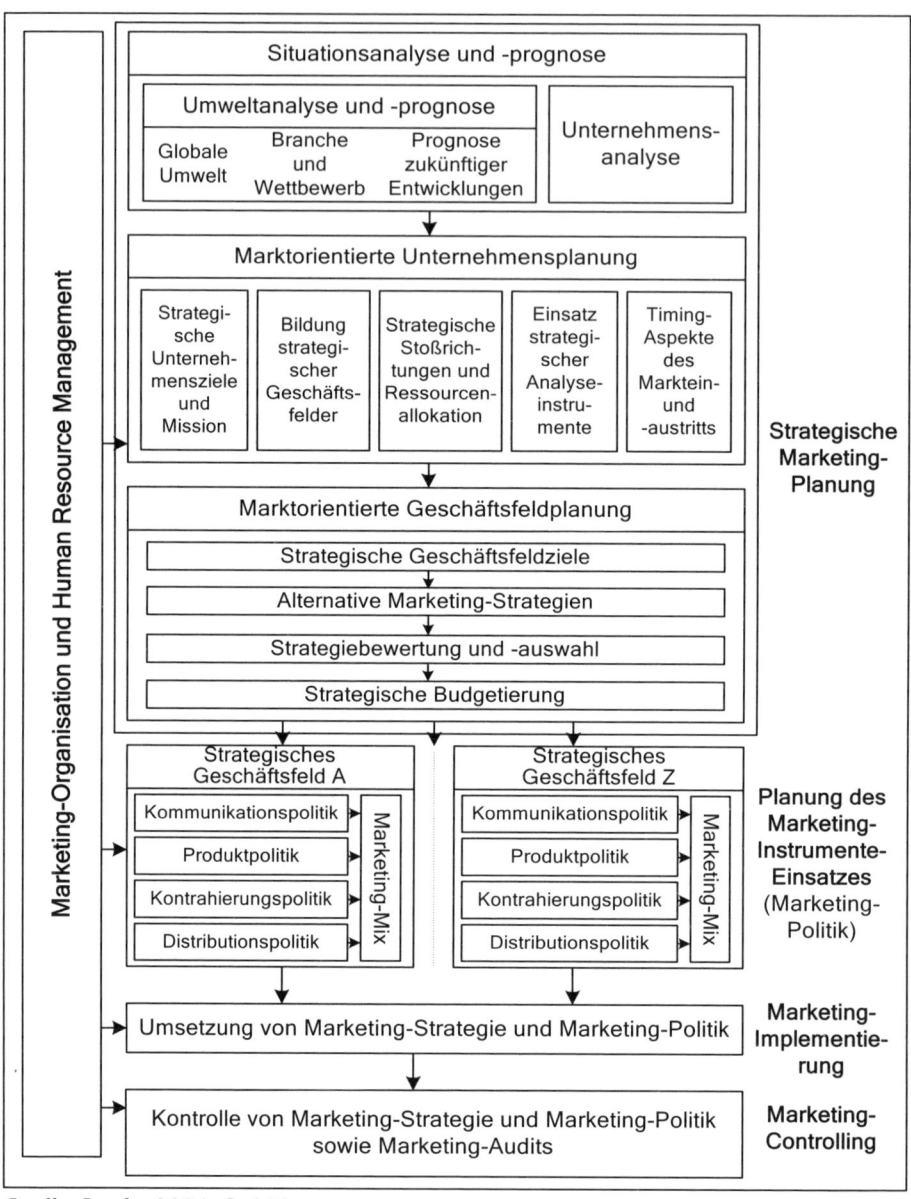

Quelle: Sander 2004, S. 290.

Abb. 1.1: Überblick über die Aufgabenbereiche des Marketingmanagement

Während *Umweltinformationen* das Umfeld beschreiben, in welchem das Unternehmen bzw. dessen Geschäftsfelder auf den einzelnen Märkten agieren, beinhalten *Unternehmensinformationen* Aussagen über die Stärken und Schwächen des

Unternehmens allgemein sowie in Bezug auf konkrete Problemstellungen. Umweltinformationen beinhalten zum einen die Rahmenbedingungen unternehmerischen Handelns (Dateninformationen), zum anderen Instrumentalinformationen, d. h. Informationen über Reaktionszusammenhänge zwischen Unternehmen und Umwelt (vgl. Abb. 1.2).

Dateninformationen	Globale Umwelt	Makroökonomische Umwelt	– Bruttosozialprodukt bzw. Bruttoinlandsprodukt – Inflationsrate – Rohstoff- und Energiepreise – ...
		Sozio-kulturelle Umwelt	– Gesellschaftliche Struktur – Demographische Entwicklung – Werte und Normen – ...
		Politisch-rechtliche Umwelt	– Gesetzgebung – Steuern und Subventionen – Politische Stabilität – ...
		Technologische Umwelt	– Technologischer Stand – Technologische Dynamik – ...
		Natürliche Umwelt	– Klima – Ressourcen – Infrastruktur – ...
	Branche und Wettbewerb	Branchenstruktur	– Marktform – Eintrittsbarrieren – Kapitalintensität – ...
		Absatzmärkte	– Wettbewerber – Distributionspartner – Endnachfrager
		Beschaffungsmärkte	– Kapitalgeber – Arbeitskräfte – Lieferanten
Instrumental-informationen	Unternehmensreaktionen auf Umweltaktivitäten	Reaktionsinformationen in Bezug auf Abnehmermaßnahmen	
		Reaktionsinformationen über Konkurrenzmaßnahmen	
	Umweltreaktionen auf Marketingaktivitäten	Informationen über Abnehmerreaktionen Informationen über Konkurrenzreaktionen Informationen über Reaktionen staatlicher Instanzen	

Quelle: In Anlehnung an Bidlingmaier 1983, S. 35.
Abb. 1.2: Umweltinformationen

Informationen über die globale Umwelt betreffen die verschiedenen ökonomischen, soziodemographischen, technologischen, politisch-rechtlichen sowie geographisch-infrastrukturellen Rahmenbedingungen und beschreiben damit die allgemeine Situation einer Volkswirtschaft. Globale Umweltdaten betreffen daher alle Unternehmen unabhängig von ihrer Branchenzugehörigkeit.

Informationen über Branche und Wettbewerb umfassen Informationen über die allgemeine Branchenstruktur sowie über die Unternehmensmärkte (Beschaffungs- und Absatzmärkte). Solche Informationen sind nur für Unternehmen bzw. Geschäftsfelder relevant, die in einer bestimmten Branche tätig sind, und können daher branchenabhängig grundverschieden sein.

Von besonderer Bedeutung für das Marketing sind Informationen über die *Abnehmer*. Dateninformationen über Abnehmer sind z. B. Informationen über die Beschaffenheit und Größe der Marktsegmente, Bedarfsintensität, Bedürfnisstruktur, Kaufkraft; Instrumentalinformationen beinhalten u. a. Aussagen über Preiselastizitäten, Präferenzen, Werbeelastizitäten.

Unternehmensinformationen beinhalten Aussagen über die Leistungs- und Führungspotenziale des Unternehmens (vgl. Bea/Haas 2005, S. 124 ff.). Leistungspotenziale ergeben sich aus den Bereichen Beschaffung, Produktion, Absatz, Personal, Kapital, Technologie; Führungspotenziale resultieren aus den Bereichen Planung und Kontrolle, Information, Organisation, Unternehmenskultur. Unternehmensinformationen dienen somit der Beurteilung der Stärken und Schwächen eines Unternehmens, wohingegen die Erhebung von Umweltinformationen die Einschätzung von Chancen und Risiken ermöglicht.

2. Charakterisierung und Arten der Marktforschung

Gegenstand der Marktforschung ist die Bereitstellung relevanter Informationen für marketingpolitische Entscheidungen. Somit kann Marktforschung folgendermaßen definiert werden:

> *Marktforschung* ist die systematische und zielgerichtete Sammlung, Aufbereitung, Auswertung und Interpretation von Informationen über Märkte und Marktbeeinflussungsmöglichkeiten als Grundlage für Marketingentscheidungen.

Gegenstand der Marktforschung sind Sachverhalte, welche Absatz- und Beschaffungsmärkte betreffen (Daten- und Instrumentalinformationen). Die Ermittlung der entscheidungsrelevanten Informationen erfolgt dabei planvoll unter Heranziehung wissenschaftlicher Methoden.

Abzugrenzen ist der Begriff der Marktforschung von der Marketingforschung: Während die Marktforschung auf die Analyse von Absatz- und Beschaffungsmärkten abzielt, befasst sich die Marketingforschung auch mit Informationen aus nichtmarktlichen Bereichen (z. B. aus der politisch-rechtlichen, technischen, soziokulturellen und natürlichen Umwelt) wie auch mit unternehmensinternen Informationen, sofern sie für Marketingentscheidungen relevant sind. Allerdings beschränkt sich die Analyse auf die Absatzmärkte, d. h. Beschaffungsmärkte werden ausgeklammert. Der Zusammenhang zwischen Marktforschung und Marketingforschung ist in Abb. 1.3 dargestellt.

Marktforschung			
Marktinformationen		Umwelt-informationen	Interne Informationen
Beschaffungsmarkt-forschung	Absatzmarkt-forschung		
	Marketingforschung		

Quelle: In Anlehnung an Pepels 1995, S. 143.
Abb. 1.3: Abgrenzung von Marktforschung und Marketingforschung

Die Ausführungen in diesem Buch fokussieren auf Methoden und Fragestellungen der *Absatzmarktforschung*, d. h. Beschaffungsmarktforschung und die übrigen Bereiche der Informationswirtschaft werden nicht näher betrachtet.

Marktforschung kann nach verschiedenen Kriterien klassifiziert werden, welche jedoch nicht immer überschneidungsfrei sind. Einen Überblick bietet Abb. 1.4; die wichtigsten Unterscheidungsmerkmale sind nachfolgend skizziert.

– Nach dem *Bezugszeitraum* wird zwischen einmaligen und mehrmaligen Erhebungen unterschieden. Während einmalige Erhebungen den Status quo zu einem bestimmten Zeitraum untersuchen (Querschnittsstudien), beschreiben mehrmalige Erhebungen Entwicklungen im Zeitablauf (Längsschnittstudien).
– Nach den untersuchten *Märkten* wird zwischen Beschaffungsmarktforschung, Absatzmarktforschung, Finanzmarktforschung sowie Arbeitsmarktforschung differenziert.
– Die Heranziehung der *Marketinginstrumente* als Klassifikationsmerkmal führt zur Unterscheidung in Produktforschung, Werbeforschung, Preisforschung und Distributionsforschung.
– Nach der *Art der Messung* unterscheidet man in qualitative und quantitative Marktforschung. Während qualitative Untersuchungen eher einen explorativen Charakter haben und nur Tendenzaussagen erlauben, zielen quantitative Untersuchungen auf die Gewinnung verallgemeinerbarer (i. S. von repräsentativen) Aussagen über die Grundgesamtheit ab.
– Nach der *räumlichen Dimension* wird zwischen nationaler und internationaler Marktforschung unterschieden.

Formen der Marktforschung	
Bezugszeitraum	• Einmalige Erhebung (Ad-hoc-Forschung, Querschnittanalysen) • Mehrmalige Erhebung (Tracking-Forschung, Längsschnittanalysen)
Untersuchte Märkte	• Beschaffungsmarktforschung • Absatzmarktforschung • Finanzmarktforschung • Arbeitsmarktforschung
Form der Informationsgewinnung	• Primärforschung • Sekundärforschung
Erhebungsmethode	• Befragung • Beobachtung
Untersuchte Marketinginstrumente	• Produktforschung • Preisforschung • Kommunikationsforschung • Vertriebsforschung
Untersuchte Marktteilnehmer	• Konsumentenforschung • Konkurrenzforschung • Absatzmittlerforschung
Methodischer Ansatz	• Quantitative Marktforschung • Qualitative Marktforschung
Träger der Marktforschung	• Betriebliche Marktforschung • Institutsmarktforschung
Ort der Messung	• Laborforschung • Feldforschung
Räumlicher Geltungsbereich	• Nationale Marktforschung • Internationale Marktforschung

Abb. 1.4: Formen der Marktforschung

3.   Ziele und Rahmenbedingungen der Marktforschung

Ziel der Marktforschung ist die zeitgerechte Bereitstellung entscheidungsrelevanter Informationen für die Entscheidungsträger unter Berücksichtigung finanzieller, personeller, zeitlicher und rechtlicher Restriktionen.

Aus dem Oberziel der Marktforschung – der Bereitstellung entscheidungsrelevanter Informationen für das Marketing-Management – lassen sich folgende *Teilaufgaben* ableiten (vgl. Pepels 1995, S. 144):

– *Innovationsfunktion:* Es sollen Chancen und Trends erkannt werden, welche die Märkte und die Umwelt bieten.

– *Frühwarnfunktion:* Risiken müssen frühzeitig erkannt werden, um notwendige Entscheidungs- und Anpassungsprozesse zu ermöglichen.

– *Intelligenzverstärkungsfunktion:* Durch Förderung der Methodenkenntnisse und des Wissens über marktrelevante Zusammenhänge soll die Willensbildung in der Unternehmensführung unterstützt werden.

– *Unsicherheitsreduktionsfunktion:* Zuverlässige Informationen erhöhen die Wahrscheinlichkeit, dass die „richtigen" Entscheidungen getroffen werden.

– *Strukturierungsfunktion:* Eine planvolle, systematische Vorgehensweise unterstützt das Verständnis und erhöht damit die Qualität und Effizienz der Marketingplanung.

– *Selektionsfunktion:* Aus der Fülle verfügbarer Informationen sollen die relevanten Sachverhalte herausgefiltert und aufbereitet werden.

– *Prognosefunktion:* Veränderungen des marketingrelevanten Umfelds können aufgezeigt und deren Auswirkungen auf das eigene Geschäft abgeschätzt werden.

Die aufgeführten Ziele und Aufgaben der Marktforschung können nur unter Berücksichtigung wesentlicher *Restriktionen* verfolgt werden. Zum einen sind *finanzielle Restriktionen* zu beachten, welche regelmäßig aus einem begrenzten Marktforschungsbudget resultieren. Zum anderen schränken *personelle Rahmenbedingungen* – etwa das Fehlen von ausreichend für die Marktforschung qualifiziertem Personal – den Handlungsspielraum der Marktforschung ein. Weiterhin sind auch *zeitliche Restriktionen* im Sinne eines begrenzten Zeitbudgets zu nennen. Von besonderer Bedeutung sind für die Marktforschung *rechtliche Restriktionen*, vor allem im Zusammenhang mit Fragen des Persönlichkeits- und Datenschutzes. Regelungen finden sich u. a. im Bundesdatenschutzgesetz (BDSG), hier insb. im Zusammenhang mit dem neuen § 30a. Derzeit wird diskutiert, ob auch das UWG auf Marktforschung (i. S. v. § 7 Abs. 2(2) UWG, „unlautere Telefonwerbung") anwendbar sei. So ist die Rechtslage im Hinblick auf die Zulässigkeit von Telefoninterviews bei kommerzieller Marktforschung nach einem umstrittenen Urteil des OLG Köln vom 12. 12. 2008, welches eine vorherige Einwilligung der Befragten fordert, noch nicht abschließend geklärt.

Weiterhin unterliegen Marktforschungsaktivitäten einer Vielzahl von Standesregeln wie z. B. dem ICC-ESOMAR Kodex, welcher eine Vielzahl von Richtlinien und Empfehlungen zu sensiblen Themen enthält (u. a. Mystery Forschung, telefonische Befragungen, Befragungen von Minderjährigen u. v. a.

m.). Einzelheiten finden sich auf der Homepage des Bundesverbands Deutscher Markt- und Sozialforscher, www.bvm.org.

Träger der Marktforschung sind zum einen Stellen bzw. Abteilungen im Unternehmen (betriebliche Marktforschung), zum anderen externe Institute (Institutsmarktforschung) und sonstige Organe wie Marktforschungsberater und Informationsbroker. Im Folgenden werden die einzelnen Träger der Marktforschung kurz charakterisiert.

4. Forschungsansätze in der Marktforschung

Forschungsansätze lassen sich in explorative, deskriptive und kausale Studien einteilen. Während *explorative Studien* die Aufgabe haben, ein aktuelles Forschungsproblem zu erkunden und zu definieren, haben *deskriptive Studien* die Beschreibung von Sachverhalten – z. B. Marktphänomene – zum Gegenstand. *Kausale Studien* zielen schließlich auf die Ermittlung von Ursache-Wirkungszusammenhängen ab; dies erlaubt auch die Erstellung von *Prognosen*. Im Folgenden wird auf die einzelnen Forschungsansätze näher eingegangen.

4.1 Explorative Studien

Ziel einer *explorativen Analyse* ist die Gewinnung erster Einsichten zu einem neuen Forschungsproblem.

Im Allgemeinen finden explorative Studien im frühen Stadium eines Forschungsvorhabens statt, wenn es noch nicht möglich ist, konkrete Hypothesen zu formulieren. Typischerweise finden explorative Analysen bei neuartigen, komplexen und schlecht strukturierten Forschungsproblemen Anwendung. Explorative Studien sind geeignet, derartige Forschungsprobleme in wohldefinierte Teilprobleme herunterzubrechen und zu präzisieren und dienen somit insb. der *Hypothesenfindung*.

Darüber hinaus ist bei einem konkreten Marketingproblem häufig eine Fülle theoretisch möglicher Erklärungen gegeben – bei einem Umsatzrückgang etwa Missmanagement des Produktmanagers, eine schwache Werbekampagne, Wandel der Kundenbedürfnisse usw. Explorative Studien können hier dazu beitragen, konkurrierende Erklärungen zu erkunden und auf der Grundlage der generierten Forschungshypothesen die vielversprechendsten zu selektieren. Insofern erlauben explorative Studien eine *Prioritätensetzung* bei der Projektauswahl (vgl. Böhler 2004, S. 37).

Weiterhin können explorative Analysen einen Beitrag zur Operationalisierung von Konstrukten leisten. Beispielsweise kann im Rahmen von Tiefeninterviews festgestellt werden, welche Dimensionen das Konstrukt „Kundenzufriedenheit" beinhaltet; diese Dimensionen können dann in der Hauptuntersuchung als latente Variablen in eine quantitative Repräsentativbefragung eingehen.

Aufgrund des zu Beginn einer Untersuchung geringen Kenntnisstands erfordern explorative Studien ein hohes Maß an Flexibilität und Kreativität seitens der Marktforscher; im Zuge des Forschungsvorhabens ist u. U. ein Wechsel der Forschungsmethode erforderlich, um sich dem veränderten Informationsstand anzupassen.

Der *methodische Ansatz* ist im Rahmen explorativer Analysen qualitativ orientiert; es wird nicht versucht, repräsentative Ergebnisse für die Grundgesamtheit zu gewinnen, sondern es wird eine kleine Gruppe von Untersuchungseinheiten möglichst umfassend und tiefgehend analysiert. In den meisten Fällen werden dabei psychologische oder soziologische Konstrukte untersucht.

Typische *Erhebungsverfahren* im Rahmen explorativer Analysen sind qualitative Befragungen (z. B. Expertenbefragungen) sowie Beobachtungen. Zudem sollten auch im Rahmen explorativer Analysen zunächst Sekundärquellen herangezogen werden, da daraus erste Einblicke in mögliche Ursachen der aktuellen Fragestellung gewonnen werden können. Besteht der aktuelle Marktforschungsanlass etwa in einem Umsatzrückgang, so dürfte sich das Forschungsproblem grundlegend unterscheiden, wenn der Marktanteil des Unternehmens (ggf. im Vergleich zum Hauptkonkurrenten) stabil, steigend oder aber ebenfalls gesunken ist.

Ein weiteres weit verbreitetes Erhebungsverfahren im Rahmen explorativer Untersuchungen ist die *Fallstudienanalyse* (vgl. Bonoma 1985; Borchard/Göttlich 2009). Hier werden ausgewählte Fälle des zu untersuchenden Sachverhalts intensiv analysiert. Durch das Herausfinden von Gemeinsamkeiten und Unterschieden können erste potenzielle Gesetzmäßigkeiten als Grundlage für die Formulierung von Forschungshypothesen festgestellt werden. Geeignete Fälle sind dabei solche,
– die Veränderungen reflektieren (z. B. im Zusammenhang mit der Einführung einer neuen Technologie),
– die Extrembeispiele darstellen (z. B. Fälle besonders erfolgreicher Unternehmen vs. Berichte spektakulärer Misserfolge) und
– welche die Abfolge von Ereignissen im Zeitablauf widerspiegeln.

Zu der Analyse ausgewählter Fälle zählt auch das haufig praktizierte *Benchmarking*. Benchmarking impliziert die Identifikation sog. Best Practice-Unternehmen; es handelt sich hierbei um Unternehmen, die bestimmte Aktivitäten im Vergleich zu anderen besonders erfolgreich durchführen (vgl. Horvàth/Herter 1992). Dabei kann es sich um Konkurrenten aus derselben Branche handeln, besonders innovative Ansatzpunkte können jedoch auch aus der Analyse branchenfremder Unternehmen ermittelt werden. Im eigenen Unternehmen lassen sich zudem beispielsweise Hinweise durch Vergleiche von erfolgreichen und weniger erfolgreichen Marketingmaßnahmen in der Vergangenheit gewinnen (Böhler 2004, S. 38); Voraussetzung hierfür ist die regelmäßige Erfassung und Aufbereitung unternehmensinterner Daten.

Im Rahmen von *Primärerhebungen* spielen bei explorativen Analysen qualitative Befragungs- und Beobachtungstechniken eine große Rolle. Gebräuchlich sind u. a. Tiefeninterviews und Gruppendiskussionen. Dadurch wird versucht, tiefere Einblicke in die Psychologie der Untersuchungseinheiten – z. B. Konsumenten – zu gewinnen. Die verschiedenen Verfahren qualitativer Marktforschung werden im 3. Teil ausführlich behandelt.

4.2 Deskriptive Studien

> Deskriptive Studien beschreiben marketingrelevante Sachverhalte. Sie überprüfen konkrete Forschungshypothesen, welche z. B. durch explorative Analysen generiert wurden.

Viele Marktforschungsvorhaben der betrieblichen Praxis sind als *deskriptive Analysen* ausgelegt. Typische *Ziele* deskriptiver Analysen sind:
- Beschreibung von Sachverhalten und Ermittlung der Häufigkeit ihres Auftretens (z. B.: „Wie viele Konsumenten gehören zu den Intensivverwendern eines Produkts, wie viele gehören zu den Normalverwendern und wie viele zu den Nichtverwendern?" „Durch welche Merkmale lassen sich Intensivverwender, Normalverwender und Nichtverwender eines Produkts charakterisieren?")
- Ermittlung des Zusammenhangs zwischen Variablen (z. B.: „Korreliert das Bildungsniveau mit der Verwendungshäufigkeit eines Produkts?")
- Vorhersage von Entwicklungen zur Identifikation eines ggf. vorhandenen Handlungsbedarfs (z. B.: „Wie wird sich nach jetzigem Kenntnisstand der Umsatz in den nächsten fünf Jahren entwickeln?")

Deskriptive Studien gehen von einem genau festgelegten Forschungsziel und einem konkret definierten Informationsbedarf aus; auf dieser Grundlage wird ein detaillierter *Marktforschungsplan* erstellt, in welchem Inhalte, Methoden, Termine, Zuständigkeiten usw. festgelegt werden. Im Gegensatz zu explorativen Studien werden weniger Flexibilität und Kreativität, sondern vielmehr Objektivität, Validität und Reliabilität der Messungen gefordert (vgl. hierzu Abschn. 2.1.3 im 2. Teil). Deskriptive Analysen erfolgen zumeist in Form repräsentativer Teilerhebungen. Der *methodische Ansatz* bei deskriptiven Studien ist quantitativ. Erhoben werden die Daten bei einer großen Anzahl von repräsentativ ausgewählten Untersuchungseinheiten; die Daten werden anschließend umfassend statistisch ausgewertet. Typische Erhebungsmethoden sind dabei die Befragung und die Beobachtung (vgl. Abschn. 1 im 2. Teil), wobei der (standardisierten) Befragung die größte Bedeutung zukommt.

Je nachdem, ob die Daten zu einem bestimmten Zeitpunkt erfasst werden oder ob sie wiederholt erhoben werden, können folgende deskriptive Forschungsanordnungen unterschieden werden:
– Querschnittanalysen und
– Längsschnittanalysen.

> Im Rahmen von *Querschnittanalysen* werden Daten erhoben, die sich auf einen bestimmten Zeitpunkt beziehen (z. B. das Image eines Unternehmens bei den relevanten Zielgruppen).

Insofern beschreiben Querschnittanalysen den Status quo der untersuchten Größen. Querschnittanalysen stellen die in der Praxis häufigste Form deskriptiver Studien dar und werden typischerweise auf der Grundlage standardisierter Fragebögen durchgeführt. Im Rahmen von Querschnittanalysen werden i. d. R. mehrere Variablen gleichzeitig erhoben; neben der isolierten Betrachtung der Häufigkeitsverteilungen der einzelnen Variablen (z. B. Kaufmenge eines Produkts) werden zumeist auch Häufigkeiten des Auftretens der Ausprägungen mehrerer Variablen gleichzeitig untersucht (z. B. Kaufmenge bei Konsumenten unterschiedlicher Altersgruppen); dies bildet die Grundlage für die Identifikation und statistische Überprüfung von Zusammenhangshypothesen.

Vorteilhaft an Querschnittanalysen ist die Möglichkeit, relevante Sachverhalte umfassend zu erfassen, mit Hilfe statistischer Methoden zu analysieren und verallgemeinerbare Ergebnisse für die Grundgesamtheit zu gewinnen (entsprechende Qualität der Messmethoden vorausgesetzt). *Nachteilig* ist zum einen die vergleichsweise oberflächliche Beschreibung der Untersuchungsobjekte; zum anderen darf die Möglichkeit umfassender statistischer Auswertungen nicht darüber hinwegtäuschen, dass häufig nur eine Scheingenauigkeit erreicht wird. Darüber hinaus sind solche Studien vergleichsweise zeit- und kostenintensiv.

> Während Querschnittanalysen primär der Beschreibung von Sachverhalten dienen, eignen sich *Längsschnittanalysen* zur Erfassung von Entwicklungen, da hier die benötigten Daten wiederholt zu verschiedenen Zeitpunkten erhoben werden.

Einen Spezialfall von Längsschnittanalysen stellen *Panelerhebungen* dar, bei welchen derselbe Personenkreis wiederholt zum selben Forschungsgegenstand befragt bzw. beobachtet wird (vgl. hierzu ausführlich Abschn. 1.4 im 2. Teil).

Längsschnittanalysen erlauben zum einen die Anwendung von Verfahren der Zeitreihenanalyse auf die einbezogenen Variablen und bilden damit die Grundlage für Prognosen. Zum anderen ermöglichen Längsschnittdaten auch die Untersuchung des Wechselverhaltens von Untersuchungseinheiten, z. B. ein Markenwechsel. Darüber hinaus können die aufgezeigten Entwicklungen zu anderen Variablen in Beziehung gesetzt werden, z. B. das Markenwahlverhalten in Abhängigkeit von bestimmten Ausprägungen von Marketingvariablen im Zeitablauf (etwa Werbekampagnen oder Preissenkungen; vgl. Malhotra 2007, S. 86 f.).

Zu beachten ist, dass deskriptive Studien zwar – neben der reinen Beschreibung von Sachverhalten – auch den Zusammenhang zwischen Variablen aufdecken können und somit auch zur Erklärung und (Wirkungs-)Prognose beitragen (z. B. Wirkungszusammenhang zwischen Preishöhe und Marktanteil); allerdings werden bei deskriptiven Studien sog. *Störgrößen* nicht explizit berücksichtigt (z. B. Marketingmaßnahmen der Konkurrenz, konjunkturelle Lage usw.), sodass die ermittelten Zusammenhänge nicht als kausal i. e. S. zu verstehen sind.

4.3 Kausale Studien

> Mit Hilfe kausaler Studien werden *Kausalhypothesen* überprüft. Kausalität bedeutet dabei, dass zwischen den untersuchten Variablen Ursache-Wirkungs-Beziehungen bestehen.

Im Gegensatz zum naturwissenschaftlichen Verständnis von Kausalität – Ursache X führt unter bestimmten Bedingungen immer und zwangsläufig zu Wirkung Y aufgrund natürlicher Gesetzmäßigkeiten – ist Kausalität im sozialwissenschaftlichen Sinne an folgende Aspekte gebunden (vgl. Churchill/Iacobucci 2005, S. 123 ff.):
- Bei der Untersuchung des Einflusses einer Variablen X auf eine Variable Y wird davon ausgegangen, dass die betrachtete erklärende Variable X *eine* der möglichen Ursachen für die Variation von Variable Y ist - jedoch zumeist nicht die einzige.
- Wird ein Einfluss von Variable X auf Variable Y festgestellt, so impliziert dies, dass eine bestimmte Ausprägung von Variable X unter bestimmten Bedingungen eine spezifische Ausprägung der Variable Y *wahrscheinlich* zur Folge hat; ein streng deterministischer Zusammenhang zwischen den betrachteten Variablen kann im Allgemeinen nicht angenommen werden.
- Dass Variable X die Ursache von Variable Y ist, kann im positiven Sinn nie *bewiesen* werden; allenfalls kann ein vermuteter Zusammenhang widerlegt werden, allerdings auch nur mit einer bestimmten Wahrscheinlichkeit (Falsifikationsprinzip).

Der *methodische Ansatz* bei kausalen Studien ist typischerweise quantitativ. Zwar wird auch im Rahmen explorativer Studien nach Ursachen für bestimmte Phänomene gesucht; die Methodik ist dort jedoch eher qualitativ orientiert, Hypothesen liegen nicht vor. Im Rahmen kausaler Studien liegen hingegen konkrete Forschungshypothesen vor, welche im Detail zu überprüfen und statistisch abzusichern sind. Von deskriptiven Analysen, welche ebenfalls in der Lage sind,

Ursache-Wirkungs-Beziehungen aufzudecken, unterscheiden sich kausale Studien durch den Versuch, Störgrößen explizit zu kontrollieren (vgl. Böhler 2004, S. 40). Darüber hinaus handelt es sich bei explorativen und deskriptiven Analysen um sog. „Ex post facto"-Forschung, d. h. bei Untersuchung der Kriteriumsvariable Y wird nachträglich und rückblickend nach möglichen Ursachen gesucht; bei kausalen Studien wird der Zusammenhang hingegen ex ante durch systematische Variation der unabhängigen Variable(n) analysiert. Kausale Studien erfolgen typischerweise mittels *Experimente*. Die einzelnen Versuchsanordnungen unterscheiden sich u. a. dadurch, in welcher Form und in welchem Ausmaß Störgrößen explizit berücksichtigt werden. Gemeinsam ist allen Experimenten, dass eine oder mehrere unabhängige Variable(n) durch den Experimentator variiert werden, wobei – im Idealfall – alle anderen Einflussfaktoren kontrolliert werden. Dies erlaubt die Isolierung der Wirkung der unabhängigen auf die abhängige(n) Variable(n). Als experimentelle Stimuli werden Marketingvariablen herangezogen; als abhängige Variablen werden üblicherweise ökonomische (z. B. Absatzmenge) oder psychologische (z. B. Markenbekanntheit) Variablen untersucht. Zu erwähnen ist, dass Experimente – genauso wie Panelerhebungen und qualitative Erhebungsverfahren – keine eigenständigen Erhebungsverfahren darstellen, da die Datenerhebung in Form von Befragungen und/oder Beobachtungen erfolgt. Experimente werden ausführlich in Abschn. 1.5 des 2. Teils dargestellt. Neben Experimenten können auch *Panelerhebungen* kausale Zusammenhänge aufdecken, sofern deren Aufbau die Anforderungen an quasi-experimentelle Anordnungen erfüllt (vgl. die Ausführungen in Abschn. 1.4 im 2. Teil).

5.   Prozess der Marktforschung

Eine fundierte Marktforschung setzt ein systematisches und planvolles Vorgehen voraus; in diesem Sinne kann die Marktforschungstätigkeit als ein Ablauf aufeinander folgender Phasen aufgefasst werden. Die einzelnen Stufen des Marktforschungsprozesses sind in Abb. 1.5 dargestellt.

Die erste Stufe des Marktforschungsprozesses bildet die *Formulierung des Forschungsproblems* und – darauf aufbauend – die Ableitung des konkreten Forschungsziels. Anstoß ist i. d. R. ein bestimmtes Marketingproblem, etwa der Verlust von Marktanteilen an den Hauptkonkurrenten für ein bestimmtes Produkt, das vom Marketingmanagement aufgedeckt und an die Marktforscher herangetragen wird. Daher sollten insbesondere in dieser Stufe Marketingmanager und Marktforscher eng zusammenarbeiten, um das vorliegende Problem abzugrenzen, zu definieren und den konkreten Informationsbedarf festzustellen. Eine exakte Formulierung und schriftliche Fixierung des Forschungsproblems sind zu empfehlen. Auf dieser Grundlage wird das konkrete Forschungsziel i. S. einer Definition und Konkretisierung der Aufgabenstellung abgeleitet.

So könnte im Falle eines Marktanteilrückgangs zu Gunsten des Hauptkonkurrenten (Marketingproblem) das Forschungsproblem beispielsweise lauten „Ermittlung der Ursachen für den Marktanteilsverlust". Daraus lässt sich z. B. folgendes Forschungsziel ableiten: „Erstellung eines Stärken-Schwächen-Profils des eigenen Produkts im Vergleich zum Konkurrenzprodukt unter Einbezug der Produktvermarktung".

Abb. 1.5: Ablauf des Marktforschungsprozesses

In der nächsten Stufe ist ein *Zeit-, Organisations- und Finanzplan* zu erstellen. In dieser Phase wird der Zeitrahmen für die Untersuchung abgesteckt; des Weiteren ist zu bestimmen, ob die Untersuchung unternehmensintern durch die betriebliche Marktforschung oder unternehmensextern durch ein Marktforschungsinstitut durchzuführen ist. Auch wird das zur Verfügung stehende Budget festgelegt.

Im Rahmen der *Planung des Untersuchungsdesigns* erfolgen die inhaltliche Planung und Konkretisierung der Erhebung. Unter einem Untersuchungsdesign versteht man die Konzeption des Forschungsvorhabens, d. h. den Rahmen, welcher der

Sammlung und Analyse der benötigten Informationen zu Grunde gelegt wird. Elemente eines Untersuchungsdesigns sind
– der grundlegende Forschungsansatz,
– die Herkunft der Daten (Informationsquellen und Erhebungsmethoden),
– die Auswahl, Operationalisierung, Messung und Skalierung der heranzuziehenden Variablen sowie
– die Auswahl der Erhebungseinheiten.

Der grundlegende *Forschungsansatz* leitet sich zunächst aus den Forschungszielen ab; dementsprechend wird unterschieden in (vgl. den vorangegangenen Abschn. 4):
– explorative Studien,
– deskriptive Studien und
– kausale Studien.

Damit zusammenhängend stellt sich auch die Frage, ob der heranzuziehende *methodische Ansatz* eher qualitativ oder eher quantitativ sein soll. *Quantitative Methoden* der Marktforschung richten sich insb. auf objektiv zahlenmäßig messbare Größen. Die Datenerhebung erfolgt im Normalfall auf der Grundlage repräsentativer Stichproben mit dem Ziel, verallgemeinbare Aussagen zu gewinnen. Typischerweise erfolgt die Datenauswertung unter Einsatz statistischer Verfahren. *Qualitative Methoden* stützen sich hingegen auf vergleichsweise kleine Fallzahlen und produzieren relativ „weiche" Daten. Auf eine Vorstrukturierung des Untersuchungsgegenstands wird zumeist verzichtet, um eine möglichst große Unvoreingenommenheit des Forschers zu gewährleisten. Die Interaktion zwischen Auskunftsperson und Forscher ist integratives Merkmal qualitativer Methoden (vgl. Kepper 2000, S. 181 f.). Angestrebt wird weniger eine (statistische) Repräsentativität; vielmehr wird versucht, charakteristische Inhalte in Bezug auf das vorliegende Forschungsproblem herauszufiltern. Die Gewinnung von Erkenntnissen erfordert im Allgemeinen eine erhebliche Interpretationsleistung seitens des Forschers (vgl. Müller 2000, S. 131).

Nach der *Herkunft der Daten* werden Forschungsdesigns danach unterschieden, ob die benötigten Informationen auf der Grundlage von Sekundärerhebungen oder Primärerhebungen beschafft werden sollen. Im Rahmen der *Sekundärforschung* werden Daten gesammelt, die bereits zu einem früheren Zeitpunkt für ähnliche oder auch andere Zwecke erhoben wurden (vgl. Abschn. 1.1 im 2. Teil), wohingegen durch *Primärforschung* originäre Daten zum spezifischen Forschungsziel erhoben werden. Als Erhebungsmethoden der Primärforschung unterscheidet man die Befragung sowie die Beobachtung. Darüber hinaus können als Sonderformen Panelerhebungen und Experimente unterschieden werden, welche Elemente einer Befragung und/oder einer Beobachtung beinhalten. Grundsätzlich wird eine Sekundäranalyse im Vorfeld eines Marktforschungsprojekts durchgeführt; im Rahmen einer Primäranalyse werden anschließend diejenigen Informationen erhoben, welche die Sekundärforschung nicht bzw. nicht in der gewünschten Qualität zu liefern vermochte.

Bei der Entscheidung zwischen Primär- und Sekundärforschung spielen Zeit-, Kosten- und Nutzenaspekte die zentrale Rolle. Eine Sekundärforschung ist in der Regel weniger zeit- und kostenintensiv als eine Primärforschung, ihr Nutzen ist häufig aber auch geringer – etwa weil die verfügbaren Daten nicht mehr aktuell sind bzw. nur ungenau zur aktuellen Fragestellung passen und unvollständig sind.

Wird eine Sekundärforschung gewählt, so sind Anforderungen an Menge und Qualität der Informationen zu formulieren sowie relevante *Datenquellen* zu identifizieren. Im Falle einer Primärforschung ist hingegen die *Erhebungsmethode* festzulegen (vgl. Kap. 1 im 2. Teil). Grundsätzlich ist die Eignung unterschiedlicher Erhebungsmethoden vom Konkretisierungsgrad des Marketingproblems und des daraus abgeleiteten Forschungsproblems abhängig (vgl. Böhler 2004, S. 30 f.). Bei schlecht strukturierten, komplexen und neuartigen Problemen eignen sich explorative Verfahren unter Anwendung einer qualitativen Marktforschung; bei klar definierten Problemen können je nach Forschungsziel deskriptive Forschungsdesigns auf der Grundlage quantitativer Erhebungsmethoden oder aber experimentelle Designs herangezogen werden. Im Rahmen des Untersuchungsdesigns ist weiterhin festzulegen, welche Merkmale bzw. Variablen in die Untersuchung einzubeziehen sind. Des Weiteren ist festzulegen, wie die Variablen zu messen und zu skalieren sind (vgl. Abschn. 2 im 2. Teil).

Grundsätzlich lassen sich die Ausprägungen der einzelnen Dimensionen von Forschungsdesigns beliebig miteinander kombinieren, einige Kombinationen sind jedoch nicht zweckmäßig oder gar unmöglich: So kann eine explorative Analyse nicht in Form eines Experiments stattfinden, da ein Experiment das Vorhandensein klar definierter Forschungshypothesen voraussetzt; andererseits sind Experimente die ideale Erhebungsmethode, um kausale Studien durchzuführen. Der Zusammenhang zwischen Forschungsansatz, Erhebungsverfahren und methodischem Ansatz ist in Abb. 1.6 dargestellt.

Neben dem Forschungsdesign ist im Rahmen einer Primärerhebung festzulegen, welche *Erhebungseinheiten* in die Untersuchung gelangen sollen. Hierfür ist zunächst die Grundgesamtheit abzugrenzen; des Weiteren ist die Grundsatzentscheidung zwischen einer Vollerhebung und einer Teilerhebung zu treffen (vgl. Abschn. 3.1 im 2. Teil). Vollerhebungen bieten sich lediglich bei einer vergleichsweise kleinen Grundgesamtheit an, wie dies gelegentlich im Industriegütermarketing vorkommen kann; im Normalfall erfolgen Primäruntersuchungen jedoch auf der Grundlage von Teilerhebungen. In diesem Falle ist darüber zu befinden, welches Verfahren der Stichprobenauswahl heranzuziehen ist (vgl. Abschn. 3.2 im 2. Teil).

Erhebungs- verfahren \\ Forschungs- ansatz	Sekundär- erhebung	Primärerhebung					
		Befragung		Beobachtung		Panel	Experi- ment
		Quali- tativ	Quan- titativ	Quali- tativ	Quan- titativ		
Explorative Studien	•	•		•			
Deskriptive Studien	•		(•)	•	(•)	•	•
Kausale Studien			(•)			(•)	•
• : zweckmäßige Kombination							

Abb. 1.6: Zusammenhang zwischen Forschungsansatz, Erhebungsverfahren und methodischem Ansatz

Liegt das Untersuchungsdesign fest, so erfolgen anschließend die Datensammlung und -auswertung, d. h. es findet die eigentliche *Durchführung der Erhebung* statt. In einem ersten Teilschritt findet die konkrete *Datenerhebung* (vgl. Abschn. 4 im 2. Teil) statt. Im Rahmen einer Sekundäranalyse werden die Daten aus den identifizierten Quellen zusammengestellt und systematisiert. Bei einer Primärerhebung wird ggf. zunächst eine Pilotstudie durchgeführt (z. B. Test des Fragebogens im Hinblick auf Eindeutigkeit, Verständlichkeit usw.); anschließend erfolgt die eigentliche Feldarbeit, d. h. die konkrete (Haupt-)Erhebung der Daten.

Die erhobenen Daten werden anschließend *aufbereitet*. Hier werden z. B. nicht auswertbare Fragebögen aussortiert, die Daten werden anschließend editiert, codiert und in den Computer eingegeben (vgl. Abschn. 5 im 2. Teil). Daran schließt sich die (statistische oder qualitative) *Datenanalyse* an. Hierzu steht eine Vielzahl an Verfahren zur Verfügung (vgl. Abschn. 6 im 2. Teil), deren Eignung und Anwendbarkeit vom Forschungsziel sowie von der Art des zu Grunde liegenden Datenmaterials abhängt.

Die Ergebnisse der Datenanalyse werden anschließend interpretiert und dokumentiert, z. B. in Form eines zusammenfassenden schriftlichen Berichts (vgl. Abschn. 7 im 2. Teil) Üblicherweise erfolgt auch eine Ergebnispräsentation durch den (die) beauftragten Marktforscher gegenüber dem Auftraggeber. Im

Rahmen einer Diskussion können Verständigungsprobleme beseitigt und Interpretationsspielräume der Ergebnisse ausgelotet werden.

In einem abschließenden Schritt erfolgt eine *Kontrolle* der Erhebung, um festzustellen, ob die Forschungsziele erfüllt wurden.

Es ist an dieser Stelle darauf hinzuweisen, dass zwischen den einzelnen Prozessstufen Rückkopplungen bestehen können, z. B. wenn im Rahmen der Datensammlung festgestellt wird, dass die Erhebungsmethode ungeeignet oder die Stichprobe nicht adäquat ist (vgl. Sander 2004, S. 142). Auch können bestimmte Teilphasen übersprungen werden, z. B. bei zeitlich wiederkehrenden Erhebungen zum gleichen Sachverhalt.

Wiederholungsfragen

1. Welche Informationsbereiche umfasst eine Situationsanalyse für Marketingentscheidungen?

2. Grenzen Sie die Begriffe „Marktforschung" und „Marketingforschung" voneinander ab.

3. Welches Ziel verfolgt die Marktforschung und welche Teilfunktionen lassen sich daraus ableiten?

4. Welche Phasen umfasst der Prozess der Marktforschung?

5. Welche Ziele werden im Rahmen explorativer Studien verfolgt? Welche Methoden kommen dabei typischerweise zum Einsatz?

6. Charakterisieren Sie Querschnitts- und Längsschnittanalysen im Rahmen deskriptiver Studien.

7. Was bedeutet Kausalität im Zusammenhang mit Marktforschungsvorhaben?

8. Welche Forschungsfragen können jeweils durch explorative, deskriptive oder kausale Studien sinnvoll bearbeitet werden? Nennen Sie hierzu Beispiele.

2. Teil: Planung und Realisierung eines Marktforschungsvorhabens

1. Wahl der Erhebungsmethode

Bei der Wahl der Erhebungsmethode findet zunächst eine grundlegende Entscheidung zwischen Sekundär- und Primärforschung statt.

> Unter einer Sekundärerhebung versteht man die Sammlung und Auswertung von Daten, die zu einem früheren Zeitpunkt, ggf. auch zu einem anderen Zweck bereits erhoben wurden.

Damit beschränkt sich die Sekundärforschung auf die Suche, Sammlung, Sichtung und Auswertung von bereits vorhandenem Datenmaterial unter dem speziellen Blickwinkel der aktuellen Fragestellung.

> Im Rahmen einer Primärerhebung werden originäre Daten zum spezifischen Untersuchungszweck erhoben.

Grundlegende Techniken der primärstatistischen Datenerhebung sind die Befragung und die Beobachtung. Daneben existieren Spezialformen von Erhebungen wie Panels und Experimente; diese stellen keine eigenständigen Verfahren der Datenerhebung dar, da auch bei Panelerhebungen und Experimenten die Daten mittels Befragung und/oder Beobachtung erhoben werden.

1.1 Sekundärforschung

> **Lernziele**
>
> In diesem Kapitel erfahren Sie
> - welche Methoden der Datenerhebung einem Marktforscher zur Verfügung stehen,
> - welche Unterschiede zwischen Sekundär- und Primärforschung bestehen,
> - welche Vorteile eine Sekundärforschung im Vergleich zu einer Primärforschung aufweist.

1.1.1 Quellen der Sekundärforschung

Quellen der Sekundärforschung können unternehmensintern und unternehmensextern sein. *Interne Quellen* der Sekundärforschung sind insb. bei der Erhebung unternehmensspezifischer Informationen heranzuziehen (vgl. Abb. 2.1). Rechnungswesen und Controlling liefern beispielsweise kontinuierliche Informationen über betriebswirtschaftliche Eckdaten (Kostenstruktur/Kostenentwicklung, Bilanzkennzahlen, Deckungsbeiträge usw.). Die Absatz- und Umsatzstatistik ermöglicht Einblicke in die Leistungstiefe eines Unternehmens, seiner Geschäftsbereiche, Märkte und Produkte. Eine weitere wichtige Quelle sind frühere (Primär-)Erhebungen des Unternehmens.

Quellen	Beispiele
Rechnungswesen und Controlling	• Kostenstruktur und -entwicklung • Deckungsbeiträge • Bilanzkennzahlen • Rentabilität/Gewinn
Absatz- und Vertriebsstatistik	• Auftragseingänge und -bestände • Außendienstberichte • Kundendienstberichte (Garantiefälle, Reklamationen, Mahnungen etc.) • Vertriebswegeerfolgskennziffern
Produktions- und Lagerstatistik	• Produktionskapazität • Kapazitätsauslastung • Lagerbestände
Frühere Primärerhebungen	• Produktanalysen • Kundenanalysen • Wettbewerbsanalysen • Imageanalysen

Abb. 2.1: Ausgewählte unternehmensinterne Quellen der Sekundärforschung

Damit diese Daten im Rahmen einer Sekundäranalyse für Marketingentscheidungen herangezogen werden können, sollten sie in entscheidungsrelevanten Untergliederungen vorliegen, z. B. nach (vgl. Böhler 2004, S. 65):
– Produkten bzw. Produktgruppen,
– Verkaufsgebieten,
– Absatzwegen,
– Kunden bzw. Kundengruppen,
– Auftragsgrößenklassen usw.

Durch die regelmäßige Erfassung und Speicherung o. g. Daten kann das Unternehmen eine *interne Datenbank* aufbauen, von der relevante Informationen jederzeit abrufbar sind.

Externe Quellen sind insb. zur Erhebung von Informationen über die globale Umwelt sowie von Brancheninformationen von Bedeutung (vgl. Abb. 2.2).

Quellen	Beispiele
Amtliche Statistik	• Statistisches Bundesamt • Statistische Landesämter • Statistische Ämter der Gemeinden • Statistisches Amt der Europäischen Gemeinschaften
Ministerien und staatliche Institutionen	• Bundes- und Landesministerien (z. B. für Wirtschaft, Finanzen, Landwirtschaft) • Öffentliche Anstalten, Ämter und Verwaltungen (z. B. Kraftfahrtbundesamt, Bundesagentur für Arbeit, Industrie- und Handelskammern) • Internationale Behörden (z. B. EU, OECD, GATT, UNCTAD) • Internationale Organisationen (z. B. IWF, Weltbank, FAO)
Wirtschaftsverbände	• Bundesverband der Deutschen Industrie (BDI) • Zentralverband Elektrotechnik und Elektronikindustrie (ZVEI) • Verband der Automobilindustrie e.V. (VDA) • Spezialverbände wie z. B. der Zentralausschuss der deutschen Werbewirtschaft (ZAW), kommunikationsverband.de etc.
Wirtschaftswissenschaftliche Institute	• IFO-Institut, München • Institut für Handelsforschung (Universität zu Köln) • Hamburger Weltwirtschaftsinstitut (HWWI) • Institut für Weltwirtschaft, Kiel • Forschungsstelle für den Handel, Berlin
Markforschungsinstitute	• GfK-Gruppe • TNS Emnid • Institut für Demoskopie Allensbach • AC Nielsen • Forsa Gesellschaft für Sozialforschung und statistische Analysen
Allgemeine Fachpublikationen	• Zeitungen und Zeitschriften • Fachbücher, Fachzeitschriften • Firmenveröffentlichungen • Bibliographien
Datenbanken	• Offline-Datenbanken • Online-Datenbanken
Internetbasierte Informationsquellen	• Online-Publikationen • Suchmaschinen (z. B. Google, Lycos) • Webkataloge (z. B. Yahoo!) • Link-Listen

Abb. 2.2: Ausgewählte unternehmensexterne Quellen der Sekundärforschung

Globale Umweltdaten (gesamtwirtschaftliche, politische, technologische Rahmendaten etc.) werden von diversen Institutionen regelmäßig erhoben und veröffentlicht. Die Publikationen der *amtlichen Statistik* (z. B. Statistisches Jahrbuch für die Bundesrepublik Deutschland, die Monatszeitschrift „Wirtschaft und Statistik" und der „Statistische Wochendienst") liefern Informationen auf gesamtdeutscher Ebene, wohingegen Informationsmaterialien der statistischen Ämter von Ländern und Gemeinden differenziertere Daten zu einzelnen Regionen bzw. Gemeinden bereitstellen. *Ministerien* und *staatliche Institutionen* veröffentlichen ebenfalls allgemeine Wirtschaftsdaten, aber auch spezifische Informationen zu bestimmten Branchen. Detaillierte Brancheninformationen erhält man darüber hinaus von *Wirtschaftsverbänden*. Neben Branchenstatistiken, Branchenberichten und Betriebsvergleichen bereiten viele Verbände Daten amtlicher und nichtamtlicher Quellen für ihre Verbandsmitglieder auf.

Wertvolle Informationen sind von *wirtschaftswissenschaftlichen Instituten* erhältlich. So befasst sich das Ifo-Institut München z. B. mit Konjunkturforschung sowie mit der Erforschung von Struktur und Entwicklung einzelner Wirtschaftszweige. Fragestellungen im Zusammenhang mit dem Handel werden am Institut für Handelsforschung (Köln) sowie an der Forschungsstelle für den Handel (Berlin) behandelt. Auch *Marktforschungsinstitute* liefern zahlreiche Sekundärmaterialien insb. in Form von Studien und Forschungsberichten zu speziellen Fragestellungen wie auch Paneldaten. Eine wichtige Quelle für Wettbewerbsinformationen liefern auch *Unternehmensveröffentlichungen*, wie z. B. Imagebroschüren, Kataloge, Geschäftsberichte. Unternehmensdaten können häufig über deren Websites abgerufen werden.

Eine immense Bedeutung für die Beschaffung sekundärstatistischer Daten kommt *Datenbanken* zu. Durch sie werden Recherchen zum einen erheblich beschleunigt, zum anderen bieten Datenbanken enorme Vorteile im Hinblick auf Aktualität, Quantität und Qualität der verfügbaren Informationen. Datenbanken können sowohl offline auf Datenträgern als auch online verfügbar sein. Zu den Betreibern von *Online-Datenbanken* zählen (vgl. Berndt/Fantapié Altobelli/Sander 2010, S. 63 f.):

– *Professionelle Informationsdienste:* Als ein wichtiger kommerzieller Anbieter in Deutschland ist GENIOS (www.genios.de) zu nennen, welcher der Zugriff auf über 600 verschiedene Datenbanken ermöglicht. Weitere wichtige Datenbanken sind Dialog Information Services (www.dialog.com), Lexis-Nexis (www.lexisnexis.com) oder Questel (www.questel.orbit.com).
– *Amtliche bzw. halbamtliche Institutionen:* Dazu gehören z. B. Datenbanken des Statistischen Bundesamtes (www.destatis.de) oder der Industrie- und Han-

delskammern (www.ihk.de), welche eine Vielzahl teilweise gebührenpflichtiger Informationen bereithalten.

– *Internationale Organisationen:* Datenbanken internationaler Organisationen stellen eine Fülle an Daten zu verschiedenen Ländern bzw. Ländergruppen zur Verfügung. Beispiele sind die Weltbank (www.worldbank.org), die OECD (www.oecd.org) oder die Welthandelsorganisation (www.wto.org.)

– *Marktforschungsinstitute:* Den Unternehmen stehen auch Datenbanken von Marktforschungsinstituten, wie z. B. Nielsen (www.nielsen.com), GfK (www.gfk.de), Emnid (www.emnid.de) sowie TNS Infratest (www.tns-infratest.com), zur Verfügung.

Weitere internetbasierte Quellen der Sekundärforschung sind Suchmaschinen (z. B. Google), Webkataloge (z. B. Yahoo!) sowie Link-Listen. Einen umfassenden Überblick über sekundärstatistische Informationsquellen im Internet liefert Doeblin 2007.

1.1.2   Beurteilung der Sekundärforschung

Wesentliche *Vorteile* der sekundärstatistischen Datengewinnung liegen in der Schnelligkeit und Kostengünstigkeit der Informationsbeschaffung. Selbst kommerzielle Daten von Marktforschungsinstituten verursachen nur einen Bruchteil der Kosten, welche einem Unternehmen entstehen würden, würde es eine entsprechende Studie selbst durchführen oder in Auftrag geben. Auch sind Sekundärquellen für bestimmte Bereiche (z. B. Bevölkerungsstatistik, volkswirtschaftliche Gesamtrechnungen) häufig die einzige verfügbare Quelle.

Weiterhin kann Sekundärforschung die Primärforschung unterstützen: zum einen dadurch, dass sie Forschungslücken aufzeigt, die durch Primäranalysen geschlossen werden müssen, zum anderen dadurch, dass sie die Auswertung und Interpretation von Primärdaten erleichtern kann. Des Weiteren ist Primärforschung hilfreich, um erste Einblicke in die relevante Fragestellung zu liefern.

Nichtsdestotrotz ist Sekundärforschung mit einer Reihe von *Nachteilen* behaftet (vgl. Berekoven/Eckert/Ellenrieder 2009, S. 47 ff). So sind entscheidungsrelevante Daten zu bestimmten Fragestellungen häufig gar nicht verfügbar, oder aber – da sie nicht problemspezifisch erhoben wurden – entsprechen sie nicht exakt der eigentlichen Fragestellung. Ein weiteres Problem liegt in der häufig mangelhaften Aktualität der Daten; dieses Problem ist umso gravierender, je dynamischer die Entwicklung der relevanten Variablen ist.

Häufig ist die Gliederungssystematik der Sekundärdaten nicht geeignet – etwa weil das Aggregationsniveau der Informationen zu grob ist. Bei bestimmten Quellen sind zudem die Objektivität, Validität und Reliabilität der Daten zu hinterfragen, insb. dann, wenn die Daten zu bestimmten – z. B. politischen – Zwecken erhoben wurden, oder keine Möglichkeit besteht, Einblicke in das methodische Vorgehen bei der Erstellung des Datenmaterials zu gewinnen.

Darüber hinaus sind Daten aus verschiedenen Quellen oft nicht vergleichbar. So sind definitorische Abgrenzungen häufig unterschiedlich (z. B. „Mittelständische Unternehmen", „Intensivverwender"), unterschiedliche Forschungsdesigns führen zu abweichenden Ergebnissen usw. Schließlich ist bei Sekundärinformationen häufig keine Exklusivität gewährleistet, wenn grundsätzlich jeder Interessent Zugang zu den Informationen hat. Abb. 2.3 zeigt zusammenfassend die Vor- und Nachteile der Sekundärforschung.

Trotz der erwähnten Nachteile sollten bei einem konkreten betrieblichen Informationsbedarf zunächst die verfügbaren Quellen der Sekundärforschung ausgeschöpft werden; kann der Informationsbedarf nicht befriedigt werden, so ist ggf. eine primärstatistische Erhebung durchzuführen.

Vorteile	Nachteile
• Schnelligkeit • Kostengünstigkeit • u. U. einzige verfügbare Datenquelle • Unterstützung der Primärforschung • liefert erste Einblicke in die relevante Fragestellung	• mangelnde Verfügbarkeit relevanter Informationen • mangelnde Entsprechung mit dem zu untersuchenden Sachverhalt • mangelhafte Aktualität • ungeeignete Gliederungssystematik • mangelnde Objektivität, Reliabilität und Validität der Daten • mangelnde Vergleichbarkeit • Exklusivität nicht gewährleistet

Abb. 2.3: Vor- und Nachteile der Sekundärforschung

Wiederholungsfragen

1. Grenzen Sie die Begriffe „Primärforschung" und „Sekundärforschung" voneinander ab.

2. Warum sollte eine Sekundärforschung stets vor einer Primärforschung durchgeführt werden?

3. Welche Vor- und Nachteile weist die Sekundärforschung im Vergleich zur Primärforschung auf?

1.2 Befragung

Lernziele

In diesem Kapitel erfahren Sie
- in welcher Weise Befragungen in der Marktforschung gestaltet und eingesetzt werden können,
- welche Merkmale qualitative und quantitative Befragungen unterscheiden,
- welche verschiedenen Formen von Befragungen für bestimmte Fragestellungen geeignet sind.

Nach Bearbeitung dieses Kapitels sind Sie in der Lage,
- die einzelnen Befragungsmethoden zu beschreiben,
- die wesentlichen Vor- und Nachteile der verschiedenen Befragungsmethoden zu erläutern,
- einen Fragebogen zu entwickeln.

1.2.1 Klassifikation und Charakterisierung von Befragungsmethoden

Eine Befragung beruht darauf, dass die Testpersonen selbst Auskünfte über den Befragungsgegenstand geben.

Befragungen sind die häufigste Erhebungsart der Primärforschung. Es existieren sehr unterschiedliche Befragungsarten, welche nach zahlreichen Kriterien klassifiziert werden können (vgl. Abb. 2.4).

Nach dem Kriterium *„Art der Kommunikation"* kann zwischen schriftlicher, persönlicher, telefonischer und Onlinebefragung unterschieden werden. Neuere Ansätze bestehen darüber hinaus im Rahmen mobiler Marktforschung. Im Rahmen einer *schriftlichen* Befragung werden die Fragen den Auskunftspersonen schriftlich vorgelegt und von diesen schriftlich beantwortet. Bei einer *persönlichen (Face-to-face-)Befragung* wird hingegen ein Interviewer eingesetzt, d. h. die Äußerungen der Probanden werden im Wege persönlicher Kommunikation erfasst. Die Fragen werden mündlich gestellt und mündlich beantwortet. Im Rahmen einer *telefonischen Befragung* werden entweder Interviewer eingesetzt oder aber Tonbandstimmen. Bei einer *Onlinebefragung* handelt es sich um eine Form der unpersönlichen Kommunikation, bei welcher der Befragte den Fragebogen direkt am Computer im Online-Betrieb beantwortet. *Mobile Befragungen* umfassen schließlich neben der „klassischen" Telefonbefragung insb. sog. Non-Voice-Methoden wie z. B. die SMS-Befragung.

Kriterium	Formen
Art der Kommunikation	– Schriftliche Befragung – Persönliche Befragung – Telefonische Befragung – Onlinebefragung – Mobile Befragung
Standardisierungsgrad der Fragen	– Standardisierte Befragung – Nichtstandardisierte Befragung
Anzahl der Teilnehmer	– Einzelbefragung – Gruppenbefragung
Häufigkeit der Befragung	– Einmalige Befragung – Mehrmalige Befragung
Befragungsgegenstand	– Einthemenbefragung – Mehrthemenbefragung
Methodischer Ansatz	– Quantitative Befragung – Qualitative Befragung

Abb. 2.4: Typologie von Befragungen

Nach dem Kriterium „*Standardisierungsgrad der Fragen*" unterscheidet man zwischen der standardisierten und der nichtstandardisierten, freien Befragung. Im Rahmen einer *standardisierten Befragung* werden die Fragen vorab festgelegt und sämtlichen Auskunftspersonen mit dem gleichen Wortlaut und in derselben Reihenfolge gestellt. Standardisierte Befragungen finden typischerweise bei deskriptiven Studien statt. Im Rahmen einer *nichtstandardisierten Befragung* erhält der Interviewer lediglich einen Leitfaden; Ablauf und Fragenwortlaut werden nach freiem Ermessen des Interviewers in Abhängigkeit von der konkreten Befragungssituation fallweise bestimmt. Während standardisierte Befragungen Vorteile im Hinblick auf die Vergleichbarkeit und Auswertbarkeit der Antworten haben, bieten freie Befragungen bessere Anpassungsmöglichkeiten an individuelle Situationen und sind somit für explorative Studien besonders geeignet; allerdings erfordern sie einen gut geschulten Interviewerstab und bergen darüber hinaus die Gefahr von Verzerrungen aufgrund des hohen Interviewereinflusses.

Nach dem Merkmal „*Anzahl der Teilnehmer*" an einer Befragung kann zwischen Einzel- und Gruppenbefragungen unterschieden werden. Während bei einer *Einzelbefragung* jeweils nur eine Untersuchungseinheit (z. B. Einzelpersonen, Haushalt) befragt wird, werden bei *Gruppenbefragungen* mehrere Untersuchungseinheiten gleichzeitig interviewt. Das Einzelinterview stellt den Standardfall bei deskriptiven Studien dar, wohingegen Gruppeninterviews sehr häufig im Rahmen explorativer Studien eingesetzt werden. Durch Effekte der Gruppendynamik erhofft man sich u. a. den Abbau von Antworthemmungen sowie die Auslösung spontaner Reaktionen und Assoziationen.

Im Hinblick auf das Kriterium *„Häufigkeit der Befragung"* lassen sich einmalige und mehrmalige Befragungen unterscheiden. Einmalige Befragungen erfolgen im Rahmen von Querschnittanalysen, wohingegen Längsschnittanalysen mehrmalige Befragungen zum selben Untersuchungsgegenstand erfordern. Eine Sonderform mehrmaliger Befragungen stellen Panelbefragungen dar (zu Panelbefragungen vgl. ausführlich Abschn. 1.4 in diesem Teil).

Nach dem Kriterium *„Befragungsgegenstand"* lassen sich Einthemen- und Mehrthemenbefragungen unterscheiden. Eine *Einthemenbefragung* erfolgt zu einem einzigen Befragungsgegenstand; hingegen werden die Auskunftspersonen bei einer *Mehrthemenbefragung* (Omnibusbefragung) zu unterschiedlichen Erhebungsgegenständen befragt. Eine Omnibusbefragung wird meist im Auftrag mehrerer Auftraggeber durchgeführt, weswegen die auf das einzelne Unternehmen entfallenden Kosten relativ gering sind, die Anzahl der Fragen pro Thema gleichzeitig jedoch eingeschränkt ist. Zudem muss bei Omnibusbefragungen auf eine Zielgruppenkongruenz sowie auf Überschneidungsfreiheit der einzelnen Befragungsthemen geachtet werden.

Nach dem *methodischen Ansatz* werden schließlich quantitative und qualitative Befragungstechniken unterschieden werden. *Quantitative Befragungsmethoden* werden bei deskriptiven und im Rahmen von Experimenten bei kausalen Studien mit dem Ziel eingesetzt, eine Vielzahl statistisch auswertbarer Daten zu erhalten. Dadurch wird es möglich, die Ergebnisse aus einer Stichprobe auf die interessierende Grundgesamtheit zu übertragen. Eine quantitative Befragung erfolgt immer auf der Grundlage eines standardisierten Fragebogens im Wege einer Einzelbefragung (z. B. einzelne Personen, einzelne Haushalte). Sie kann ein- oder mehrmalig erfolgen und ein oder mehrere Erhebungsgegenstände umfassen. Grundsätzlich können quantitative Befragungen schriftlich, persönlich, telefonisch (Festnetz oder mobil) oder online erfolgen. *Qualitative Befragungstechniken* zielen hingegen auf die Erkundung psychologischer oder soziologischer Phänomene bei einer kleinen Gruppe von Probanden ab. Sie finden insb. bei explorativen Studien Anwendung.

Abb. 2.5 zeigt die gängigen Befragungsmethoden im Überblick. Der Schwerpunkt liegt hier auf klassischen quantitativen Befragungsmethoden. Die Besonderheiten qualitativer Befragungsmethoden werden ausführlich im 3. Teil des Buches beschrieben.

Schriftliche Befragung

Im Rahmen einer schriftlichen Befragung erfolgt die Kommunikation zwischen Befrager und Befragtem ausschließlich unpersönlich über einen Fragebogen. Der Fragebogen kann postalisch zugestellt, zugefaxt, ausgelegt (z. B. in Wartezimmern) oder aber in Printerzeugnissen (z. B. Zeitungen, Zeitschriften, Katalogen) beigelegt werden. Nach dem Ausfüllen werden die Fragebögen vom Probanden zurückgeschickt bzw. vom Marktforscher eingesammelt. Zunehmend werden Fragebögen in elektronisch lesbarer Form versendet, z. B. als E-Mail oder als elektronisches Formular; dies erleichtert die Dateneingabe in den Computer bzw. sie erfolgt wie auch die Datenübermittlung an das Marktforschungsinstitut automatisch. Insgesamt spielen konventionelle schriftliche Befragungen mittlerweile nur noch eine untergeordnete Rolle (6 % der Interviews im Jahr 2008), da sie gerade in den letzten Jahren weitgehend durch Onlinebefragungen substituiert wurden.

Schriftliche Befragung	• Konventionell • Telefax • E-Mail • Elektronische Formulare
Persönliche Befragung	• Konventionell • Computer Assisted Personal Interview (CAPI)
Telefonische Befragung	• Konventionell • Computer Assisted Telephone Interview (CATI) • Telefonische Computerbefragung
Onlinebefragung	• WWW-Befragung • Interaktives Fernsehen • Online-Kiosksystem
Mobile Befragung	• Mobile CATI • Selbstadministrierte Befragung

Abb. 2.5: Befragungsmethoden bei quantitativen Erhebungen

Vorteilhaft an einer schriftlichen Befragung sind die vergleichsweise geringen *Kosten pro Erhebungsfall*, da keine Interviewer eingesetzt werden müssen. Darüber hinaus sind räumliche Entfernungen unerheblich. Ein weiterer Vorteil liegt darin, dass *Verzerrungen aufgrund der Interviewsituation* weitgehend entfallen, da aufgrund der unpersönlichen Kommunikationsform keine Beeinflussungsmöglichkeit seitens des Interviewers gegeben ist. Allerdings steht diesen Vorteilen eine ganze Reihe von Nachteilen gegenüber.

Ein erstes typisches Problem schriftlicher Umfragen ist die *Repräsentanz.* Zwar werden standardisierte schriftliche Befragungen i. d. R. bei einer repräsentativ ausgewählten Stichprobe durchgeführt; da die Fragebögen jedoch im Allgemeinen versendet werden, müssen die Adressen der Auskunftspersonen bekannt sein. Postalische Adressen lassen sich relativ einfach ermitteln (z. B. Kundendatenbanken, Telefonverzeichnisse, Adresslisten von Adressenverlagen); allerdings sind solche Adresslisten häufig nicht auf dem neuesten Stand, oder aber sie erfassen die Grundgesamtheit nicht vollständig. Bei Telefax- und E-Mail-Befragungen verschärft sich das Problem dadurch, dass Verzeichnisse von Telefax-Anschlüssen und E-Mail-Adressen nicht weit verbreitet sind. Zudem ist bei den beiden letztgenannten Formen die Grundgesamtheit auf Besitzer eines Telefax- bzw. Internet-Anschlusses beschränkt. Die Repräsentanz schriftlicher Umfragen wird zusätzlich durch eine vergleichsweise geringe Rücklaufquote beeinträchtigt, welche oftmals nicht mehr als 5 bis 10 % beträgt. Bei der Gestaltung eines Fragebogens ist daher äußerste Sorgfalt anzuwenden, um die Befragten zur Beantwortung und Rücksendung des Fragebogens zu motivieren (vgl. hierzu Abschn. 1.1.2 in diesem Teil). Auch empfehlen sich Nachfassaktionen, um die Rücklaufquote zu steigern.

Der *Zeitbedarf* pro Erhebungsfall ist bei einer schriftlichen Befragung höher als bei einer telefonischen oder einer Onlinebefragung, jedoch niedriger als bei einer persönlichen Befragung. Zeitverzögerungen ergeben sich insb. bei notwendig werdenden Nachfassaktionen.

Aufgrund der unpersönlichen Befragungssituation unterliegen schriftliche Befragungen Grenzen im Hinblick auf *Fragebogenumfang, Art* und *Thematik* der Fragen. So sollte der Fragebogen möglichst kurz sein, die Bearbeitungszeit sollte 20 Minuten nicht überschreiten. Auch sollten „heikle" Fragen vermieden werden, da sie Antwortverweigerungen herbeiführen. Problematisch ist auch die Tatsache, dass aufgrund der fehlenden Interaktion Verständnisprobleme auftreten können. Eine standardisierte schriftliche Befragung weist aufgrund ihrer Zielsetzung und grundlegenden Konzeption zudem nur eine geringe *Flexibilität* aus.

Ein weiterer Nachteil schriftlicher Befragungen liegt in der *Unkontrollierbarkeit* der Befragungssituation. Es ist nicht gewährleistet, dass die Auskunftsperson den Fragebogen auch selbst ausfüllt; darüber hinaus kann die Reihenfolge der Fragenbeantwortung nicht gesteuert werden. Auch ist nicht zu verhindern, dass die Auskunftsperson den Fragebogen zunächst vollständig durchliest und durch Vor- und Zurückblättern ihre Antworten aufeinander abstimmt (vgl. Berekoven/Eckert/Ellenrieder 2009, S. 110).

Persönliche Befragung

Die persönliche Befragung (*Face-to-face-Interview*) stellte früher die am häufigsten eingesetzte Befragungsart dar. Sie wurde jedoch – insb. auf Grund ihrer vergleichsweise hohen Kosten – von Telefon- und Onlinebefragungen inzwischen vielfach verdrängt. Im Rahmen einer persönlichen Befragung befinden sich Befragter und Befragender physisch gegenüber, Fragestellung und Fragenbeantwortung erfolgen somit zur gleichen Zeit und am selben Ort. Persönliche Befragungen können beim Probanden zu Hause, auf der Straße, in Einkaufszentren oder in einem Marktforschungsstudio stattfinden. Der Interviewer liest die Fragen aus dem Fragebogen vor – ggf. ergänzt durch Vorlage von Anschauungsmaterialien –, notiert die Antworten des Befragten an den entsprechenden Stellen im Fragebogen und leitet den Fragebogen anschließend an das Marktforschungsinstitut zur Auswertung weiter.

In zunehmendem Maße werden persönliche Interviews computergestützt durchgeführt. Als *Computer Assisted Personal Interviewing (CAPI)* bezeichnet man eine Variante, bei der der Papierfragebogen durch ein Display ersetzt wird. Der Interviewer liest die Fragen vom Bildschirm ab und gibt die Antworten über eine alphanumerische Tastatur ein; die Antworten werden zur Auswertung online auf den Rechner des Marktforschungsinstituts überspielt. Im Einsatz sind auch sog. *Pentops*; diese besitzen keine Tastatur, sondern einen elektronischen Griffel, mit welchem die Antworten auf dem Bildschirm direkt angekreuzt werden können (vgl. Berekoven/Eckert/Ellenrieder 2009, S. 101).

Computergestützte Befragungen haben erhebliche Vorteile im Hinblick auf die Datenerfassung und Datenverarbeitung. Auch können komplexere Fragebögen verwendet werden, da eine automatische Filterführung eingebaut werden kann. Im Jahre 2008 wurde bereits fast die Hälfte persönlicher Interviews computerunterstützt durchgeführt (vgl. ADM 2008, S. 13).

Die *Repräsentanz* persönlicher Befragungen ist im Allgemeinen als hoch einzustufen, sofern die Stichprobenbildung auf der Grundlage eines angemessenen Auswahlverfahrens erfolgt. Üblicherweise werden eine Quotenauswahl oder eine mehrstufige Klumpenauswahl vorgenommen – häufig in der Form des Random Route-Verfahrens (vgl. die Abschnitte 3.2.2.2 und 3.2.3.4). Die Rücklaufquote ist bei persönlichen Befragungen vergleichsweise hoch. Problematisch ist auch die mangelnde Erreichbarkeit vieler Auskunftspersonen, insb. tagsüber.

Der *Zeitbedarf* für Face-to-face-Umfragen ist im Vergleich zu den anderen Formen von Befragungen am höchsten – bis zu 45 Minuten pro Interview;

dasselbe gilt für die anfallenden *Kosten*, da der Einsatz von Interviewern sehr kostenintensiv ist. Bei einer als Face-to-face-Befragung konzipierten repräsentativen Primärerhebung mit einer Stichprobe von 2.000 Personen und einer Zeitdauer von 45 Minuten pro Interview berechnen Marktforschungsinstitute ca. 70.000 € (vgl. Berekoven/Eckert/Ellenrieder 2009, S. 100). Erfolgt die Befragung computergestützt, so lässt sich jedoch zumindest der Zeitbedarf erheblich reduzieren.

Große Vorteile weist die Face-to-face-Befragung im Hinblick auf ihre *Flexibilität* auf. Aufgrund der persönlichen Interaktion können auch komplexere Fragestellungen zu Grunde gelegt werden, da Verständnisprobleme sofort ausgeräumt werden können. Der Umfang des Fragebogens kann größer sein, Art und Thematik der Fragen umfassender als bei schriftlichen Befragungen. Darüber hinaus können auch visuelle Stimuli eingesetzt werden.

Vorteilhaft ist die Face-to-face-Befragung auch im Hinblick auf die *Kontrollierbarkeit der Erhebungssituation*, da der Interviewer den Ablauf des Interviews steuern kann. Vollständigkeit der Antworten, Einhaltung der Fragenreihenfolge etc. sind daher eher gewährleistet als bei schriftlichen Umfragen.

Große Nachteile weisen Face-to-face-Interviews allerdings in Bezug auf mögliche *Verzerrungen durch die Interviewsituation* auf. Die Interviewsituation ist zum einen durch die soziale Interaktion von Interviewer und Befragtem, zum anderen durch das Befragungsumfeld charakterisiert (vgl. Berekoven/Eckert/Ellenrieder 2009, S. 98 f.). Verzerrungen im Rahmen sozialer Interaktion entstehen aufgrund der Verschiedenheit der Dialogpartner im Hinblick auf wahrnehmbare soziale Merkmale wie Alter, Geschlecht, soziale Klassenzugehörigkeit, Bildungsstand, Sprechweise etc. Zudem kann auch das Befragungsumfeld kann zu Ergebnisverzerrungen führen, etwa bei der Wahl eines ungünstigen Befragungsorts oder Befragungszeitpunkts, oder aber wenn ein Dritter bei der Befragung anwesend ist.

Telefonische Befragung

Aufgrund der Probleme bei Face-to-face-Umfragen werden vielfach *telefonische Befragungen* eingesetzt. Interviewer und Befragte kommunizieren mündlich miteinander, es fehlt jedoch das persönliche Gegenüber. Der Interviewer liest bei der konventionellen telefonischen Befragung dem Befragten die Fragen vor und notiert dessen Antworten. Die Durchführung der Befragung kann aus einem Call-Center oder aus der Wohnung des Interviewers erfolgen. In zunehmendem Maße erfolgen auch Telefonumfragen computergestützt *(CATI, Computer Assisted Telephone Interviewing)*. Die telefonische Befragung wird durch eine Befragungssoftware gesteuert. Die Fragen erscheinen für den Interviewer am Bildschirm; der Interviewer liest die Fragen vor und gibt die Antworten direkt in den Computer ein. Automatische Wahlprogramme, sog. Auto-Dialer, führen die Telefonschaltung mit Nummernauswahl durch, übernehmen die komplette Filterführung und erlauben eine zufallsgesteuerte Rotation von Statements und Antwortvorgaben (vgl. Malhotra 2007, S. 195 f.). Darüber hinaus zeigen sie Fehler sofort an, transferieren die Daten unmittelbar in die Auswertung und zeigen Zwischenergebnisse an.

Ganz ohne Interviewer kommen telefonische Computerbefragungen aus. Im Rahmen von *TDE (Touchtone Data Entry)* wird der Interviewer durch eine Tonbandstimme ersetzt, der Befragte antwortet per Tastendruck (z. B.: „Lautet Ihre Antwort ‚ja‘, drücken Sie bitte die Eins. Lautet Ihre Antwort ‚nein‘, drücken sie bitte die Zwei.“). Bei *IVR (Interactive Voice Response)* kann der Befragte sogar verbal antworten, da der Computer über ein Stimmerkennungsprogramm verfügt.

Die *Repräsentanz* telefonischer Umfragen ist vergleichsweise hoch. Aufgrund der in Deutschland sehr hohen Telefondichte ist die Grundgesamtheit nur unwesentlich eingeschränkt. Allerdings ist zu beachten, dass eine zunehmende Zahl an Festnetznummern im Telefonbuch nicht eingetragen ist und Handy-Nummern kaum zu ermitteln sind; auch sind Telefonbücher häufig nicht aktuell. Aus diesem Grunde werden Telefonnummern zunehmend nach dem Zufallsprinzip ausgewählt (*Random-digit Dialing*). Bei Zustandekommen eines Kontakts ist zu gewährleisten, dass die Zielperson am Apparat ist, sofern diese vorbestimmt ist (z. B. aufgrund der Einhaltung von Quotenvorgaben). Soll die Zielperson hingegen zufallsgesteuert ausgewählt werden, werden besondere Methoden eingesetzt, z. B. die Geburtsdatum-Auswahl (vgl. Abschn. 3.2.3.5). Die Antwortquote ist i. d. R. höher als bei schriftlichen Befragungen, sie ist aber sehr themenempfindlich. Bei besonders sensiblen Fragen liegt sie oft bei nur 10%, bei für die Befragten interessanten Themen kann sie aber auch über 80% betragen (vgl. Berekoven/Eckert/Ellenrieder 2009, S. 103). Wie bei Face-to-face-Umfragen liegt ein Problem in der Erreichbarkeit der Auskunftspersonen, wobei das Problem bei Telefonumfragen jedoch nicht so gravierend ist. Hinzu kommt, dass die Erreichbarkeit über das Mobiltelefon zunimmt, sodass mobile Telefonumfragen in der praktischen Marktforschung eine steigende Bedeutung haben. Insbesondere bei computergestütztem Vorgehen wird der Interviewer erheblich entlastet, da das System die Auswahl der Telefonnummern, die Anwahl der Zielpersonen sowie die Auswahl von Ersatznummern bei Fehlversuchen übernimmt.

Der *Zeitbedarf* ist bei telefonischen Befragungen im Vergleich zu den übrigen Befragungsformen am geringsten. Auch die Kosten sind geringer: Im Vergleich zu einer Face-to-face-Umfrage belaufen sich die Kosten auf etwa die Hälfte. Allerdings ist die *Flexibilität* telefonischer Befragungen als gering einzustufen. Zudem ist der Umfang der Befragung eingeschränkt: Die Länge des Fragebogens muss gering sein – die Dauer eines Telefoninterviews sollte 10-15 Minuten nicht überschreiten. Umfangreiche Fragenkomplexe müssen stark aufgegliedert werden, offene Fragen sowie breitgefächerte Antwortkategorien sollten vermieden werden. Hinzu kommt, dass visuelle Hilfen nicht eingesetzt werden können.

Im Hinblick auf die *Kontrollierbarkeit der Erhebungssituation* weisen Telefonbefragungen ähnliche Vorteile wie Face-to-face-Umfragen auf. Das Problem von *Verzerrungen* aufgrund der Interviewsituation ist zwar gegeben, jedoch nicht so gravierend wie bei Face-to-face-Umfragen. Insbesondere bei einer zentralen Durchführung aus einem Call-Center kann die Aktivität der Interviewer besser kontrolliert werden.

Onlinebefragung

Im Rahmen von Onlinebefragungen spielen *Internetbefragungen* im World Wide Web die größte Rolle. Daneben zählen zu den Formen der Onlinebefragung die Befragung an Online-Kioskterminals am Point of Sale sowie Befragungen im interaktiven Fernsehen, welche an dieser Stelle jedoch nicht weiter erläutert werden. Derzeit wird rund ein Drittel der Interviews im Rahmen der Institutsmarktforschung online durchgeführt. Internetbefragungen erfolgen auf der Grundlage eines interaktiv gestalteten Fragebogens, den der Befragte online am Bildschirm ausfüllt und durch Klicken auf einen „Senden"-Button an die befragende Instanz zurückschickt. Insofern handelt es sich hier um eine Form des CSAQ (*Computer Self-Administered Questionnaire*). Die ausgereiften technischen Möglichkeiten erlauben z. B. eine automatische Filterführung sowie den Einsatz von Bild und Ton (vgl. Fantapié Altobelli/Sander 2001, S. 73). Insofern haben internetbasierte Umfragen Gemeinsamkeiten mit einer schriftlichen Befragung; der Unterschied liegt in den informationstechnischen und medialen Charakteristika des Internet.

Große Probleme weisen viele Internetbefragungen im Hinblick auf die *Repräsentanz* auf. Die Grundgesamtheit ist auf Untersuchungseinheiten mit Internetzugang beschränkt, die jedoch einen speziellen Ausschnitt der deutschen Bevölkerung darstellen. Repräsentative Bevölkerungsumfragen sind also nicht möglich. Und selbst bei Themenstellungen, die sich ausschließlich auf die Grundgesamtheit der Internetnutzer beziehen, ist deren Zusammensetzung erstens nicht bekannt und zweitens ist es nicht möglich, repräsentative Zufallsstichproben zu ziehen (vgl. im Einzelnen Hauptmanns/Lander 2003). Gebräuchliche Verfahren zur Rekrutierung von Teilnehmern, wie Online Banner, Links oder Newsletter, bewirken, dass die Stichprobe selbstselektierend ist, d. h. sie basiert auf einer freiwilligen Teilnahme der Nutzer und nicht auf einer aktiven Rekrutierung seitens des Instituts. Das Problem der Selbstselektion kann durch sog. Pop-up-Rekrutierung gemildert werden, da nur jeder n-te Besucher einer Internetseite zur Teilnahme aufgefordert wird; zudem ist die Ausfallquote messbar, da die Teilnehmer, die nicht an der Umfrage teilnehmen wollen, das Pop-up wegklicken müssen (vgl. Starsetzki 2003, S. 47). Repräsentativ ist die Stichprobe allerdings ebenso wenig wie die aus einem Online-Panel, da die Teilnahme am Panel bereits selbstselektierend ist. Die Antwortquote bei Internetbefragungen gilt im Allgemeinen als gering, genaue Angaben lassen sich aber nur bei der Pop-up-Rekrutierung machen. Neuere Ansätze zur Rekrutierung bestehen über Soziale Netzwerke wie z. B. Facebook, da hierüber sehr große Stichproben generiert werden können. Allerdings handelt es sich dabei ebenfalls um eine selbstselektierende Stichprobe, bei welcher die Teilnehmer i. d. R. über ein vergleichsweise hohes Themeninvolvement verfügen (vgl. Lütters 2009, S. 52).

Im Hinblick auf den *Zeitbedarf* weist eine Internetbefragung Vorteile im Vergleich zur schriftlichen und Face-to-face-Befragung auf, wenn sie auch der telefonischen Befragung in dieser Hinsicht unterlegen ist. Deutliche Vorteile weist die Internetbefragung in Bezug auf die *Kosten* auf, da ein Interviewerstab nicht erforderlich ist und Druckkosten für Fragebögen sowie die manuelle Eingabe der Antworten entfallen. So ist eine Internetbefragung deutlich günstiger als eine schriftliche oder telefonische Umfrage, was erklärt, warum Online-Befragungen die klassischen Befragungsformen in der Marktforschungspraxis immer weiter verdrängen.

Ein weiterer Vorteil von Internetbefragungen liegt in ihrer *Flexibilität*, da ein Internet-Fragebogen nicht auf Text beschränkt ist, sondern multimedial unter Einbindung von Bildern, Ton, Anwendungsprogrammen usw. gestaltet werden kann (vgl. Batinic 2002, S. 81). Allerdings ist auf die technische Infrastruktur der Nutzer Rücksicht zu nehmen (z. B. veraltete Browserversionen, geringe Bildschirmauflösung, langsamer Internetzugang etc.). Untersuchungen haben darüber hinaus gezeigt, dass die wahrgenommene Anonymität bei Internetbefragungen besonders hoch ist, sodass hier sensible Themen leichter untersucht werden können. Wie bei konventionellen schriftlichen Befragungen können allerdings auch hier Verständnisprobleme auftreten, da keine zwischenmenschliche Interaktion stattfindet.

Die *Kontrollierbarkeit der Erhebungssituation* ist einerseits ähnlich zu beurteilen wie bei der schriftlichen Befragung, da nicht gewährleistet ist, dass die anvisierte Auskunftsperson – sofern die Stichprobe nicht selbstselektierend ist – den Fragebogen selbst ausfüllt. Zudem haben häufig mehrere Personen Zugang zu einem Internetanschluss. Andererseits erlauben die automatisierte Filterführung und der Zwang zur Einhaltung der Fragenreihenfolge eine bessere Steuerung des Antwortverhaltens der Befragten.

Aufgrund fehlender direkter Interaktion mit der befragenden Instanz gelten Internetumfragen als objektiv, d. h. der *Interviewereinfluss* ist weitgehend ausgeschaltet. Eine Beeinflussung findet allenfalls durch die Gestaltung des Fragebogens statt, wobei z. B. durch eine zufallsgesteuerte Rotation der Fragen Reihenfolgeeffekte vermieden werden können.

Mobile Befragung

Im Rahmen mobiler Erhebungen wird zwischen mobilen, interviewergestützten CATI-Umfragen und selbstadministrierten Befragungen unterschieden. Während erstere lediglich einen Unterfall telefonischer Befragungen darstellen und von Marktforschungsinstituten praktiziert werden, um Undercoverage-Effekte durch sinkende Festnetzanschlüsse zu kompensieren (s. o.), arbeiten selbstadministrierte Verfahren ohne Interviewer, d. h. ähnlich wie bei einer Internetbefragung erfolgt die Steuerung des Interviews durch eine spezielle Software. Zwar stecken diese Methoden noch in den Kinderschuhen, der mobilen Marktforschung wird jedoch ein großes Potenzial bescheinigt. Gängige Verfahren sind (vgl. Maxl/Döring 2009, S. 23 ff.):
– *Mobile IVR-Methode*: Die Befragung wird durch ein automatisiertes Sprachsystem geleitet und erfolgt analog zu einer herkömmlichen Telefonbefragung.
– *SMS-Befragung*: Der Befragte erhält per SMS eine oder mehrere Mitteilungen nacheinander, die er beantworten soll. Mittels MMS können auch multimediale Elemente eingebaut werden. Die Methode eignet sich jedoch nur für kurze Blitzumfragen.
– *Asynchrone Mobile-Web-Befragungen* mittels Client: Mit Hilfe einer Applikation, welche am Mobiltelefon installiert werden muss, wird der Fragebogen vom Befragten offline ausgefüllt und erst am Ende an den Server des Instituts gesendet.
– *Mobile Blogging* und *Digital Ethnography*: Das Verfahren ist eher für qualitative Studien geeignet und wird für die Aufzeichnung von Feedback der Nutzer eingesetzt, z. B. Medianutzungsverhalten.
– *Mobile Code Reading* und *Objekterkennung*: Mit der Handykamera erfasste Objekte (z. B. Sehenswürdigkeiten) werden erkannt und mit weiterführenden

Informationen verlinkt. Beispielsweise kann hierdurch ein Link zu einer themenrelevanten Umfrage eingebunden werden.

– *Synchrone Mobile-Web-Befragung*: Diese besonders Erfolg versprechende Variante beinhaltet eine Internetbefragung über Mobiltelefone mit Hilfe von WAP (Wireless Application Protocol). Hierzu gibt es bereits kommerzielle Angebote, z. B. von Globalpark (vgl. Abb. 2.6).

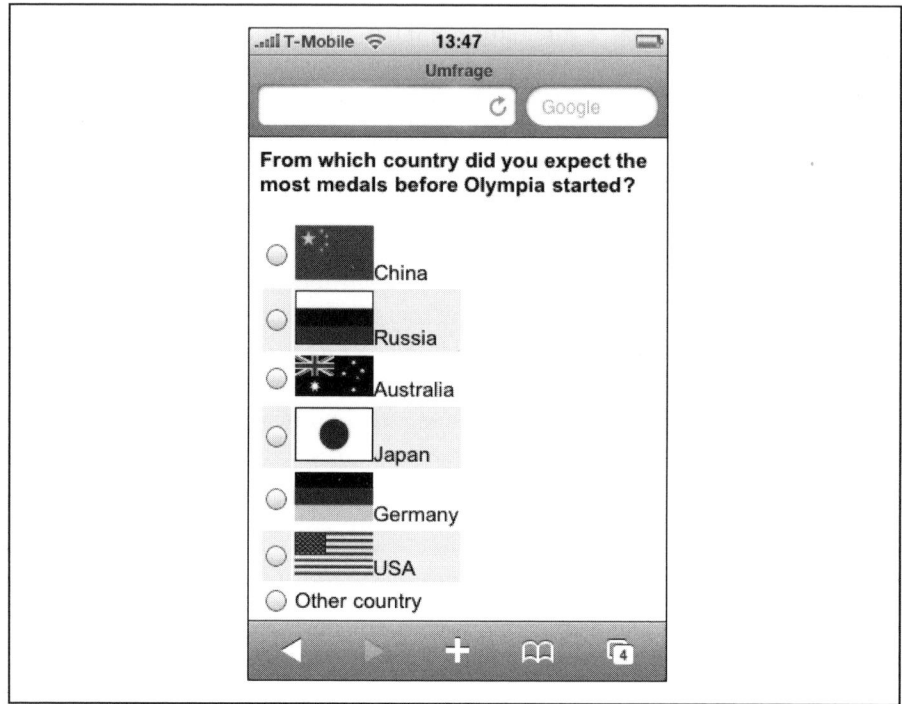

Quelle: Globalpark 2010.
Abb. 2.6: Beispiel für eine mobile Befragung auf einem Apple iPhone

Die *Repräsentanz* mobiler Marktforschung ist nach dem derzeitigen Stand noch eingeschränkt. Zwar verfügt ein Großteil der deutschen Bevölkerung ab 14 Jahren über ein Mobiltelefon, die mobile Internetnutzung ist jedoch noch nicht weit verbreitet. Mobile Stichproben verfügen u. a. über einen höheren Bildungsstand und sind jünger als der Bevölkerungsquerschnitt, sodass mobile Befragungen für Repräsentativerhebungen derzeit (noch) ungeeignet sind. Auch ist das Sampling mit Schwierigkeiten verbunden, da die Handynummern der Grundgesamtheit unbekannt sind. Hier könnten Mobile Access Panels,

d. h. Pools von Mobilfunkteilnehmern, welche für Umfragen zur Verfügung stehen, hilfreich sein (vgl. Maxl/Döring 2009, S. 27).

Der *Zeitbedarf pro Erhebungsfall* ist ähnlich wie bei Internetumfragen zu beurteilen. Da auf Grund der typischen Nutzungssituation von Mobiltelefonen der Fragebogen jedoch zumeist deutlich kürzer ist als bei „klassischen" Internetumfragen ist der Zeitbedarf sogar geringer. Hinzu kommt, dass gegenüber Onlineumfragen die Responsezeiten schneller sind (50 % Rücklauf innerhalb der ersten Stunde, vgl. Wallisch/Maxl 2009). Allerdings können die Datenübertragungsraten derzeit noch nicht mit jenen von DSL-Internetzugängen mithalten.

Die *Kosten* der Befragung sind ebenfalls deutlich geringer als bei konventionellen schriftlichen oder mündlichen Befragungen. Aus Sicht der Nutzer können jedoch bei der Teilnahme an einer mobilen Befragung erhebliche, nicht kontrollierbare Kosten aus dem Verbindungsentgelt entstehen, was die Akzeptanz einschränken kann.

Kriterien	Schriftliche Befragung	Face-to-face-Befragung	Telefonische Befragung	Online-befragung	Mobile Befragung
Repräsentanz	mittel	hoch	hoch	gering	sehr gering
Zeitbedarf pro Erhebungsfall	mittel	hoch bis mittel	niedrig bis sehr niedrig	niedrig	niedrig
Kosten pro Erhebungsfall	sehr gering	hoch bis mittel	gering	sehr gering	sehr gering
Flexibilität	gering	sehr hoch	sehr gering	hoch	hoch
Kontrollierbarkeit der Erhebungssituation	gering	hoch	hoch	mittel	hoch
Verzerrungen durch Interviewsituation	gering	potenziell hoch	mittel bis hoch	gering	gering

Abb. 2.7: Vor- und Nachteile von Befragungsmethoden

Deutliche Vorteile weisen mobile Befragungen im Hinblick auf die *Flexibilität* auf, da der Befragte Ort und Zeit zur Beantwortung von Fragen mit dem Mobiltelefon in vielen Fällen flexibel wählen kann. Allerdings sind die Darstellungsmöglichkeiten eingeschränkter als bei anderen Befragungsmedien. Eine *Kontrollierbarkeit der Erhebungssituation* ist im hohen Maße gegeben, da ein Mobiltelefon ein Medium der persönlichen Nutzung ist, d. h. beim Anwählen einer bestimmten Mobilfunknummer ist davon auszugehen, dass tatsächlich der anvisierte Teilnehmer am Apparat ist. *Verzerrungen durch die Interviewsituation* können nur bei mobilen CATI-Erhebungen eintreten; bei selbst administrierten Methoden, welche hier im Fokus stehen, sind solche Effekte nicht vorhanden.

Abb. 2.7 gibt einen zusammenfassenden Überblick über die Vor- und Nachteile der einzelnen Befragungsformen. Welche Methode im Einzelfall zu wählen ist, hängt vom Forschungsziel, von der angestrebten Informationsqualität sowie vom zur Verfügung stehenden zeitlichen und finanziellen Budget ab.

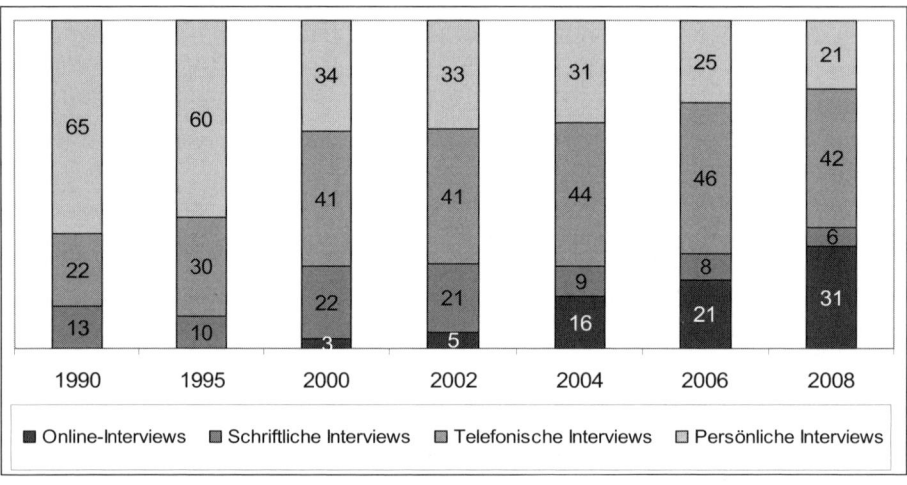

Quelle: ADM 2008, S. 13.
Abb. 2.8: Anteil der Interviews nach Befragungsarten in Prozent

Im Zeitablauf hat eine Verschiebung zwischen den einzelnen Befragungsarten stattgefunden (vgl. Abb. 2.8): Waren 1990 noch persönliche Befragungen mit rd. 2/3 der Interviews dominierend, wurden sie nach und nach durch Telefoninterviews ersetzt. Klassische schriftliche Befragungen spielen mit 6 % der Interviews nur noch eine untergeordnete Rolle, wohingegen Onlinebefragungen von 3 % der Interviews im Jahr 2000 auf 31 % im Jahr 2008 angewachsen sind.

1.2.2 Gestaltung des Fragebogens

Bei der Gestaltung eines Fragebogens wird der zu untersuchende Sachverhalt in einzelne Variablen bzw. Items zerlegt und in konkrete Fragen umgesetzt. Im Rahmen einer quantitativ ausgerichteten Befragung ist der Fragebogen dabei typischerweise standardisiert, d. h. allen Befragten werden dieselben Fragen im selben Wortlaut und in derselben Reihenfolge gestellt. Hingegen erfolgt eine qualitative Befragung auf der Grundlage eines Interviewleitfadens. Die Gestaltung des Fragebogens vollzieht sich in mehreren *Schritten* (vgl. Abb. 2.9).

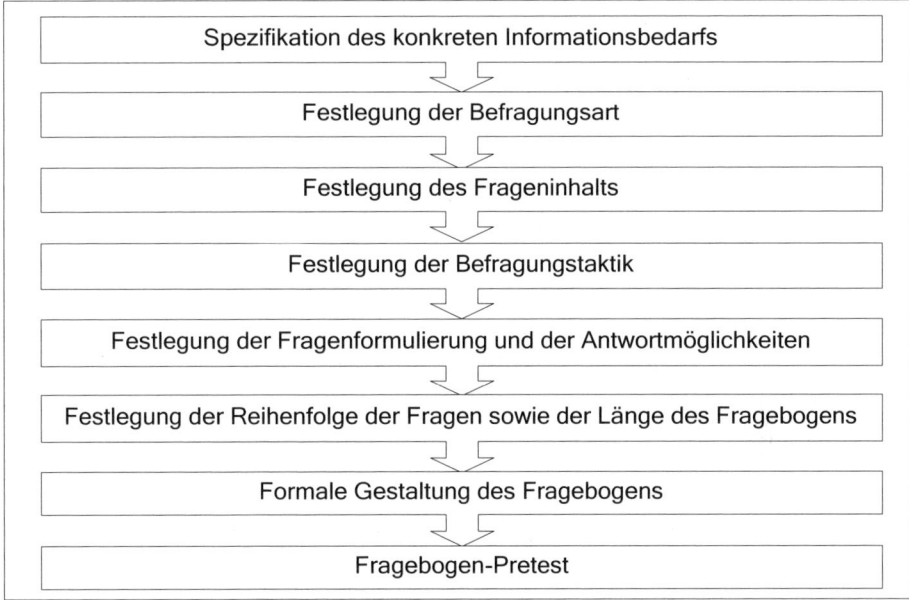

Abb. 2.9: Prozess der Fragebogengestaltung

Spezifikation des konkreten Informationsbedarfs

Quantitative Studien erfordern ein gewisses Maß an Vorkenntnissen, um geeignete Hypothesen als Grundlage für die Erhebung zu formulieren. Je sorgfältiger der Forscher im Vorfeld einer Untersuchung Forschungsprobleme und Forschungsziele definiert hat, umso einfacher ist in diesem Stadium die Bestimmung des konkreten Informationsbedarfs. Darüber hinaus sollte auf dieser Stufe genau definiert werden, an welche Adressaten sich der Fragebogen richtet, da die Merkmale der Befragten einen großen Einfluss auf die inhaltliche und sprachliche Gestaltung des Fragebogens haben (vgl. Malhotra 2007, S. 300 f.).

Festlegung der Befragungsart

Fragenformulierung, Antwortmöglichkeiten, Länge des Fragebogens usw. hängen sehr stark davon ab, ob die Befragung schriftlich, face-to-face, telefonisch oder elektronisch erfolgt (vgl. die Ausführungen in Abschn. 1.2.1). Beispielsweise müssen Fragebögen für mündliche Befragungen – sei es telefonisch oder face-to-face – eher im Konversationston gehalten werden, da Befragter und Interviewer mündlich interagieren. Fragebögen für schriftliche Befragungen sollten detaillierte Anweisungen zur Beantwortung beinhalten, da kein Interviewer anwesend ist, der bei der Beantwortung Hilfestellung leisten kann. Auch die Festlegung der Antwortmöglichkeiten wird von der Art der Befragung beeinflusst: So ist es beispielsweise nicht sinnvoll, im Rahmen einer telefonischen Befragung eine längere Liste von Marken zu nennen und den Befragten zu bitten, diese in eine Reihenfolge gemäß seiner Markenpräferenz zu bringen, da der Befragte keinerlei Gedächtnisstütze hat, um die Frage zu beantworten. In diesem Fall empfiehlt es sich z. B., die Marken einzeln zu nennen und den Befragten zu bitten, das Ausmaß seiner Wertschätzung für jede einzelne Marke anhand einer Ratingskala anzugeben. Erfordert die Befragung visuelle Stimuli, ist eine telefonische Befragung ausgeschlossen und auch eine schriftliche wenig empfehlenswert (vgl. Churchill/Iacobucci 2005, S. 235).

Die zu wählende Befragungsart hängt auch vom ermittelten Informationsbedarf und von der Art der konkret zu erhebenden Daten ab.

Beispiel 2.1:

Ein US-amerikanisches Unternehmen wollte im Rahmen einer Studie erheben, welche Anteile der Internetnutzer welche Multimedia-Plug-Ins nutzten. Aus Erfahrung wusste das beauftragte Marktforschungsinstitut, dass mindestens ein Drittel der Internetnutzer nicht genau weiß, welche Plug-Ins verwendet werden, insb. auch nicht in welcher Version. Aus diesem Grunde wären sowohl eine schriftliche als auch eine mündliche Befragung wenig sinnvoll gewesen, da ein hoher Anteil an Antwortausfällen resultiert wäre. Statt dessen entschied sich das Marktforschungsinstitut für eine Onlinebefragung. Es wurden den Probanden per Internet eine Reihe von Bildern geschickt, welche in verschiedenen Plug-In-Formaten erstellt wurden. Bei jedem Bild mussten die Befragten angeben, ob sie es auf ihren Bildschirmen sehen konnten. Wurde die Frage bejaht, konnte auf das Vorhandensein des zugehörigen Plug-Ins auf dem PC des Nutzers geschlossen werden. Auf diese Weise konnten die Befragten Daten erzeugen, ohne jegliche technische Kenntnisse zu besitzen.

Quelle: Grecco/King 1999.

Festlegung des Frageninhalts

Auf dieser Stufe ist festzulegen, welche Inhalte im Einzelnen abgefragt werden sollen. Jede Frage in einem Fragebogen sollte zusätzliche Informationen erzeugen oder einem anderen, fest definierten Zweck dienen. Jede Frage sollte daher dahingehend überprüft werden, ob sie für den Untersuchungszweck auch wirklich erforderlich ist, da überflüssige Fragen lediglich den Fragebogen verlängern, ohne einen echten Nutzen herbeizuführen (vgl. Malhotra 2007, S. 302 f.). Allerdings ist es häufig erforderlich, auch Fragen zu stellen, die nicht direkt mit dem Forschungsproblem zusammenhängen, etwa, um den Untersuchungszweck zu verschleiern. Insbesondere bei sensiblen Befragungsgegenständen kann es sinnvoll sein, zu Beginn der Befragung einige neutrale „Eisbrecherfragen" zu stellen, um eine positive Gesprächsatmosphäre zu erzeugen. Um Validität und Realität zu gewährleisten, sind darüber hinaus häufig Kontrollfragen einzubeziehen.

Festlegung der Befragungstaktik

Im Rahmen der Befragungstaktik geht es darum, Auskunftsfähigkeit und Auskunftsbereitschaft der Befragten zu fördern. Häufig sind die Befragten nicht in der Lage, bestimmte Fragen korrekt zu beantworten; eine zu erwartende mangelhafte Auskunftsfähigkeit sollte vom Forscher antizipiert werden, um Antwortausfälle oder falsche Antworten zu vermeiden. Typische Gründe für die Unfähigkeit, bestimmte Fragen zu beantworten, können sein:

- unzureichende Information,
- fehlendes Erinnerungsvermögen oder
- Unfähigkeit, bestimmte Antworten zu artikulieren.

Häufig werden Probanden zu Themen befragt, worüber sie nur unzureichende oder gar keine Informationen besitzen. Dies kann zum einen einen Antwortausfall zur Folge haben, zum anderen aber auch eine Falschantwort, was deutlich bedenklicher ist.

Beispiel 2.2:

Im Rahmen einer US-amerikanischen Studie wurden Personen gebeten, das Ausmaß ihrer Zustimmung zu folgendem Statement anzugeben:

„Das National Bureau of Consumer Complaints ist ein wirksames Mittel für Konsumenten, welche ein fehlerhaftes Produkt erworben haben, damit sie zu ihrem Recht kommen."

96,1% der Rechtsanwälte und 95,0% des allgemeinen Publikums äußerten hierzu eine Meinung. Auch unter Vorgabe einer Antwortkategorie „weiß nicht" äußerten noch 51,9% der Rechtsanwälte und 75,0% des allgemeinen Publikums eine eindeutige Meinung. Das National Bureau of Consumer Complaints existierte allerdings nicht.

Quelle: Malhotra 2007, S. 304.

In einem solchen Fall empfiehlt es sich, Filterfragen in den Fragebogen einzubauen, um das Ausmaß der Vertrautheit mit dem Untersuchungsgegenstand zu erfassen (vgl. Schuman/Presser 1979). Wichtig ist auch, „weiß nicht" als Antwortkategorie vorzusehen, um den Anteil an Falschantworten zu reduzieren.

Ein weiterer Grund für fehlende oder falsche Antworten ist die Unfähigkeit der Befragten, sich an bestimmte Sachverhalte genau zu erinnern. Grundsätzlich ist die Erinnerungsfähigkeit eines Ereignisses von folgenden Faktoren abhängig (vgl. Churchill/Iacobucci 2005, S. 239 f.):

- subjektive Wichtigkeit,
- Länge des seither verstrichenen Zeitraums sowie
- Vorhandensein von Gedächtnisstützen.

Allgemein werden subjektiv unwichtige Ereignisse schlechter erinnert als wichtige. Für die meisten Befragten sind Kauf bzw. Nutzung bestimmter Marken, Kaufzeitpunkt etc. von geringer Bedeutung, da sie gegenüber den betreffenden Produkten nur ein geringes Involvement besitzen. Solche Ereignisse werden daher i. d. R. nur dann erinnert, wenn sie zeitlich nicht allzu weit zurückliegen.

Beispiel 2.3:

„Wie viel Geld haben Sie im letzten Quartal bar vom Geldautomaten abgehoben?"

Hier ist ein Zeitraum von drei Monaten zu lang. Korrekt sollte die Frage z. B. folgendermaßen lauten:

„Wieviel Geld heben Sie im Laufe einer typischen Woche bar vom Geldautomaten ab?"

a) bis 100 Euro

b) 101-200 Euro

c) 201-300 Euro

d) mehr als 300 Euro

In Fällen, in denen der Forscher vermutet, dass das Erinnerungsvermögen der Befragten nicht zuverlässig ist, sollten Gedächtnishilfen angeboten werden.

Beispiel 2.4:

„Welche Zahnpasta-Marken haben Sie in den letzten 6 Monaten verwendet?"

Diese Fragestellung wird wahrscheinlich dazu führen, dass sich der Befragte – wenn überhaupt – nur an sehr wenige Marken erinnert. Sinnvoller ist es z. B., im Rahmen eines gestützten Recalls den Befragten eine Liste von Marken vorzugeben, auf der der Proband die genutzten Marken ankreuzen kann. Zur Überprüfung des Wahrheitsgehalts der Antwort werden häufig auch fiktive Markennamen einbezogen.

In manchen Fällen kommt es zu Antwortausfällen, weil die Befragten nicht in der Lage sind, ihre Antwort zu artikulieren.

Beispiel 2.5:

„Welchen Stil bevorzugen Sie bei Ihrer Wohnungseinrichtung?"

Die Antworten auf eine derart formulierte Frage werden – wenn überhaupt – „antik", „modern", „keine bevorzugte Stilrichtung" u. Ä. umfassen; für einen Möbelhersteller dürften die Antworten jedoch wenig hilfreich sein. Sinnvoller ist es, den Befragten Bilder von Möbeln und sonstigen Einrichtungsgegenständen zu zeigen und nach ihren Präferenzen zu fragen.

Auch wenn die Befragten grundsätzlich in der Lage sind, eine bestimmte Frage zu beantworten, sind sie häufig nicht dazu bereit. Folgende Gründe können dafür ursächlich sein:

– Die Beantwortung erfordert zuviel Zeit und Mühe,

– die Frage erscheint im gegebenen Kontext als unpassend, bzw. ein gerechtfertigter Grund für die geforderte Information wird nicht ersichtlich, oder

– die Frage berührt einen sensiblen Sachverhalt.

Viele Befragte sind nicht willens, zuviel Zeit und Mühe in die Beantwortung von Fragen zu investieren. Aus befragungstaktischen Gründen sollten die Fragen daher so gestellt werden, dass der *Beantwortungsaufwand* minimiert wird. Ansonsten besteht die Gefahr, dass nicht nur die betreffende Frage nicht oder nur ungenau beantwortet wird, sondern dass die Bearbeitung des Fragebogens sogar als Ganzes abgebrochen wird (vgl. Churchill/Iacobucci 2005, S. 241).

Beispiel 2.6:

„Würden Sie mir bitte sagen, welchen Betrag Sie jährlich für Versicherungen ausgeben?"

Natürlich ist jeder Haushalt in der Lage, die entsprechenden Unterlagen zusammenzusuchen und die Einzelbeträge zusammenzurechnen. Ob ein Befragter hierzu Zeit und Lust hat, ist allerdings fraglich. Einfacher zu beantworten wäre folgende Fragestellung:

„Geben Sie bitte an, welche ungefähren Beträge Sie jährlich für die nachfolgend angeführten Versicherungen bezahlen:"

	habe ich nicht	unter € 200	€ 200 - unter € 400	€ 400 - unter € 600	über € 600	weiß nicht
Wohngebäudeversicherung	☐	☐	☐	☐	☐	☐
Hausratversicherung	☐	☐	☐	☐	☐	☐
Haftpflichtversicherung	☐	☐	☐	☐	☐	☐
⋮						
Ausbildungs-/Aussteuerversicherung	☐	☐	☐	☐	☐	☐

Der Forscher kann dann selbst die entsprechenden Beträge addieren.

Gelegentlich wird eine Antwort verweigert, weil die Frage im gegebenen Kontext als unpassend bzw. der Grund für die Frage dem Befragten nicht unmittelbar ersichtlich erscheint („Was soll das"-Effekt).

Beispiel 2.7:

Die Frage:

„Welche der nachfolgend angeführten Länder gehören zu Ihren bevorzugten Urlaubszielen?"

ist unproblematisch, wenn sie in einem Fragebogen zum Thema Freizeit, Urlaub o. Ä. gestellt wird oder das befragende Unternehmen der Tourismusbranche angehört. Wird dieselbe Frage in einem anderen Zusammenhang oder von einem anderen Auftraggeber gestellt – z. B. einem Hersteller von Spirituosen, der nach geeigneten Motiven für eine Werbekampagne sucht – wird die Frage möglicherweise als unpassend empfunden. In diesem Falle empfiehlt es sich, den Kontext zu verändern bzw. ergänzende Statements zu formulieren. Das Unternehmen könnte die Frage z. B. folgendermaßen stellen:

„Als namhafter Hersteller qualitativ hochwertiger alkoholischer Getränke ist es unser Anliegen, dass Sie unsere Produkte möglichst überall erhalten. Würden Sie uns daher bitte verraten, in welchen Ländern Sie bevorzugt Ihren Urlaub verbringen?"

Ein besonderes Problem stellt die Behandlung *sensibler Befragungsgegenstände* dar (vgl. hierzu ausführlich z. B. Lee 1993; Hill 1995; Tourangeau/Smith 1996).

Solche Sachverhalte werden von den Befragten als potenziell bedrohlich oder peinlich angesehen (z. B. politische und religiöse Überzeugungen, Sexualverhalten), sodass mit einer hohen Antwortverweigerungsquote zu rechnen ist. Aber auch bei Befragungsgegenständen, die das Prestige der Befragten berühren (z. B. Einkommen), ist seitens des Forschers große Sorgfalt anzuwenden, weil sonst eine hohe Anzahl von Antwortverweigerungen bzw. Falschantworten zu erwarten ist. Es gibt jedoch eine Reihe von Techniken, die die Zuverlässigkeit der Antworten deutlich erhöhen können:

– Sensible Fragen sollten möglichst am Ende eines Fragebogens platziert werden. Bis dahin wurde das anfängliche Misstrauen überwunden und es wurde eine Beziehung zum Befragten hergestellt, sodass die Neigung, die Frage zu beantworten, höher ist.

– Eine weitere Möglichkeit besteht darin, sensible Fragen in eine Gruppe neutraler, harmloser Fragen unterzubringen. Dadurch wirkt die betreffende Frage weniger auffällig.

– Um Falschantworten oder Antwortverweigerungen zu vermeiden, können zudem verschiedene Varianten der sog. *psychotaktisch-zweckmäßigen Befragung* herangezogen werden (vgl. hierzu ausführlich Hüttner/Schwarting 2002, S. 92 f.).

Die persönliche Betroffenheit eines Befragten kann z. B. dadurch reduziert werden, dass der eigentlichen Frage ein Statement vorangestellt wird, das bestimmte Eigenschaften bzw. ein bestimmtes Verhalten als keinesfalls außergewöhnlich hinstellt. Dadurch erhofft man sich, dass sich der Befragte als Teil einer Gemeinschaft fühlt und weniger Antworthemmnisse empfindet.

Beispiel 2.8:

Auf die Frage:

„Haben Sie Schulden? Wenn ja: Auf welche Höhe belaufen sie sich?"

wird ein Forscher kaum eine ehrliche Antwort erhalten. Besser ist z. B. folgende Formulierung:

„Die schwache Konjunkturlage und die ständigen Preiserhöhungen führen dazu, dass mittlerweile ein Großteil der Deutschen verschuldet ist. Sind Sie auch davon betroffen? Wenn ja: in welchem Umfang?"

Anstelle des tatsächlich interessierenden Sachverhalts können zudem *Indikatoren* herangezogen werden, von denen auf die interessierende Variable geschlossen werden kann.

Beispiel 2.9:

Auf die Frage:

„Leben Sie gesundheitsbewusst?"

werden viele Befragte aus Prestigegründen mit „ja" antworten. Besser ist es, Indikatoren wie Konsum von z. B. Alkohol und Tabak, sportliche Aktivitäten, Kauf von Reformhausprodukten etc. abzufragen, da daraus eher auf das tatsächliche Gesundheitsbewusstsein geschlossen werden kann.

Für bestimmte Fragen – z. B. nach dem Einkommen oder dem Alter – empfiehlt es sich, keine genauen Angaben zu fordern, sondern die *Zugehörigkeit zu bestimmten Kategorien* abzufragen.

Beispiel 2.10:

Statt der Frage

„Wie hoch ist Ihr monatliches Haushaltsnettoeinkommen?",

empfiehlt sich folgende Formulierung:

„Bitte rechnen Sie einmal zusammen, was nach Abzug von Steuern und Sozialversicherung in Ihrem Haushalt im Monat übrig bleibt und kreuzen bitte das passende Kästchen an!"

☐ unter € 500
☐ € 501 – 1000
☐ € 1001 – 2000
☐ € 2001 – 3000
☐ € 3001 – 4000
☐ über € 4000

Problematisch sind auch Sachverhalte, bei denen die Gefahr sozial erwünschter Antworten besteht. In solchen Fällen empfiehlt es sich, in die Fragestellung eine *Rechtfertigung* für das – ggf. sozial abweichende – Verhalten der Befragten einzubauen.

Beispiel 2.11:

„Wie häufig duschen Sie durchschnittlich pro Woche?"

Diese aus der Sicht eines Herstellers von Körperpflegemitteln durchaus wichtige Frage kann in dieser Form nicht gestellt werden, da viele Befragte aus Prestigegründen häufigeres Duschen angeben werden, als dies in Wirklichkeit der Fall ist. Geeigneter ist da folgende Formulierung:

„Viele Menschen sind der Ansicht, dass zu häufiges Duschen der Haut schadet. Könnten Sie mir sagen, wie häufig Sie pro Woche durchschnittlich duschen?"

Zur Erfassung problematischer Sachverhalte sind grundsätzlich auch qualitative Befragungstechniken geeignet, insb. *projektive Verfahren* (vgl. hierzu Abschn. 1.1 im 3. Teil). Gebräuchlich ist etwa die sog. *Drittpersonentechnik*, d. h. die Frage wird so gestellt, dass der Befragte angeben soll, wie sich seiner Ansicht nach andere Personen in bestimmten Situationen verhalten würden. Dem liegt die Annahme zu Grunde, dass der Befragte seine eigenen Ansichten bzw. Verhaltensweisen in die Antwort hineinprojizieren wird.

Beispiel 2.12:

Die Frage

„Was ist Ihre Haltung zu Steuerhinterziehung?"

wird einen hohen Anteil sozial erwünschter Antworten erzeugen. Besser ist folgende Formulierung:

„Glauben Sie, dass viele Deutsche bei ihrer Einkommenssteuererklärung mogeln? Wenn ja, warum glauben Sie das?"

Festlegung der Fragenformulierung und der Antwortmöglichkeiten

Im Rahmen der *Fragenformulierung* ist der konkrete Wortlaut der einzelnen Fragen sehr wichtig. Sprachliche Aspekte sind insofern von großer Relevanz, als unglücklich formulierte Fragen zu einer falschen Beantwortung oder zur Antwortverweigerung führen können. Eine nicht korrekte Beantwortung führt zu Verzerrungen der Ergebnisse, eine Antwortverweigerung zu Problemen bei der Datenanalyse. Für die sprachliche Gestaltung eines Fragebogens sind daher eine ganze Reihe von *Grundsätzen* zu beachten (vgl. Malhotra 2007, S. 311 ff.):

- genaue Definition des Fragengegenstands,
- verständliche Wortwahl,
- Vermeidung vager Formulierungen,
- Vermeidung mehrdeutiger Formulierungen,
- Vermeidung unterschiedlicher Bezugsebenen,
- Vermeidung von Suggestivfragen,
- Vermeidung impliziter Alternativen,
- Vermeidung verwirrender Anweisungen sowie
- Vermeidung von Verallgemeinerungen.

Der Wortlaut einer Frage muss den Inhalt der Frage so wiedergeben, dass er konkret und exakt definiert wird. Die Fragenformulierung sollte daher dahingehend überprüft werden, ob das Wer? Was? Wann? Wo? Warum? und Wie? aus der Frage eindeutig hervorgehen.

Beispiel 2.13:

Die Frage

„Welche Zahnpastamarke benutzen Sie?"

definiert den Sachverhalt nur unzureichend:

Wer: Nur der Befragte selbst oder der Haushalt?

Was: Was ist, wenn im Haushalt verschiedene Marken verwendet werden?

Wann: Immer? Zuletzt verwendet? Am häufigsten verwendet?

Wo: Zu Hause?

Eine bessere Formulierung wäre:

„Welche der nachfolgend aufgelisteten Zahnpastamarken wurden im vergangenen Monat in Ihrem Haushalt verwendet?"

Um Missverständnisse zu vermeiden, sollte die Wortwahl *verständlich* und dem sprachlichen Niveau des Befragten angepasst werden. Gewisse Wörter und Formulierungen, die für den Forscher zum normalen Sprachgebrauch gehören, sind u. U. für den Befragten unverständlich; Fremdwörter und Fachausdrücke sollten daher möglichst vermieden werden.

Beispiel 2.14:

Die Frage:

„Halten Sie den Distributionsgrad von Marke X für adäquat?"

dürfte bei vielen Befragten auf Verständnislosigkeit stoßen. Besser ist folgende Formulierung:

„Wenn Sie Marke X kaufen wollen, was meinen Sie: Ist sie im Handel im Vergleich zu anderen Marken leichter oder schwieriger zu bekommen?"

- ☐ leichter
- ☐ genauso leicht
- ☐ schwieriger
- ☐ weiß nicht

Um eine korrekte Beantwortung zu erzeugen, sollten *vage Formulierungen* vermieden werden, d. h. die verwendeten Begriffe dürfen keinen Spielraum für unterschiedliche Auffassungen beinhalten (vgl. ausführlich Schaeffer 1991).

Beispiel 2.15:

„Wie häufig nutzen Sie das Internet?"

- ☐ sehr häufig
- ☐ häufig
- ☐ manchmal
- ☐ nie

Eindeutig ist hier nur die Antwortkategorie „nie"; den übrigen Kategorien dürften unterschiedliche Befragte auch unterschiedliche Bedeutungen zuweisen. Besser sind z. B. folgende Antwortkategorien:

- ☐ täglich
- ☐ 3 - 4 Mal die Woche
- ☐ 1 - 2 Mal die Woche
- ☐ nie

Weiterhin ist zu überprüfen, ob einzelne Fragen nicht in mehrere Teilfragen aufgespalten werden sollten, um *mehrdeutige Antworten* oder *unterschiedliche Bezugsebenen* zu vermeiden.

Beispiel 2.16:

Beispiel für mehrdeutige Antworten:

„Sind Sie mit der Farbe und dem Geschmack des Getränks X zufrieden?"

Die Antwort „ja" ist nicht eindeutig, da unklar ist, ob sie sich auf die Farbe, den Geschmack oder beides bezieht. Korrekt wäre es, zwei Fragen zu stellen:

„Wie gefällt Ihnen die Farbe von X?"

„Wie gut schmeckt Ihnen Getränk X?"

Beispiel 2.17:

Beispiel für die Ansprache unterschiedlicher Bezugsebenen:

„Warum kaufen Sie Babynahrung der Marke X?"

Die möglichen Antworten könnten lauten:

„weil sie qualitativ hochwertiger ist als andere Marken" oder

„weil sie mir vom Kinderarzt empfohlen wurde".

Dadurch werden zwei unterschiedliche Bezugsebenen angesprochen: zum einen der Grund für die Bevorzugung der Marke im Vergleich zu Konkurrenzprodukten, zum anderen der Anlass für das Kennenlernen bzw. für die erstmalige Nutzung der Marke. Korrekt wären daher folgende Fragen:

„Wie kamen Sie erstmalig dazu, Babynahrung der Marke X zu kaufen?"

„Was gefällt Ihnen besonders an Babynahrung der Marke X?"

Bei *Suggestivfragen* werden einem Befragten bestimmte Antworten nahe gelegt. Dadurch manipuliert der Forscher bewusst oder unbewusst die Ergebnisse, indem zumindest die Antworttendenz in eine bestimmte Richtung gesteuert wird.

Beispiel 2.18:

„Wissenschaftler aus aller Welt warnen vor den möglichen Folgen genetisch manipulierter Nahrungsmittel. Würden Sie trotzdem genetisch manipulierte Nahrungsmittel kaufen?"

Dass bei dieser Formulierung ein hoher Anteil der Befragten – unzutreffender Weise – mit „nein" antwortet, ist wahrscheinlich. Folgende Formulierung ist neutraler:

„Die Wissenschaft macht es möglich, Nahrungsmittel genetisch zu verändern. Würden Sie entsprechende Produkte kaufen?"

Fragen sollten so formuliert werden, dass ihre Beantwortung nicht von *impliziten Annahmen* über die Konsequenzen des interessierenden Sachverhalts abhängt. Unter einer impliziten Annahme versteht man eine Annahme, die der Forscher zu Grunde legt, die aber dem Befragten nicht bekannt ist.

Beispiel 2.19:

Im Rahmen einer US-amerikanischen Untersuchung wurde die Einstellung zur Einführung einer gesetzlichen Gurtpflicht in PKWs mit folgenden beiden alternativen Fragestellungen erhoben:

Variante A: „Es ist eine gute Idee, ein Gesetz zu verabschieden, das Personen in PKWs verpflichtet, Sicherheitsgurte anzulegen."

Dass bei gesetzlicher Regelung die Nichteinhaltung der Gurtpflicht sanktioniert werden wird, wird hier nicht explizit angegeben. Auf die so formulierte Frage mit impliziter Annahme antworteten 73% mit „stimme zu".

Variante B: „Es sollte ein Gesetz geben, dass Personen in PKWs sich entweder anschnallen oder eine Strafe zahlen."

Die Konsequenz wird hier explizit angegeben; das Ausmaß an Zustimmung betrug bei dieser Formulierung nur noch 50%.

Quelle: Ungar 1986, S. 90.

Ebenso wie implizite Annahmen sollten auch *implizite Alternativen* vermieden werden. Eine Frage mit impliziter Alternative bedeutet, dass ein bestimmter Sachverhalt erfragt wird – i. d. R. eine Präferenz für ein bestimmtes Objekt –, ohne dass alternative Möglichkeiten explizit erwähnt werden. Dies kann zu einer erheblichen Verzerrung der Antworten führen.

Beispiel 2.20:

Im Rahmen einer Untersuchung über die Einstellung von Hausfrauen zum Nachgehen einer Arbeit außer Haus wurden bei zwei repräsentativen Teilstichproben folgende Fragen gestellt:

Variante A: „Würden Sie gerne arbeiten gehen, wenn es möglich wäre?"

Variante B: „Würden Sie lieber arbeiten gehen, oder machen Sie lieber Ihre Hausarbeit?"

Bei Variante 1 gaben 19% an, sie würden lieber nicht arbeiten gehen. Bei der zweiten Teilstichprobe, welche mit Variante 2 konfrontiert wurde, gaben 68% an, sie würden lieber nicht arbeiten gehen, sondern ihre Hausarbeit machen.

Quelle: Noelle-Neumann 1970, S. 200.

Die Auskunftsfähigkeit von Befragten kann stark beeinträchtigt werden, wenn die Anweisungen für die Beantwortung der Fragen unklar, also z. B. zu umfangreich oder zu knapp sind. Wird einem Befragten nicht klar, worin seine Aufgabe besteht, führt dies im günstigsten Fall zu einem überhöhten Anteil von „weiß nicht"-Antworten, im schlimmsten Fall zum Antwortausfall.

Beispiel 2.21:

„Welche Waschmittelmarken werden in Ihrem Haushalt genutzt? Nennen Sie alle die von Ihnen genutzten Marken, ordnen Sie sie nach ihrer Wichtigkeit und unterstreichen die von Ihnen bevorzugte Marke!"

Bei dieser Fragestellung wird die Testperson mit zu vielen Aufgaben gleichzeitig konfrontiert. Zudem bleibt unklar, welchen Zeitraum der Befragte bei der Beantwortung zu Grunde legen muss.

Grundsätzlich sollten Fragen so spezifisch wie möglich gestellt werden, d. h. der Befragte soll nicht dazu angehalten werden, *Verallgemeinerungen* vorzunehmen oder gar Berechnungen anstellen zu müssen. Damit wäre er zwar möglicherweise nicht überfordert, jedoch würde er den Aufwand für die Beantwortung der Fragen als zu hoch empfinden.

Beispiel 2.22:

„Wie hoch ist der durchschnittliche jährliche Pro-Kopf-Verbrauch an Erfrischungsgetränken in Ihrem Haushalt?"

Diese Fragestellung weist folgende Mängel auf:
- Eine durchschnittliche Auskunftsperson wird den Verbrauch pro Woche oder pro Monat angeben können; der Zeitraum von einem ganzen Jahr ist jedoch zu lang. Eine derart allgemeine Aussage kann ein Befragter nicht treffen.
- Selbst wenn er den jährlichen Gesamtverbrauch angeben könnte, müsste er ihn durch die Zahl der Haushaltsmitglieder teilen.

Vorzuziehen wären daher folgende Formulierungen:
„Wie hoch ist der wöchentliche Konsum von Erfrischungsgetränken in Ihrem Haushalt?", und „Wie viele Personen leben in Ihrem Haushalt?"
Die erforderlichen Berechnungen für den jährlichen Pro-Kopf-Verbrauch kann der Forscher anschließend selbst vornehmen.

Nicht nur die Fragenformulierung, sondern auch die vorgegebenen *Antwortmöglichkeiten* haben einen großen Einfluss auf die Qualität der Ergebnisse (vgl.

hierzu ausführlich Hüttner/Schwarting 2002, S. 100 ff.). Abb. 2.10 zeigt die Einteilung von Fragen nach den Antwortmöglichkeiten.

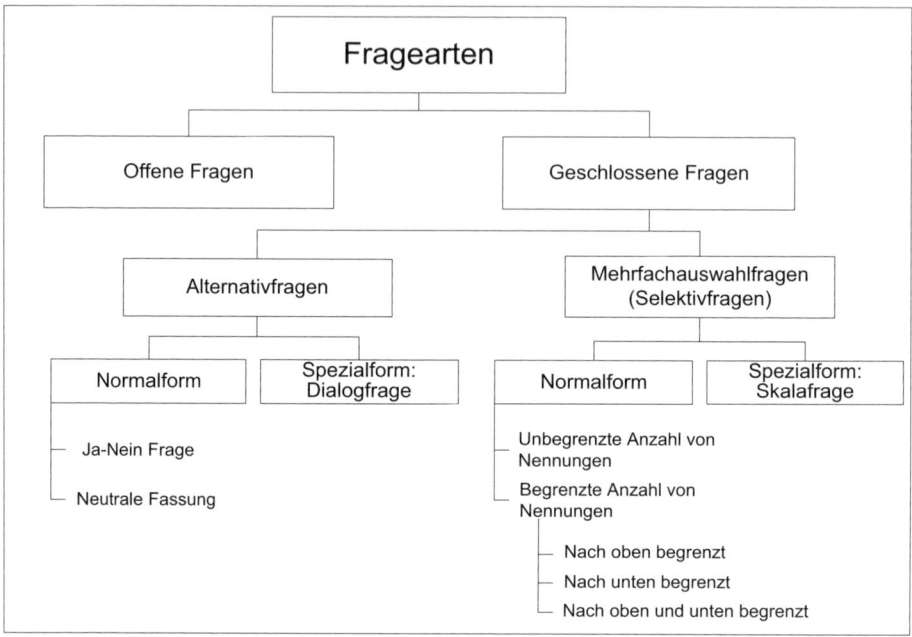

Quelle: Nach Hüttner/Schwarting 2002, S. 100.
Abb. 2.10: Einteilung von Fragen nach der Antwortmöglichkeit

Grundsätzlich können offene und geschlossene Fragen unterschieden werden. Bei *offenen Fragen* (unstructured questions, open-ended questions) existieren keine festen Antwortkategorien; die Antwort des Befragten muss möglichst im genauen Wortlaut notiert werden, um Verzerrungen zu vermeiden. Offene Fragen finden sich insb. im Rahmen qualitativer Untersuchungen; im Rahmen quantitativer Erhebungen dienen sie der Erfassung evtl. vorhandener zusätzlicher Aspekte aus der Sicht des Befragten.

Offene Fragen können in Normalform oder in Spezialform gestellt sein. Die *Normalform* beinhaltet, dass die Frage aus einem vollständigen Satz besteht.

Beispiel 2.23:

(1) „Warum haben Sie einen Fernseher der Marke X gekauft?"...

(2) „Wie alt sind Sie?"...

(3) „Was verbinden Sie mit der Marke Y?"...

Im Rahmen qualitativer Untersuchungen werden offene Fragen häufig in *Spezialform* gestellt, z. B. als Satzergänzungstest, Picture Frustration Test bzw. Balloon-Test (vgl. die Ausführungen in Abschn. 1.1.2 im 3. Teil und die dort angeführten Beispiele).

Offene Fragen erlauben es dem Befragten, seine Meinung unverzerrt kundzutun und eignen sich daher insb. zur Erforschung psychologischer Sachverhalte bzw. als Eisbrecherfragen am Anfang eines Fragebogens. Allerdings weisen sie auch eine ganze Reihe von Nachteilen auf:
- Das Potenzial für Verzerrungen durch den Interviewer im Rahmen der Antwortaufzeichnung ist hoch, es sei denn, die Antworten werden auf Tonband registriert.
- Die Kodierung der Antworten ist sehr aufwändig, es sei denn, es handelt sich um quantitative Daten (z. B. Alter), oder die Zahl möglicher Antworten ist begrenzt (z. B. Schulbildung). Werden hingegen psychologische Sachverhalte erfragt wie Motive u. Ä., muss die Vielzahl an unterschiedlichen Antworten in geeigneter Weise kategorisiert werden, um die Daten anschließend interpretieren zu können.
- Implizit geben offene Fragestellungen denjenigen Befragten mehr Gewicht, welche sich freier und ausführlicher artikulieren können.
- Werden psychologische Sachverhalte erhoben, können offene Fragen im Prinzip nur bei mündlichen Befragungen gestellt werden, da Befragte dazu neigen, sich bei schriftlicher Beantwortung kurz zu fassen.

Bei *geschlossenen Fragen* (structured questions, fixed-alternative questions) werden die relevanten Antwortkategorien von vornherein vorgegeben. Der Befragte muss sich für eine der angegebenen Antwortkategorien entscheiden, unabhängig davon, ob er den Fragebogen selbst ausfüllt oder ein Interviewer seine Antworten notiert. Bei geschlossenen Fragen lassen sich Alternativfragen und Mehrfachauswahlfragen (Mutiple-Choice-Fragen) unterscheiden.

Alternativfragen verfügen grundsätzlich nur über zwei Antwortkategorien, etwa „ja/nein", „stimme zu/stimme nicht zu" usw. Häufig findet sich neben den beiden eigentlich interessierenden Antwortalternativen auch eine sog. „neutrale" Alternative, z. B. „weiß nicht", „weder noch", „sowohl als auch" u. Ä. Die Einbeziehung einer neutralen Kategorie ist insofern sinnvoll, als ein zutreffendes Bild der Situation häufig nur dann gegeben ist, wenn auch die „Unentschlossenen" explizit erfasst werden (vgl. Hüttner/Schwarting 2002, S. 104 f.). Alternativfragen können in Normalform oder in Spezialform auftreten. In der sog. Normalform unterscheidet man die *Ja-Nein-Frage*, bei welcher lediglich die Antwortmöglichkeiten „ja" und „nein" vorgegeben sind, und die *neutrale Fassung*, bei der die Alternative in der Frage mit genannt wird. Dies soll – im Sinne der Vermeidung impliziter Alternativen – verhindern, dass durch Nennung nur der eigentlich interessierenden Alternative diese bevorzugt wird.

Beispiel 2.24:

(1) Ja-Nein-Frage:

„Beabsichtigen Sie, in diesem Sommer in den Urlaub zu fahren?"

☐ ja

☐ nein

☐ weiß nicht

(2) Neutrale Fassung:

„Beabsichtigen Sie, in diesem Sommer in den Urlaub zu fahren, oder bleiben Sie lieber zu Hause?"

☐ Ich fahre in den Urlaub.

☐ Ich bleibe zu Hause.

☐ Ich weiß es noch nicht.

Abb. 2.11: Beispiel für eine Dialogfrage

Die Verteilung der Antworten auf die beiden Kategorien ist allerdings häufig davon abhängig, in welcher Reihenfolge die beiden Alternativen genannt werden (vgl. z. B. Schuman/Presser 1981, S. 56 ff.; Wanke/Schwarz/Noelle-Neumann 1995). Um diese Verzerrung (Bias) zu umgehen, ist es sinnvoll, die sog.

Split-Ballot-Technik anzuwenden: Die beiden Versionen der Frage werden zwei jeweils unabhängigen, repräsentativen Teilstichproben vorgelegt. Die Ergebnisse werden entweder miteinander verglichen, oder es wird der Durchschnitt der Mittelwerte in beiden Stichproben ermittelt.

Die Spezialform der *Dialogfrage* besteht darin, dass den Auskunftspersonen die beiden Alternativen in Form einer kleinen Geschichte (nur textlich oder auch bildlich, z. B. als Cartoon) präsentiert werden, in der sich zwei Personen miteinander unterhalten. Der Befragte wird dann aufgefordert, einer der beiden Personen zuzustimmen. Ein Beispiel findet sich in Abb. 2.11. Auch hier kann mittels Splitting der Effekt der Reihenfolge der Alternativen reduziert werden.

Mehrfachauswahlfragen (Multiple-Choice-Fragen) sind dadurch charakterisiert, dass sie mehrere alternative Antwortkategorien zulassen. Der Befragte soll diejenige(n) Kategorie(n) auswählen, die am ehesten seine Position wiedergibt bzw. wiedergeben. Die Anzahl der möglichen Nennungen kann dabei begrenzt oder unbegrenzt sein (vgl. Hüttner/Schwarting 2002, S. 106 f.).

Beispiel 2.25:
„Welche Kriterien spielen beim Kauf eines Fernsehgeräts für Sie eine Rolle?"
☐ Preis im Vergleich zu ähnlichen Modellen
☐ Haltbarkeit
☐ Bildqualität
☐ Erfahrung mit der Marke
☐ Service vor Ort
☐ Garantieleistungen
☐ Sonstiges, und zwar...

(1) Unbegrenzte Zahl von Nennungen
   „Bitte kreuzen Sie alle Kriterien an, die für Sie zutreffen!"

(2) Nach unten begrenzte Zahl von Nennungen
   „Bitte kreuzen Sie mindestens zwei Kriterien an, die für Sie zutreffen!"

(3) Nach oben begrenzte Zahl von Nennungen
   „Bitte kreuzen Sie bis zu drei für Sie zutreffende Kriterien an!"

(4) Nach oben und unten begrenzt
   „Bitte kreuzen Sie die drei für Sie wichtigsten Kriterien an!"

Des Weiteren kann man Mehrfachauswahlfragen auch danach unterscheiden, ob sich die Antwortkategorien gegenseitig ausschließen (wie z. B. Altersklassen) oder Mehrfachnennungen wie in obigem Beispiel möglich sind.

Eine Sonderform von Mehrfachauswahlfragen stellen die sog. *Skalafragen* dar. Mit einer Skalafrage wird nicht nur das Vorhandensein eines Sachverhalts erhoben, sondern auch dessen Intensität (vgl. Hüttner/Schwarting 2002, S. 108). Abb. 2.12 zeigt Beispiele für in der Marktforschung gebräuchlichen Skalen. Da die verschiedenen Skalen ausführlich in Abschn. 2.2 behandelt werden, wird hier nicht näher darauf eingegangen.

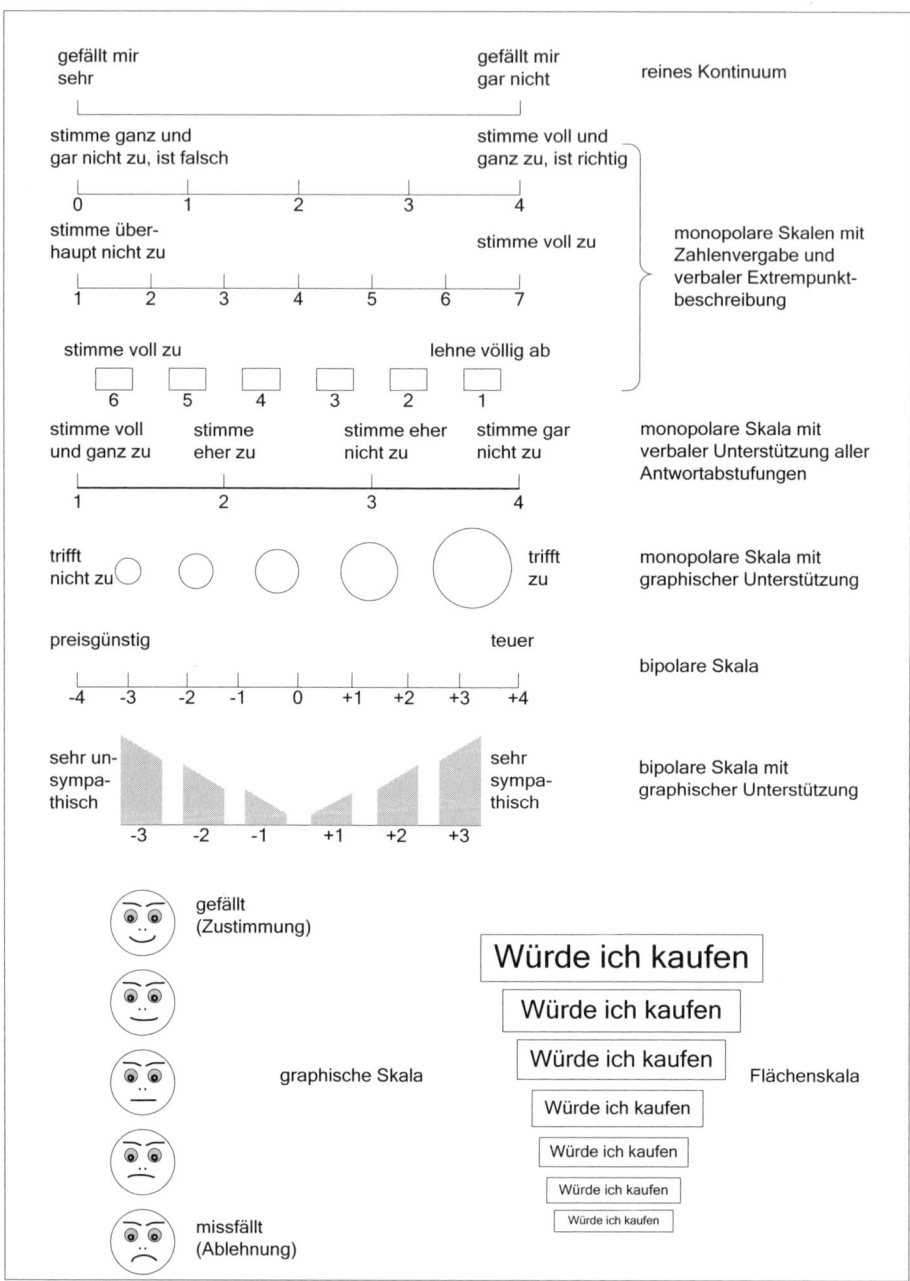

Abb. 2.12: Beispiele für Skalafragen

Der Vorteil geschlossener Fragen im Vergleich zu offenen Fragen liegt in deren besserer Auswertbarkeit und in der hohen Vergleichbarkeit der Antworten. Dem stehen jedoch auch verschiedene Nachteile gegenüber. Es ist z. B. möglich, dass keine der vorgesehenen Antwortkategorien die wirkliche Position des Befragten widerspiegelt. Um dennoch ein möglichst umfassendes Spektrum an Antwortkategorien zu erhalten, kann zum einen eine explorative Befragung mit offener Fragestellung vorgeschaltet werden, zum anderen kann eine Kategorie „Sonstiges" (mit beliebiger Antwortmöglichkeit) vorgesehen werden (vgl. Hüttner/Schwarting 2002, S. 103 f.). Zu beachten ist allerdings, dass ein hoher Anteil an Befragten, welche die Kategorie „Sonstiges" ankreuzen, die Ergebnisse der Studie gefährden kann. In jedem Falle sollte der Fragebogen daher vorab sorgfältig getestet werden. Die Angabe einer neutralen Antwortkategorie („weiß nicht", „weder noch" usw.) kann zwar dazu beitragen, Antwortausfälle zu reduzieren. Allerdings wird dadurch verhindert, dass Unentschlossene zum betreffenden Sachverhalt Stellung beziehen. Außer in dem Fall, dass Mehrfachnennungen zugelassen sind, müssen die Antwortkategorien zudem so formuliert werden, dass sie sich gegenseitig ausschließen.

Mehrfachauswahlfragen unterliegen prinzipiell einem Reihenfolge-Bias. Bei Auflistungen besteht eine Tendenz, verstärkt die erste bzw. letzte Kategorie anzukreuzen. Bei nummerischen Listen (z. B. Preise, Mengen) werden dagegen tendenziell mittlere Positionen angekreuzt. Aus diesem Grund empfiehlt sich auch hier die Anwendung der Split-Ballot-Technik, bei der verschiedenen Teilstichproben die Antwortkategorien in jeweils unterschiedlicher Reihenfolge präsentiert werden (vgl. zu dieser Problematik z. B. Krosnich/Alwin 1987).

Wenn es sich bei den Antwortkategorien um Klassen einer metrisch skalierten Variable handelt, so ist die Antwortverteilung häufig von der Definition der Skalengrenzen abhängig. Geht es bei der untersuchten Variable zudem um die Angabe von Häufigkeiten für ein bestimmtes Verhalten, neigen die Befragten zur Vermeidung der ersten und der letzten Kategorie, da sie bewusst oder unbewusst mittlere Positionen als „normales", „übliches" Verhalten interpretieren (vgl. Schwartz et al. 1985).

Beispiel 2.26:

Die Frage:
„Wie viele Zigaretten rauchen Sie pro Tag?"

wird mit großer Wahrscheinlichkeit unterschiedliche Antworten erzeugen, wenn folgende alternative Antwortkategorien vorgegeben werden:

Variante 1:   ☐ unter 5
                ☐ 5 - 10
                ☐ über 10

Variante 2:   ☐ unter 10
                 ☐ 10 - 20
                 ☐ über 20

Aufgrund der Tendenz, mittlere Positionen anzukreuzen, werden die Befragten bei Variante 1 tendenziell „weniger rauchen" als bei Variante 2.

Festlegung der Fragenreihenfolge und der Länge des Fragebogens

Nachdem die Fragenformulierung abgeschlossen ist, müssen die Fragen in eine sinnvolle *Reihenfolge* gebracht werden. Die Position der einzelnen Fragen im Fragebogen wird dabei u. a. von deren Aufgabe im Rahmen der Erhebung beeinflusst. In Abhängigkeit von der zur erfüllenden Aufgabe werden Fragen unterschieden in:
– Ergebnisfragen und
– Instrumentalfragen.

Ergebnisfragen sind Sachfragen zum eigentlichen Untersuchungsgegenstand und erlauben funktionelle Verknüpfungen. Sie machen i. d. R. den größten Teil eines Fragebogens aus. Flankiert werden Ergebnisfragen durch sog. *Instrumentalfragen*. Diese dienen nicht der unmittelbaren Informationsgewinnung, sondern primär der Steuerung des Befragungsablaufs. Dazu gehören z. B. Kontaktfragen, Kontrollfragen, Filter- und Gabelungsfragen.

In der Praxis haben sich hinsichtlich der Reihenfolge der Fragen einige *Prinzipien* bewährt (vgl. Böhler 2004, S. 100 f.; Churchill/Iacobucci 2005, S. 250 ff.). So sollte ein Fragebogen grundsätzlich wie folgt aufgebaut werden:
– Kontaktfragen,
– Ergebnisfragen,
– Kontrollfragen,
– Korrelationsfragen (z. B. Angaben zur Person).

Der Fragebogen sollte mit *Kontaktfragen* beginnen, um Misstrauen abzubauen und die Auskunftspersonen zur Mitarbeit zu motivieren. Solche Kontaktfragen sollen möglichst einfach zu beantworten sein und Interesse wecken, da die Bereitschaft zur weiteren Bearbeitung des Fragebogens sehr stark vom ersten Eindruck abhängt. Fragen, die als zu schwierig, uninteressant oder gar bedrohlich empfunden werden, gefährden die gesamte Befragung. Bewährt haben sich z. B. Fragen nach der Meinung des Befragten zu einem bestimmten Objekt, da Menschen gerne den Eindruck gewinnen, dass ihre Meinung wichtig ist.

Spezifische Fragen sollten erst nach allgemeineren Fragen gestellt werden (*Trichter-Prinzip*). Ansonsten besteht die Gefahr einer zu frühen Sensibilisierung des Befragten für ein bestimmtes Thema – im Beispiel 2.27 der Service.

Beispiel 2.27:

1) „Welche Eigenschaften spielen beim Kauf eines Fernsehgeräts für Sie eine Rolle?"
2) „Wenn Sie einen Fernseher kaufen: Wie wichtig ist Ihnen der Service?"

Die Fragen sollten in einer *logischen Reihenfolge* gestellt werden. Alle Fragen zu einem bestimmten Themenkomplex sollten gestellt werden, bevor ein neuer Themenkomplex beginnt. Auch sollte der Fragebogen möglichst *abwechslungsreich* gestaltet werden, um Monotonie zu vermeiden. Dies kann durch thematische Abwechslung oder Veränderung von Fragetechnik und Antwortmöglichkeiten geschehen.

Ausstrahlungseffekte sollten vermieden werden. Ausstrahlungseffekte entstehen, wenn vorausgehende Fragen den Befragten sensibilisieren und seine Gedanken in eine bestimmte Richtung lenken, sodass die Beantwortung nachfolgender Fragen nicht mehr unbeeinflusst ist (*Halo-Effekt*). Solche Ausstrahlungseffekte können u. a. durch einen gezielten Einbau von Puffer- und Ablenkungsfragen reduziert werden.

Filter- und *Gabelungsfragen* ermöglichen je nach Antwortverhalten der Befragten unterschiedliche Befragungsabläufe. Bei allen Formen computergestützter Befragungen ist die Verwaltung solcher Ablaufordnungsfragen relativ unproblematisch; bei schriftlichen Befragungen stößt die Verwendung dieser Fragen hingegen an Grenzen, da die Befragten durch zu viele Gabelungsfragen verwirrt werden können.

Schwierige oder *sensible Fragen* sollten am Ende eines Fragebogens platziert werden. Die Beantwortung solcher Fragen ist insb. davon abhängig, ob es dem Forscher zuvor gelungen ist, beim Befragten Interesse und Vertrauen zu wecken, ansonsten droht Antwortausfall.

Korrelationsfragen sollten ebenfalls erst am Ende einer Befragung gestellt werden. Da es sich bei Korrelationsfragen i. W. um persönliche Angaben wie Alter, Schulbildung, Einkommen etc. handelt, hätten die Befragten sonst das Gefühl, einem Verhör unterzogen zu werden, wenn solche Fragen gleich zu Beginn gestellt würden. Dies kann auch zu Antwortausfall führen.

Hinsichtlich der *Länge eines Fragebogens* gibt es keine verbindlichen Vorgaben, da die einem Befragten „zumutbare" Länge von Faktoren wie der Art der Befragung (schriftlich, face-to-face, telefonisch etc.), dem Typ des Befragten (Konsument, Einkäufer im Betrieb etc.), dem Thema der Befragung usw. abhängt. Als grobe Richtwerte lassen sich folgende Angaben verwenden: Bei Endverbraucherbefragungen sollte die Bearbeitungsdauer eines schriftlichen Fragebogens i. d. R. 30 bis 45 Minuten nicht überschreiten. Face-to-face-Befragungen erlauben eine längere Durchführungszeit, telefonische Befragungen dagegen nur eine kürzere (ca. 15 bis 20 Minuten). Für Onlinebefragungen können 20 Minuten angesetzt werden, selbstadministrierte mobile Befragungen sollten hingegen 10 Minuten nicht überschreiten.

Formale Gestaltung des Fragebogens

Die festgelegten Inhalte eines Fragebogens sollen im letzten Schritt in eine ansprechende äußere Form umgesetzt werden. Zu Beginn des Fragebogens sollte stets eine *Einführung* erscheinen, um Vertrauen und Interesse zu wecken und die Befragten von der Wichtigkeit ihrer Teilnahme zu überzeugen. Ferner sollte Vertraulichkeit bzw. Anonymität der Antworten zugesichert werden. Weiterhin enthält die Einführung ggf. Hinweise auf das Vorhandensein eines frankierten Rückumschlags, Incentives zur Teilnahme, grundsätzliche Anweisungen zum Ausfüllen des Fragebogens etc.

Die einzelnen Fragen sollten in geeigneter Weise aufgegliedert werden, z. B. in Form thematisch zusammenhängender *Blöcke*. Hinsichtlich der Anordnung der einzelnen Bestandteile des Fragebogens ist darauf zu achten, dass sie optisch voneinander getrennt werden, z. B. durch Umrahmungen, Schattierungen oder farbige Unterlegungen bzw. unterschiedliche Schriftarten bzw. Schriftgrößen. Auch sollte zwischen den einzelnen Fragen ein ausreichender *Abstand* sein, um den Eindruck der Überfüllung zu vermeiden. Zwar sollten Fragebögen so kurz wie möglich sein, um die Auskunftbereitschaft nicht zu beeinträchtigen; überfüllte Fragebögen sehen jedoch nicht gut aus, erscheinen als verwirrend und führen zu Fehlern im Antwortverhalten. Im Hinblick auf den Gesamteindruck des Fragebogens sollte auch auf eine gute *Papier- und Druckqualität* geachtet werden.

Für die Übersichtlichkeit des Fragebogens kann der Einsatz unterschiedlicher *Farben* und *Schriftarten* hilfreich sein, etwa zur optischen Trennung verschiedener Bestandteile des Fragebogens. Eine unterschiedliche Farbgebung kann auch für verschiedene Adressatengruppen verwendet werden, etwa private und gewerbliche Abnehmer, Befragte aus unterschiedlichen Bundesländern etc. Des Weiteren sollten die Fragebögen durchnummeriert sein, da dadurch eine Kontrolle der Feldarbeit wie auch die Kodierung und Analyse erleichtert werden. Vorsicht ist allerdings bei schriftlichen Umfragen geboten, da die Befragten darin möglicherweise eine Bedrohung ihrer Anonymität sehen.

Die Befragungsergebnisse lassen sich darüber hinaus durch den Einsatz von *Befragungshilfen* positiv beeinflussen. Dazu gehören – je nach Art der Befragung – Auflistungen (etwa von Produktmarken), grafische Darstellungen und Fotos, Karten, Skalen, Computeranimationen und Videos.

Vor der Hauptuntersuchung ist der Fragebogen einem *Pretest* zu unterziehen. Dabei sollten sämtliche Aspekte des Fragebogens getestet werden, also nicht nur Inhalt, Wortlaut und Reihenfolge der Fragen, sondern auch Länge, Anweisungen für Interviewer und Befragten, Layout etc. Der Umfang eines Pretests umfasst i. A. 15 bis 30 Befragungen; dies variiert jedoch in Abhängigkeit von der Heterogenität des Adressatenkreises. Bei mehreren Pretest-Stufen kann der erforderliche Stichprobenumfang durchaus größer sein.

Wiederholungsfragen

1. Grenzen Sie die schriftliche und die Face-to-face-Befragung voneinander ab.

2. Aus welchen Gründen geht die Bedeutung von Face-to-face-Interviews in der Marktforschungspraxis zurück?

3. Welche Vorteile weist die Onlinebefragung im Vergleich zur konventionellen schriftlichen Befragung auf?

4. Welche Vor- und Nachteile weisen Telefoninterviews auf?

5. In welchen Fällen können mobile Befragungen sinnvoll eingesetzt werden?

6. Welche Vor- und Nachteile weisen Mehrfachauswahlfragen auf?

7. Welche Bedeutung haben Skalafragen in der Marktforschung?

8. Was halten Sie von der folgenden Formulierung: „Nutzen Sie Internetseiten mit pornographischen Inhalten?"

9. Wie können Auskunftsfähigkeit und Auskunftsbereitschaft im Rahmen von Befragungen unterstützt werden?

10. Was sind Indikatoren? Was ist bei der Wahl von Indikatoren zu beachten?

1.3 Beobachtung

Lernziele

In diesem Kapitel erfahren Sie
– nach welchen Kriterien Beobachtungen klassifiziert werden können,
– wie Beobachtungen in der Marktforschung eingesetzt werden und
– welche Hilfsmittel zur Aufzeichnung des Beobachtungsgeschehens gebräuchlich sind.

Nach der Bearbeitung des Kapitels können Sie die einzelnen Beobachtungsmethoden beschreiben und deren wesentlichen Vor- und Nachteile erläutern.

1.3.1 Klassifikation und Charakterisierung von Beobachtungsmethoden

> Unter einer Beobachtung versteht man die planmäßige und systematische Erfassung sinnlich wahrnehmbarer Tatbestände im Augenblick ihres Auftretens.

Im Gegensatz zur sog. naiven Beobachtung ist die für die Marktforschung relevante wissenschaftliche Beobachtung charakterisiert durch

– einen exakt abgegrenzten Untersuchungsbereich,
– ein planmäßiges Vorgehen,
– eine systematische Aufzeichnung des aktuellen Geschehens sowie
– einer Überprüfung auf Objektivität, Reliabilität und Validität der Messung.

Da der Gegenstand einer Beobachtung sinnlich oder apparativ erfassbare Sachverhalte sind, ist die Beobachtung grundsätzlich unabhängig von der Auskunftsbereitschaft der Probanden. Gewisse Verfahren der Beobachtung erfordern jedoch aufgrund ihrer Anordnung die Zustimmung der beobachteten Person. Im Gegensatz zur Befragung kann das Verhalten der beobachteten Person objektiv erfasst werden. Allerdings können im Rahmen einer Beobachtung keine Ursachen für ein bestimmtes Verhalten erhoben werden. Beobachtungen können als eigenes Erhebungsverfahren oder aber im Rahmen von Panelerhebungen bzw. Experimenten durchgeführt werden. Sie lassen sich dabei nach verschiedenen *Kriterien* klassifizieren (vgl. z. B. Mangold/Kunert 2007, S. 309 sowie Abb. 2.13).

Kriterium	Formen
Strukturierungsgrad der Untersuchung	– Standardisierte Beobachtung – Nichtstandardisierte Beobachtung
Beobachtungsumfeld	– Feldbeobachtung – Laborbeobachtung
Partizipationsgrad des Beobachters	– Teilnehmende Beobachtung – Nichtteilnehmende Beobachtung
Durchschaubarkeit der Erhebungssituation	– Offene Situation – Nicht durchschaubare Situation – Quasibiotische Situation – Biotische Situation
Form der Datensammlung	– Manuelle Erfassung – Apparative Erfassung

Abb. 2.13: Typologie von Beobachtungen

Strukturierungsgrad der Untersuchung

Der Strukturierungsgrad der Untersuchung bezeichnet das Ausmaß, in welchem Anlage und Inhalt der Beobachtung, die Beobachtungssituation sowie die Art der Aufzeichnung vorgegeben sind. Im Rahmen einer *standardisierten Beobachtung* wird der zu beobachtende Sachverhalt durch ein präzises Beobachtungsschema strukturiert. Das Beobachtungsschema ist eine Art Leitfaden, der eine Reihe definierter Beobachtungskategorien enthält; nur solche Sachverhalte werden erfasst, welche in die vorgegebenen Beobachtungskategorien fallen. Ein standardisiertes Vorgehen erleichtert die Quantifizierung und Auswertung der Daten; auch wird der (subjektive) Einfluss des Beobachters bei der Erfassung und Kodierung der beobachteten Tatbestände reduziert (vgl. Böhler 2004, S. 102). Allerdings eignet sich die standardisierte Beobachtung nur für vergleichsweise einheitliche und leicht überschaubare Vorgänge. Bei einer *nicht-standardisierten Beobachtung* fehlt die Vorstrukturierung des zu beobachtenden Sachverhalts; dadurch ist das Verfahren offener und flexibler und kann zur Hypothesengewinnung im Rahmen explorativer Studien eingesetzt werden. Die Kodierung, Quantifizierung und Auswertung der beobachteten Sachverhalte sind allerdings äußerst schwierig.

Beobachtungsumfeld

Nach dem Beobachtungsumfeld wird zwischen Feldbeobachtung und Laborbeobachtung unterschieden. Im Rahmen einer *Feldbeobachtung* werden die interessierenden Vorgänge in der gewohnten, natürlichen Umgebung des Probanden erfasst. Dies hat den Vorteil, dass der Beobachtete nicht unbedingt von der Beobachtung erfahren muss. Hingegen erfolgt eine *Laborbeobachtung* in einem Studio unter künstlich geschaffenen Bedingungen, wodurch die Zustimmung der Teilnehmer erforderlich ist. Dem Vorteil der Isolierbarkeit und Kontrollierbarkeit der interessierenden Faktoren steht der Nachteil einer möglichen Verhaltensverzerrung aufgrund der künstlichen Situation gegenüber. In dem Maße, in welchem Laborbeobachtungen auf der Grundlage konkreter Versuchsanordnungen erfolgen, nähern sie sich einem Experiment (vgl. Hüttner/Schwarting 2002, S. 15).

Partizipationsgrad des Beobachters

Beim Partizipationsgrad des Beobachters geht es um die Frage, welche Rolle der Beobachter im Rahmen der Beobachtungssituation einnimmt und ob seine Rolle dem Beobachteten bekannt ist. Bei der *teilnehmenden Beobachtung* wirkt der Beobachter am Beobachtungsgeschehen mit, d. h. er spielt bei der Untersuchung eine aktive Rolle und nimmt auf die Abläufe Einfluss. Soll die Rolle des

Beobachters unbekannt bleiben, muss er bei der Untersuchung eine Funktion übernehmen, die seine Anwesenheit rechtfertigt und kein Misstrauen erregt. Die teilnehmende Beobachtung bietet sich dort an, wo aus der Interaktion zusätzliche Erkenntnisse gewonnen werden sollen. Beispiel hierfür ist das sog. *Silent Shopping* oder *Mystery Shopping*, im Rahmen dessen der Beobachter als Käufer auftritt und eine reale Kaufsituation simuliert. Dadurch kann er bestimmte Qualitätsmerkmale überprüfen, z. B. Erhältlichkeit des Produkts im Geschäft, Verhalten des Verkäufers, Platzierung etc. Der Beobachter berichtet an den Auftraggeber, was erhebliche ethische Bedenken aufwirft. Aufgrund des starken Einflusses des Beobachters auf das Beobachtungsgeschehen eignet sich die teilnehmende Beobachtung insb. für explorative Analysen, wenn also das zu untersuchende Phänomen noch vergleichsweise unbekannt ist.

Den Regelfall in der Marktforschung bildet allerdings die *nichtteilnehmende Beobachtung,* bei der der Beobachter lediglich die Aufgabe hat, das Geschehen wahrzunehmen und zu registrieren. Das Verfahren ist objektiver, da der Beobachter nicht aktiv auf das Geschehen einwirkt und daher in seiner Wahrnehmung unabhängig ist. Allerdings hat er keinen Einfluss auf das Beobachtungsgeschehen.

Durchschaubarkeit der Erhebungssituation

Die Durchschaubarkeit der Beobachtungssituation bezeichnet das Ausmaß, in welchem dem Beobachteten die Untersuchungssituation bewusst ist. Je weniger dem Probanden die Beobachtungssituation bewusst ist, umso natürlicher wird sein Verhalten sein, und umso besser sind daher die Ergebnisse der Untersuchung. Dabei werden folgende Beobachtungssituationen unterschieden (vgl. Abb. 2.14):
– offene Situation,
– nicht durchschaubare Situation,
– quasi-biotische Situation und
– biotische Situation.

Bei einer *offenen Beobachtung* tritt häufig ein sog. *Beobachtungseffekt* ein, d. h. aufgrund des Wissens um die Beobachtung verhält sich der Teilnehmer anders als unter normalen Bedingungen. Deshalb werden i. A. *verdeckte* Formen der Beobachtung vorgezogen. Auf damit verbundene ethische und rechtliche Probleme, die dadurch entstehen, dass die Untersuchung ohne Einwilligung und Wissen des Teilnehmers durchgeführt wird, sei hier nur hingewiesen.

Offene Situation	Nicht durchschaubare Situation	Quasi-biotische Situation	Biotische Situation
• Der Beobachtete weiß von der Beobachtung • er kennt deren Zweck und deren eigentliche Aufgabe • Beispiel: Beobachtung der Handhabung von Produkten in einer häuslichen Situation	• Der Beobachtete weiß von der Beobachtung • er kennt deren Zweck, nicht aber deren eigentliche Aufgabe • Beispiel: Beobachtung des Markenwahlverhaltens im Rahmen eines Store-Tests, wenn der Beobachtete nicht weiß, um welche Produktkategorie es sich handelt	• Der Beobachtete weiß von der Beobachtung • er kennt weder deren Zweck, noch deren eigentliche Aufgabe • Beispiel: Blickregistrierungsverfahren beim Werbemitteltest	• Der Beobachtete weiß nicht von der Beobachtung • er kennt weder deren Zweck, noch deren eigentliche Aufgabe • Beispiel: Wartezimmertest

Quelle: Fantapié Altobelli 1998, S. 320.
Abb. 2.14: Beobachtungssituationen

Form der Datensammlung

Nach diesem Kriterium wird unterschieden, ob die Aufzeichnung des Beobachtungsgeschehens durch den Beobachter selbst oder durch technische Hilfsmittel erfolgt. Quantitative Tatbestände wie z. B. die Aufzeichnung von Kundenwegen oder Zählungen von Kunden können durch den Beobachter selbst vorgenommen werden; komplexere Untersuchungsgegenstände wie z. B. die Erfassung von Verhaltensreaktionen oder psychischer Zustände erfordern hingegen i. d. R. den Einsatz technischer Hilfsmittel (auf die verschiedenen Verfahren der Datensammlung wird ausführlich im nachfolgenden Abschn. 1.3.3 eingegangen).

Die Anwendung von Beobachtungen in der Marktforschung umfasst folgende Bereiche:
– Zählungen,
– Erfassung psychischer Zustände,
– Erfassung physischer Aktivitäten sowie
– Bestandsaufnahmen und Spurenanalysen.

Zählungen finden beispielsweise Anwendung bei der Erfassung von Passantenströmen für die Standortanalyse im Handel oder zur Ermittlung von Besucherfrequenzen in einem Geschäft oder Dienstleistungsbetrieb.

Von großer Bedeutung in der Marktforschung ist die Erfassung *psychischer Zustände*, sofern sie sich in physischen Reaktionen niederschlagen. Typische Anwendungsgebiete sind die Wahrnehmungsforschung oder die Messung von Erregungszuständen, z. B. Aktivierung beim Betrachten von Werbemitteln und Produkten. Anwendungen, welche die Erfassung *physischer Aktivitäten* zum Gegenstand haben, sind beispielsweise:

– Kundenlaufstudien, im Rahmen derer die Kundenwege in Geschäften aufgezeichnet werden (vgl. Abb. 2.15),
– Handhabungs- und Nutzungsbeobachtungen in der Produktforschung,
– Markenwahlverhalten in einem Geschäft,
– Blickverlauf beim Betrachten von Werbemitteln,
– Zuwendung zum Regal in einem Geschäft.

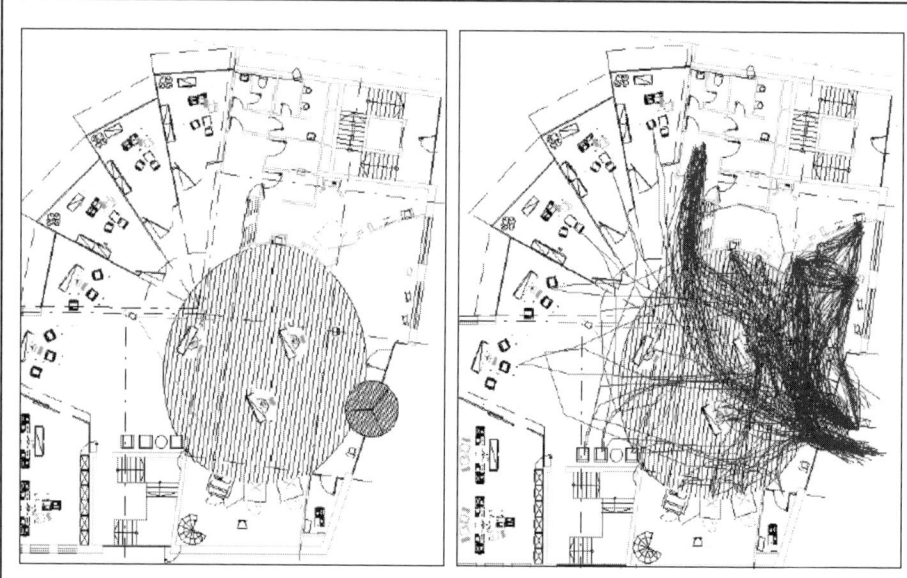

- Die Beratungsplätze weisen kaum Frequenz auf
- An den Überweisungsautomaten etc. kommt es zu Staus
- Die einzige Kasse ist zu versteckt
- Direkt vor den Toiletten kommt es häufig zu Staus

Quelle: gdp 2004, o. S.
Abb. 2.15: Beispiel einer Kundenlaufstudie in einer Bank

Bestandsaufnahmen können sowohl im Handel als auch bei Verbrauchern erfolgen. Im Rahmen eines sog. *Pantry-Checks* werden z. B. Vorratsschränke in Haushalten untersucht, um daraus auf die Verwendung bestimmter Produkte zu schließen. Bei *Spurenanalysen* werden nachträglich Indikatoren für den Ge- bzw. Verbrauch bestimmter Produkte erhoben, z. B. weggeworfene Zigarettenpackungen nach einem Fußballspiel oder Popkonzert, um die Marktanteile verschiedener Marken zu schätzen.

Bei der *Beurteilung* von Beobachtungen sind zunächst folgende *Vorteile* zu nennen:
– Beobachtungen können unabhängig von der Auskunftsbereitschaft und der Verbalisierungsfähigkeit der Probanden erfolgen.
– Mit Ausnahme der teilnehmenden Beobachtung entfällt das Problem der Beeinflussung durch den Beobachter.
– Sie ermöglichen die Erfassung von Sachverhalten, die den Probanden selbst nicht bewusst sind, etwa bei gewohnheitsmäßigen, nicht reflektierten Handlungen wie die Auswahl zwischen mehreren Marken im Verkaufsregal.
– Durch Beobachtungen können nonverbale Verhaltensweisen erfasst werden, z. B. Gestik oder Mimik als Reaktion auf bestimmte Stimuli.
– Auch komplexe Zusammenhänge, die nur schwer in Einzelindikatoren zerlegt werden können, lassen sich erforschen, z. B. Verwendungsverhalten bei bestimmten Produkten, Blickverlauf bei der Betrachtung von Werbemitteln.
– Bestimmte psychische Konstrukte wie Aktivierung, Wahrnehmung, Antwortsicherheit lassen sich unter Anwendung technischer Hilfsmittel deutlich zuverlässiger erfassen als durch eine Befragung.
– Es können Verhaltenssequenzen erfasst werden, die sonst nur durch wiederholte Interviews zu erheben wären (z. B. Konsumverhalten zu verschiedenen Jahreszeiten).
– Vorgänge können unmittelbar im Augenblick ihres Geschehens erfasst werden, sodass auch deutlich wird, in welchem Kontext bestimmte Geschehnisse erfolgen.
– Beobachtungen können andere Erhebungsmethoden ergänzen oder verifizieren, wodurch eine Kontrolle der Ergebnisse möglich wird.
– Beobachtungen sind geeignet, gruppendynamische Prozesse zu erfassen.

Demgegenüber stehen folgende *Nachteile* einer Beobachtung:
– Viele interessierende Sachverhalte entziehen sich einer Beobachtung. Dazu gehören die meisten psychologischen Konstrukte wie z. B. Einstellungen, Verhaltensabsichten, Präferenzen, Motive, aber auch viele sozioökonomische und demographische Variablen.
– Bei nichtexperimentellen Beobachtungen kann die Ursache für ein bestimmtes Verhalten nur ermittelt werden, wenn zusätzlich eine Befragung vorgenommen wird.
– Die Beobachtung weist z. T. erhebliche Repräsentanzprobleme auf. Laborbeobachtungen erfolgen mit zumeist kleinen Stichproben; bei Feldbeobachtungen ist die Auswahl der Probanden willkürlich oder bestenfalls systematisch, abhän-

gig von Ort, Tageszeit etc. der Beobachtung. Man denke z. B. an die Beobachtung des Einkaufsverhaltens in einem Supermarkt.

- Vorgänge, die sich über einen längeren Zeitraum erstrecken oder nur in großen Zeitabständen auftreten, würden eine sehr lange Erhebungsdauer erfordern, sodass eine Beobachtung rein aus Kostengründen nicht in Frage kommt.
- Analog zum Interviewereinfluss bei der Befragung ist bei der Beobachtung ein Beobachtereinfluss festzustellen. Bei der teilnehmenden Beobachtung greift der Beobachter ohnehin ins Geschehen ein, aber auch bei der nichtteilnehmenden Beobachtung unterliegt der Beobachter einer selektiven Wahrnehmung.
- Bei komplexen Fragestellungen und Anwendung einer standardisierten Beobachtung ist ein umfassendes Beobachtungsschema mit einer Vielzahl sich gegenseitig ausschließender Beobachtungskategorien erforderlich, wodurch die Datenaufnahmekapazität des Beobachters schnell an Grenzen stößt.
- Bei nichtverdeckten Beobachtungssituationen tritt auf Seiten der Untersuchungsperson ein Beobachtungseffekt, d. h. eine Verhaltensänderung aufgrund des Wissens um die Beobachtung ein.
- Die beobachteten Merkmale sind u. U. unterschiedlich interpretierbar, d. h. ein und dasselbe Verhalten kann unterschiedlich gedeutet werden.
- Beobachtungssituationen sind nur unter Laborbedingungen wiederholbar. Damit sind die Ergebnisse von Feldbeobachtungen nicht ohne Weiteres vergleichbar.
- Die zeitliche Abfolge der beobachteten Ereignisse ist vom Forscher nicht direkt steuerbar.

1.3.2   Aufzeichnungsverfahren der Beobachtung

Aufzeichnung durch den Beobachter

Viele Vorgänge lassen sich durch den Beobachter selbst erfassen, also ohne Zuhilfenahme technischer Hilfsmittel. Die Aufzeichnung erfolgt manuell, etwa mit Hilfe von Handzählern, Stoppuhren, Stift und Block, Strichlisten etc. Bei nichtteilnehmenden Beobachtungen ist die Aufzeichnung vergleichsweise unproblematisch, da der Beobachter nicht am Geschehen teilnimmt. Bei teilnehmenden Beobachtungen wie z. B. beim Mystery Shopping sollte die Aufzeichnung möglichst unauffällig erfolgen.

Die persönliche Beobachtung kann nur bei vergleichsweise einfachen Aufgaben eingesetzt werden, z. B. Zählungen (vgl. Hüttner/Schwarting 2002, S. 160 f.). Grenzen findet die persönliche Beobachtung bei komplexen Fragestellungen, bei welchen mehrere Merkmale gleichzeitig erhoben werden müssen.

Apparative Verfahren

Apparative Verfahren werden bei experimentell angelegten Beobachtungen in Laborsituationen eingesetzt. Häufige Anwendungsgebiete sind die Werbemittelforschung und die Produktforschung. Sie lassen sich unterteilen in (vgl. Abb. 2.16):
– Verfahren der Aktualgenese,
– Verfahren der Psychomotorik und
– Verfahren der Mechanik.

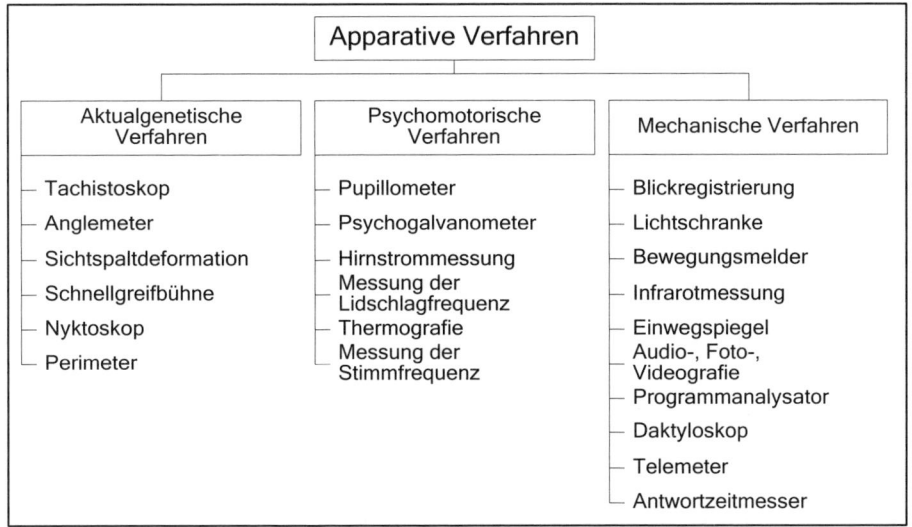

Abb. 2.16: Übersicht gebräuchlicher apparativer Beobachtungsverfahren

Unter Aktualgenese versteht man den Prozess der Entstehung von Wahrnehmung und Gestaltauffassung komplexer Stimuli.

Verfahren der Aktualgenese arbeiten mit technischen Mitteln der Wahrnehmungserschwerung für Objekte (z. B. Verkürzung, Verkleinerung, Verdunkelung), um Aussagen über deren erste Anmutung auf die Probanden zu gewinnen. Hierbei soll die oftmals nur kurze und unbewusste Zuwendung zu einem Objekt (Produkt, Werbemittel) simuliert werden. Wichtigste Hilfsmittel sind:
– *Tachistoskop:* Mit Hilfe eines Tachistoskops wird die visuelle Wahrnehmung nach kurzzeitiger Darbietung eines Reizes erfasst. Die Dauer der Darbietung unterschreitet dabei anfangs deutlich die Schwelle einer bewussten Wahrnehmung der Augen und wird anschließend sukzessive erhöht. Anwendung findet das Tachistoskop in der Werbemittel- und der Produktforschung.

– *Schnellgreifbühne:* Bei einer Schnellgreifbühne handelt es sich um einen Kasten mit Schließmechanik. In diesem Kasten befinden sich mehrere Objekte (i. d. R. Produkte), die dem Probanden nur für eine kurze Zeit dargeboten werden. Dieser muss sich spontan für ein Objekt entscheiden.
– *Nyktoskop:* Mit Hilfe eines Nyktoskops wird das Untersuchungsobjekt (ausgehend von völliger Verdunkelung) sukzessive aufgehellt, um dessen Wahrnehmungsentstehung zu erfassen. Eingesetzt wird das Nyktoskop insb. zur Werbewirkungsmessung.
– *Perimeter:* Beim Perimeter handelt es sich um ein Gerät, welches das zu untersuchende Objekt von der Randzone des Blickfelds eines Probanden sukzessive in dessen Mitte rückt. Dadurch soll die Identifizierung des Objekts bzw. einzelner Elemente analysiert werden.

> Psychomotorische oder psychobiologische Verfahren werden eingesetzt, um bei den Probanden unwillkürliche physische Reaktionen auf einen Stimulus zu messen. Daraus wird auf die interessierende, die physische Reaktion hervorrufende psychische Variable geschlossen (Erregung, Aktivierung, Aufmerksamkeit).

Psychomotorische Verfahren werden insb. in der Werbemittelforschung eingesetzt. Gebräuchliche Verfahren sind dabei (vgl. Pepels 1995, S. 246 f.):
– *Pupillometer:* Beim Pupillometer handelt es sich um eine Augenkamera, welche die Veränderung des Pupillendurchmessers erfasst. Die gemessene Änderung wird als Indikator für den Grad der Aktivierung des Probanden herangezogen.
– *Psychogalvanometer:* Mit Hilfe eines Psychogalvanometers wird die elektrodermale Reaktion (Hautwiderstand) auf einen Stimulus gemessen. Die elektrische Leitfähigkeit der Hautoberfläche wird dabei als Indikator für die Aktivierung (z. B. bei Darbietung eines Werbemittels) herangezogen.
– *Hirnstrommessung* (Elektroenzephalogramm): Mittels auf der Kopfhaut des Probanden angebrachter Elektroden werden die Gehirnströme gemessen. Höhe und Verlauf der aufgezeichneten Gehirnströme erlauben Rückschlüsse auf die Aufnahme und Verarbeitung von Reizen, z. B. von Werbemitteln.
– Messung der *Lidschlagfrequenz:* Mittels einer Kamera wird die Veränderung der Lidschlagfrequenz als Reaktion auf einen bestimmten Stimulus (z. B. Werbemittel) gemessen. Eine Erhöhung der Lidschlagfrequenz wird als Indikator für die Aktivierung aufgefasst.

Neuere Ansätze im Bereich apparativer Techniken gehen dabei vom sog. *Neuromarketing* aus. Während die traditionelle Marktforschung nur den bewussten Teil der Willensbildung von Konsumenten erfassen kann, wird im Rahmen des Neuromarketing z. B. mit Hilfe der Magnetresonanztomographie (MRT) versucht, auch den unbewusst ablaufenden Teil des Entscheidungsfindungsprozesses zu beleuchten. Ziel ist es, dadurch ein tieferes Verständnis für das menschliche Konsumverhalten zu erlangen (vgl. Hubert/Kenning 2008).

> Mechanische Verfahren werden im Rahmen nichtteilnehmender Beobachtungen eingesetzt, um die Wahrnehmung von Objekten zu erfassen.

Neben den gängigen Audio- und Videoaufzeichnungen sind weitere wichtige *mechanische Verfahren* (vgl. z. B. Pepels 1995, S. 248 ff.):

- *Blickregistrierung:* Der Blickregistrierung kommt insb. im Rahmen der Werbemittelforschung eine große Bedeutung zu. Das Grundprinzip besteht darin, dass der Blickverlauf eines Probanden beim Betrachten eines Bildes (z. B. Werbeanzeige) erfasst wird. Es wird registriert, welche Elemente wie lange in welcher Reihenfolge betrachtet werden. Dadurch gewinnt man Einblicke, wie Werbeanzeigen wahrgenommen werden. (vgl. Abschn. 2.3.2 im 4. Teil).
- *Lichtschranke:* Lichtschranken werden zur Zählung von Besuchern, Passanten etc. eingesetzt; darüber hinaus werden Verweildauer und Betrachtungsabstand erfasst. Dieselbe Funktion erfüllen Bewegungsmelder und Infrarotmessungen.
- *Einwegspiegel:* Ein Einwegspiegel ist eine nur einseitig durchsichtige Glasscheibe, welche das verdeckte Beobachten des Verhaltens von Testpersonen erlaubt. Einwegspiegel werden beispielsweise zur Beobachtung von Gruppendiskussionen eingesetzt, wobei insb. Mimik, Gestik etc. analysiert werden.
- *Telemeter:* Beim Telemeter handelt es sich um ein Zusatzgerät, das an Fernsehgeräten angebracht wird. Mit dessen Hilfe werden Programmwahl und Einschaltdauer von Testpersonen oder -haushalten erfasst (vgl. die Ausführungen im Zusammenhang mit Fernsehzuschauerpanels in Abschn. 1.4.1.4).
- *Antwortzeitmessung:* Bei computergestützten Befragungsmethoden wird bspw. die Zeit erfasst, die zwischen dem Erscheinen einer Frage auf dem Bildschirm und der Eingabe der Antwort über die Tastatur verstreicht. Die Antwortzeit dient als Indikator für das Ausmaß an Überzeugung der Testpersonen.

Computergestützte Verfahren

Obwohl viele der bisher dargestellten Verfahren durchaus mit Hilfe moderner IT unterstützt werden, zählen zu den computergestützten Techniken speziell solche, für die der Einsatz der IT ein konstituierendes Merkmal darstellt. Hierzu gehören insb.

- das Scanning,
- die RFID-Technik sowie
- die Onlinebeobachtung.

Scanning ermöglicht es, den Kassiervorgang im Handel und damit auch die Verkaufsdatenerfassung weitgehend zu automatisieren. Große Bedeutung hat das Scanning im Rahmen von Panelerhebungen erlangt (vgl. Abschn. 1.4).

Ermöglicht wurde die artikelspezifische Datenerfassung durch die Einführung einer einheitlichen Europäischen Artikelnummerierung (EAN) im Jahre 1977. Der EAN-Code wird von den Herstellern auf den Produkten angebracht und wird an der Kasse mit Hilfe eines elektronischen Lesegeräts (Scanner) registriert. Für die Erfassung kommen entweder Laser-Scanner oder LED-Scanner zur Anwendung. Diese registrieren und entschlüsseln die im Strichcode enthaltenen Informationen und wandeln sie in alphanummerische Zeichen um. Die EAN-Nummer ist 13-stellig (vgl. Abb. 2.17); die ersten beiden Ziffern stellen dabei das Länderkennzeichen dar. Die nachfolgenden 5 Ziffern beinhalten die sog. Bundeseinheitliche Betriebsnummer (bbn); die weiteren 5 Ziffern geben die individuelle Artikelnummer des Herstellers an. Die letzte Ziffer ist eine Prüfziffer. Zur elektronischen Erfassung wird die EAN-Nummer in einen Strichcode umgewandelt.

Beim Einlesen wird die EAN-Nummer an einen Computer weitergeleitet, der den Verkauf des Artikels erfasst und dessen Bestand fortschreibt. Gleichzeitig wird der Preis des Artikels an die Kasse gesendet. Die Scannertechnologie erlaubt es, schnelle, genaue und detaillierte Verkaufsdaten zu liefern (Art, Anzahl, Verkaufsart und -datum, Verkaufspreis etc.), was erhebliche Vorteile für die Warenbewirtschaftung und das Marketing mit sich führt.

Länderkennzeichen		Bundeseinheitliche Betriebsnummer „bbn"				Individuelle Artikelnummer des Herstellers					Prüfziffer
4	0	0	4	7	4	4	0	2	0	9	2	8

Abb. 2.17: Beispiel für eine EAN-Nummer

Die *RFID-Technik* (Radio Frequency Identification) ermöglicht es, Daten an Objekten zu lesen und zu speichern, ohne diese zu berühren oder Sichtkontakt zu ihnen zu haben. Ein RFID-System besteht im Wesentlichen aus einem Sender, dem sog. Transponder, und einem Lesegerät. Im Transponder sind auf einem Chip die relevanten Daten gespeichert (z. B. Artikeldaten). Diese werden auf Abruf ausgesendet und durch das Lesegerät erfasst (vgl. ausführlich Kern 2006; umfassende Informationen zu diesem Thema sind auch unter www.rfid-journal.de erhältlich).

Ähnlich wie Strichcodes dient RFID dazu, Waren schnell identifizieren und damit den Warenfluss beobachten zu können. Allerdings können auf dem Chip deutlich umfangreichere und detailliertere Daten gespeichert werden als nur Artikelnummer, Menge, Preis etc., etwa auch, um welche konkrete Packung es sich handelt, aktueller Standort usw. Auch sind die Chips im Gegensatz zu Strichcodes veränderbar, was die Kennzeichnung etwa bei Sonderpreisaktionen erleichtert. Dies ermöglicht es bspw. Logistikunternehmen, sämtliche Sendungen zweifelsfrei zu identifizieren und deren aktuellen Status zu überprüfen. Zudem arbeitet das System über eine Funkverbindung und damit über eine größere räumliche Distanz. Abb. 2.18 zeigt schematisch die Funktionsweise von RFID.

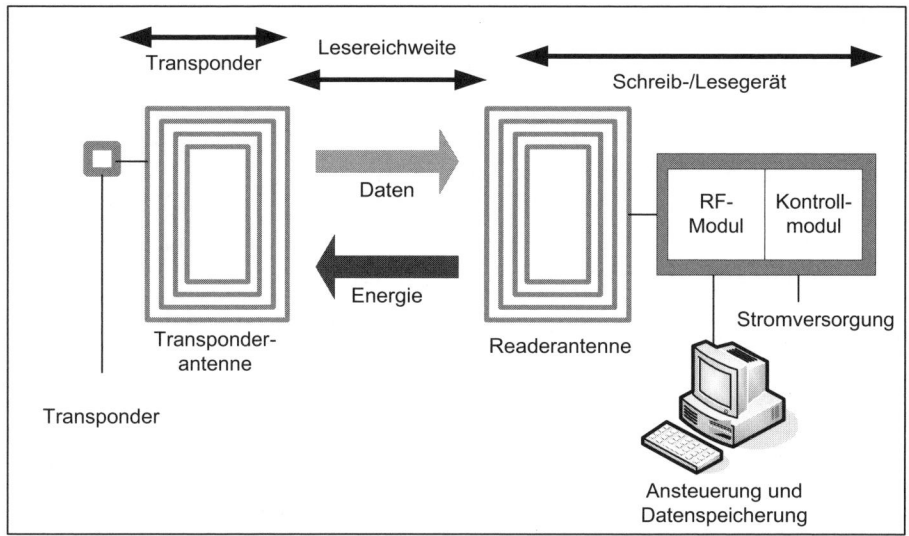

Quelle: www.aibis.de/de/pdf/rfid.pdf.
Abb. 2.18: Funktionsweise von RFID

Eine besondere Bedeutung hat das System für den Handel sowie für die Logistikbranche, da eine flächendeckende Einführung des Systems erhebliche Kosteneinsparungen sowie eine höhere Prozesseffizienz erwarten lässt. Auch ein unbemerkter Ladendiebstahl ist mit dieser Technologie praktisch nicht mehr möglich. Bedenken herrschen allerdings im Hinblick auf den Daten- und Persönlichkeitsschutz, da Daten über das Kaufverhalten eines Konsumenten auch ohne dessen Einwilligung gespeichert und verarbeitet werden können. Auch ein unbefugtes Ausspähen und eine missbräuchliche Nutzung von Daten seitens Dritter sind nicht gänzlich ausgeschlossen.

Die *Onlinebeobachtung* eignet sich insb. zur Gewinnung von *Nutzerprofilen*, z. B. Such- und Bestellverfahren, bevorzugte Informationen und Produkte usw. Logfiles speichern Informationen über Host-/Domain-Name des anfragenden Rechners, Datum und Uhrzeit der Anfrage, Name der abgerufenen Dateien. Solche Daten bilden die Grundlage zur Ermittlung von Reichweitenkennziffern wie Page Views, Visits u. Ä., sie erlauben jedoch keine Identifikation einzelner Nutzer. Durch sog. *Cookies* ist es möglich, die einzelnen Nutzer zu identifizieren. Cookies werden beim Abruf einer Webseite vom Server an den eigenen Rechner mitgeschickt. Bei der Erzeugung des jeweiligen Cookies werden Daten aus den Logfiles übernommen, um eine erneute Identifizierung des Nutzers jederzeit wieder zu ermöglichen. Somit ist es dem Content-Provider möglich, spezifisches Online-Verhalten des Nutzers auf seinem Server festzustellen.

Weitere Möglichkeiten der Onlinebeobachtung bestehen in der Analyse von *Weblogs, Brand Communities* und *sozialen Netzwerken* im Internet. Diese unter dem Stichwort „User Generated Content" agierenden Plattformen enthalten eine Fülle unverzerrter Informationen über aktuelle und potenzielle Kunden, welche durch systematisches Monitoring für Unternehmen nutzbar gemacht werden können. Daneben besteht die Möglichkeit, das Nutzungsverhalten auf der Grundlage einer freiwilligen Nutzerkennung zu erfassen.

Wiederholungsfragen

1. Was versteht man unter teilnehmender und nichtteilnehmender Beobachtung? Welche Vor- und Nachteile weisen die Verfahren jeweils auf?

2. Geben Sie einen Überblick über offene bzw. verdeckte Beobachtungsanordnungen. Welche Vor- und Nachteile weisen verdeckte Verfahren im vergleich zur offenen Beobachtung auf?

3. Geben Sie einen Überblick über die wichtigsten apparativen Aufzeichnungsverfahren für Beobachtungen auf.

4. Welche grundlegenden Vor- und Nachteile weist eine Beobachtung im Vergleich zu einer Befragung auf?

1.4   Panelerhebungen

Lernziele

In diesem Kapitel erfahren Sie
– welchen Stellenwert Panelerhebungen in der Marktforschung haben,
– welche Daten Panels für die Markenartikelindustrie liefern können,
– in welcher Weise Paneldaten erhoben und ausgewertet werden.

Nach der Bearbeitung des Kapitels sind Sie in der Lage, die einzelnen Panelarten zu beschreiben und kritisch zu hinterfragen sowie die wesentlichen Vor- und Nachteile der verschiedenen Methoden zu erläutern.

1.4.1   Klassifikation und Charakterisierung von Panelerhebungen

Kennzeichnung und Arten von Panelerhebungen

> Im Rahmen einer Panelerhebung wird derselbe Sachverhalt zu stets gleichen, wiederkehrenden Zeitpunkten bei der stets gleichen Stichprobe auf die stets gleiche Art und Weise erhoben.

Insofern handelt es sich bei Panelerhebungen um *Längsschnittanalysen*. Ziel ist die Ermittlung von *Marktveränderungen*, etwa als Folge von Marketingmaßnahmen. Die Erhebung von Paneldaten kann sowohl auf der Grundlage von Befragungen als auch von Beobachtungen erfolgen; darüber hinaus können Panels bei entsprechender Anordnung auch als (quasi-)experimentelles Design angesehen werden (vgl. Hüttner/Schwarting 2002, S. 183). Aus der Sicht von Unternehmen handelt es sich bei Panelerhebungen um *Sekundärerhebungen*, da Paneldaten von Marktforschungsinstituten erhoben und gegen Entgelt den Kundenunternehmen zur Verfügung gestellt werden (vgl. Böhler 2004, S. 69); andererseits werden Panels auch zur Ad-hoc-Forschung im Auftrag einzelner Kunden herangezogen, was sie wieder in die Nähe von Primärerhebungen rückt.

Abzugrenzen sind Panelerhebungen von sog. Omnibus- bzw. Befragungspanels (vgl. Günther/Vossebein/Wildner 2006, S. 8). Wie Panels sind *Befragungspanels* feststehende Stichproben; diese werden jedoch in unregelmäßigen Abständen zu unterschiedlichen Untersuchungsgegenständen befragt. Ein Befragungspanel hat den Vorteil der konstanten Stichprobe, wodurch z. B. Fehlkontakte bei der Erhebung in kleinen Zielgruppen vermieden werden. Des Weiteren können aus der Gesamtstichprobe Teilstichproben für spezifische Fragestellungen gezogen werden.

Panelerhebungen sind darüber hinaus von *Wellenerhebungen* abzugrenzen, im Rahmen derer unterschiedliche Stichproben im Zeitablauf zum selben Erhebungsgegenstand untersucht werden; die Stichproben sind bei Wellenerhebungen zwar gleichartig, sie bestehen jedoch bei jeder Befragungswelle aus unterschiedlichen Personen. Ein Beispiel hierfür ist AGOF Markt-Media-Studie „internet facts", bei der Reichweiten von Online-Medien und Nutzungsverhalten der Internetnutzer vierteljährlich erhoben werden.

Nach dem Untersuchungsgegenstand können handelsbasierte und Spezialpanels unterschieden werden. *Handelsbasierte Panels* erfassen den Abverkauf des Handels bzw. den Einkauf von Verbrauchern sämtlicher bzw. ausgewählter Warengruppen, wohingegen *Spezialpanels* spezifischen Zwecken dienen, z. B. Fernsehzuschauerpanels, Produkttestpanels, Industriepanels oder Verpackungspanels (vgl. hierzu den Überblick bei Günther/Vossebein/Wildner 2006, S. 98 ff.). Eine Mischform stellen sog. *Single Source-Panels* dar, bei welchen neben den Einkäufen der Verbraucher auch deren Mediennutzung erfasst wird. Dadurch können z. B. Zusammenhänge zwischen Absatz und Werbung untersucht werden.

Nach dem Befragtenkreis wird zwischen Handels- und Verbraucherpanels unterschieden. *Handelspanels* werden in Deutschland u. a. von Nielsen (Bereich Food) und der GfK (Bereich Non Food) unterhalten; die Paneldaten werden mittels Beobachtung auf der Grundlage der Warenbestände sowie der An- und Abverkäufe der interessierenden Artikel im Berichtszeitraum erhoben. Im Rahmen von *Verbraucherpanels* werden hingegen die Einkäufe der Verbraucher erfasst.

Handelspanels

Aufgabe von Handelspanels ist die Ermittlung der Entwicklung von Warenbewegungen, Preisen und Lagerbeständen der einbezogenen Handelsgeschäfte.

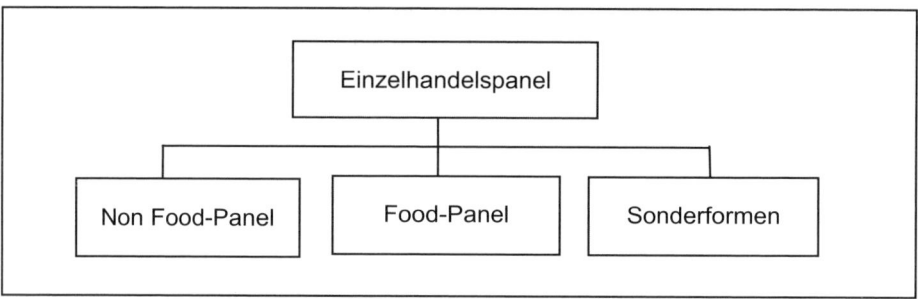

Abb. 2.19: Arten von Handelspanels

Standardinformationen aus Handelspanels umfassen insb.
– Absatzmengen, Umsätze und Marktanteile von Produkten,
– Distributionsgrad der Produkte (Anteil der Geschäfte, die das Produkt führen, ungewichtet sowie nach Umsatzgrößen gewichtet),
– Durchschnittspreise, Regalplatz und Promotion-Maßnahmen.

Die Informationen können dabei nach Geschäftstypen, Umsatzgrößenklassen oder Standorten weiter untergliedert werden. Abb. 2.19 zeigt die verschiedenen Formen von (Einzel-)Handelspanels im Überblick.

Einzelhandelspanels haben bereits eine lange Tradition; das erste wurde 1933 von Nielsen etabliert. Unterteilt werden können Einzelhandelspanels in Food-Panels und Non Food-Panels; daneben existieren noch Sonderformen. *Food-Panels* umfassen sämtliche FMCG-Warengruppen (Fast Moving Consumer Goods), d. h. neben Lebensmitteln auch solche Warengruppen, die üblicherweise im Lebensmitteleinzelhandel verfügbar sind, wie z. B. Körperpflege, Reinigungs- und Waschmittel. Aufgrund der Vielfalt an Vertriebswegen für bestimmte Artikel werden dabei nicht nur Geschäfte des Lebensmitteleinzelhandels, sondern auch Drogerien, Getränkeabholmärkte usw. in solche Panels einbezogen (vgl. Günther/Vossebein/Wildner 2006, S. 79). Nicht alle Handelsbereiche werden jedoch abgedeckt, so fehlen z. B. einige Discounter, der nichtstationäre Einzelhandel und der Versandhandel. Ein Beispiel ist das Nielsen Handelspanel.

Beispiel 2.28: Das Nielsen Handelspanel

Im Rahmen des Nielsen Handelspanels wird die Entwicklung von Warengruppen, Marken und Einzelartikeln erhoben. Erfasst werden neben klassischen Lebensmittelgeschäften auch Discounter (außer Aldi, Lidl, Norma), Drogeriemärkte sowie Tankstellenshops. Dabei sind folgende Erhebungen möglich:
- kontinuierliche Marktbeobachtung (Retail Measurement),
- Betrachtung einzelner Handelsketten im Hinblick auf eine spezifische Fragestellung (Key Account Tracking) sowie
- Erhebung weiterer erklärender Faktoren wie z. B. Platzierungsqualität und Lagerbestände (Store Observation).

Retail Measurement Analysen stellen das Kernstück des Panels dar. Das scanningbasierte Handelspanel dient der kontinuierlichen Beobachtung aller im Lebensmittelhandel, in Drogeriemärkten sowie in Tankstellen und Rasthäusern verkauften Produktgruppen. Die Paneldaten liefern Informationen über Marktgrößen, Marktanteile und erklärende Faktoren wie z. B. Preis, Distribution, Promotions. Die Datenbasis liefern wöchentliche Scanning-Informationen sowie monatlich manuell erhobene Informationen für die nicht verscannten Geschäfte. Der Datenabruf kann zweimonatlich, monatlich oder wöchentlich erfolgen. Die Wochendaten bilden die Grundlage für die Bewertung der Handelswerbung wie kurzfristige Preissenkungen, Displays, Anzeigen in Handzetteln und Tageszeitungen.

Key Account Tracking liefert Scanning-Informationen über die Entwicklung von Produkten in einzelnen Vertriebsschienen der großen Handelskonzerne. Dadurch können Markenartikler den Erfolg ihrer Produkte bzw. begleitender Marketingmaßnahmen bei den wichtigsten Handelsketten beobachten; die Daten werden auf Wunsch wöchentlich geliefert, je nach Warengruppe sind Detailinformationen bis zu zwei Jahren rückwirkend verfügbar.

Das Modul *Store Observation* bietet als Ergänzung Informationen über die Präsenz, Platzierung und Frische der in den Geschäften angebotenen Produkte. Die Untersuchung erfolgt auf der Basis einer repräsentativen Stichprobe, der Erhebungs- bzw. Lieferrhythmus beträgt bis zu 13 Mal pro Jahr. Es können u. a. folgende Informationen erhoben werden:
- Preis- und Promotiontracking,
- Platzierungsqualität (Regalplatzierung in Rück-, Greif- oder Streckzone; Sonderplatzierungen),
- Regalanteile der eigenen Produkte im Verhältnis zur Konkurrenz,
- Lagerbestände,
- Ablaufdaten sowie
- Ausverkäufe.

Quelle: Nielsen 2010.

Non Food-Panels umfassten zu Beginn der Berichterstattung insb. die Warengruppen Foto- und Do-it-yourself, etwas zeitverzögert die Warengruppen der

Braunen und Weißen Ware. Durch die stetige Veränderung der Einzelhandels-landschaft – u. a. das Entstehen neuer und veränderter Absatzkanäle für die Hersteller, etwa der Vertrieb von PCs bei Discountern – haben sich zahlreiche zusätzliche Warengruppen und Vertriebskanäle ergeben, die durch ein Non Food-Panel abgedeckt werden müssen.

Die Erfassungshäufigkeit variiert je nach Warengruppe. Während bei Weißer Ware die Daten im zweimonatlichen Rhythmus erhoben werden, erfolgt die Berichterstattung bei saisonalen Warengruppen seltener, z. B. bei Skisportgerä-ten dreimonatlich im Winter- und halbjährlich in den Sommermonaten. Auf-grund der Tatsache, dass Produkte im Non Food-Bereich in zunehmendem Maße über die unterschiedlichsten Distributionskanäle vertrieben werden, müssen für jede Warengruppe die verschiedensten Einzelhandelsbranchen bzw. -betriebsformen in einem Panel berücksichtigt werden.

Neben den Grundformen des Food- und des Non Food-Panels, welche für ei-ne Vielzahl von Warengruppen unterhalten werden, existieren noch *gesonderte Panels* für ausgewählte Warengruppen bzw. Vertriebskanäle, wie z. B. das Niel-sen ScanTrack Pharma, ein Apothekenpanel, im Rahmen dessen der Absatz von Gesundheits- und Körperpflegemitteln in Apotheken erhoben wird, oder das GfK Webmonitoring Distanzhandel für Betreiber von Onlineshops.

Verbraucherpanels

> Während Handelspanels die Abverkäufe in Handelsgeschäften erfassen, zielen Verbraucherpanels auf die Erhebung von Einkäufen der Endverbraucher ab.

Nicht erfasst werden dabei Großverbraucher wie Kantinen, Krankenhäuser etc. Abb. 2.20 zeigt die verschiedenen Arten von Verbraucherpanels im Über-blick. Neben den dargestellten Endverbraucherpanels existieren noch sog. *Vor-verbraucherpanels*, etwa mit Autoreparaturbetrieben, Heizungsinstallateuren etc., die hier jedoch nicht näher betrachtet werden.

Standardinformationen aus Verbraucherpanels sind (vgl. Günther/Vossebein/Wildner 2006, S. 223 ff.):
– Einkaufsmenge und Einkaufswert (insgesamt und pro Käufer),
– Anzahl der Käufer (Erstkäufer und Wiederholungskäufer),
– Durchschnittspreise,
– Marktanteile (mengen- und wertmäßig),
– Aktionspreise,
– Aktionseinkäufe (mengen- und wertmäßig).

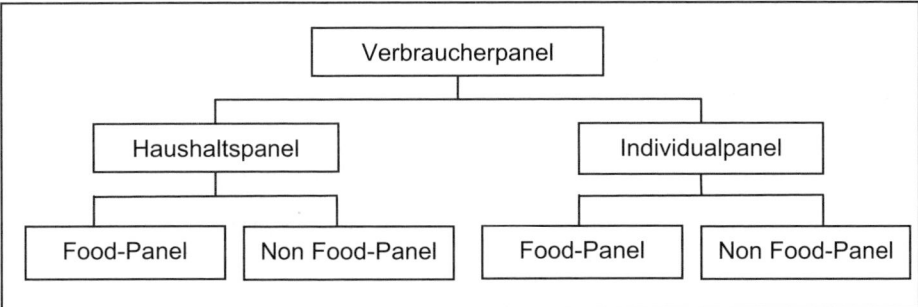

Abb. 2.20: Arten von Verbraucherpanels

Auch Verbraucherpanels werden in Deutschland schwerpunktmäßig von Nielsen und der GfK durchgeführt. Die größte Bedeutung haben dabei *Haushaltspanels*. Im Rahmen eines Haushaltspanels werden Warengruppen erfasst, die grundsätzlich gemeinsam vom Haushalt (und nicht von einzelnen Haushaltsmitgliedern) genutzt werden. Erfasst wird allerdings nicht der eigentliche Ge- oder Verbrauch, sondern der Einkauf der einzelnen Produkte (vgl. Hüttner/Schwarting 2002, S. 185 f.). In Haushaltspanels werden sowohl Waren des Food- als auch des Non Food-Bereichs erfasst. Ähnlich wie bei Handelspanels umfassen *Food-Panels* neben Lebensmitteln auch solche Warengruppen, die üblicherweise im Lebensmitteleinzelhandel bezogen werden (Fast Moving Consumer Goods). Ein Beispiel ist das GfK ConsumerScan Haushaltspanel.

Beispiel 2.29: Das GfK ConsumerScan Haushaltspanel

Die Stichprobe von ConsumerScan umfasst 30.000 private Haushalte (deutsche und ausländische Haushalte). Das Panel basiert auf fortlaufend erhobenen Daten von Haushalten, die ihre täglichen Einkäufe aufzeichnen. Die Berichte geben Auskunft über Käufercharakteristika, -verhalten, -reichweiten, Bedarfsdeckung, Markennamen, Nebeneinanderverwendung etc.

Die GfK bietet folgende Analyseinstrumente an:
- *Brand and Market Tracking* (laufende Beobachtung von Märkten und Marken, Käufer, Kaufvolumen),
- *Consumer Dynamics* (Analyse von Marktveränderungen),
- *Planning* (Unterstützung der Planung des Marketing-Mix z. B. durch Erfassung des Kunden-Response),
- *Modelling* (Identifizierung von Verhaltensmustern, softwaregestützte Simulation, Prognose und Optimierung von Marketing-Mix-Strategien).

Erfasst werden über 300 Warengruppen aus dem Bereich der Fast Moving Consumer Goods in den Kategorien:
- *Beverages:* Haushaltseinkäufe und Außer-Haus-Konsum von Getränken;
- *Body- and Homecare:* Körper-/Haarpflege und Kosmetik, Wasch-/Putz- und Reinigungsmittel, nicht verschreibungspflichtige Medikamente, Babycare, Papier;
- *Food:* Lebensmittel, Blumen und Heimtierbedarf;
- *Handel:* Studien über alle Warengruppen für Handelskunden.

Quelle: GfK 2005a und 2009a.

Non Food-Panels umfassen Gebrauchsgüter und Dienstleistungen. Ein Beispiel hierfür ist das GfK ConsumerScope Haushaltspanel.

Beispiel 2.30: Das GfK ConsumerScope Haushaltspanel

ConsumerScope umfasst 20.000 Panelteilnehmer, die repräsentativ sind für die rd. 36. Mio. deutsche Privathaushalte. Nicht abgedeckt sind ausländische Haushalte sowie Personen, die nicht in Privathaushalten leben (z. B. Altersheime, Bundeswehr, Gefängnisse, Klöster usw.). Das Panel wird unterteilt in vier strukturgleiche Unterstichproben von jeweils 5.000 Haushalten, darunter eine Online-Unterstichprobe mit 8.400 Haushalten. Von sämtlichen Haushaltsmitgliedern werden jährlich soziodemographische Daten erhoben: Bundesland, Ortsgröße, Alter, Haushaltsnettoeinkommen, Haushaltsgröße, Berufstätigkeit, Schulbildung, Kinderzahl und Wohnverhältnisse. ConsumerScope umfasst folgende Module:
- Einkaufstracking sowie
- Paneleinfragen/Ad-hoc-Services.

Die Befragung erfolgt postalisch in monatlichen Abständen.

Das ConsumerScope Informationssystem

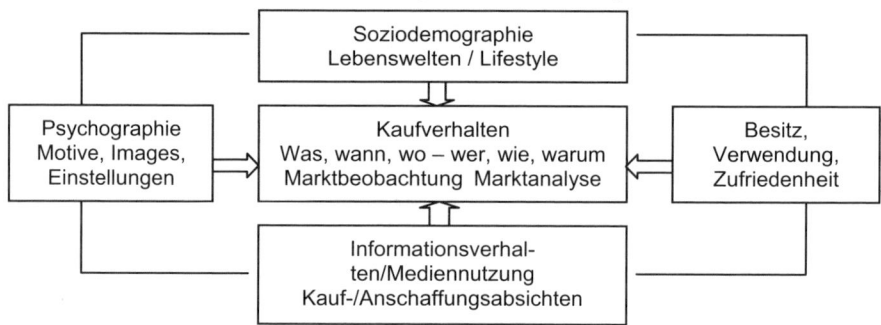

Erfasst werden im *Einkaufstracking* der Kauf von Gebrauchsgütern und Dienstleistungen und die entsprechenden monetären Ausgaben. In periodischer Berichterstattung (monatlich/quartalsweise/halbjährlich oder jährlich) werden u. a. folgende Basisinformationen ausgewiesen:
- Marktvolumina und Marktanteile,
- Einkaufsstättenanteile/Key Accounts,
- Durchschnittspreise/Preisklassen,
- Käuferreichweiten und Käuferstrukturen,
- Einkaufshäufigkeiten und Durchschnittsausgaben.

Spezielle Informationsbedürfnisse zu einzelnen Produkten, zu Zielgruppen und ihren Kaufverhaltensmustern, zu Verhaltensänderungen in Abhängigkeit von Angeboten oder Marktveränderungen, zum Einkaufsverhalten und zu vielen Consumer Insights kann durch gezielte Sonderanalysen aus den Kaufdaten heraus beantwortet werden.

Erfasst werden dabei folgende Gebrauchsgüter und Dienstleistungen:
- *GfK Entertainment:* Musik, Buch, DVD, Games/Software, Kino, Commercial Download, Mobile Content, Foto/Fotofinishing;
- *GfK Handel und Dienstleistungen:* Versandhandel, Tourismus, Gewinnspiele, E-Commerce, Direktmarketing, Spenden, Mobilität, Automobil, PBS (Papier-, Büro-, Schreibwaren):
- *GfK Living:* Möbel & Küchen, Elektrogeräte, Haushaltswaren, Sanitär, Energie, Neubau & Renovierung, Haus- & Heimtextilien, Heimwerker & Garten;
- *GfK Technologies:* Unterhaltungselektronik, IT, Telekommunikation.

Weitere Informationen zu quantitativen und qualitativen Rahmenbedingungen und Einflussfaktoren des Kaufverhaltens liefern *Paneleinfragen/Ad-hoc-Services.* Dazu gehören:

- Bestandserhebungen / Ownership Analysis,
- Segmentierungen,
- Nutzungs- und Verbrauchsuntersuchungen,
- Image- & Attitude-Untersuchungen,
- Zielgruppen-Nachbefragungen.

Quellen: GfK 2005a, 2009b.

Während Haushaltspanels haushaltsbezogene Einkäufe erfassen, werden im Rahmen von *Individualpanels* Produkte erfasst, welche unmittelbar das einzelne Individuum betreffen, etwa den persönlichen Bedarf an Kosmetika oder Tabakwaren. Solche Panels können zum einen allgemeiner Natur sein, d. h. es werden die Einkäufe von Panelteilnehmern bzgl. einer ganzen Reihe von üblicherweise nicht im Gesamtverband des Haushalts verbrauchten Waren erfasst (*allgemeine Panels*). *Sonderformen* ergeben sich zum anderen dadurch, dass von vornherein Verbraucher bestimmter Güter ausgewählt werden, wie Raucher, junge Mütter für die Warengruppe Babynahrung etc. (vgl. Hüttner/Schwarting 2002, S. 186). Ein Beispiel hierfür ist das GfK ConsumerScope Individualpanel, welches zahlreiche Warengruppen im Non Food-Bereich abdeckt, insb. Musik und Unterhaltungselektronik.

Spezialpanels

Spezialpanels werden zu bestimmten Zwecken bzw. für bestimmte Branchen erhoben; wichtige Spezialpanels sind Fernsehzuschauerpanels und Mini-Testmarktpanels.

Fernsehforschung wird in Deutschland seit dem Start des Sendebetriebs des ZDF im Jahre 1963 betrieben; seit 1985 ist hierfür die GfK-Fernsehforschung in Nürnberg zuständig. Im Gegensatz zu Verbraucher- und Handelspanels, welche von den Marktforschungsinstituten aufgebaut und betrieben werden und deren Ergebnisse Eigentum des betreibenden Instituts sind und an interessierte Hersteller verkauft werden, wird die Zuschauerforschung im Auftrag der Sender durchgeführt; die Daten sind Eigentum der Auftraggeber (vgl. Günther/Vossebein/Wildner 2006, S. 108). Fernsehzuschauerpanels liefern Daten über die Sehbeteiligungen von Sendern bzw. Sendungen insgesamt und bei einzelnen Zielgruppen, welche als Grundlage für die Planung der Fernsehprogramme dienen können. Darüber hinaus liefern die Daten der Fernsehforschung auch Anhaltspunkte für die Qualität der von den Sendern angebotenen Werbezeiten, d. h. für die Fähigkeit, bestimmte Zielgruppen qualitativ und quantitativ zu erreichen. Diese Daten beeinflussen im hohen Maße die Preisforderungen für die einzelnen Werbezeiten und dienen den Werbetreibenden als Grundlage für ihre Mediaplanung.

Beispiel 2.31: GfK Fernsehforschung

Die Fernsehzuschauerforschung hat die Aufgabe, die Fernsehnutzung in privaten Fernsehhaushalten über alle in Deutschland empfangbaren Sender abzubilden. Auftraggeber ist die Arbeitsgemeinschaft Fernsehforschung (AGF), welche 1988 als Zusammenschluss der Öffentlich-rechtlichen mit den Privatsendern entstand. Die Daten, die die GfK erhebt, stehen der AGF als Auftraggeber exklusiv zur Verfügung, d. h. die Datenverwertungsrechte liegen bei der AGF. Die AGF vergibt jedoch auch an Sender, die ihr nicht angehören, Lizenzen zur Datennutzung. Darüber hinaus versorgt die AGF über ein Werbekundenabonnement insb. Agenturen und Werbungtreibende mit Reichweitendaten. Erhebungsbasis ist ein von der GfK etabliertes Panel deutscher Fernsehhaushalte.

Das AGF-/GfK-Fernsehpanel besteht aus 5.640 privaten Haushalten mit ca. 13.000 Personen ab 3 Jahren. Damit ist es das weltweit größte Panel der Fernsehzuschauerforschung. Die Größe des Fernsehpanels erlaubt für alle Anwender aus dem Programm- und Werbesektor sehr differenzierte Zielgruppenanalysen. Durch die regional disproportionale Verteilung der Haushalte sind auch für jedes Bundesland und für wichtige Ballungsräume Auswertungen des Fernsehnutzungsverhaltens möglich.

Seit Beginn des Jahres 2000 sind neben den deutschen Fernsehhaushalten auch Haushalte einbezogen, deren Mitglieder in Deutschland leben und aus einem anderen Land der Europäischen Union stammen. Das AGF-/GfK-Fernsehpanel ist damit repräsentativ für die insgesamt 34,3 Millionen deutschen und EU-Haushalte in der Bundesrepublik Deutschland. In diesen Haushalten wird ein spezielles Messgerät installiert, das *GfK-Meter*, das die Fernsehnutzung aller Haushaltsmitglieder ab 3 Jahren misst. Die Fernsehnutzungsdaten des Panels werden dann auf alle deutschen Fernsehhaushalte hochgerechnet. Das GfK-Meter misst und speichert sekundengenau

– das An- und Abschalten des Fernsehgerätes,
– jeden Umschaltvorgang (bis zu 198 Programme werden registriert),
– alle anderen Verwendungsmöglichkeiten des Fernsehgeräts (z. B. Videospiele, Videotext inkl. Seitenerkennung bzw. TOP-Text),
– Aufnahme und Wiedergabe von selbst- oder fremdaufgezeichneten Videokassetten (Erfassung nach Kanal, Aufnahmedatum und -zeit).

Dazu wird jedes Empfangsgerät im Haushalt (Fernseher, Videorecorder, Satellitenreceiver) an das GfK-Meter angeschlossen. Die sekundengenau registrierten Daten werden im GfK-Meter gespeichert und nachts über die Telefonleitung und ein Modem automatisch an die GfK-Fernsehforschung weitergeleitet. Jeweils am Tag nach der Ausstrahlung des Programms übermittelt die GfK-Fernsehforschung noch vor 9:00 Uhr die Fernsehnutzungsdaten des Vortags.

Ergänzt wird die Panelforschung durch spezielle Ad-hoc-Mediastudien, z. B.:
– Programmpräferenzen in Kabelnetzen,
– Online-Nutzung,
– Nutzung und Beurteilung von Pay-TV,
– Mediennutzung bestimmter Bevölkerungsgruppen (u. a. „Türken in Deutschland"),
– Feldtests zur Einführung neuer Medientechnologien (z. B. DVB-T).

Darüber hinaus können individuelle Auswertungsservices genutzt werden (z. B. Sehertypologien, individuelle Zielgruppenermittlungen u. v. A. m.).

Quelle: GfK 2005b.

Mini-Testmarktpanels dienen nicht der laufenden Marktbeobachtung, sondern ermöglichen den Ad-hoc-Test verschiedener Marketing-Mix-Instrumente; insofern handelt es sich um unechte Panels, obwohl sie auf der Grundlage von Haushaltspanels durchgeführt werden. Auch handelt es sich um quasi-experimentelle Untersuchungsdesigns, sodass sie eher den experimentellen Verfahren zuzuordnen sind. Die Haushalte können gezielt mit präparierten Medien aus dem Print- und TV-Bereich konfrontiert werden, wodurch verschiedene Elemente des Marketing-Mix wie Einführung neuer oder veränderter Produkte, Fernsehspots, Printanzeigen oder Instore-Aktivitäten unter realen Bedingungen getestet werden können. In Deutschland werden Mini-Testmarktpanels von der GfK angeboten. Der sog. GfK BehaviorScan mit dem Testmarkt Haßloch in der Pfalz wird ausführlich in Kap. 1 im 5. Teil des Buches dargestellt.

1.4.2 Erhebung und Auswertung von Paneldaten

Eine Panelerhebung vollzieht sich allgemein in folgenden Stufen:
– Definition der Grundgesamtheit,
– Festlegung der Stichprobe,
– Erfassung der Daten sowie
– Auswertung und Berichterstattung.

Die *Grundgesamtheit* eines Handelspanels (im Folgenden wird auf Einzelhandelspanels als wichtigste Variante eingegangen) umfasst i. d. R. mehrere Geschäftstypen, z. B. Supermärkte, Verbrauchermärkte, Discounter, Drogerien usw. Die Grundgesamtheit eines *Haushaltspanels* wird aus Privathaushalten mit ständigem Wohnsitz in Deutschland gebildet (seit 2003 inkl. Ausländerhaushalte). Sog. „abgeleitete Haushalte" wie Altersheime, Haftanstalten, Bundeswehr etc. werden nicht einbezogen, da sich die dort ansässigen Haushaltsmitglieder nur eingeschränkt selbst versorgen. Bei *Individualpanels* werden i. d. R. in Privathaushalten lebende Personen ab 10 Jahren berücksichtigt, es sei denn, es interessiert nur eine ganz bestimmte Zielgruppe (z. B. Autobesitzer). Abb. 2.21 zeigt die Startseite des Nielsen Haushaltspanels zur Akquisition von Panelteilnehmern.

Grundsätzlich muss eine *Panelstichprobe* wie bei jeder Teilerhebung für die Grundgesamtheit repräsentativ sein, d. h. die Ergebnisse aus der Stichprobe müssen Rückschlüsse auf die Grundgesamtheit erlauben; des Weiteren muss man aus ihr die Werte der Grundgesamtheit mit hinreichender Genauigkeit schätzen können (vgl. die Ausführungen in Abschn. 3.2.3). Bei Handelspanels erfolgt die Erhebung typischerweise auf der Grundlage einer disproportional geschichteten Stichprobe. Innerhalb der einzelnen Schichten erfolgt dann eine Quotenauswahl. Bei Verbraucherpanels erfolgt i. d. R. eine mehrstufige, geschichtete Quotenauswahl (vgl. Günther/Vossebein/Wildner 2006, S. 20 ff. und 32 ff.).

Die *Datenerfassung* erfolgt im *Handelspanel* durch körperliche Inventur der Mitarbeiter des Instituts sowie durch elektronische Erfassung mittels Scannerkassen. Bei *Verbraucherpanels* sind folgende Erhebungsmethoden üblich (vgl. GfK 2007; Günther/Vossebein/Wildner 2006, S. 43 ff.):
– PoS-Scanning, bei welchem die Einkäufe mittels Scannerkasse erfasst werden,

– Electronic Diary, bei welchem die Einkäufe mit einem mobilen Lesegerät registriert werden und per Modem an das Marktforschungsinstitut übertragen werden sowie
– Interneterfassung, bei der zuerst mittels eines Lesestifts die Strichcodes der gekauften Artikel gescannt werden. Der Stift wird in die USB-Schnittstelle eines mit dem Internet verbundenen PCs gesteckt und die Daten werden an die GfK übertragen.

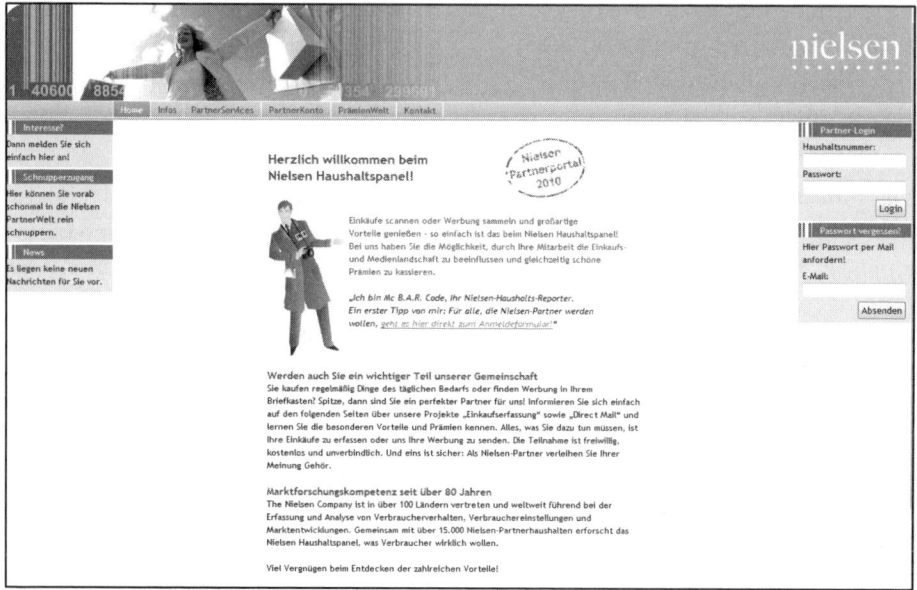

Quelle: www.nielsen-partner.de.
Abb. 2.21: Startseite des Nielsen Haushaltspanels

Die *Standardauswertungen* umfassen beim Handelspanel eine ganze Reihe von Kennziffern (sog. *Basisfakts;* vgl. Günther/Vossebein/ Wildner 2006, S. 128 ff.):
– Verkauf (mengen- und wertmäßige Abverkäufe des Handels für die einzelnen Marken);
– Zukauf (mengen- und wertmäßige Einkäufe der verschiedenen Handelsunternehmen bzw. Absatzmittler während der Berichtsperiode);
– Bestand (alle Bestände eines Artikels am Erhebungsstichtag);
– Distribution (z. B. Distributionsgrad). Die Distributionsdaten gehören zu den wichtigsten Informationen von Handelspanels, zumal diese – im Gegensatz zu Absatzmengen, Umsätzen oder Marktanteilen – aus Verbraucherpanels nicht zu ermitteln sind (vgl. Böhler 2004, S. 80).

Standardberichte	Sonderanalysen

- Gesamtmarktgrößen
- Marktanteile
- Teilmärkte
   - Gebiete
   - Einkaufsstätten
   - Sorten etc.
- Käuferstrukturen
- Packungsgrößen/-arten
- Geschmacksrichtungen
- Durchschnittspreise
	- Einkaufsintensität
	- Markentreue
	- Kum. Käufer / Wiederkäufer
	- Bedarfsdeckung
	- Käuferwanderung
	- Gain-and-Loss-Analysen
	- Einführungsanalysen
	- Aktionsanalysen
	- Kombinationsanalysen
	- Preisanalysen (-elastizitäten/-abstände)
	- Prognosen (Parfitt/Collins)

Quelle: Berekoven/Eckert/Ellenrieder 2009, S. 130.
Abb. 2.22: Leistungsspektrum von Verbraucherpanels

Bei Verbraucherpanels werden im Rahmen von Standardberichten z. T. ähnliche Informationen wie beim Handelspanel erhoben (Mengen, Preise, Marktanteile etc.). Sonderanalysen spielen bei Verbraucherpanels jedoch die größere Rolle, da sie tiefere Einsichten in das Käuferverhalten ermöglichen. Abb. 2.22 zeigt die verschiedenen Auswertungsmöglichkeiten von Haushaltspanels im Überblick. Eine sehr ausführliche Beschreibung der Auswertungsmöglichkeiten von Haushaltspanels findet sich bei Günther/Vossebein/Wildner 2006, S. 223 ff.

1.4.3 Methodische Probleme von Panelerhebungen

Methodische Probleme von Panelerhebungen betreffen zum einen die Repräsentanz, d. h. die Übertragbarkeit der Panelergebnisse auf die Grundgesamtheit; zum anderen sind Panelergebnisse oftmals mit Validitätsproblemen behaftet. Die *Repräsentanz von Panelergebnissen* wird eingeschränkt durch:
- Marktabdeckung (Coverage),
- Auswahlverfahren,
- Verweigerungsrate sowie
- Panelsterblichkeit.

Die *Marktabdeckung* dient als Kennzeichen dafür, inwieweit die Grundgesamtheit eines Panels in der Lage ist, die tatsächlichen Verkäufe bzw. Einkäufe einer Warengruppe zu erfassen. Aufgrund der engen Definition der Grundgesamtheiten sowohl im Handels- als auch im Verbraucherpanel sind bestimmte Marktteilnehmer oft nicht enthalten, etwa Versandhandel in Handelspanels oder Großhaushalte in Verbraucherpanels (vgl. Abb. 2.23). Weitere Probleme ergeben sich bei Handelspanels durch die Zunahme alternativer Vertriebswege wie Factory Outlets, das Internet u. a., welche die Marktabdeckung weiter verringern.

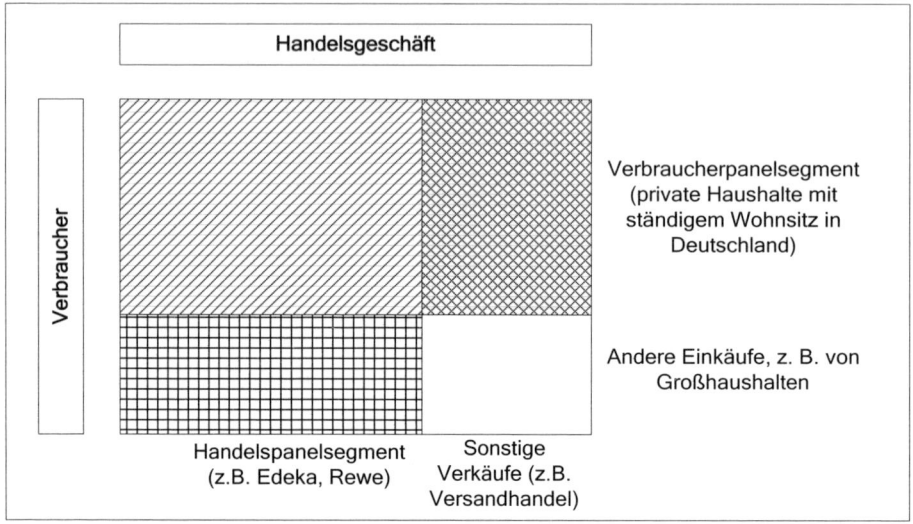

Abb. 2.23: Coverage von Verbraucher- und Handelspanels

Das *Auswahlverfahren* bei Panelerhebungen erfolgt nicht im Rahmen einer Zufallsauswahl, sondern i. d. R. auf der Grundlage einer bewussten Auswahl, meist in Form einer mehrstufigen Klumpenauswahl in Verbindung mit einer Quotenauswahl. Dadurch wird die Repräsentativität der Panelergebnisse ebenfalls eingeschränkt.

Die *Verweigerungsrate* spielt insb. bei einem Haushaltspanel eine Rolle – sie kann dort bis zu 90% betragen. Der Grund liegt in dem für Verbraucher hohen erforderlichen Zeitaufwand. Das Problem ist deswegen besonders gravierend, weil die Verweigerungsrate bei bestimmten Bevölkerungsgruppen besonders hoch ist – z. B. bei höheren Einkommensschichten, jüngeren Zielgruppen und in größeren Gemeinden. Bei Handelspanels ist die Bereitschaft zur Teilnahme größer, jedoch sind Verweigerungen auch hier nicht unbekannt (z. B. Aldi).

Die *Panelsterblichkeit* bezeichnet den Ausfall von Panelteilnehmern aus einem laufenden Panel. Abgesehen von einer „natürlichen" Sterblichkeit aufgrund von Tod oder Umzug sind hier insb. Ausfälle von Panelteilnehmern aufgrund von Zeitmangel, nachlassender Motivation, Ermüdung etc. von Bedeutung. So wird die Panelsterblichkeit im GfK-Haushaltspanel mit durchschnittlich 20% bis 30% pro Jahr beziffert; deutlich höher fällt sie bei bestimmten Gruppen, wie z. B. jungen Einpersonenhaushalten aus (vgl. Günther/Vossebein/Wildner 2006, S. 36). Aus diesem Grunde unterhalten Marktforschungsinstitute eine Ersatzstichprobe, in der sich Haushaltsschichten befinden, die von der Panelsterblichkeit besonders betroffen sind. Die im Panel entstehenden Lücken werden nach einem Quotenmodell in regelmäßigen Abständen durch ähnliche Haushalte aus der Ersatzstichprobe aufgefüllt.

Die (interne) *Validität von Panelergebnissen* wird durch sog. Paneleffekte eingeschränkt. Als *Paneleffekt* wird die Tatsache bezeichnet, dass sich Panelmitglieder durch die Teilnahme am Panel anders verhalten als sie es im Normalfall täten, wodurch sie für die Grundgesamtheit atypisch werden. Dies kann auch bei Handelspanels eintreten, ist aber insb. bei Verbraucherpanels von Bedeutung. Typische Paneleffekte sind (vgl. Böhler 2004, S. 74; Berekoven/Eckert/Ellenrieder 2009, S. 24 ff.):

– Die Teilnehmer kaufen bewusster ein (z. B. preis- oder kalorienbewusster), wodurch sich das Kaufverhalten verändert.

– Aus Prestigegründen werden mehr (oder höherpreisige) Einkäufe angegeben, als sie tatsächlich getätigt werden ("Overreporting").

– Bei längerer Panelzugehörigkeit treten Ermüdungserscheinungen auf, wodurch die Teilnehmer nachlässiger werden.

Diese Effekte konnten teilweise gemildert werden, seit die Einkaufserfassung auf elektronischem Wege erfolgt. Zudem zeigt die Erfahrung, dass die ersten beiden Paneleffekte nach kurzer Eingewöhnungszeit wieder abgebaut werden. Aus diesem Grunde gelangen neu angeworbene Panelteilnehmer erst nach einer gewissen Anlaufzeit in die Auswertung. Um Paneleffekten sowie Panelsterblichkeit zu begegnen, führen die Institute zudem eine regelmäßige *Panelrotation* durch, d. h. ein Teil des Panels wird durch eine neue Stichprobe ersetzt (vgl. Hüttner/Schwarting 2002, S. 192).

Trotz der erwähnten methodischen Probleme bei Panelerhebungen muss festgestellt werden, dass sie für Markenartikelhersteller meist die einzige Möglichkeit darstellen, laufende Informationen über Absatzmengen, Umsätze und Marktanteile zu erhalten; es verwundert daher nicht, dass Hersteller einen großen Teil ihres Marktforschungsbudgets für Panelerhebungen aufwenden.

Wiederholungsfragen

1. Was versteht man unter einem Panel? Wie unterscheidet sich eine Panelerhebung von einer Wellenerhebung?

2. Welche Rolle spielen Panels in der Markenartikelindustrie?

3. Welche Unterschiede bestehen zwischen Handels- und Verbraucherpanels?

4. Welche Informationen lassen sich jeweils aus Handels- und Haushaltspanels gewinnen?

5. Erläutern Sie Zielsetzung und Funktionsweise der Fernsehforschung in Deutschland.

6. Wodurch wird die Repräsentanz von Panelergebnissen eingeschränkt?

1.5 Experiment

Lernziele

In diesem Kapitel werden Experimente als Verfahren der Datenerhebung diskutiert. Sie erfahren

– welchen Stellenwert Experimente in der Marktforschung haben,
– was Kausalität im Zusammenhang mit Experimenten bedeutet,
– welche Arten von Experimenten in der Marktforschung eingesetzt werden,
– was Validität im Zusammenhang mit Experimenten bedeutet.

Nach der Bearbeitung des Kapitels sind Sie in der Lage,

– die einzelnen Arten von Experimenten zu beschreiben und kritisch zu hinterfragen,
– die wesentlichen Vor- und Nachteile der verschiedenen Methoden zu erläutern,
– geeignete experimentelle Designs für marketingrelevante Fragestellungen zu konzipieren.

1.5.1 Klassifikation und Charakterisierung von Experimenten

Ein Experiment beinhaltet die systematische Variation einer oder mehrer unabhängiger Variablen durch den Forscher unter kontrollierten Bedingungen zur Überprüfung von Kausalhypothesen.

Damit sind für experimentelle Designs folgende Merkmale konstituierend:

– Der Forscher variiert eine oder mehrere unabhängige Variablen, um deren Wirkung auf eine oder mehrere abhängige Variablen zu ermitteln.
– Der Versuch erfolgt unter kontrollierten Bedingungen, d. h. es wird versucht, den Einfluss von Störfaktoren zu kontrollieren, um die Wirkung der unabhängige(n) Variable(n) auf die abhängige(n) Variable(n) zu isolieren.

– Es handelt sich um Kausalhypothesen, d. h. um postulierte Ursache-Wirkungsbeziehungen.

Eine Kausalbeziehung ist ein gerichteter empirischer Zusammenhang. Für *Kausalität* sind dabei folgende Bedingungen ausschlaggebend (vgl. Churchill/Iacobucci 2005, S. 123 ff.):

– *Gemeinsame Variation der unabhängigen und der abhängigen Variablen*. Darunter versteht man das Ausmaß, in welchem eine Ursache X und eine Wirkung Y gemeinsam auftreten bzw. sich gemeinsam verändern, und zwar in der Art und Weise, wie dies die betrachtete Hypothese voraussagt. Lautet die Hypothese beispielsweise „Je erfahrener die Außendienstmitarbeiter sind, umso höher sind die Umsätze in den jeweiligen Verkaufsbezirken"; so liegt eine gemeinsame Variation dann vor, wenn in den Verkaufsbezirken, in welchen erfahrene Außendienstmitarbeiter tätig sind, tatsächlich tendenziell höhere Umsätze zu verzeichnen sind. Im umgekehrten Fall ist die Kausalhypothese nicht haltbar.

– *Zeitliche Reihenfolge des Auftritts der Variablen*. Ex definitione kann eine Wirkung nicht durch ein Ereignis verursacht werden, das nach Eintritt der Wirkung stattgefunden hat. Dies bedeutet, dass die Veränderung der unabhängigen Variablen (Ursache) zeitlich vorgelagert oder zumindest zeitgleich zur Veränderung der abhängigen Variable (Wirkung) eintreten muss.

– *Eliminierung anderer möglicher Ursachen*. Idealerweise sollen die untersuchten unabhängigen Variablen die einzige Ursache für die Änderung der abhängigen Variablen sein. Dies ist dann gewährleistet, wenn die übrigen möglichen Faktoren (sog. Störgrößen) vom Experimentator kontrolliert werden.

Bei Vorliegen dieser Bedingungen lässt sich eine Änderung der abhängigen Variable eindeutig und ausschließlich auf eine Änderung der unabhängigen Variable zurückführen. Gerade die dritte Bedingung ist jedoch in der Realität nicht immer gegeben; so unterscheiden sich auch die einzelnen Versuchsanordnungen danach, inwieweit sie in der Lage sind, Störfaktoren zu kontrollieren. Anders als bei naturwissenschaftlichen Fragestellungen sind bei ökonomischen Experimenten Gesetzmäßigkeiten stets nur unter definierten Bedingungen und mit einer bestimmten Wahrscheinlichkeit zu ermitteln.

Im Marketing sind typische Fragestellungen von Experimenten die Wirkungen von Marketingmaßnahmen auf ökonomische Zielgrößen wie Absatzmenge, Umsatz, Marktanteil. Als experimentelle Stimuli werden dabei bestimmte Ausprägungen von Instrumentalvariablen des Marketing-Mix herangezogen. Im Einzelnen beinhaltet ein Experiment folgende Elemente (vgl. Abb. 2.24):

– *Unabhängige Variablen:* Hierbei handelt es sich um den experimentellen Input, d. h. um diejenigen Größen, welche vom Forscher manipuliert werden, um deren Einfluss auf die abhängige Variable festzustellen.

– *Kontrollierte Variablen:* Dies sind Variablen, die der Forscher explizit berücksichtigt, um deren Einfluss auf die abhängige Variable auszuschalten (z. B. Konstanthaltung des Preises bei einer Untersuchung der Wirkung alternativer Werbespots auf die Absatzmenge).

– *Störvariablen:* Störvariablen sind solche, die die abhängige Variable beeinflussen, aber vom Experimentator nicht kontrolliert werden (können) und damit die Validität der Testergebnisse beeinträchtigen (z. B. Konkurrenzmaßnahmen).

– *Testeinheiten:* Testeinheiten bzw. Testelemente können Individuen, Organisationen oder sonstige Institutionen sein, an denen die Wirkung der unabhängigen Variablen gemessen werden soll. Beispiele sind Personen, Unternehmen, Geschäfte, Gebiete.

– *Abhängige Variable:* Die experimentelle Wirkung beinhaltet die Veränderung der abhängigen Variable bei den Testeinheiten als Konsequenz des experimentellen Inputs (und der nicht kontrollierten Störgrößen). Typische Wirkungskategorien in Marketingexperimenten sind Absatzmengen, Umsätze, Gewinne, Marktanteile.

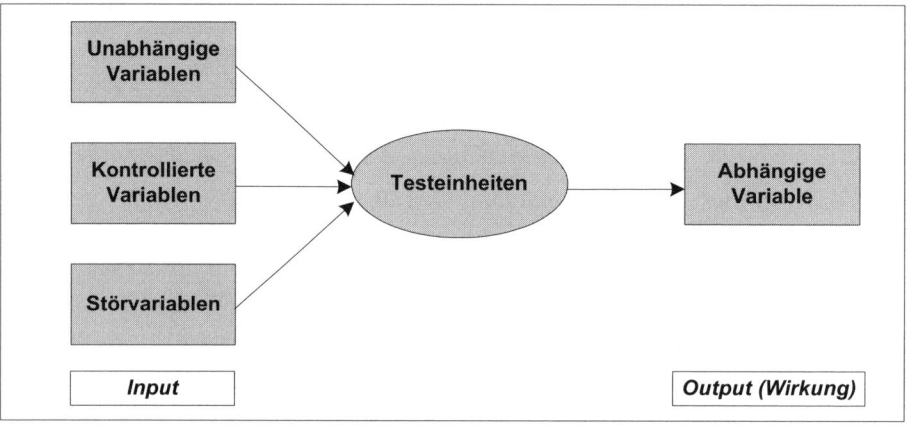

Abb. 2.24: Elemente eines Experiments

Zur *Klassifikation* von Experimenten können verschiedene Kriterien herangezogen werden:
– Experimentelles Umfeld,
– zeitlicher Einsatz der Messung,
– Versuchsanordnung.

Nach dem *experimentellen Umfeld* wird zwischen Feldexperiment und Laborexperiment unterschieden. Im Rahmen eines *Laborexperiments* wird eine künstliche Situation erzeugt. Das Experiment findet in einem eigens dafür ausgestatteten Teststudio eines Marktforschungsinstituts statt. Dies ermöglicht eine umfassende Kontrolle potenzieller Störvariablen. Beispiele für Laborexperimente sind Produkttests, Werbemitteltests sowie einige Preistests. Bei einem *Feldexperiment* erfolgt die Erhebung hingegen in einem natürlichen Umfeld, d. h. die Testeinheiten werden in ihrer gewohnten Umgebung untersucht. Aufgrund der realen Versuchssituation ist die Kontrolle von Störvariablen deutlich schwieriger. Varianten des Feldexperiments sind der Store-Test und der Markttest (vgl. hierzu ausführlich die Ausführungen in Abschn. 1 des 4. Teils).

Laborexperimente weisen folgende Vorteile auf:
- Störeinflüsse können weitgehend ausgeschaltet werden;
- es können problemlos technische Hilfsmittel eingesetzt werden;
- ihre Anwendung ist flexibel und erlaubt eine Geheimhaltung des experimentellen Inhalts, was z. B. beim Test neuer Produkte bedeutsam ist;
- Laborexperimente sind i. d. R. kostengünstiger als Feldexperimente.

Als nachteilig erweisen sich die häufig geringe Realitätsnähe sowie der i. d. R. eintretende Beobachtungseffekt (vgl. Abschn. 1.4.3).

Vorteilhaft an Feldexperimenten sind insb. die folgenden Aspekte:
- Aufgrund der realen Testsituation ist die externe Validität hoch;
- die Testeinheiten brauchen nicht zu erfahren, dass sie an einem Experiment teilnehmen, sodass sich der Beobachtungseffekt ausschalten lässt.

Nachteilig sind i. d. R. die hohen Kosten, der hohe Zeitaufwand sowie die nur eingeschränkte Kontrollierbarkeit von Störeinflüssen.

Viele marketingrelevante Reaktionshypothesen lassen sich mittlerweile im Rahmen von *Onlineexperimenten* untersuchen (vgl. Fantapié Altobelli/Sander 2001, S. 74 f.). Beispielsweise lassen sich *Werbemitteltests* durchführen, indem die zu testenden Werbemittel (Anzeigen, Spots) auf den Bildschirm der Testperson transferiert werden. Weiterhin können im Rahmen von *Produkttests* Produktinnovationen virtuell in verschiedenen Varianten vor der eigentlichen Produktentwicklung getestet werden, wodurch die Akzeptanz neuer Produkte bereits in einem frühen Stadium des Produktentwicklungsprozesses untersucht werden kann und u. U. auch die zeit- und kostenaufwändige Konstruktion von Prototypen entfallen kann. Darüber hinaus können *Testmarktuntersuchungen* als virtuelle Labor-Store-Tests durchgeführt werden, indem Testpersonen in einem virtuellen Supermarkt unter kontrollierten Bedingungen „einkaufen". Vorteilhaft an Online-Experimenten sind die hohe geographische Reichweite, ihre raum-zeit-unabhängige Durchführbarkeit und die geringen Kosten; nachteilig ist wie bei der Onlinebefragung die geringe Repräsentativität der Stichprobe.

Im Hinblick auf den *zeitlichen Einsatz der Messung* wird zwischen projektiven Experimenten und Ex-post-facto-Experimenten unterschieden (zu dieser Unterscheidung vgl. z. B. Berekoven/Eckert/Ellenrieder 2009, S. 148). *Projektive Experimente* beruhen darauf, dass der Forscher ex ante gezielt die Experimentierbedingungen erzeugt und die Testeinheiten mit den geschaffenen Bedingungen konfrontiert. Der zu untersuchende Sachverhalt wird also vom Zeitpunkt der Veränderung der unabhängigen Variable bis zur eingetretenen Wirkung auf die abhängige Variable verfolgt. Hingegen wird im Rahmen eines *Ex-post-facto-Experiments* die Veränderung einer abhängigen Variable in der Gegenwart auf das Vorliegen bestimmter Bedingungen in der Vergangenheit zurückgeführt.

Beispiel 2.32:

Per Befragung wird festgestellt, welche Untersuchungseinheiten mit einem bestimmten Werbespot Kontakt hatten und welche nicht. Gegebenenfalls auftretende Unterschiede in den Kaufmengen der beiden Personengruppen werden auf den Kontakt mit dem Spot zurückgeführt.

Bei Ex-post-facto-Experimenten ist die Ermittlung von Ursache und Wirkung problematisch, zumal Störeinflüsse unbekannt sind. Außerdem stimmen sie mit der hier verwendeten Definition von Experimenten – systematische Variation unabhängiger Variablen – nicht überein, sodass dieser Unterscheidung nicht weiter gefolgt wird.

Ein wichtiges Unterscheidungskriterium von Experimenten ist die *Versuchsanordnung*, d. h. der Aufbau der Versuchsanlage. Die einzelnen Versuchsanlagen unterscheiden sich insb. im Hinblick darauf, in welcher Weise Störgrößen berücksichtigt und welche Anzahl an experimentellen Variablen (Faktoren) und Ausprägungen (Treatments) erfasst werden. Die Heranziehung dieser Kriterien führt zur Unterteilung in folgende experimentelle Anordnungen

– vorexperimentelle Designs,
– echte Experimente und
– Quasi-Experimente.

Zur besseren Übersicht wird zunächst die Notation für die nachfolgend darzustellenden experimentellen Designs skizziert. Die Notation lehnt sich an Campbell/Stanley (1963) an. Sie hat sich im internationalen Schrifttum durchgesetzt und findet mittlerweile zunehmend auch in der deutschen Literatur Anwendung. Die grundlegende Symbolik lautet:

X =   Eine Experimentiergruppe wird einer experimentellen Situation ausgesetzt (Treatment), deren Wirkung auf die abhängige Variable gemessen werden soll;

O =   Beobachtungs- oder Messvorgang („Observation") an den Testeinheiten/Testgruppen (bzw. Kontrollgruppe);

R =   Randomisierung, d. h. zufällige Zuordnung von Testeinheiten bzw. Testgruppen zu Treatments (bzw. Treatmentstufen).

Des Weiteren gelten folgende Vereinbarungen:
– Die Richtung von links nach rechts zeigt die zeitliche Reihenfolge an.
– Die horizontale Anordnung von Symbolen bedeutet, dass sie sich auf dieselbe Gruppe von Testeinheiten beziehen.
– Die vertikale Ausrichtung der Symbole impliziert, dass die Ereignisse (Treatments oder Messungen) simultan erfolgten.

Die Messwerte O beinhalten i. d. R. den Mittelwert oder den Anteilswert der jeweiligen Gruppe. Mit EG wird die Experimentiergruppe (Experimental Group) und mit CG die Kontrollgruppe (Control Group) bezeichnet.

Gemäß der angegebenen Notation lässt sich die Versuchsanordnung

EG: (R) X_1 O_1

CG: (R) X_2 O_2

folgendermaßen charakterisieren: Eine Experimentiergruppe und eine Kontrollgruppe werden zufällig und simultan zwei verschiedenen Treatments zugewiesen; die abhängige Variable wird bei beiden Gruppen gleichzeitig gemessen. Abb. 2.25 zeigt die grundlegenden experimentellen Designs im Überblick. Die wichtigsten Formen werden nachfolgend beschrieben.

Experimentelle Designs			
Vorexperimentelle Designs	**Echte Experimente**		**Quasi-Experimente**
	Basisformen	**Erweiterte Formen**	
• One-Shot-Case Study • Eingruppen-Vorher-Nachher-Messung • Nachher-Messung mit Kontrollgruppe	• Randomisierte Vorher-Nachher-Messung mit Kontrollgruppe • Randomisierte Nachher-Messung mit Kontrollgruppe • Solomon-Vier-Gruppen-Design	• Vollständiger Zufallsplan • Zufälliger Blockplan • Lateinisches Quadrat • Faktorielle Pläne	• Vorher-Nachher-Messung mit unterschiedlichen Samples • Zeitreihende-signs • Kontrollgruppen-anordnung ohne Randomisierung

Abb. 2.25: Klassifikation experimenteller Designs

1.5.2 Vorexperimentelle Designs

Vorexperimentelle Designs sind dadurch charakterisiert, dass keine oder eine nur unzureichende Kontrolle von Störfaktoren erfolgt. Insbesondere wird auf eine Randomisierung verzichtet. Implizit wird somit unterstellt, dass Störfaktoren sämtliche Testeinheiten in identischer Weise betreffen. Obwohl es sich also nicht um Experimente im engeren Sinn gemäß der hier verwendeten Definition handelt, werden sie dennoch der Vollständigkeit halber angeführt.

One-Shot-Case-Study

Diese einfachste Versuchsanordnung, auch als *After-Only-Design* bekannt, betrachtet eine einzige Testgruppe, die einem Treatment X ausgesetzt wird; anschließend erfolgt eine Messung der abhängigen Variable (O_1):

EG: X O_1.

Neben der fehlenden Randomisierung besteht die Schwäche des Designs darin, dass die Faktorwirkung kaum zu ermitteln ist – allenfalls durch Vergleich mit einem hypothetischen Wert der abhängigen Variable ohne Treatment (z. B. auf der Grundlage subjektiver Erfahrungen oder ähnlich gelagerter Fragestellungen). Aus diesem Grunde eignet sich dieses Design bestenfalls für explorative Analysen.

Eingruppen-Vorher-Nachher-Messung

Die Eingruppen-Vorher-Nachher-Messung (in der Literatur auch als *One-Group Pretest-Posttest-Design* bezeichnet) kann wie folgt symbolisiert werden:

EG: O_1 X O_2.

Bei diesem Design wird an einer Experimentiergruppe eine Messung vor Testdurchführung vorgenommen (O_1) sowie eine danach (O_2). Die Faktorwirkung resultiert als $O_2 - O_1$; die Validität des Ergebnisses ist allerdings zweifelhaft, da eine Kontrolle von Störvariablen unterbleibt und eine Kontrollgruppe fehlt.

Nachher-Messung mit Kontrollgruppe

Diese Versuchsanordnung wird auch als *Posttest-Only-Design with Nonequivalent Groups* bezeichnet, da auf eine Randomisierung verzichtet wird. Schematisch handelt es sich um folgende Versuchsanordnung:

EG: X O_1

CG: O_2.

Die Experimentiergruppe wird dem Testfaktor ausgesetzt, die Kontrollgruppe nicht. Die Messung der abhängigen Variable erfolgt bei beiden Gruppen erst nach Durchführung des Experiments. Die Faktorwirkung resultiert als $O_1 - O_2$.

Aufgrund der fehlenden Randomisierung enthält die Faktorwirkung jedoch auch Störfaktoren, insb. Gruppeneffekte und Mortalität (vgl. Campbell/Stanley 1963, S. 182 f.). Abb. 2.26 zeigt zusammenfassend die wesentlichen Merkmale vorexperimenteller Versuchsanordnungen.

Typ	Beschreibung	Beispiel	Faktorwirkung	Beurteilung
One-Shot-Case Study	Messung der Werte der abhängigen Variablen nach Einsatz des Testfaktors in einer Testgruppe EG: X O_1	Messung der Bekanntheit einer Produktmarke nach Zeigen eines Werbespots	$O_1 - „O_0"$ mit O_0 = hypothetischer Erfahrungswert für den Ausgangsmesswert ohne Treatment, O_1 Messwert in der Experimentiergruppe nach dem Treatment	• Vernachlässigung von Störvariablen • Kontrollgruppe fehlt • zeitliche Entwicklungseffekte nicht messbar • Faktorwirkung nicht exakt ermittelbar
Eingruppen-Vorher-Nachher-Messung	Messung der Werte der abhängigen Variablen zeitlich vor und nach Einsatz der unabhängigen Variablen in einer Testgruppe EG: O_1 X O_2	Messung und Vergleich der Umsätze für ein bestimmtes Produkt in ausgewählten Einzelhandelsgeschäften vor und nach einer Preissenkung für das betreffende Produkt, Paneluntersuchungen, Store-Tests	$O_2 - O_1$ Differenz in der Experimentiergruppe zwischen zwei Zeitpunkten	• Vernachlässigung von Störvariablen • Kontrollgruppe fehlt • Zeitliche Entwicklungseffekte nicht messbar
Nachher-Messung mit Kontrollgruppe	Messung der Werte der abhängigen Variablen in Test- und Kontrollgruppe nur nach Einsatz der unabhängigen Variablen EG: X O_1 CG: O_2	Probeaktion in ausgewählten Testgeschäften und Vergleich der Umsatzzahlen mit Geschäften, die nicht in die Aktion einbezogen waren	$O_1 - O_2$ Differenz zwischen der Experimentier- und der Kontrollgruppe nach Einsatz des Testfaktors	• Vernachlässigung von Störvariablen • Unterstellung gleicher Ausgangslage

Abb. 2.26: Charakterisierung vorexperimenteller Designs

1.5.3   Echte Experimente

Echte Experimente (auch „formale" oder „vollständige" Experimente genannt) sind dadurch charakterisiert, dass sie sämtliche Anforderungen an Experimente erfüllen (vgl. die Ausführungen in 1.5.1). Insbesondere wird hier eine Randomisierung vorgenommen. Die *Basisformen* echter Experimente sind:
– Vorher-Nachher-Messung mit Kontrollgruppe,
– Nachher-Messung mit Kontrollgruppe (randomisiert),
– Solomon-Vier-Gruppen-Design.

Vorher-Nachher-Messung mit Kontrollgruppe

Bei dieser Versuchsanordnung   (auch als *Pretest-Posttest-Control Group Design*;
Before-After with Control Group Design bezeichnet) handelt es sich um ein echtes
Experiment, sofern eine Randomisierung vorgenommen wird. Die Experimentiergruppe wird dem experimentellen Stimulus ausgesetzt (z. B. dem zu testenden Werbespot), die Kontrollgruppe nicht. Damit gilt:

EG: (R) O_1 X O_2

CG: (R) O_3 O_4.

Die Faktorwirkung wird gemessen als

$(O_2 - O_1) - (O_4 - O_3)$.

Dieses Design ist in der Lage, die meisten Störvariablen zu kontrollieren (vgl.
Campbell/Stanley 1963, S. 183 ff.). In der Experimentiergruppe werden die
Faktorwirkung und die Störeinflüsse wirksam, in der Kontrollgruppe lediglich
die Störeinflüsse:

EG: O_2 O_1 $= X + \Sigma$ Störgrößen

KG: O_4 O_3 $= \Sigma$ Störgrößen.

Damit kann die Differenz $(O_2 - O_1) - (O_4 - O_3)$ die Faktorwirkung isolieren.

Nachher-Messung mit Kontrollgruppe

Diese auch als *Posttest-Only-Control Group Design* bekannte Versuchsanordnung beruht darauf, dass durch die vorgenommene Randomisierung die Ausgangslage
bei der Test- und Kontrollgruppe bei ausreichend großer Stichprobe als gleich
angesehen werden kann. Dadurch kann die Vorher-Messung entfallen (vgl.
Hüttner/Schwarting 2002, S. 174). Das Versuchsdesign sieht dabei wie folgt aus:

EG: (R) X O_1

CG: (R) O_2.

Die Faktorwirkung resultiert als $(O_1 - O_2)$.

Aufgrund der Randomisierung wird zwar eine gleiche Ausgangslage unterstellt, aufgrund fehlender Vorher-Messung kann dies jedoch nicht überprüft werden. Darüber hinaus ist es nicht möglich festzustellen, ob Verweigerer in der Testgruppe den Verweigerern in der Kontrollgruppe ähnlich sind.

Solomon-Vier-Gruppen-Design

Das *Solomon-Vier-Gruppen-Design* entsteht dadurch, dass man die beiden oben dargestellten Versuchsanordnungen kombiniert. Der Versuchsaufbau sieht wie folgt aus (vgl. Campbell/Stanley 1963, S. 194):

EG_I: (R) O_1 X O_2

CG_I: (R) O_3 O_4

EG_{II}:   (R)   X O_5

CG_{II}:   (R) O_6.

Es werden also zwei Testgruppen und zwei Kontrollgruppen gebildet; bei je einer Testgruppe und einer Kontrollgruppe erfolgt eine Vorher-Nachher-Messung, bei der jeweils anderen Test- und Kontrollgruppe lediglich eine Nachher-Messung.

Zur Bestimmung der Faktorwirkung werden folgende Überlegungen angestellt (vgl. Churchill/Iacobucci 2005, S. 140): Aufgrund der Randomisierung kann davon ausgegangen werden, dass die Ausgangssituation aller vier Gruppen – bis auf zufällige Abweichungen – gleich ist. Sowohl für die zweite Testgruppe wie auch für die zweite Kontrollgruppe wird daher ein fiktiver Vorher-Messwert als Durchschnitt der Vorher-Messwerte in der ersten Test- und Kontrollgruppe unterstellt, d. h.

$$\frac{1}{2}\left(O_1 + O_3\right).$$

Die „Faktorwirkungen" bei den einzelnen Gruppen berechnen sich damit wie folgt:

EG_I : $O_2 - O_1$

CG_I : $O_4 - O_3$

$$EG_{II} : O_5 - \left[\frac{1}{2}(O_1 + O_3)\right]$$

$$CG_{II} : O_6 - \left[\frac{1}{2}(O_1 + O_3)\right].$$

Die bereinigte Faktorwirkung ergibt sich demnach als

$$O_5 - \left[\frac{1}{2}(O_1 + O_3)\right] - \left[O_6 - \frac{1}{2}(O_1 + O_3)\right] = (O_5 - O_6).$$

Sie entspricht also der Faktorwirkung bei der Nachher-Messung mit Kontroll-gruppe, was aufgrund der oben getroffenen Annahme der A-priori-Gruppen-gleichheit auch zwangsläufig der Fall sein muss. Zusätzlich erlaubt dieses Test-design jedoch auch die Ermittlung des Pretesteffekts (Effekt einer möglichen Sensibilisierung der Probanden) als Differenz der partiellen Faktorwirkungen bei den beiden Experimentiergruppen:

$$[O_2 - O_1] - \left[O_5 - \frac{1}{2}(O_1 + O_3)\right].$$

Dieses Testdesign erlaubt die Berücksichtigung praktisch sämtlicher Störein-flüsse sowie die Isolierung der einzelnen Effekte und kommt daher einer idea-len Versuchsanordnung sehr nahe; in der praktischen Marktforschung scheitert seine Anwendung jedoch meist an dem sehr hohen zeitlichen und finanziellen Aufwand sowie an dem erforderlichen großen Stichprobenumfang.

Da echte Experimente auf einer Randomisierung beruhen, d. h. Zufallsauswahl der Testeinheiten und zufällige Zuordnung zu den einzelnen Treatments, kön-nen die genannten experimentellen Designs statistisch abgesichert werden (zu den Einzelheiten vgl. Campbell/Stanley 1963 sowie Bailey 2008). Im einfachs-ten Fall des Vergleichs der Mittelwerte zweier unabhängiger Stichproben lautet die Nullhypothese (vgl. die Ausführungen in Abschn. 6.2.2):

$$H_O : \mu_1 = \mu_2;$$

μ_1 und μ_2 sind dabei die wahren, aber unbekannten Gruppenmittelwerte. Als Prüfgröße wird folgender empirischer t-Wert herangezogen:

$$t_{emp} = \frac{\overline{y}_1 - \overline{y}_2}{s} \cdot \sqrt{\frac{n_1 \cdot n_2}{n_1 + n_2}} \text{ mit}$$

$$s^2 = \frac{(n_1 - 1) \cdot s_1^2 + (n_2 - 1) \cdot s_2^2}{n_1 + n_2 - 2} = \text{Schätzwert für die gemeinsame Varianz } \sigma^2$$

in den Gruppen,

$n_1, n_2 = $ Gruppengrößen,

$s_1^2, s_2^2 = $ Standardabweichungen in den Gruppen.

Unter der Nullhypothese ist die Prüfgröße t-verteilt mit $(n_1 + n_2 - 2)$ Freiheitsgraden.

Beispiel 2.33:

Es soll der Erfolg einer neuen Produktvariante getestet werden. Die Untersuchung wird in 20 zufällig ausgewählten Geschäften durchgeführt, wobei in 10 Geschäften die alte Produktvariante, in den übrigen 10 Geschäften die neue getestet wird. Die Untersuchung erfolgt an fünf aufeinander folgenden Tagen.

Tage / Treatment	1	2	3	4	5	Durchschnittliche Absatzmenge
Neue Produktvariante	125	141	138	129	117	130
Alte Produktvariante	117	124	121	128	115	121

Es zeigt sich, dass die Absatzmenge bei der neuen Produktvariante im Mittel höher ist; die Faktorwirkung beträgt

$\bar{y}_1 - \bar{y}_2 \cdot = 130 - 121 = 9$.

Es gilt:

$s_1^2 = 42,22$
$s_2^2 = 12,22$.
$s^2 = 27,22$

Damit ist

$$t_{emp} = \frac{130 - 121}{\sqrt{27,22}} \cdot \sqrt{\frac{10 \cdot 10}{10 + 10}} = 3,857.$$

Für $\alpha = 0,05$ und 18 Freiheitsgrade lässt sich der theoretische t-Wert bei einseitiger Fragestellung $(H_1 : \mu_2 > \mu_1)$ ablesen als $t(\alpha = 0,05; 18) = 1,73$. Da $t_{emp} > t_{th}$, wird die Nullhypothese abgelehnt, d. h. die neue Produktvariante führt zu einem signifikant höheren Absatz.

Abb. 2.27 zeigt zusammenfassend die wesentlichen Merkmale der Basisvarianten echter Experimente. Die bisher erörterten experimentellen Anordnungen enthielten jeweils nur einen Testfaktor in einer einzigen Ausprägung. In vielen praktischen Fragestellungen ist es jedoch erforderlich, mehrere unterschiedliche Treatmentausprägungen (sog. Treatmentstufen) gegeneinander zu testen (z. B. unterschiedliche Werbespots).

Typ	Beschreibung	Beispiel	Faktorwirkung	Beurteilung
Vorher-Nachher-Messung mit Kontrollgruppe	Messung der Werte der abhängigen Variablen vor und nach Einsatz der Variablen in der Testgruppe und Vor- und Nachher-Messung in der Kontrollgruppe, die nicht dem Einfluss der unabhängigen Variablen ausgesetzt ist. EG: $(R)\ O_1\ X\ O_2$ CG: $(R)\ O_3\quad O_4$	Messung der Umsätze für ein bestimmtes Produkt in ausgewählten Einzelhandelsgeschäften vor und nach einer Preissenkung für das betreffende Produkt. Das Ergebnis wird verglichen mit Geschäften, in denen keine Preisaktion erfolgte.	$\left(O_2 - O_1\right) - \left(O_4 - O_3\right)$ Differenz zwischen den gemeinsamen Unterschieden in der Experimentier- und der Kontrollgruppe	Bis auf den Pre-test-Effekt werden alle Störvariablen kontrolliert.
Nachher-Messung mit Kontrollgruppe	Messung der Werte der abhängigen Variablen in Test- und Kontrollgruppe nach Einsatz der unabhängigen Variablen EG: $(R)\quad X\ O_1$ CG: $(R)\qquad O_2$	Ziehung zweier Zufallsstichproben von Testgeschäften. In einer Gruppe wird eine Probeaktion durchgeführt, in der anderen nicht; anschließend werden die Umsatzzahlen verglichen.	$\left(O_2 - O_1\right)$ Differenz zwischen den Messwerten in der Testgruppe und in der Kontrollgruppe	Durch Randomisierung kann bei ausreichender Stichprobe gleiche Ausgangslage unterstellt werden, sodass eine Kontrolle der Störgrößen erfolgt. Der Pretesteffekt wird kontrolliert.
Solomon-Vier-Gruppen-Design	Messung der Werte der unabhängigen Variablen vor und nach Einsatz in der ersten, Messung nur nach Einsatz des Testfaktors in einer zweiten Testgruppe. Vorher- und Nachher-Messung in einer ersten Kontrollgruppe, Nachher-Messung in einer zweiten Kontrollgruppe. EG_I: $(R)\ O_1\ X\ O_2$ CG_I: $(R)\ O_3\quad O_4$ EG_{II}: $(R)\qquad X\ O_5$ CG_{II}: $(R)\qquad O_6.$	Siehe Beispiel zur Vorher-Nacher-Messung mit Kontrollgruppe. Bei zwei weiteren Stichproben von Geschäften erfolgt nur eine Messung danach, wobei eine Gruppe an der Preisaktion teilnimmt, die andere nicht.	Faktorwirkung: $\left(O_5 - O_6\right)$ Pretest-Wirkung: $\left[O_2 - O_1\right] -$ $\left[O_5 - \dfrac{1}{2}\left(O_1 + O_3\right)\right]$	Ausschaltung sämtlicher Störeinflüsse Sehr aufwändiges Design, daher kaum angewendet

Abb. 2.27: Charakterisierung der Basisvarianten echter Experimente

Zudem ist es häufig erforderlich, unterschiedlichen Experimentiervariablen – also Treatments – gleichzeitig zu testen, etwa unterschiedliche Preishöhen und

unterschiedliche Platzierungen im Geschäft. Solche Designs gehen über die „klassischen" Versuchsanordnungen hinaus; Standardformen solcher sog. *erweiterten Experimente* („*Statistical Designs*") sind (vgl. Hüttner/ Schwarting 2002, S. 176 ff.; 325; Malhotra 2007, S. 236 ff.):
– vollständiger Zufallsplan,
– zufälliger Blockplan,
– lateinisches Quadrat und
– faktorielle Pläne.
Charakteristisch für erweiterte Experimente ist die Tatsache, dass die Auswertung mittels *Varianzanalyse* erfolgt (vgl. Abschn. 6.3.4).

Vollständiger Zufallsplan

Bei einem *vollständigen Zufallsplan* wird ein Experimentierfaktor in verschiedenen Ausprägungen (Treatmentstufen) untersucht (vgl. Abb. 2.28). Der Störfaktor wird indirekt dadurch berücksichtigt, dass für die verschiedenen Treatments wiederholt Messungen (*Replikationen*) erfolgen, z. B. an unterschiedlichen Testeinheiten (Personen, Geschäfte, Zeitpunkte). Dadurch werden die Auswirkungen des Störfaktors ausgeglichen. Die Testeinheiten werden dabei zufällig den verschiedenen Treatmentstufen zugeordnet (*Randomisierung*).

Treatments Replikationen	1	...	k	...	s
1	y_{11}	...	y_{1k}	...	y_{1s}
⋮	⋮		⋮		⋮
i	y_{i1}	...	y_{ik}	...	y_{is}
⋮	⋮		⋮		⋮
n	y_{n1}	...	y_{nk}	...	y_{ns}
Spaltenmittel	$\bar{y}_1$	...	$\bar{y}_k$	...	$\bar{y}_s$

Abb. 2.28: Vollständiger Zufallsplan

Beispiel 2.34:
Es soll die Attraktivität von drei alternativen Verpackungen getestet werden (Treatments). Zu diesem Zweck werden im Rahmen eines Store-Tests 6 Tage lang (Replikationen) die alternativen Verpackungen in einer zufälligen zeitlichen Verteilung angeboten und die zugehörigen Absatzmengen erfasst.

Das einfaktorielle Design hat bei k = 1, ... s Treatmentstufen und i = 1, ..., n Replikationen folgendes Aussehen:

EG_1 (R) X_1 O_1

$\vdots$

EG_k (R) X_k O_k

$\vdots$

EG_s (R) X_s O_s.

Zufälliger Blockplan

Beim vollständigen Zufallsplan wurden unbekannte Störfaktoren durch Replikationen nach dem Prinzip der Randomisierung berücksichtigt. Im Falle, dass eine bedeutsame Störgröße bekannt ist, kann dieser Störfaktor jedoch auch explizit in der Versuchsanordnung berücksichtigt werden, indem nach den Ausprägungen der Störgröße Blöcke (l = 1, ... m) gebildet werden. Auf Replikationen kann somit verzichtet werden. Dabei werden in jedem Block sämtliche Treatments durchgeführt (vgl. Abb. 2.29). Varianzanalytisch können sowohl die Wirkung des Experimentierfaktors als auch der Einfluss der Blockzugehörigkeit erfasst werden (jedoch nicht deren Interaktion, vgl. Hüttner/Schwarting 2002, S. 178).

Beispiel 2.35:

Es wird vermutet, dass die Geschlechtszugehörigkeit einen erheblichen Einfluss auf die wahrgenommene Attraktivität von Verpackungen hat. Aus diesem Grunde erfolgt im vorherigen Beispiel eine Blockbildung nach Geschlechtern.

Treatments / Blöcke	1	...	k	...	s	Zeilenmittel
1	y_{11}	...	y_{1k}	...	y_{1s}	$\bar{y}_{1\bullet}$
$\vdots$	$\vdots$		$\vdots$		$\vdots$	$\vdots$
l	y_{l1}	...	y_{lk}	...	y_{ls}	$\bar{y}_{l\bullet}$
$\vdots$	$\vdots$		$\vdots$		$\vdots$	$\vdots$
m	y_{m1}	...	y_{mk}	...	y_{ms}	$\bar{y}_{m\bullet}$
Spaltenmittel	$\bar{y}_{\bullet1}$	...	$\bar{y}_{\bullet k}$	...	$\bar{y}_{\bullet s}$	$\bar{y}$

Abb. 2.29: Zufälliger Blockplan

Lateinisches Quadrat

Beim Lateinischen Quadrat können zwei Störfaktoren gleichzeitig berücksichtigt werden (z. B. Art des Geschäfts und Tageszeit). Die Treatments – mit lateinischen Großbuchstaben bezeichnet – werden dabei so zugeteilt, dass sie in jeder Zeile und in jeder Spalte nur einmal vorkommen; damit kann der erforderliche Stichprobenumfang in Grenzen gehalten werden (vgl. Abb. 2.30). Zu beachten ist, dass die Zahl der Ausprägungen bei beiden Störvariablen gleich sein muss.

Beispiel 2.36:
Neben der Geschlechtszugehörigkeit wird vermutet, dass auch die Tageszeit einen bedeutsamen Störfaktor darstellt. Die zu testenden drei Verpackungen werden daher nicht nur nach Geschlechtern, sondern auch an drei unterschiedlichen Tageszeiten variiert.

Störgröße N / Störgröße T	1	2	3
1	A	B	C
2	B	C	A
3	C	A	B

Abb. 2.30: Lateinisches Quadrat

Faktorielle Pläne

Faktorielle Pläne erlauben die Untersuchung von mindestens zwei Testfaktoren (z. B. Platzierung und Preishöhe) sowie der Interaktionen zwischen ihnen. Voraussetzung sind verschiedene Messungen (Replikationen) für die einzelnen Treatment-Kombinationen.

Beispiel 2.37:
Neben der Attraktivität von drei alternativen Verpackungen soll gleichzeitig auch die Wirksamkeit von zwei alternativen Regalplatzierungen getestet werden. Diese 3 x 2 = 6 möglichen Faktorkombinationen werden im Rahmen eines Store-Tests an 6 aufeinander folgenden Tagen getestet (in zufälliger zeitlicher Verteilung).

Der Vorteil mehrfaktorieller Designs liegt darin, dass nicht nur die Haupteffekte der Treatments gemessen werden können, sondern auch die Interaktionen zwischen ihnen. So kann im obigen Beispiel vermutet werden, dass die Wirkung einer Verpackung (auch) von der jeweiligen Platzierung abhängig ist und umgekehrt. Diese Versuchsanordnung erlaubt den Schluss, welche *Kombination* der beiden Faktoren vorzuziehen ist. Abb. 2.31 zeigt einen vollständigen bifaktoriellen Zufallsplan mit gleicher Anzahl an Replikationen.

Treatments Faktor A		Replikationen	Treatments Faktor B		
			1	l	m
	1	1	y_{111}	y_{11l}	y_{11m}
		i	y_{i11}	y_{i1l}	y_{i1m}
		n	y_{n11}	y_{n1l}	y_{n1m}
	k	1	y_{1k1}	y_{1kl}	y_{1km}
		i	y_{ik1}	y_{ikl}	y_{ikm}
		n	y_{nk1}	y_{nkl}	y_{nkm}
	s	1	y_{1s1}	y_{1sl}	y_{1sm}
		i	y_{is1}	y_{isl}	y_{ism}
		n	y_{ns1}	y_{nsl}	y_{nsm}

Abb. 2.31: Vollständiger bifaktorieller Zufallsplan

Neben den hier dargestellten Standardformen existiert eine ganze Reihe weiterer Versuchsanordnungen (z. B. Griechisches Quadrat, Lateinisch-Griechisches Quadrat), auf die hier jedoch nicht näher eingegangen wird. Hierzu sei auf die umfangreiche Spezialliteratur verwiesen (vgl. Abschn. 1.6). Die Grenzen zwischen echten Experimenten und Quasi-Experimenten sind dabei häufig fließend; letztlich werden die echten Experimente durch Verzicht auf Randomisierung zu Quasi-Experimenten. Lediglich echte Experimente sind in der Lage, Störfaktoren in geeigneter Weise zu kontrollieren. Die übrigen Versuchsanordnungen weisen z. T. erhebliche methodische Probleme auf. Als Konsequenz ist deren Validität vielfach anzuzweifeln (vgl. den nachfolgenden Abschn. 1.5.4).

1.5.4 Validität von Experimenten

Die *Validität* (Gültigkeit) von Messungen bezeichnet das Ausmaß, in welchem Messergebnisse allgemeingültige Aussagen über den zu messenden Sachverhalt erlauben. Unterschieden wird zwischen interner und externer Validität.

Die *interne Validität* ist dann gegeben, wenn die beobachtete Wirkung auf eine abhängige Variable einzig und allein auf die Veränderung der unabhängigen Variable(n) zurückzuführen ist. Demzufolge bezieht sich die interne Validität darauf, inwieweit es dem Forscher gelungen ist, den Einfluss von Störvariablen auszuschalten. Hingegen bezieht sich die *externe Validität* auf die Generalisierbarkeit der Experimentierergebnisse auf andere Personen, Situationen oder Zeitpunkte; sie betrifft also die *Repräsentanz* der gewonnenen Erkenntnisse über die besonderen Bedingungen der Untersuchungssituation und die untersuchten Testeinheiten hinaus (vgl. die Ausführungen in Abschn. 2.1.3.2). Interne Validität ist dabei eine unabdingbare Voraussetzung für externe Validität: Sind die Messergebnisse nicht eindeutig auf das Experiment zurückzuführen, so ist deren Generalisierung auf die Grundgesamtheit fehlerbehaftet, da diese verzerrt sind. Versuchsanordnungen mit höherer interner Validität wird daher von den meisten Forschern gegenüber solchen mit hoher Repräsentanz (z. B. aufgrund realer Bedingungen), jedoch geringer Kontrolle von Störfaktoren, der Vorzug gegeben (für eine ausführliche Diskussion des Spannungsfelds zwischen interner und externer Validität vgl. Schram 2005).

Sowohl die interne als auch die externe Validität werden durch eine ganze Reihe von *Störfaktoren* beeinträchtigt. Aus diesem Grunde ist es erforderlich, diese Faktoren soweit wie möglich zu kontrollieren, um die o. g. Effekte nach Möglichkeit auszuschalten. Folgende Ansatzpunkte sind dabei gebräuchlich (vgl. Studman/Blair 1998, S. 227 ff.; Malhotra 2007, S. 228 f.):
– Randomisierung,
– Matching,
– rechnerische Bereinigung,
– Blockbildung,
– Konstanthaltung,
– Parallelisierung.

Im Rahmen der *Randomisierung* werden zum einen die Testelemente zufällig den Experimentiergruppen zugeordnet; zum anderen erfolgt die Zuordnung der Treatmentstufen zu den einzelnen Experimentiergruppen ebenfalls zufällig.

Beispiel 2.38:

Es sollen drei alternative Versionen eines Werbespots getestet werden. Die Testeinheiten werden zunächst zufällig den drei Testgruppen sowie einer Kontrollgruppe zugeordnet. Die verschiedenen Werbespots werden anschließend zufällig den Testgruppen zugewiesen.

Durch Randomisierung wird eine Äquivalenz der Testgruppen (und der Kontrollgruppe) vor Durchführung des Experiments erreicht. Damit kann davon ausgegangen werden, dass sich Störfaktoren bei den einzelnen Gruppen in gleicher Weise auswirken. Randomisierung ist die beste Art, den Einfluss von Störvariablen zu umgehen; sie muss jedoch bei kleinen Stichproben durch weitere Verfahren ergänzt werden, da Randomisierung nur im Durchschnitt gleiche Gruppen erzeugt.

Unter *Matching* versteht man die bewusste Zuordnung der Testeinheiten zu den Treatmentstufen dergestalt, dass nach bestimmten, vorab festgelegten Kriterien

– nämlich den zu kontrollierenden Merkmalen – je einer Experimentiergruppe gleichartige Testeinheiten zugeordnet werden. Ähnlich wie bei einer Quotenstichprobe wird dadurch eine Strukturgleichheit der einzelnen Testgruppen angestrebt; diese ist jedoch nur für die einbezogenen Merkmale gegeben.

Die Ergebnisse von Experimenten können bei vorliegen von Störgrößen ggf. noch nachträglich *rechnerisch bereinigt* werden. Beispielsweise kann im Rahmen einer Kovarianzanalyse (ANOVA) die Wirkung von Störvariablen auf die abhängige Variable dadurch ausgeschaltet werden, dass der Mittelwert der abhängigen Variablen innerhalb jeder Treatmentstufe angepasst wird.

Eine Kontrolle von Störgrößen kann schließlich durch Anwendung spezieller Testdesigns erfolgen. Zur Erhöhung der internen Validität kann beispielsweise eine *Blockbildung* vorgenommen werden (vgl. Abschn. 1.5.3). Eine Blockbildung findet z. B. dann statt, wenn eine oder mehrere bedeutsame Störgrößen bekannt sind; die Testeinheiten werden dann Blöcken zugeordnet, welche nach den Ausprägungen der Störvariable(n) gebildet werden.

Beispiel 2.39:

Es soll die Auswirkung alternativer Platzierungen im Geschäft auf die Absatzmenge getestet werden. Um den Einfluss der Ladengröße zu kontrollieren, werden die Testgeschäfte in Blöcke aufgeteilt, z. B. kleinere, mittlere und große Geschäfte.

Durch *Konstanthaltung* personengebundener Störvariablen kann erreicht werden, dass die Unterschiedlichkeit von Vergleichsgruppen nicht auf diese, sondern nur auf die Experimentiervariable zurückzuführen ist. Dadurch wird zwar die interne Validität erhöht, die externe jedoch verringert.

Beispiel 2.40:

Es soll die Einstellung zu einem Fertiggericht bei Hausfrauen und bei berufstätigen Frauen erhoben werden. Da vermutet wird, dass die Dauer des Berufslebens auch mit einer größeren Erfahrung mit Fertiggerichten einhergeht, werden in beiden Gruppen ausschließlich Frauen in der Altersgruppe der 20-25-Jährigen untersucht, die also – wenn überhaupt – erst seit kurzer Zeit im Berufsleben stehen. Die dadurch gewonnenen Erkenntnisse lassen sich allerdings nicht auf andere Altersgruppen übertragen.

Unter *Parallelisierung* versteht man die Tatsache, dass die Testgruppen in Bezug auf die Störvariable vergleichbar gemacht („parallelisiert") werden. Die Gruppen gelten dann als parallel, wenn sie hinsichtlich der Störvariable annähernd gleiche Mittelwerte und Streuungen aufweisen.

Beispiel 2.41:

Im obigen Fertiggericht-Beispiel sollte dafür Sorge getragen werden, dass beide Gruppen – Hausfrauen und berufstätige Frauen – im Durchschnitt ähnliche Erfahrungen mit Fertiggerichten haben und die Erfahrung in beiden Gruppen annähernd gleich streut.

Zur Erhöhung der externen Validität kommen Testdesigns mit *verdeckter Versuchsanordnung* zur Anwendung (vgl. hierzu die Ausführungen in Abschn. 1.3.1). Auftretende Verzerrungen durch Beobachtungseffekte können darüber hinaus – ähnlich wie bei Panelerhebungen – dadurch ausgeschaltet werden, dass die Testergebnisse erst nach einer gewissen Anlaufzeit in die Auswertung gelangen.

Wiederholungsfragen

1. Was versteht man in der Marktforschung unter einem Experiment? Welche Zielsetzungen verfolgen Experimente?

2. Was versteht man unter Kausalität?

3. Welche Elemente sind in einem Experiment typischerweise enthalten?

4. Welche Vor- und Nachteile weisen Labor- und Feldexperimente jeweils auf?

5. Was versteht man unter interner und externer Validität im Zusammenhang mit Experimenten?

6. Wie können Störfaktoren im Rahmen von Experimenten berücksichtigt werden?

7. Wie ist das Solomon-Vier-Gruppen-Design aufgebaut?

8. Charakterisieren Sie den vollständigen Zufallsplan, den zufälligen Blockplan und das Lateinische Quadrat. Wie werden Störfaktoren jeweils berücksichtigt?

9. Entwerfen Sie ein geeignetes experimentelles Design, um im Rahmen einer Neuproduktentwicklung die Wirkung von drei alternativen Preishöhen und vier verschiedenen Produktausführungen zu testen.

1.6 Weiterführende Literatur

Becker, W. (1973): Beobachtungsverfahren in der demoskopischen Marktforschung, Stuttgart 1973.

Campbell, D. T., Stanley, J. C. (1966): Experimental and Quasi-Experimental Designs for Research, Boston 1966.

Cook, T. D., Campbell, D. T. (1979): Quasi-Experimentation, Design and Analysis Issues for Field Settings, Chicago 1979.

Cook, T. D., Campbell, D. T., Peracchio, L. (1990): Quasi Experimentation, in: Dunnette, M. D., Hough, L. M. (eds.): Handbook of Industrial and Organizational Psychology, Vol. 1, Palo Alto 1990, S. 491-576.

Ghosh, S., Rao, C. R., (eds.) (1996): Design and Analysis of Experiments, Handbook of Statistics, Volume 13, North-Holland 1996.

Grüner, K. W. (1974): Beobachtung, Stuttgart 1974.

Günther, M., Vossebein, V., Wildner, R. (2006): Marktforschung mit Panels: Arten, Erhebung, Analyse, Anwendung, 2. Aufl., Wiesbaden 2006.

Haedrich, G. (1964): Der Interviewereinfluss in der Marktforschung, Wiesbaden 1964.

Noelle-Neumann, E., Petersen, T. (2000): Alle, nicht jeder. Einführung in die Methoden der Demoskopie, 3. Aufl., Berlin 2000.

Patzer, G. (1995): Using Secondary Data in Marketing Research, Westport 1995.

Payne, S. L. (1951): The Art of Asking Questions, Princeton 1951.

2. Messung, Operationalisierung und Skalierung von Variablen

2.1 Messtheoretische Grundlagen

> **Lernziele**
>
> In diesem Kapitel erfahren Sie,
> - was Messung im Rahmen der Marktforschung beinhaltet,
> - nach welchen Merkmalen Messverfahren klassifiziert werden können,
> - welche Messfehler bei empirischen Erhebungen unbedingt vermieden werden sollten sowie
> - in welcher Weise die Qualität von Messverfahren beurteilt werden kann.
>
> Nach Lektüre des Kapitels sind Sie in der Lage, Messinstrumente zu beschreiben und zu evaluieren sowie eigene Messmethoden zu konzipieren.

2.1.1 Begriff der Messung

Im Rahmen von Primärerhebungen werden Informationen über Merkmale von Untersuchungsobjekten gesammelt. Diese können Eigenschaften von Personen betreffen, z. B. soziodemographische Merkmale, Markenpräferenzen oder Einstellungen von Konsumenten, oder aber Merkmale von Produkten bzw. Marken, z. B. Markenimage, Erhältlichkeit, Marktanteile. Die relevanten Eigenschaften sind in geeigneter Weise zu messen.

> Unter einer *Messung* wird die Zuordnung von Werten zu Eigenschaftsausprägungen von Objekten nach vordefinierten Regeln verstanden.

Als Werte kommen üblicherweise Zahlen in Frage, grundsätzlich sind jedoch auch andere Zuordnungen möglich. Die Zuordnung soll dabei eine isomorphe Abbildung gewährleisten, d. h. Objekte mit identischen Eigenschaftsausprägungen (z. B. gleiche Einstellungen) sollen im Rahmen einer Messung auch identische Werte erhalten. Während dies bei direkt beobachtbaren Variablen wie Preis, Einkommen oder Alter relativ unproblematisch ist, bedarf die Erhebung komplexer psychologischer Konstrukte (z. B. Einstellungen) weitergehender Überlegungen, da solche Konstrukte zum einen nicht direkt beobachtbar sind, zum anderen häufig nicht eindimensional sind, sondern sich aus mehreren miteinander interagierenden Variablen zusammensetzen. Die Messung i. S. einer Zuordnung von Werten zu Eigenschaftsausprägungen bedarf daher zum einen einer Operationalisierung, zum anderen einer Skalierung der interessierenden Eigenschaften bzw. Konstrukte. Ergebnisse einer Messung sind Messwerte bzw. Daten. Abb. 2.32 zeigt die Zusammenhänge im Überblick.

2.1.2 Messverfahren

Zur Durchführung von Messungen ist der Einsatz bestimmter *Messverfahren* erforderlich; diese bezeichnen die Art und Weise, in welcher konkrete Messwerte erhoben werden. Eine erste Unterscheidung besteht zwischen verbalen und nonverbalen Messverfahren. Bei *verbalen Messverfahren* resultiert ein Messwert aus einer mündlichen oder schriftlichen Äußerung der Untersuchungseinheiten, wie dies z. B. im Rahmen einer Befragung geschieht. *Nonverbale Messverfahren* basieren hingegen auf Beobachtungen (vgl. hierzu Abschn. 1.3).

In den Sozialwissenschaften – und speziell auch in der Marktforschung – dominieren verbale Messverfahren, da vielfach subjektive Merkmale (bzw. Merkmalsausprägungen) bei Untersuchungseinheiten gemessen werden, die eine Auskunft der Testpersonen voraussetzen (z. B. Präferenzen, Einstellungen, Kaufabsichten). Nonverbale Messverfahren kommen hingegen zum Tragen, wenn objektive, beobachtbare Sachverhalte erhoben werden müssen (z. B. Markenwahl). Aufgrund der Dominanz verbaler und damit subjektiver Verfahren in der Marktforschung ist die Güte der Methoden im Vergleich zu den objektiveren, nonverbalen Verfahren in den Naturwissenschaften geringer (vgl. den nachfolgenden Abschn. 2.1.3), zumal in den Sozialwissenschaften eine Vielzahl von Störfaktoren nicht oder nur begrenzt kontrollierbar ist.

Weiterhin kann nach der Aufzeichnungsmethode zwischen persönlichen und apparativen Verfahren differenziert werden. Im Rahmen *persönlicher Messverfahren* erfolgt die Messung durch einen Interviewer bzw. Beobachter in manueller Form

(z. B. durch Aufschreiben oder unter Benutzung von Stoppuhren, Handzählern usw.). Apparative Verfahren sind technische Hilfsmittel, welche insb. im Rahmen experimenteller Laborsituationen eingesetzt werden (vgl. hierzu ausführlich Abschn. 1.3.2). Der höheren Genauigkeit der Messung steht der Nachteil gegenüber, dass der Einsatz in Feldsituationen oftmals nicht möglich ist.

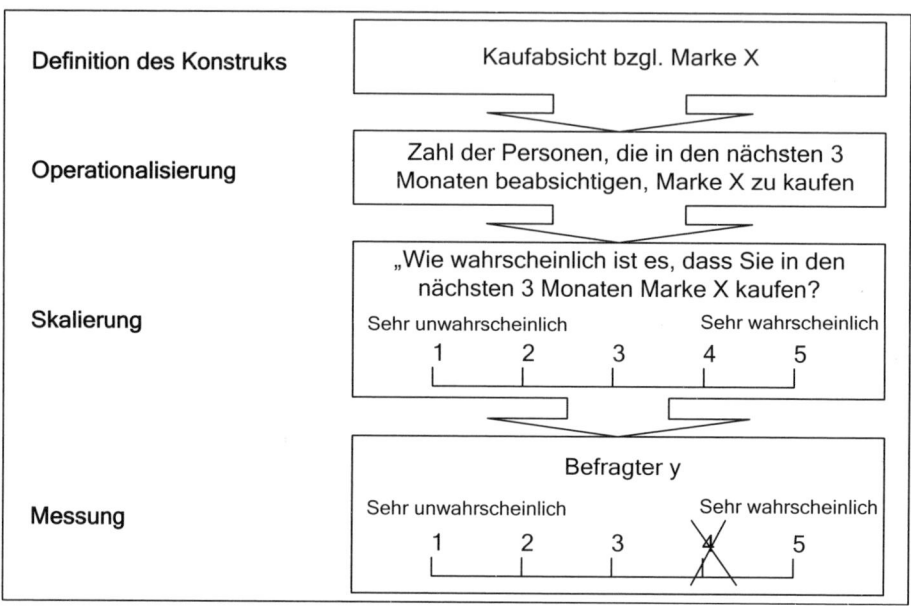

Abb. 2.32: Operationalisierung, Skalierung und Messung von Variablen

2.1.3 Qualität von Messverfahren

2.1.3.1 Fehlerquellen bei Erhebungen

Die als Ergebnis einer Messung gewonnenen Messwerte stellen die Grundlage für die Auswertung und Interpretation der Daten dar (vgl. Kap. 6). Die Güte der auf diese Weise abgeleiteten Ergebnisse steht und fällt mit der Qualität des erhobenen Datenmaterials und damit mit der Güte der eingesetzten Messverfahren. Die sorgfältige Messung der interessierenden Merkmalsausprägungen spielt somit in der Marktforschung eine zentrale Rolle. Generell wird gefordert, dass die im Rahmen einer Messung erhaltenen Werte möglichst fehlerfrei sind. Dies bedeutet, dass Unterschiede in den Messwerten idealerweise vollständig auf Unterschiede in den Ausprägungen des zu messenden Sachverhalts zurückzuführen sind. Resultieren bei zwei Probanden auf einer Skala von 0 – 100 zur Einstellungsmessung Werte von 25 und 60, so wird angenommen, dass die unterschiedlichen Messwerte auch unterschiedliche Einstellungswerte repräsentieren. In der Praxis ist allerdings zumeist davon auszugehen, dass eine Messung – zumindest teilweise – mit Fehlern behaftet ist. *Ziel* einer jeden Messung ist es jedoch, diese Fehler in Grenzen zu halten.

Ein Messwert X_0 enthält grundsätzlich die folgenden *Komponenten*:

$$X_0 = X_W + X_S + X_Z \text{ mit}$$

X_W = wahrer Wert der zu messenden Ausprägung,
X_S = systematischer Fehler,
X_Z = Zufallsfehler.

Der *Zufallsfehler* beruht darauf, dass die Messwerte bei wiederholter Messung um einen konstanten Mittelwert schwanken. Dabei wird angenommen, dass der Mittelwert der Messungen bei ausreichender Fallzahl den unbekannten wahren Wert wiedergibt. Damit gilt, dass sich Zufallsfehler im Mittel ausgleichen. In der Praxis wird als Zufallsfehler der *statistisch berechenbare* Fehler verstanden, d. h. der Stichprobenfehler bei sog. *Random-Verfahren*. Der Stichprobenfehler hängt dabei in hohem Maße von der Stichprobengröße ab (vgl. die Ausführungen in Abschn. 3.2.3), d. h. der Stichprobenfehler fällt – wenn auch unterproportional – mit zunehmendem Stichprobenumfang (bei einer Vollerhebung wäre der Stichprobenfehler demnach Null).

Bei Vorliegen eines *systematischen Fehlers* variieren die Messwerte nicht um einen wahren Wert, sondern die Messergebnisse werden in eine bestimmte Richtung verzerrt – etwa bei einer Uhr, welche „systematisch" nachgeht. Das Gesetz der großen Zahlen findet hier keine Anwendung, d. h. der systematische Fehler kann durch Erhöhung des Stichprobenumfangs nicht reduziert werden. Darüber hinaus lässt er sich statistisch nicht quantifizieren, sondern allenfalls aus Erfahrungswerten abschätzen. Andererseits ist er aber durch sorgfältige Gestaltung des Messinstruments vermeidbar (vgl. hierzu Sellitz/Whritsman/Look 1976, S. 164 ff.). Abb. 2.33 zeigt typische Quellen systematischer Fehler im Überblick.

Systematische Fehler können zunächst beim *Untersuchungsträger* liegen. So können im Rahmen der *Erhebungsplanung* die Grundgesamtheit falsch definiert, die Forschungsfrage nicht korrekt formuliert, der Fragebogen fehlerhaft oder das Auswahlverfahren ungeeignet sein. Auch im Rahmen der *Durchführung* können Fehler auftreten, etwa durch eine mangelhafte Organisation der Feldarbeit. Darüber hinaus können die *Datenauswertung* fehlerhaft – z. B. wegen der Anwendung ungeeigneter Verfahren oder fehlerhafter Codierung und Dateneingabe – sowie die *Interpretation* der Daten aufgrund subjektiver Wertungen verzerrt sein.

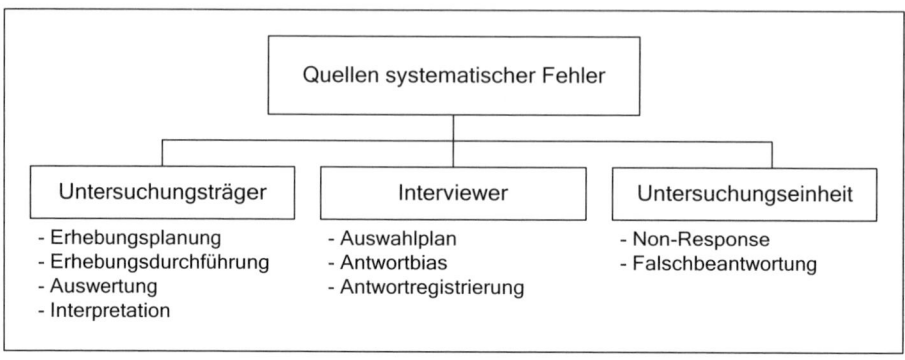

Abb. 2.33: Quellen systematischer Messfehler

Eine weitere Quelle systematischer Fehler liegt im sog. *Interviewer-Bias*. So kann der *Auswahlplan* dadurch verzerrt sein, dass der Interviewer seine Quoten nicht einhält oder gar verfälscht. Hierzu gehört auch der immer wieder vorkommende Fall, dass ein Interviewer einen Teil der Fragebögen selbst ausfüllt. Darüber hinaus kann eine *Antwortbeeinflussung* seitens des Interviewers stattfinden: sei es unbewusst durch Gestik, Mimik und Auftreten, sei es bewusst durch Suggestion. Schließlich können auch im Rahmen der *Antwortregistrierung* Fehler auftreten, z. B. durch versehentliches Ankreuzen der falschen Antwortkategorie, Platzmangel zur Erfassung der vollständigen Antwort usw.

Schwerwiegende Fehler bei der *Untersuchungseinheit* betreffen die Antwortverweigerung (Non-Response) und die Falschbeantwortung. Gerade die *Antwortverweigerung* stellt ein großes Problem in der Sozialforschung dar, da die Repräsentanz der Untersuchungsergebnisse dadurch gefährdet ist. Dies ist insb. dann der Fall, wenn sich die Antwortverweigerer systematisch von den Antwortenden unterscheiden; der Effekt ist umso größer, je höher die Ausfallrate im Vergleich zum Anteil der Antwortenden, d. h. je geringer die Ausschöpfungsquote ist. Neben der Nichtbeantwortung spielt auch die *Falschbeantwortung* eine wichtige Rolle. Eine eher unbeabsichtigte Falschbeantwortung kann die Folge interner oder externer situativer Gegebenheiten beim Probanden sein, etwa Ermüdung, Krankheit, Präsenz von Familienmitgliedern u. Ä. Eine bewusste Falschbeantwortung kann aus Prestigegründen oder bei sensiblen bzw. tabuisierten Erhebungsgegenständen eintreten (vgl. hierzu ausführlich Abschn. 1.2.2).

2.1.3.2 Anforderungen an Messverfahren

Das Ziel, möglichst fehlerfreie Messwerte zu erhalten, wird dann erfüllt, wenn die herangezogenen Messverfahren folgenden *Anforderungen (Gütekriterien)* genügen (vgl. Abb. 2.34):
– Objektivität,
– Validität und
– Reliabilität.

> Die *Objektivität* eines Messinstruments ist gewährleistet, wenn die gewonnenen Messwerte personenunabhängig zustande kommen, unterschiedliche Forscher also unter Anwendung derselben Messinstrumente zum gleichen Ergebnis gelangen.

Entsprechend den Ablaufschritten eines Messvorgangs lassen sich folgende *Arten der Objektivität* unterscheiden (vgl. Bortz/Döring 2006, S. 195):
– Durchführungsobjektivität,
– Auswertungsobjektivität und
– Interpretationsobjektivität.

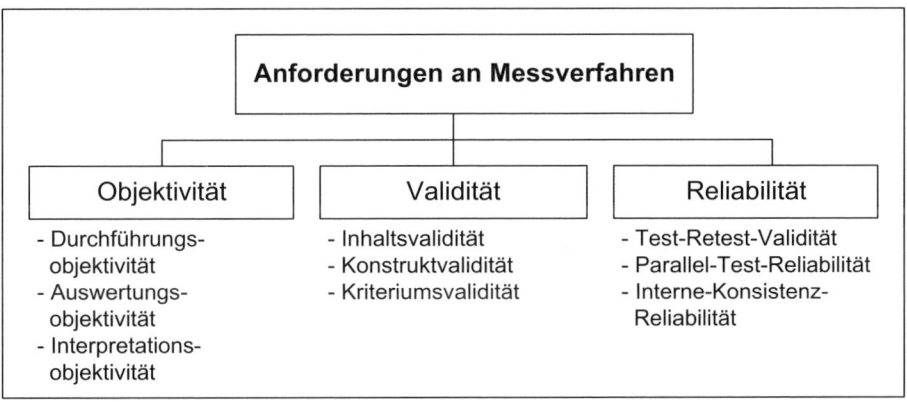

Abb. 2.34: Anforderungen an Messverfahren im Überblick

Durchführungsobjektivität ist dann gegeben, wenn der Untersuchungsleiter die Untersuchungseinheiten in ihrem Verhalten nicht beeinflusst, d. h. wenn eine möglichst geringe soziale Interaktion zwischen Forscher und Auskunftsperson stattfindet. Die *Auswertungsobjektivität* ist umso höher, je weniger Freiheitsgrade der Forscher bei der Auswertung der Messergebnisse hat. Sie ist bei standardisierten quantitativen Erhebungen am höchsten, bei qualitativen, nichtstandardisierten Erhebungen am geringsten. Schließlich besagt die *Interpretationsob-*

jektivität, dass verschiedene Untersuchungsleiter die Messergebnisse in gleicher Weise interpretieren sollen.

Bei quantitativen, standardisierten Erhebungen ist Objektivität i. d. R. gegeben, wohingegen bei qualitativen Erhebungen ggf. eine intensive Prüfung der Objektivität erfolgen muss. Die Messung der Objektivität erfolgt dabei mit einem sog. *Objektivitätskoeffizienten*. Hierbei werden die Ergebnisse zweier Messvorgänge, welche von unterschiedlichen Forschern durchgeführt wurden, miteinander korreliert.

> Ein Messinstrument ist *reliabel* (zuverlässig), wenn es bei wiederholten Messungen unter völlig gleichen Bedingungen dasselbe Messergebnis erzeugt.

Damit ist Reliabilität ein Maß für die Präzision eines Messinstruments. Perfekte Reliabilität bedeutet, dass ein Messinstrument in der Lage ist, bei jedem Messvorgang den wahren Wert X_W ohne jeden zufälligen Messfehler X_Z zu erfassen. Der Grad der Reliabilität einer Messung lässt sich anhand des Standardfehlers ausdrücken, welcher angibt, um wie viel die Messwerte bei wiederholter Messung um einen Mittelwert streuen. Die Reliabilität bezieht sich demnach auf den *Zufallsfehler*.

Tritt bei wiederholten Messungen ein Messfehler auf, so kann dies folgende *Ursachen* haben (vgl. Berekoven/Eckert/Ellenrieder 2009, S. 81):
– fehlende Konstanz der Messbedingungen,
– fehlende Merkmalskonstanz (unterschiedliche Merkmalswerte trotz konstanter Messbedingungen und fehlerfreiem Messinstrument),
– fehlende instrumentale Konstanz, d. h. mangelnde Präzision des Messinstruments.

Die Reliabilität lässt sich durch
– die Test-Retest-Reliabilität,
– die Parallel-Test-Reliabilität sowie
– die Interne-Konsistenz-Reliabilität
überprüfen (vgl. z. B. Bortz/Döring 2006, S. 196 ff.). Zur Bestimmung der *Test-Retest-Reliabilität* erfolgt eine Wiederholungsmessung zu einem späteren Zeitpunkt. Die Test-Retest-Reliabilität resultiert dann aus der Korrelation der beiden Messreihen und ist ein Maß für die Stabilität des Messverfahrens. Bei der *Parallel-Test-Reliabilität* wird eine Vergleichsmessung zum selben Zeitpunkt vorgenommen. Hierbei werden zwei Testversionen entwickelt, welche auf ihre Äquivalenz hin überprüft werden. Bei der *Internen-Konsistenz-Reliabilität* erfolgt eine Aufteilung des Messinstruments (z. B. die Items bei einer Multi-Item-Skala) in zwei Teile gleicher Länge (*Split-Half-Reliability*); anschließend werden die Ergebnisse auf ihre

Einheitlichkeit hin überprüft. Bestimmt wird die Reliabilität jeweils über die Korrelation der Messergebnisse, welche möglichst hoch sein sollte.

> Die *Validität* (Gültigkeit) eines Messinstruments zielt auf die Frage ab, ob ein Messinstrument tatsächlich das misst, was es zu messen vorgibt, und wie genau es den zu messenden Sachverhalt abbildet.

Im Gegensatz zur Reliabilität bezieht sich die Validität auf *systematische (konstante) Fehler* (vgl. auch Abschn. 1.5.2). Während die Reliabilität durch Erhöhung der Stichprobengröße erhöht werden kann, hat der Stichprobenumfang auf die Validität keinen Einfluss.

Beispiel 2.42:

Ein einfaches Beispiel verdeutlicht den Zusammenhang zwischen Validität und Reliabilität eines Messinstruments. Zur Messung der Schulreife von Kindern wird ein Testverfahren verwendet, das in Wirklichkeit bereits vorhandenes Wissen abfragt. Damit ist das Messinstrument nicht valide, da es nicht wie beabsichtigt die Schulreife misst, sondern ein anderes Konstrukt. Dennoch kann das Instrument reliabel sein, d. h. bei Wiederholung des Tests an demselben Kind resultieren dieselben – allerdings nicht validen – Messwerte.

In der Marktforschung ist ein Messinstrument, mit dessen Hilfe beispielsweise die Einstellung von Probanden bezüglich eines Objektes (z. B. einer bestimmten Produktmarke) gemessen werden soll, nicht valide, wenn im Rahmen einer Befragung „falsche" Fragen gestellt werden, mit denen sich die Einstellung gegenüber einem Einstellungsobjekt nicht adäquat abbilden lässt. Die Validität des Messinstruments ist auch dann gestört, wenn die „falschen" Probanden befragt werden (z. B. Personen, welche gar nicht zur Zielgruppe der Produktmarke gehören). Mangelnde Reliabilität kann sich in diesem Beispiel durch unsorgfältige Interviewer oder verzerrtes Antwortverhalten der Probanden ergeben.

Bedeutende Konzepte zur Überprüfung der *Validität* sind (vgl. Bortz/Döring 2006, S. 200 ff.):

– die Inhaltsvalidität,

– die Konstruktvalidität sowie

– die Kriteriumsvalidität.

Gegenstand der *Inhaltsvalidität* ist die Frage, ob ein Messinstrument inhaltlich (sachlich und logisch) geeignet ist, einen bestimmten Sachverhalt zu messen. Die Überprüfung erfolgt im Regelfall durch Plausibilitätsüberlegungen oder Expertenbefragungen. Bei der Messung des Konstrukts „Innovativität" wäre eine Operationalisierung anhand des Items „Ich interessiere mich sehr für neue Trends" beispielsweise als inhaltsvalide anzunehmen. Die *Konstruktvalidität* stellt darauf ab, in welchem Ausmaß Beziehungen zwischen einem theoretischen Konstrukt (z. B. „Innovativität") und der empirischen Messung vorliegen. Eine Messung der Innovativität kann z. B. dann als konstruktvalide angenommen werden, wenn jüngere Probanden höhere Messwerte als ältere erzielen. Gegenstand der *Kriteriumsvalidität* ist schließlich die Übereinstimmung der Messung eines latenten Konstrukts mit den Messungen eines korrespondierenden manifesten Kriteriums dieses Konstruktes. So ist Kriteriumsvalidität dann gegeben, wenn Probanden mit hohen Messwerten für die Innovativität neue Produkte auch schneller adoptieren als Probanden mit geringeren Messwerten. Die Kriteriumsvalidität errechnet sich als Korrelation zwischen den Testwerten und den Kriteriumswerten einer Stichprobe.

Wiederholungsfragen

1. Was versteht man in der Marktforschung unter dem Begriff „Messung"?

2. Welche Problematik beinhalten Messungen in den Sozialwissenschaften im Vergleich zu den Naturwissenschaften?

3. Nach welchen Merkmalen lassen sich Messverfahren klassifizieren?

4. Welche Fehlerquellen sind bei empirischen Erhebungen gegeben? Wie lassen sie sich jeweils vermeiden?

5. Grenzen Sie die Begriffe Objektivität, Reliabilität und Validität voneinander ab.

6. Wie lassen sich Reliabilität und Validität von Messverfahren überprüfen?

2.2 Operationalisierung und Skalierung komplexer Konstrukte

Lernziele

In diesem Kapitel erfahren Sie,

− was unter den Begriffen Operationalisierung und Skalierung verstanden wird,

− auf welchen unterschiedlichen Skalenniveaus Variablen bzw. Konstrukte empirisch gemessen werden können,

− welche Arten von Skalen in der Marktforschung gebräuchlich sind,

− in welcher Weise Skalen entwickelt und überprüft werden können.

Nach Bearbeitung des Kapitels sind Sie in der Lage, Variablen in geeigneter Weise zu operationalisieren. Darüber hinaus können Sie bestehende Skalen kritisch beleuchten.

Operationalisierung ist eine Vorschrift zur Zuordnung von Messungen zu einer interessierenden Variablen.

Die Operationalisierung von Merkmalen bzw. Variablen ist insbesondere bei komplexen, nicht direkt messbaren Konstrukten von Bedeutung. Sie erfordert die folgenden *Schritte* (vgl. Böhler 2004, S. 107):
– eine präzise konzeptionelle und begriffliche Fassung der zu erhebenden Merkmale sowie
– die Bestimmung der zugehörigen empirisch wahrnehmbaren Eigenschaften (Indikatoren, Items), welche das theoretisch-begrifflich formulierte Konstrukt repräsentieren.

Unter *Skalierung* wird die Generierung eines Kontinuums verstanden, um gemessene Eigenschaften von Objekten zu positionieren.

Folgende Aspekte sind im Zusammenhang mit der Skalierung bedeutsam:
– die Art der herangezogenen Skalen im Hinblick auf das Messniveau der Daten,
– die Art, Anzahl und Richtung der möglichen Antwortkategorien auf der Skala sowie
– die eingesetzten Skalierungsverfahren.

2.2.1 Skalenniveaus und Skalenarten

Das *Skalenniveau* von Variablen hat im Rahmen der Marktforschung eine erhebliche Bedeutung, da es einerseits die anzuwendenden bzw. anwendbaren Datenanalyseverfahren determiniert, andererseits die Aussagekraft von Marktforschungsergebnissen beeinflusst. Während eine *Nominalskala* lediglich die Feststellung von Identitäten ermöglicht, kann anhand einer *Ordinalskala* eine Rangfolge zwischen verschiedenen Objekten festgestellt werden. Die Abstände zwischen den Objekten sind dabei unbekannt. Sind die Abstände zwischen den Objekten messbar, liegt eine *Intervallskala* vor; im Falle des Vorhandenseins eines absoluten Nullpunkts ist eine *Verhältnisskala* gegeben. Nominal- und Ordinalskalen werden als nichtmetrische Skalen, Intervall- und Verhältnisskalen hingegen als metrische Skalen bezeichnet. Abb. 2.35 zeigt die vier verschiedenen Skalenniveaus im Überblick.

Je nach untersuchtem Gegenstand sind geeignete *Skalafragen* zu entwickeln, welche eine Messung des interessierenden Sachverhalts erst ermöglichen (vgl. Abschn. 1.2.2.) Dabei kann man u. a. folgende *Skalenarten* unterscheiden:
– monopolare vs. bipolare Skalen sowie
– kontinuierliche vs. diskontinuierliche Skalen (vgl. Abb. 2.36).

	zulässige Rechen-operation	empirische Aussage	zulässige Maßzahlen u. Verfahren	Beispiel
Nominal-skala	jede eineindeu-tige Operation	Feststellung von Identitäten	Modus, Kontingenz-maße	Geschlecht des Probanden: 1 = männlich 2 = weiblich
Ordinal-skala	jede monotone, rangerhaltende Operation	Feststellung von größeren oder kleineren Werten	Median, Centile, Rang-korrelation	Rangreihe von Pro-dukten nach ihrer Präferierung durch einen Probanden: Produkt B = Rang 1 Produkt C = Rang 2 Produkt A = Rang 3
Intervall-skala	lineare Transformation	Feststellung der Gleichheit von Intervallen oder Differenzen	arithmetisches Mittel, Varianz, Produkt-Moment-Korrelation, t-Test, F-Test	Einstellung eines Probanden zu einem Produkt: [1] 1 2 3 4 5 6 7 ├─┼─┼─┼─┼─┼─┤ sehr sehr gut schlecht
Verhältnis-skala	Ähnlichkeits-transformation	Feststellung des Verhältnisses zweier Werte	geometrisches Mittel, harmonisches Mittel	Einkommen in DM

[1] Die Antwortskala hat zunächst ordinales Niveau. Sie nimmt die Eigenschaft einer Intervallskala an, wenn die Hypothese zu Grunde gelegt werden kann, dass die semantischen Abstände zwischen den Skalenwer-ten als gleich eingeschätzt werden.

Quelle: Zentes 2005, S. 333.
Abb. 2.35: Skalenniveaus in der Marktforschung

Unabhängig davon, welche Items zur Messung herangezogen werden, ist bei der Verwendung von Rating-Skalen über die *Anzahl der Skalenpunkte*, d. h. der mögli-chen Antwortkategorien zu entscheiden (vgl. Cox 1980). Einerseits erlaubt eine zu kleine Anzahl an Skalenpunkten keine ausreichende Differenzierung der Antworten und führt u. U. dazu, dass die Variable nicht als metrisch skaliert an-gesehen werden kann, was das Spektrum der möglichen Datenanalyseinstrumen-te einschränkt. Zu viele Skalenpunkte können andererseits die Probanden über-fordern, da diese u. U. kein ausreichendes Differenzierungsvermögen besitzen. In der Marktforschung am gebräuchlichsten ist eine 7-Punkte-Skala.

Neben der Anzahl der Skalenpunkte wird häufig diskutiert, ob die Skala eine ge-rade oder ungerade Zahl an Antwortmöglichkeiten aufweisen sollte (vgl. Coel-ho/Esteves 2007). Wird bei einer Rating-Skala eine gerade Anzahl an Antwort-möglichkeiten vorgegeben, so ist das Ankreuzen einer mittleren Position nicht möglich. Die Auskunftsperson muss sich also für eine eher positive bzw. negati-ve Haltung entschieden. Hierdurch wird das tendenziell „mittige" Antwortverhalten von unentschlossenen Auskunftspersonen vermieden. Allerdings kann in diesem Fall eine tatsächlich mittlere bzw. indifferente Position nicht zum Ausdruck gebracht werden und führt u. U. zu Antwortverweigerung. Bei einer ungeraden Zahl von Antwortmöglichkeiten besteht jedoch die Schwierigkeit, dass das Ankreuzen einer mittleren Position unterschiedlich interpretiert werden kann (z. B. „weder noch", „teils teils", „weiß nicht", „ist mir egal"…). Aus diesem Grunde wird in der praktischen Marktforschung häufig eine neutrale Kategorie (z. B. „weiß nicht") zusätzlich angeführt (vgl. Abschn. 1.2.2).

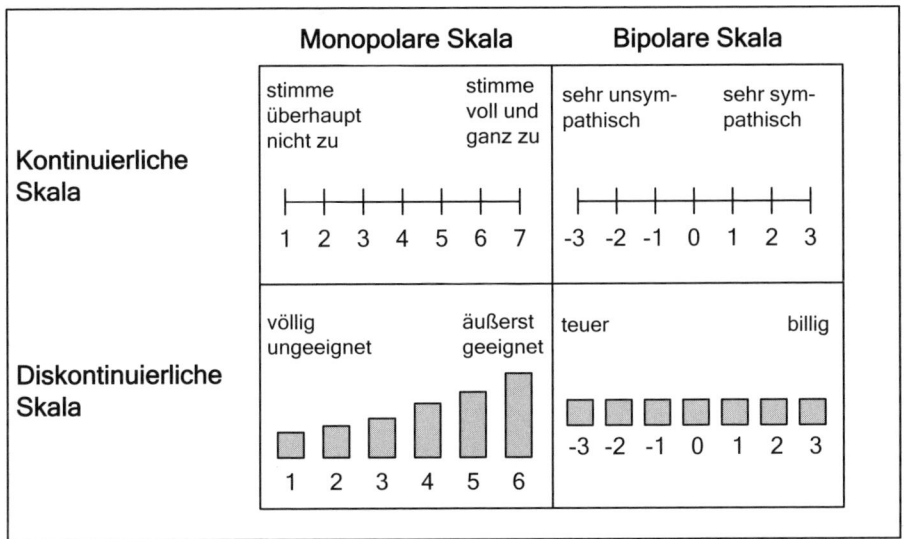

Quelle: Nach Sander 2004, S. 149.
Abb. 2.36: Beispiele für verbalnummerische Skalen

Bei der Konstruktion monopolarer Skalen werden i. A. auch sog. *invertierte Items* einbezogen (Reversed Items), d. h. solche mit umgedrehter Polung. Dadurch sollen gleichförmiges Antwortverhalten und „Ja-Sage-Tendenzen" bei den Probanden vermieden werden. Andererseits erzeugen invertierte Items häufig Falschantworten (vgl. Swain/Weathers/Niedrich 2008), sodass deren Einsatz sparsam erfolgen sollte. In jedem Falle muss darauf geachtet werden, dass invertierte Items bei der Datenaufbereitung umcodiert werden.

2.2.2 Skalierungsverfahren

Skalierungsverfahren beziehen sich auf die Art und Weise, wie mit Hilfe von Skalen Daten gemessen werden sollen. Abb. 2.37 liefert einen Überblick über in der Marktforschung gebräuchliche Skalierungsverfahren. Hierbei wird unterschieden in

– Verfahren komparativer Skalierung und
– Verfahren nichtkomparativer Skalierung.

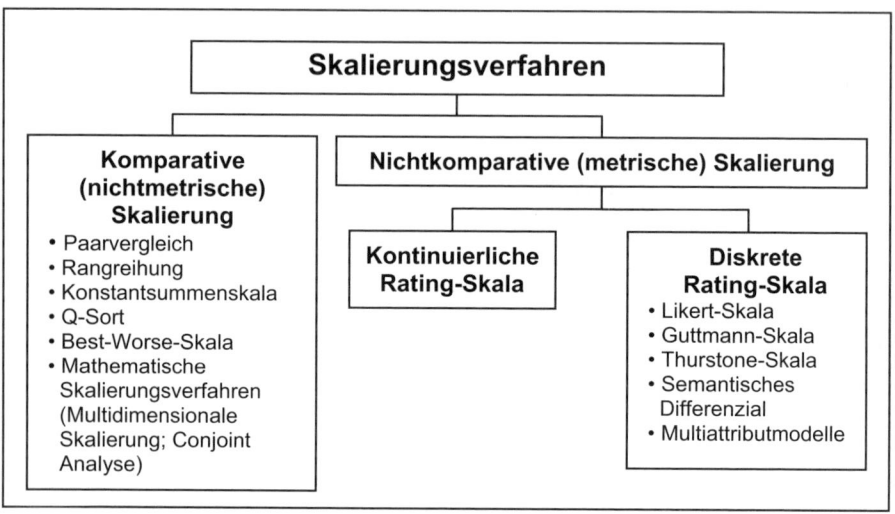

Abb. 2.37: Gebräuchliche Skalierungsverfahren in der Marktforschung

Bei Techniken *komparativer* bzw. *vergleichender Skalierung* werden Stimuli direkt verglichen (z. B. Rangordnung alternativer Fruchtsaftgetränke nach dem Geschmack). Da eine solche Skalierung nur ordinale Aussagen erlaubt, wird sie auch als nichtmetrische Skalierung bezeichnet. Eine *nichtkomparative* bzw. *nichtvergleichende* (auch: monadische oder metrische) Skalierung bedeutet, dass jedes Objekt unabhängig von anderen Objekten im Set skaliert wird; die Ergebnisse werden üblicherweise als metrisch skaliert angenommen (z. B. Beurteilung des Geschmacks alternativer Fruchtsaftgetränke auf einer Skala von 1 („schmeckt überhaupt nicht") bis 5 („schmeckt sehr gut") und Vergleich der Scores der einzelnen Getränke). Die nichtvergleichende Skalierung wird in der Marktforschung am häufigsten eingesetzt. Im Folgenden werden die wichtigsten Verfahren kurz dargestellt.

2.2.2.1 Komparative Skalierung

Im Rahmen komparativer (vergleichender) Skalierung werden Objekte dadurch in eine Rangfolge gebracht, dass sie direkt miteinander verglichen werden. Das häufigste Verfahren im Rahmen vergleichender Skalierung sind *Paarvergleiche*. Im

Rahmen von Paarvergleichen werden aus der Gesamtmenge von Objekten Objektpaare gebildet; der Proband hat die Aufgabe, das jeweils von ihm präferierte Objekt nach einem vorgegebenen Kriterium (z. B. Geschmack) anzugeben.

Beispiel 2.43:

„Ich werde Ihnen 10 Paare von Zahnpastamarken vorstellen. Bitte geben Sie bei jedem Paar an, welche Marke Sie für den persönlichen Gebrauch vorziehen würden."

(1)	☐ Colgate	☐ Pepsodent	(6)	☐ Colgate	☐ Close Up
(2)	☐ Pepsodent	☐ Close Up	(7)	☐ Close Up	☐ Odol-med
(3)	☐ Close Up	☐ Signal	(8)	☐ Signal	☐ Colgate
(4)	☐ Signal	☐ Odol-med	(9)	☐ Pepsodent	☐ Signal
(5)	☐ Odol-med	☐ Colgate	(10)	☐ Pepsodent	☐ Odol-med

Bei n Objekten sind pro Testperson dabei n(n-1)/2 Paarvergleiche vorzunehmen. Aus den Ergebnissen der Paarvergleiche kann – Transitivität der Urteile vorausgesetzt – eine Rangordnung der Objekte gebildet werden; so erhält das Objekt, das am häufigsten im Paarvergleich präferiert wurde, Rang 1, wohingegen das Objekt, das am seltensten präferiert wurde, Rang n erhält. Unter bestimmten Bedingungen kann aus den Daten auch eine Intervallskala gewonnen werden (vgl. z. B. Likert/Roslow/Murphy 1993).

Paarvergleiche sind sinnvoll, wenn die Zahl der zu beurteilenden Objekten begrenzt ist; ansonsten wird das Verfahren unübersichtlich. Weitere mögliche Nachteile des Verfahrens sind (vgl. Malhotra 2007, S. 259):
– Es kann eine Verletzung der Transitivitätsprämisse auftreten;
– das Ergebnis kann von der Reihenfolge der Präsentation der Objektpaare beeinflusst werden;
– Paarvergleiche haben kaum Ähnlichkeit zu realen Kaufsituationen, im Rahmen derer eine Auswahl zwischen mehreren Alternativen vorzunehmen ist;
– das Verfahren erlaubt keine Aussagen darüber, ob das – relativ gesehen – präferierte Objekt im absoluten Sinne den Probanden gefällt.

Im Rahmen einer *Rangreihung* müssen die Testpersonen eine Menge von Objekten gleichzeitig beurteilen und gemäß ihrer Präferenzen bzgl. eines vordefinierten Merkmals in eine Rangfolge bringen. Auch hier resultieren ordinal skalierte Präferenzdaten. Es wurden jedoch auch Verfahren entwickelt, um daraus intervallskalierte Daten zu gewinnen (vgl. z. B. Bottomley 2000).

Beispiel 2.44:

„Ich zeige Ihnen fünf verschiedene Zahnpastamarken. Bitte ordnen Sie die Marken danach, welche Sie für Ihren persönlichen Gebrauch vorziehen würden. Geben Sie der Marke, die Ihnen am meisten zusagt, den Wert 1, der Marke, die Ihnen am wenigsten zusagt, den Wert 5."

Marke	Rang
Colgate	-------
Pepsodent	-------
Close Up	-------
Signal	-------
Odol-med	-------

Rangreihungsverfahren werden sehr häufig zur Erhebung von Präferenzen herangezogen, z. B. im Rahmen von Conjoint Analysen (vgl. Abschn. 6.3.11). Im Gegensatz zu Paarvergleichen ähnelt die Untersuchungssituation eher der realen Wahlentscheidung beim Kauf. Darüber hinaus sind Verfahren aus dieser Gruppe schneller, sie verhindern intransitive Aussagen und sind für die Befragten unmittelbar nachzuvollziehen (vgl. Malhotra 2007, S. 260 f.). Bei einer zu großen Zahl an Stimuli wird der Proband jedoch u. U. überfordert.

Beim *Konstantsummenverfahren* werden die Probanden gebeten, eine vorgegebene Anzahl an Einheiten (z. B. Punkte, Münzen, Spielmarken) auf die einzelnen Untersuchungsobjekte bzw. auf Ausprägungen von Untersuchungsobjekten restlos zu verteilen; dabei soll die Verteilung die relative Bedeutung der Untersuchungsobjekte widerspiegeln.

Beispiel 2.45:

„Hier sehen Sie fünf Eigenschaften von Pkws. Wie wichtig sind die einzelnen Eigenschaften für Sie? Bitte verteilen Sie insgesamt 100 Punkte auf die fünf Eigenschaften in Abhängigkeit von ihrer Bedeutung für Sie."

Platzverhältnisse im Innenraum	
Geschwindigkeit	
Design	
Sicherheit	
Preis	
Summe	**100**

Q-Sort ist eine Variante von Rangreihungsskalen, bei welcher die Befragten vorgelegte Objekte in mehrere Stapel nach einen bestimmten Kriterium sortieren müssen. Beispielsweise kann den Befragten eine Reihe von Statements bzgl. eines Objekts vorgelegt werden, die sie nach dem Ausmaß der Zustimmung sortieren sollen (z. B. Stapel 1: „stimme voll und ganz zu", Stapel 2: „stimme zu" usw.).

Im Rahmen von *Best-Worse-Skalen* (vgl. Lee/Soutar/Louviere 2007 und Auger/Devinney/Louviere 2007) werden Items (z. B. Marken, aber auch Werte, Nutzenkomponenten usw.) aufgelistet. Die Probanden müssen dann in jeder Gruppe den wichtigsten und den unwichtigsten Aspekt angeben. Gerade in der interkulturellen Marktforschung, bei der Rating-Skalen aufgrund kultureller Unterschiede im Antwortmuster verzerrte Ergebnisse liefern können (z. B. aufgrund eines Höflichkeitsbias in bestimmten Ländern), können Best-Worse-Skalen bessere Messwerte produzieren. Weitere komparative Skalierungsverfahren sind mathematisch-statistischen Ursprungs (z. B. Conjoint Analyse, Multidimensionale Skalierung) und werden in Kap. 6 skizziert.

Komparative Skalierungsverfahren sind grundsätzlich geeignet, wenn Präferenzen bzw. Wichtigkeitsbewertungen erhoben werden sollen, da dadurch verhindert werden kann, dass alle Eigenschaften als „sehr wichtig" eingestuft werden und damit eine Nivellierung der Antworten herbeigeführt wird (vgl. Homburg/Krohmer 2003, S. 221).

2.2.2.2 Nichtkomparative Skalierung

Im Rahmen *nichtkomparativer Skalierung* erfolgt die Bewertung von Objekten isoliert, d. h. unabhängig von anderen Untersuchungsobjekten. Verfahren nichtkomparativer Skalierung werden typischerweise im Rahmen der Einstellungsmessung eingesetzt und beruhen auf sog. *Rating-Skalen*. Rating-Skalen erlauben eine Beurteilung zwischen zwei Extrempunkten und können kontinuierlich oder diskret sein (vgl. hierzu Abb. 2.36). Grundsätzlich liefern sie ordinale Daten, unter der Annahme gleicher Abstände zwischen den Skalenpunkten werden sie jedoch häufig als metrisch behandelt.

Bei einer *kontinuierlichen* Rating-Skala erfolgt die Bewertung an beliebiger Stelle eines Kontinuums (z. B. einer Geraden mit zwei Extrempunkten); die Einteilung in Kategorien wird nachträglich durch den Forscher vorgenommen. Ihre Anwendung in der Marktforschung ist allerdings begrenzt, da nicht gewährleistet ist, dass zwei Probanden, welche das Kontinuum an derselben Stelle ankreuzen, auch genau denselben Messwert meinen.

Eine weitaus größere Rolle spielen die verschiedenen *diskreten* Rating-Skalen. Weit verbreitet ist die sog. *Likert-Skala*. Die Likert-Skala beruht darauf, dass dem Probanden eine Reihe von Statements vorgelegt wird. Ihre Aufgabe ist es, das Ausmaß der Zustimmung auf einer Skala anzugeben, typischerweise mit den Extrempunkten „stimme voll und ganz zu" und „stimme überhaupt nicht zu".

Beispiel 2.46:

„Weiter unten finden Sie eine Liste von Aussagen zur Marke XYZ. Bitte tragen Sie auf den untenstehenden Skalen ein, inwieweit Sie den einzelnen Aussagen zustimmen."

Marke XYZ	Stimme voll und ganz zu				Stimme überhaupt nicht zu
… hebt sich positiv von Konkurrenzmarken ab	☐	☐	☐	☐	☐
… ist qualitativ hochwertig	☐	☐	☐	☐	☐
… ist preislich günstig	☐	☐	☐	☐	☐
… ist überall erhältlich	☐	☐	☐	☐	☐
… macht gute Werbung	☐	☐	☐	☐	☐

Das *Semantische Differenzial* besteht aus einer Reihe 5- bis 7-stufiger, bipolarer Rating-Skalen mit metaphorischen – also vom Objekt losgelösten – Gegensatzpaaren (zum Semantischen Differenzial vgl. z. B. Snider/Osgood 1969). Die Gegensatzpaare repräsentieren dabei folgende Dimensionen:

– *evaluative Dimension*, welche die affektive Komponente der Einstellung widerspiegelt und Adjektivpaare wie gut–schlecht, attraktiv–unattraktiv beinhaltet;

– *Stärke-Dimension*, welche durch Wortgegensatzpaare wie hart–weich, stark–schwach, u. Ä. wiedergegeben wird, und

– *Aktivitätsdimension*, welche durch Adjektivpaare wie schnell–langsam, aktiv–passiv etc. zum Ausdruck gebracht wird.

Beispiel 2.47:

„Stellen Sie sich bitte die Marke X als Person vor. Wie würden Sie die Eigenschaften dieser Person beurteilen?"

	-3	-2	-1	0	1	2	3	
gut								schlecht
süß								sauer
nüchtern								verträumt
hart								weich
laut								leise
schnell								langsam

Ausgewertet werden Semantische Differenziale insb. durch Bildung eines *Polaritätsprofils*. Darüber hinaus werden häufig Mittelwerte bzgl. der einzelnen Komponenten errechnet. Problematisch ist vor allem der fehlende Objektbezug, wodurch die Interpretation der Ergebnisse erschwert wird. Aus diesem

Grunde wurden zahlreiche Modifikationen des Verfahrens entwickelt, die eine bessere Anwendbarkeit für Marketing-Fragestellungen ermöglichen (vgl. Mindah 1961). Insbesondere werden im Marketing zumeist objektbezogene Gegensatzpaare herangezogen, welche die einzelnen Merkmale eines Objekts (z. B. eines Produkts) repräsentieren.

Eine Modifikation des Semantischen Differenzials stellt die sog. *Stapel-Skalierung* dar. Für das zu bewertende Objekt werden monopolare Items mit 10 Messpunkten vorgegeben. Der Proband wird aufgefordert anzugeben, in welchem Ausmaß bestimmte Eigenschaften, welche in der Mitte der Skalen aufgeführt werden, auf das Untersuchungsobjekt zutreffen. Üblicherweise wird die Skala vertikal präsentiert. Die Daten werden analog zum Semantischen Differenzial ausgewertet. Die Skalenentwicklung ist einfacher als beim Semantischen Differenzial, jedoch ist deren praktische Anwendung häufig schwierig (vgl. Malhotra 2007, S. 278).

Beispiel 2.48:

„Bitte beurteilen Sie, inwieweit die unten angegebenen Aussagen auf die Marke XYZ zutreffen. Ein positives Vorzeichen bedeutet, dass die Aussage auf Marke XYZ zutrifft. Je höher die Zahl ist, umso eher trifft die Aussage auf Marke XYZ zu.

Ein negatives Vorzeichen bedeutet, dass die Aussage auf Marke XYZ nicht zutrifft. Je höher die Zahl ist, umso weniger trifft die Aussage auf Marke XYZ zu."

+ 4 ☐	+4 ☐	+4 ☐
+ 3 ☐	+3 ☐	+3 ☐
+ 2 ☐	+2 ☐	+2 ☐
+ 1 ☐	+1 ☐	+1 ☐
hohe Qualität	preisgünstig	überall erhältlich
– 1 ☐	– 1 ☐	– 1 ☐
– 2 ☐	– 2 ☐	– 2 ☐
– 3 ☐	– 3 ☐	– 3 ☐
– 4 ☐	– 4 ☐	– 4 ☐

Multiattributmodelle stellen eine spezielle Technik zur Einstellungsmessung dar, mittels derer auf formalem Wege der Einstellungswert einer Person gegenüber einem Einstellungsobjekt bestimmt werden kann. Grundlage von Multiattributmodellen ist die Annahme, dass Einstellungen aus verschiedenen einstellungsrelevanten Merkmalen resultieren. In einem ersten Schritt werden daher für das Untersuchungsobjekt die relevanten Eigenschaften identifiziert. Für jedes relevante Merkmal werden anschließend die affektive und die kognitive Komponente gemessen. Die verschiedenen Ansätze unterscheiden sich i. W. darin, wie die Komponenten gemessen werden und wie sie miteinander verknüpft werden, um einen aggregierten Einstellungswert zu erhalten. Zu den bedeutendsten Multiattributionsmodellen zählen das *Fishbein-* und das *Trommsdorff-Modell* (vgl. Abb. 2.38).

	Fishbein-Modell	**Trommsdorff-Modell**
Kognitive Komponente (Wissen)	W_{ijk} = Subjektive Einschätzung der Auskunftsperson i bzgl. der Wahrscheinlichkeit für das Auftreten von Merkmal k bei Objekt j Dass PCs der Marke X langlebig sind, halte ich für ├──┼──┼──┼──┤ sehr sehr unwahr- wahr- scheinlich scheinlich	W_{ijk} = Subjektive Einschätzung der Auskunftsperson i über das Vorhandensein von Merkmal k bei Objekt j Wie langlebig ist ein PC der Marke X? ├──┼──┼──┼──┤ überhaupt sehr nicht langlebig langlebig
Affektive Komponente (Bewertung)	a_{ijk} = Bewertung des Merkmals k bei Objekt j durch Person i Wenn PCs der Marke X langlebig sind, so ist das für mich ├──┼──┼──┼──┤ sehr sehr schlecht gut	I_{ik} = Von Person i als ideal empfundene Ausprägung des Merkmals k Wie langlebig ist der ideale PC? ├──┼──┼──┼──┤ überhaupt sehr nicht langlebig langlebig
Verknüpfung E_{ij} = Einstellung der Person i zu Objekt j	$$E_{ij} = \sum_k W_{ijk} \cdot a_{ijk}$$	$$E_{ij} = \sum_k W_{ijk} - I_{ik}$$
Aussage	Je größer der berechnete Einstellungswert ist, umso positiver ist die Gesamteinstellung zum Untersuchungsobjekt	Je kleiner der berechnete Einstellungswert ist, umso positiver ist die Einstellung zum Objekt (umso geringer ist die Distanz zum Idealobjekt)

Quelle: In Anlehnung an Sander 2004, S. 61 und 63.
Abb. 2.38: Die Modelle von Fishbein und Trommsdorff im Überblick

Im Hinblick auf eine *Beurteilung* von Multiattributmodellen gilt, dass alle Ansätze additiver Natur sind, d. h. der Gesamteinstellungswert ergibt sich aus der Summation der Einzelbewertungen der jeweiligen Items. Dies unterstellt einerseits, dass die verwendeten Items unabhängig voneinander sind, andererseits gilt die

Kompensationsprämisse, d. h. schlechte Bewertungen eines Items können durch gute Bewertungen bei anderen Items ausgeglichen werden (vgl. hierzu Sander 2004, S. 62). Da im Regelfall nicht die Einstellungswerte einzelner Personen relevant sind (E_{ij}), sondern von Personengruppen, muss zudem noch eine Aggregation erfolgen. Hierzu können arithmetische Mittelwerte der einzelnen E_{ij} über alle befragten Personen bestimmt werden. Alternativ kann eine Cluster-Analyse durchgeführt werden, um Personengruppen identifizieren zu können, die in sich homogen, untereinander jedoch heterogen sind (vgl. Abschn. 6.3.9).

2.2.3 Single- vs. Multi-Item-Skalen

Im Marketing werden zahlreiche Variablen erhoben, welche teils direkt beobachtbar (z. B. Absatzmenge), teils nicht unmittelbar beobachtbar (z. B. Einstellung) sind. Die theoretisch-begriffliche Fassung des interessierenden Merkmals sagt zunächst aus, „was" eigentlich zu messen ist; des Weiteren muss die Definition Aussagen darüber erlauben, wann und wo – ggf. durch wen und wie – die Messung vorzunehmen ist.

Die inhaltliche Komponente der Operationalisierung – also die Frage nach dem „Was" – ist bei direkt beobachtbaren Sachverhalten vergleichsweise einfach. So ist z. B. die Variable „Preis" inhaltlich eindeutig bestimmt; zur konkreten Erhebung der Variable ist das Merkmal jedoch näher zu spezifizieren, z. B. „Preis zu einem bestimmten Stichtag", „Durchschnittspreis in der Periode" o. Ä. Neben dieser zeitlichen Dimension ist auch der räumliche Aspekt zu klären, z. B. „in sämtlichen Einzelhandelsgeschäften der Region", „in Einzelhandelsgeschäften mit einem Umsatzanteil von mindestens X %" usw.

Besondere Schwierigkeiten bei der Operationalisierung treten jedoch auf, wenn es sich bei den zu erhebenden Merkmalen um *hypothetische Konstrukte* handelt, welche empirisch nicht direkt beobachtbar sind. Hierbei handelt es sich um komplexe, teilweise multidimensionale Sachverhalte psychologischer oder soziologischer Natur wie z. B. Einstellungen oder Sozialverhalten. Grundsätzlich besteht die Möglichkeit, hypothetische Konstrukte anhand einer einzigen Skala zu messen, beispielsweise: „Wie hoch ist Ihr Umweltbewusstsein?" mit 1 („sehr niedrig") bis 7 („sehr hoch"). Solche *Single-Item-Skalen* sind einfach zu handhaben, senken den zeitlichen und finanziellen Erhebungsaufwand und reduzieren die Verweigerungsrate bei den Probanden. Sind die zu messenden Konstrukte für die Untersuchung nicht von zentraler Bedeutung, so reicht daher oft eine Single-Item-Skala. Auch aus theoretischer Sicht lassen sich Argumente für Single-Item-Skalen finden. So konnten Bergkvist und Rossiter zeigen, dass bei konkreten Konzepten und Attributen, also solchen, die von den Probanden eindeutig und einheitlich verstanden werden (z. B. Einstellung zur Marke), Single-Item-Skalen ausreichend sind. In diesem Falle ist die Vorhersagevalidität gleichwertig zu einer Multi-Item-Skala. Voraussetzung ist allerdings die sorgfältige Wahl des Items; dieses muss u. a. eine hohe Inhaltsvalidität aufweisen (vgl. Bergkvist/Rossiter 2007 sowie Rossiter/Bergkvist 2009). Des Weiteren bietet sich der Einsatz von Single-Item-Skalen dort an, wo die Grundgesamtheit sehr groß bzw. sehr heterogen ist, da die Entwicklung einer Itembatterie, welche die Besonderheiten sämtlicher Untergruppen berücksichtigt, kaum möglich ist.

Alternativ kann das Konstrukt anhand einer *Multi-Item-Skala* erhoben werden, d. h. durch eine Reihe von Indikatoren, welche verschiedene Facetten des Konstrukts widerspiegeln sollen. Dies ist in der wissenschaftlichen Markt- und Sozialforschung mittlerweile der Standard. Vorteile sind dabei (vgl. Kuß/Eisend 2010, S. 86):

- Durch mehrere Items kann eher sichergestellt werden, dass die verschiedenen Aspekte eines zu messenden Konstrukts erfasst werden.
- Die Messwerte auf Multi-Item-Skalen sind feiner differenziert.
- Multi-Item-Skalen sind häufig reliabler als Single-Item-Skalen, da sie nicht von einer einzelnen Messung abhängig sind.

„Im täglichen Leben versuche ich immer, Energie zu sparen."

„Für die Fahrt zur Arbeit verzichte ich häufig auf das Auto."

„Im Supermarkt kaufe ich nach Möglichkeit keine abgepackte Ware."

„Ich fühle mich durch auf der Straße herumliegende Dosen und Zigarettenpackungen gestört."

„Einwegpackungen sollten generell verboten werden."

„Mülltrennung bringt sehr viel Mühe, aber keinen echten Nutzen." (R)

(Das 'R' bedeutet, dass der Score invertiert werden muss.)

Abb. 2.39: Items zur operationalen Definition des Konstrukts „Umweltbewusstsein"

Zur Entwicklung einer Multi-Item-Skala ist das zu messende Konstrukt zunächst auf der Grundlage theoretischer Überlegungen oder explorativer Studien in seine einzelnen Elemente zu zerlegen. Für die einzelnen Dimensionen sind anschließend Items zu generieren, welche sich auf empirisch beobachtbare – und somit messbare – Sachverhalte beziehen. Darüber hinaus ist eine Vorschrift anzugeben, wie diese Indikatoren zu messen sind und auf welche Weise die Einzelmessungen zu einem Messwert für das interessierende Konstrukt zu aggregieren sind. Die Aggregation zu einem Einstellungswert über alle Items kann z. B. durch additiv-multiplikative Verknüpfung oder durch andere Vorschriften erfolgen. Abb. 2.39 zeigt eine mögliche Operationalisierung des Konstrukts „Umweltbewusstsein".

Die Items des Beispiels können z. B. anhand einer Sieben-Punkte-Rating-Skala mit den Ausprägungen 1 („trifft überhaupt nicht zu") bis 7 („trifft voll und ganz zu") gemessen werden. Beim letzten Item des Beispiels ist dabei zu beachten, dass die Scores invertiert werden müssen (d. h. 1 = „trifft voll und ganz zu", 7 = „trifft überhaupt nicht zu"), damit höhere Werte auch ein höheres Umweltbewusstsein widerspiegeln.

2.2.4 Entwicklung und Validierung von Multi-Item-Skalen

Wie in Abschn. 2.2.2 bereits skizziert, ist die Entwicklung und Validierung geeigneter Multi-Item-Skalen eines der zentralen Probleme bei der Erforschung komplexer Konstrukte. Die gängige Vorgehensweise orientiert sich dabei an der von Churchill (1979) vorgeschlagenen Methodik. Werden im Forschungsvorhaben Strukturgleichungsmodelle eingesetzt, können anspruchsvollere Validierungsverfahren („Verfahren der 2. Generation") eingesetzt werden (vgl. z. B. Bollen 1989, Hayduk 1987 und Homburg 1992).

Zur Konstruktion von Skalen sind grundsätzlich die folgenden Schritte erforderlich (vgl. Churchill 1979, S. 66):
– präzise Definition des zu untersuchenden Konzepts,
– Itemsammlung,
– Itemformulierung und -revision,
– Reliabilitätsprüfung und
– Validitätsprüfung.

Der erste Schritt besteht in der *Konzeptionalisierung des Konstrukts*. Ein Konstrukt muss präzise definiert und exakt von verwandten Konstrukten abgegrenzt werden (vgl. Jacoby/Chestnut 1978). Darüber hinaus muss es konsistent verwendet werden und seine Definition muss das Ableiten und Testen von Hypothesen ermöglichen. Die möglichst präzise Definition des Konzepts bildet die Grundlage für die Validitätsprüfung und bestimmt den Inhalt der zu verwendenden Items. Eine eigene, neue Konzeptdefinition sollte dabei – um einen Vergleich mit früheren Studien zu ermöglichen – nur dann erfolgen, wenn das Forschungsproblem dies unbedingt erforderlich macht (vgl. Churchill 1979, S. 67).

Ist das Konstrukt exakt definiert erfolgt anschließend die *Itemsammlung*, d. h. die Suche nach geeigneten Indikatoren zur Messung des Konstrukts. Zur Gewinnung von Items können verschiedene Verfahren der explorativen Analyse genutzt werden, z. B. (vgl. Kuß/Eisend 2010, S. 97 f.; Churchill 1979, S. 67 f.):

- Ableitung aus der Konzeptdefinition nach logischen Überlegungen,
- Sichtung der Literatur im Hinblick auf dort verwendete Items,
- Expertenbefragungen,
- Alltagsbeobachtung,
- qualitative Vorstudien wie Kreativgruppen oder Gruppendiskussionen.

Die gewählten Indikatoren sind dann eine valide Operationalisierung des theoretischen Konstrukts, wenn eine kausale Beziehung zwischen ihnen und dem zugehörigen theoretischen Konstrukt angenommen und empirisch bestätigt werden kann. Im Hinblick auf die Spezifikation des Messmodells ist zwischen formativen und reflektiven Indikatoren zu unterscheiden (vgl. hierzu Albers/Hildebrand 2006; Diamantopoulos/Winklhofer 2001). *Formative Indikatoren* „bilden" das Konstrukt, d. h. das latente Konstrukt ist das Ergebnis der einzelnen gemessenen Indikatoren. Hingegen sind *reflektive Indikatoren* solche, die das Konzept widerspiegeln, d. h. das latente Konstrukt wirkt sich auf eine Vielzahl beobachtbarer Indikatoren aus. Am gebräuchlichsten sind im Marketing reflektive Indikatoren. Abb. 2.40 zeigt den Unterschied am Beispiel des Konstrukts „Zufriedenheit".

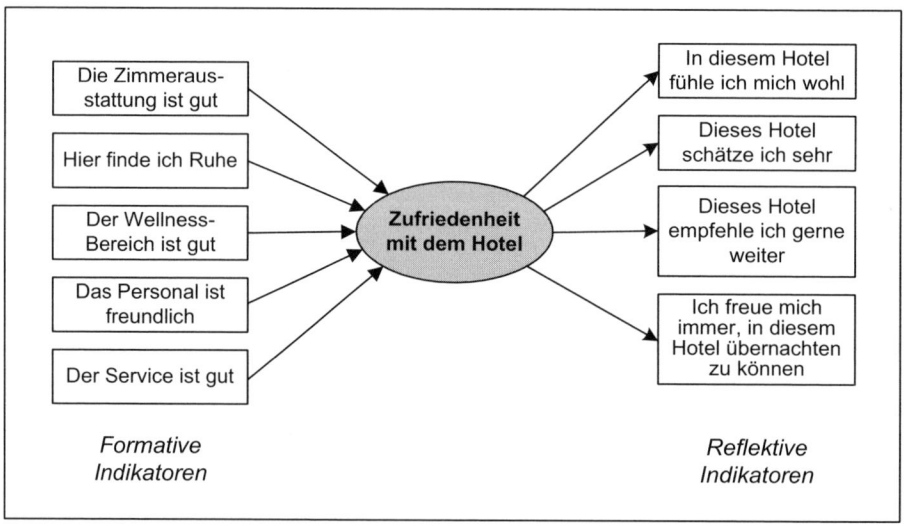

Quelle: Albers/Hildebrand 2006, S. 12.

Abb. 2.40: Formative und reflektive Indikatoren zur Messung der Kundenzufriedenheit

In einem weiteren Schritt, der *Itemformulierung und Itemrevision*, wird der Wortlaut der Items festgelegt (vgl. Churchill 1979, S. 68). Dazu gehören Entscheidungen wie die Formulierung als Frage oder als Statement, die direkte oder indirekte Abfrage, die Itempolung (z. B. invertierte Items), die Festlegung der Antwortmöglichkeiten. Gegebenenfalls erfolgt eine Verfeinerung und Revision, etwa eine Umformulierung zur Vermeidung sozialer Erwünschtheit oder zur Verbesserung der Verständlichkeit.

Im Rahmen einer *Reliabilitäts- und Validitätsprüfung* wird schließlich die Güte der entwickelten Skalen überprüft (vgl. auch 2.1.3.2). Die Berechnung von Cronbachs Alpha erlaubt eine Bewertung der Internen-Konsistenz-Reliabilität; zudem liefern die Item-to-Total-Korrelationen, d. h. die jeweiligen Korrelationen der Indikatoren mit dem Konstrukt, Hinweise auf Items, die eliminiert werden müssen.

Abb. 2.41 zeigt die Item-Skala-Statistiken in PASW am Beispiel einer Skala zur Messung des Fußballinvolvements. Hiernach wäre Item 4 zu eliminieren, da seine Korrelation zum Konstrukt gering ist und durch dessen Unterdrückung Alpha auf 0,839 steigt. Mittels einer exploratorischen Faktorenanalyse kann schließlich die Faktorstruktur der Skala untersucht werden, etwa im Hinblick auf Eindimensionalität. Ergänzend sei hier noch auf die Validierung mittels Strukturgleichungsmodellen hingewiesen (zur Methodik vgl. z. B. Homburg/Giering 1996).

	Skalenmittelwert, wenn Item weggelassen	Skalenvarianz, wenn Item weggelassen	Korrigierte Item-Skala-Korrelation	Cronbachs Alpha, wenn Item weggelassen
Fußball ist wichtig für mich	24,13	43,295	0,768	0,772
Meine Fußballbegeisterung sagt viel über mich aus	23,36	51,815	0,599	0,810
Wenn ich ein schlechtes Fußballspiel sehe, ärgert mich das sehr	23,56	51,239	0,588	0,812
Ich kann einschätzen, wer ein Fußballfan ist und wer nicht	24,48	57,097	0,435	0,839
Fußball ist mir niemals gleichgültig	23,52	49,008	0,694	0,790

Abb. 2.41: Beispielhafte Item-Skala-Statistiken in PASW

Wiederholungsfragen

1. Auf welchen Skalenniveaus lassen sich Variablen bzw. Konstrukte messen?

2. Welche Rolle spielen Aspekte wie die Anzahl der Skalenpunkte, eine gerade oder ungerade Zahl an Antwortmöglichkeiten sowie das Vorhandensein einer neutralen Antwortkategorie für das Responseverhalten von Probanden?

3. Grenzen Sie die komparative und die nichtkomparative Skalierung voneinander ab. Welche Konsequenzen hat das gewählte Skalierungsverfahren auf das Skalenniveau der Daten?

4. Charakterisieren Sie die Likert-Skala und das Semantische Differenzial als Verfahren der nichtkomparativen Skalierung.

5. Erläutern Sie die Modelle von Fishbein und Trommsdorff zur Einstellungsmessung.

6. Welche Vor- und Nachteile weisen Multi-Item-Skalen im Vergleich zu Single-Item-Skalen bei der Messung komplexer Konstrukte auf?

7. Welche Schritte sind bei der Konstruktion von Multi-Item-Skalen zu durchlaufen?

2.3 Weiterführende Literatur

Amoo, T., Friedman, H. H. (2000): Overall Evaluation Rating Scales: An Assessment, in: International Journal of Market Research, Vol. 42, No. 3 (Summer 2000), S. 301-311.

Bemmaor, A. C., Wagner, O. (2000): A Multiple-Item Model of Paired Comparisons: Separating Chance from Latent Performance, in: Journal of Marketing Research, Vol. 37, No. 4 (November 2000), S. 514-524.

Borg, J., Staufenbiehl, T. (2007): Theorien und Methoden der Skalierung, 4. Aufl., Bern 2007.

Campbell, D. T., Russo, M. J. (2001): Social Measurement, Thousand Oaks 2001.

Churchill, G. A. (1979): A Paradigm for Developing better Measures of Marketing Constructs, in: Journal of Marketing Research, Vol. 16 (1979), No. 1, S. 64-73.

Cox, E. P. (1980): The Optimal Number of Response Alternatives for a Scale: A Review, in: Journal of Marketing Research, Vol. 17 (1980), S. 407-422.

Converse, J. M., Presser, S. (1986): Survey Questions: Handcrafting the Standardized Questionnaire, Newbury Park 1986.

Miller, C. C., Salkind, N. (2002): Handbook of Research Design and Social Measurement, 6th ed., Thousand Oaks 2002.

3. Auswahl der Erhebungseinheiten

Die Auswahl der Erhebungseinheiten umfasst zunächst die Entscheidung zwischen einer Voll- und einer Teilerhebung; im Falle einer Teilerhebung ist darüber hinaus der Auswahlplan festzulegen, d. h. die Art und Weise, wie aus einer Grundgesamtheit eine Stichprobe zu gewinnen ist.

3.1 Vollerhebung vs. Teilerhebung

Lernziele

In diesem Kapitel erfahren Sie,
- was eine Teilerhebung in der Marktforschung bedeutet sowie
- welche Vor- und Nachteile eine Teilerhebung im Vergleich zu einer Vollerhebung hat.

Sollen Aussagen über eine größere Anzahl von Untersuchungseinheiten getroffen werden, kommen prinzipiell zwei Vorgehensweisen in Frage:
- Vollerhebung und
- Teilerhebung.

Im Rahmen einer *Vollerhebung* (Zensus) werden sämtliche in Frage kommenden Untersuchungseinheiten in die Erhebung einbezogen, wie dies z. B. bei einer Volkszählung der Fall ist.

Eine solche Vorgehensweise kommt in der Marktforschung nur in Ausnahmefällen vor, etwa im Rahmen von Händler- oder Herstellerbefragungen, wenn also die Grundgesamtheit zahlenmäßig begrenzt ist. In den meisten Fällen ist die Grundgesamtheit zu umfangreich, oder aber die Anzahl zu erhebender Merkmale ist zu groß, sodass sich eine Vollerhebung aus zeitlichen und finanziellen Gründen verbietet. Den Normalfall in der Marktforschung bildet daher die Teilerhebung.

Eine *Teilerhebung* beinhaltet die Einbeziehung lediglich eines Ausschnitts der Grundgesamtheit, der sog. *Stichprobe* (Sample), in die Untersuchung.

Dabei sollen die Merkmalsträger so ausgewählt werden, dass sie hinsichtlich der Untersuchungsmerkmale repräsentativ für die Grundgesamtheit sind und somit ein sog. Inferenz- bzw. Repräsentationsschluss von der Stichprobe auf die Grundgesamtheit möglich wird. Voraussetzung hierfür ist eine *Strukturgleichheit* (Isomorphie) zwischen Stichprobe und Grundgesamtheit, d. h. die in der übergeordneten Grundgesamtheit bestehenden Relationen müssen sich in der Stichprobe wiederfinden. Im Vergleich zu einer Vollerhebung weist eine Teilerhebung folgende Vorteile auf (vgl. Böhler 2004, S. 131 f.; Malhotra 2007, S. 335 f.):

- Eine Teilerhebung ist weniger zeit- und kostenintensiv als eine Vollerhebung, da Feldarbeit und Auswertung eine geringere Fallzahl betreffen.
- Bei einer Teilerhebung ist ein geringerer *systematischer Fehler* zu erwarten (vgl. die Ausführungen in Abschn. 2.1.3.1), da sie einen geringeren personellen Stab benötigt, der dafür aber besser geschult, gesteuert und kontrolliert werden kann. Dadurch erhält man genauere Ergebnisse als bei einer Vollerhebung.
- Eine Teilerhebung ist häufig organisatorisch bzw. technisch nicht durchführbar (z. B. wenn nicht alle Elemente der Grundgesamtheit bekannt sind, oder aber aufgrund personeller und finanzieller Restriktionen).
- Eine Teilerhebung ist die einzige Möglichkeit, wenn die Untersuchungseinheiten im Rahmen der Erhebung zerstört werden müssen (z. B. im Rahmen von Qualitätskontrollen, Crash-Tests u. Ä.).
- Zwar fehlt bei einer Vollerhebung ein *Zufallsfehler*. Der einer Vollerhebung inhärente systematische Fehler führt allerdings u. U. dazu, dass zur Überprüfung der Genauigkeit einer Vollzählung flankierend Stichprobenerhebungen durchgeführt werden müssen.
- Schließlich ist eine Teilerhebung zwingend notwendig, wenn eine besondere Dringlichkeit herrscht oder aber wenn ein sog. Testeffekt zu befürchten ist, wenn also bei wiederholter Befragung unterschiedliche Personenkreise zu befragen sind, um Lerneffekte zu vermeiden.

Wiederholungsfragen

1. Was unterscheidet eine Vollerhebung von einer Teilerhebung?

2. In welchen Fällen kann in der Marktforschung eine Vollerhebung in Frage kommen?

3. Welche Vor- und Nachteile weist eine Teilerhebung im Vergleich zu einer Vollerhebung auf?

3.2 Festlegung des Auswahlplans

Lernziele

In diesem Kapitel erfahren Sie,

- was unter eine Auswahlplan zu verstehen ist und welche Elemente ein Auswahlplan beinhaltet,

– welche Unterschiede zwischen einer zufälligen und einer nichtzufälligen Stichprobenbildung bestehen,
– welche Verfahren der Stichprobenauswahl in der Marktforschung jeweils gebräuchlich sind.

Nach Lektüre des Kapitels sind Sie in der Lage, die verschiedenen Verfahren der Stichprobenauswahl zu beschreiben und kritisch zu hinterfragen.

3.2.1 Elemente eines Auswahlplans

Wird eine Teilerhebung durchgeführt, so ist ein *Auswahlplan* zu erstellen, im Rahmen dessen festgelegt wird, in welcher Art und Weise die Erhebungseinheiten auszuwählen sind. Abb. 2.42 zeigt die Arbeitsschritte zur Festlegung eines Auswahlplans im Überblick.

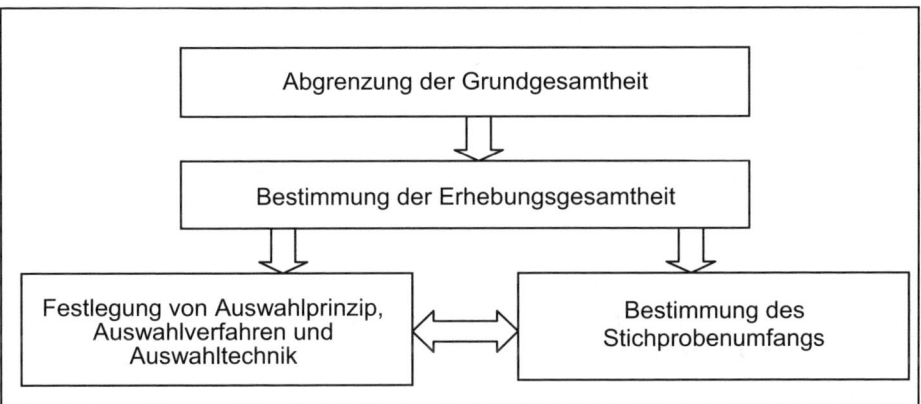

Abb. 2.42: Arbeitsschritte zur Festlegung eines Auswahlplans

Die erste Fragestellung im Rahmen eines Auswahlplans ist der Kreis der Untersuchungseinheiten, bei welchen die interessierenden Merkmale erfasst werden sollen. Die hiermit angesprochene Frage der *Abgrenzung der Grundgesamtheit* setzt die Angabe der Erhebungseinheiten und der Auswahleinheiten wie auch ihre Abgrenzung nach regionalen und zeitlichen Gesichtspunkten voraus.

Erhebungseinheiten sind solche Merkmalsträger, über die eine Aussage getroffen werden soll.

Je nach Fragestellung handelt es sich um Personen, Haushalte, Unternehmen, Handelsgeschäfte usw. Lautet das Forschungsproblem etwa „Ermittlung der

Einstellung zu Produkt XYZ", so kommen z. B. folgende alternative Erhebungseinheiten in Frage:
– alle Personen über 14 Jahren,
– in Privathaushalten lebende Personen über 14 Jahren,
– in Privathaushalten lebende Personen über 14 Jahre, die Produkt XYZ mindestens einmal genutzt haben.

Eine *Auswahleinheit* ist eine Einheit, welche auf einer bestimmten Stufe des Auswahlprozesses selektiert werden kann.

Bei einstufigen Auswahlverfahren sind sie mit den Erhebungseinheiten identisch, bei mehrstufigen Auswahlverfahren entsprechen sie den Erhebungseinheiten erst auf der letzten Stufe.

Beispiel 2.49:
Im Rahmen einer Händlerbefragung sollen die Mitglieder der Einkaufsabteilung von Key Accounts befragt werden, d. h. denjenigen Handelsunternehmen, die für den Hersteller einen bedeutenden Umsatzanteil erzielen (Erhebungseinheiten). In einer ersten Stufe entsprechen die Auswahleinheiten den Key Account-Unternehmen als Ganzes. In einer zweiten Stufe werden innerhalb der Key Accounts die Mitglieder der Einkaufsabteilung als Auswahleinheiten bestimmt.

Zur Abgrenzung der Grundgesamtheit sind darüber hinaus das Untersuchungsgebiet (z. B. Deutschland, Hamburg, u. Ä.) sowie der Untersuchungszeitraum festzulegen.

Unter einer *Erhebungsgesamtheit* (auch: Auswahlbasis oder Auswahlgrundlage) versteht man eine bestimmte Abbildung bzw. Zusammenstellung der Grundgesamtheit, aus der die Erhebungseinheiten auszuwählen sind.

Beispiele für Erhebungsgesamtheiten sind Adressverzeichnisse, Telefonbücher, Karteien u. Ä. Grundgesamtheit und Erhebungsgesamtheit müssen dabei nicht unbedingt übereinstimmen. So sind Verzeichnisse z. B. häufig veraltet; Telefonverzeichnisse beschränken die Grundgesamtheit der Besitzer eines Telefonanschlusses auf solche, die erstens einen Festnetzanschluss haben (d. h. Telefonkunden, die ausschließlich mobil telefonieren, sind nicht erfasst) und zweitens über eine öffentlich zugängliche Telefonnummer (d. h. keine Geheimnummer) verfügen. Die Beispiele machen deutlich, dass die Erhebungsgesamtheit möglichst stark mit der Grundgesamtheit übereinstimmen sollte, damit die Repräsentativität der Erhebung nicht in Frage gestellt wird.

Der *Bestimmung des Stichprobenumfangs* kommt eine große Bedeutung zu, da von der Stichprobengröße einerseits die Genauigkeit der Ergebnisse, zum anderen aber auch die Kosten der Erhebung wesentlich abhängen: So ist bei zunehmendem Stichprobenumfang – Zufallsauswahl vorausgesetzt – der Stichprobenfehler geringer; andererseits steigen aber auch die Erhebungskosten. Die Bestimmung des Stichprobenumfangs wird in Abschn. 3.2.5 behandelt.

Im nächsten Schritt sind Auswahlprinzip, Auswahlverfahren und Auswahltechnik festzulegen. Genau genommen sind – wie in Abb. 2.42 dargestellt – diese Entscheidungen in Verbindung mit der Bestimmung des Stichprobenumfangs zu treffen, da z. B. das Auswahlverfahren Einfluss auf den Stichprobenfehler bzw. den erforderlichen Stichprobenumfang hat.

> Das *Auswahlprinzip* beinhaltet die Entscheidung darüber, ob eine Teilerhebung nach dem Zufallsprinzip erfolgen soll oder nicht.

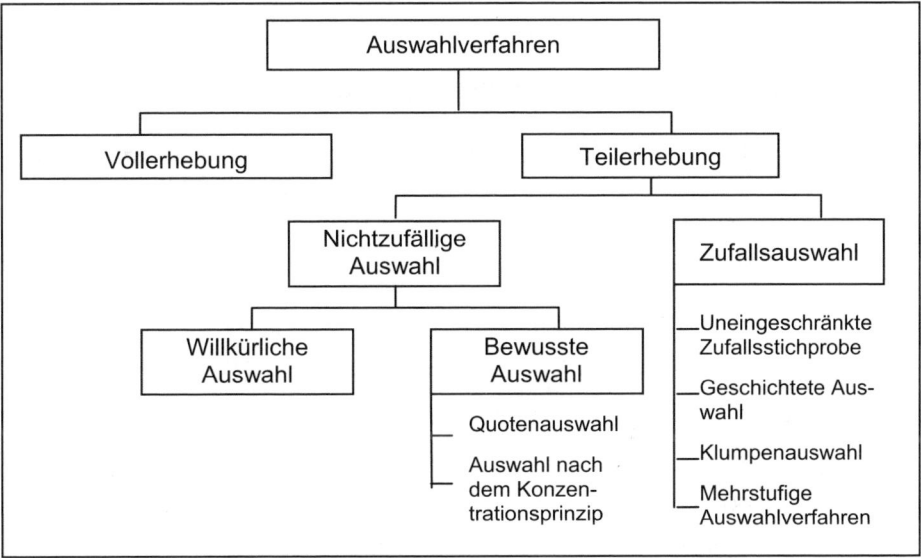

Abb. 2.43: Gebräuchliche Auswahlverfahren in der Marktforschung

Verfahren der *nichtzufälligen Auswahl* beinhalten die *willkürliche Auswahl*, bei welcher eine Repräsentativität gar nicht erst angestrebt wird, und Verfahren der *bewussten Auswahl*, bei denen versucht wird, Repräsentativität dadurch zu erzielen, dass bestimmte Elemente der Grundgesamtheit gezielt (nach subjektivem Ermessen des Forschers) in die Stichprobe gelangen. Dazu gehören
– die Quotenauswahl und
– die Konzentrationsauswahl.

Im Rahmen der *Zufallsauswahl* erfolgt die Auswahl der Untersuchungseinheiten nach einem Zufallsprozess; sämtliche Elemente der Grundgesamtheit haben eine angebbare, von Null verschiedene Wahrscheinlichkeit, in die Stichprobe zu gelangen. Damit wird der (statistische) Fehler berechenbar. Abb. 2.43 zeigt die Auswahlverfahren im Überblick; eine ausführliche Darstellung der Verfahren erfolgt in den Abschn. 3.2.2 und 3.2.3. Entscheidet sich der Forscher für eine Zufallsauswahl, ist zusätzlich über die Auswahltechnik zu entscheiden, d. h. die Art und Weise, wie der Zufallsprozess generiert werden soll (z. B. mittels Zufallszahlengenerator). Die wichtigsten Auswahltechniken werden in Abschn. 3.2.3.5 beschrieben.

Im letzten Schritt erfolgt schließlich die konkrete Stichprobenziehung, d. h. die Bestimmung der in die Stichprobe gelangenden Erhebungseinheiten unter Anwendung eines vorgegebenen Verfahrens. Dazu gehört auch die Festlegung, wie mit fehlenden Erhebungseinheiten (z. B.: Person nicht mehr gemeldet/nicht zu Hause angetroffen/unbekannt usw.) umzugehen ist.

3.2.2 Verfahren der nichtzufälligen Auswahl

Bei Verfahren der nichtzufälligen Auswahl wird auf einen Zufallsmechanismus bei der Stichprobenzielung verzichtet; dadurch ist der Zufallsfehler nicht berechenbar. Zur nichtzufälligen Auswahl gehören die willkürliche Auswahl sowie Verfahren der bewussten Auswahl.

3.2.2.1 Willkürliche Auswahl

Der *willkürlichen Auswahl* (*convenience sample*) liegt kein expliziter Auswahlplan zugrunde; die Merkmalsträger werden aufs Geratewohl ausgewählt.

In der Regel werden Personen ausgewählt, welche besonders leicht erreichbar sind (z. B. Passantenbefragung, bei der je nach Tageszeit überwiegend z. B. Schüler, Berufstätige, Einkaufende oder Touristen anzutreffen sind; Befragung von Bekannten). Eine derartige Vorgehensweise führt im Regelfall zu verzerrten Ergebnissen; ein Repräsentationsschluss ist nicht möglich. Wegen des geringen zeitlichen und finanziellen Aufwands wird eine derartige Vorgehensweise in der Praxis aber trotzdem häufig durchgeführt (vgl. Sander 2004, S. 156).

3.2.2.2 Quotenauswahl

Im Rahmen einer *Quotenauswahl* wird die Stichprobe so erzeugt, dass die Verteilungen (i. S. relativer Häufigkeiten) bestimmter erhebungsrelevanter Merkmale in der Stichprobe denjenigen in der Grundgesamtheit entsprechen.

Als erhebungsrelevante Merkmale werden i. A. soziodemographische Variablen wie Geschlecht, Alter, Familienstand, Beruf etc. herangezogen, die leicht erhebbar sind und deren Verteilungen in der Grundgesamtheit aus der amtlichen Statistik zu entnehmen sind. Ist z. B. für die Grundgesamtheit bekannt, dass der Anteil der über 60-jährigen 32 % beträgt, so werden bei einer Stichprobe von 100 Einheiten 32 Personen über 60 Jahre einbezogen. Jeder Interviewer erhält auf der Basis eines *Quotenplans* eine Quotenanweisung, die er zu erfüllen hat; auf der Grundlage dieser Quotenanweisung kann der Interviewer die zu befragenden Personen nach eigenem Ermessen aussuchen. Abb. 2.44 zeigt ein Beispiel für einen Quotenplan.

	Grundgesamtheit (z. B. Einwohner einer Stadt)	Stichprobe per Quotenauswahl (n=500)	Quotenanweisung für einen Interviewer (n=20)
	100.000		
Geschlecht			
weiblich	60.000	300	[12] 1 2 3 4 5 6 7 8 9 10 11 12
männlich	40.000	200	[8] 1 2 3 4 5 6 7 8
Alter			
16 – 25 Jahre	10.000	50	[2] 1 2
26 – 35 Jahre	15.000	75	[3] 1 2 3
36 – 45 Jahre	30.000	150	[6] 1 2 3 4 5 6
46 – 55 Jahre	20.000	100	[4] 1 2 3 4
> 55 Jahre	25.000	125	[5] 1 2 3 4 5
Wohnort			
– Stadtteil A	30.000	150	[6] 1 2 3 4 5 6
– Stadtteil B	50.000	250	[10] 1 2 3 4 5 6 7 8 9 10
– Stadtteil C	20.000	100	[4] 1 2 3 4

Quelle: In Anlehnung an Sander 2004, S. 157.
Abb. 2.44: Beispiel für eine Quotenauswahl

Aufgrund der Vorteile der Quotenauswahl im Hinblick auf Einfachheit und Kostengünstigkeit wie auch der Tatsache, dass sie erfahrungsgemäß gute Ergebnisse liefert, wird die Quotenauswahl in der Marktforschung häufig angewendet. Nichtsdestotrotz ist die Quotenauswahl mit einer ganzen Reihe von Nachteilen und Problemen behaftet. Abb. 2.45 stellt die wesentlichen Vor- und Nachteile der Quotenauswahl im Überblick dar (zu den Vor- und Nachteilen vgl. insb. Kellerer 1963, S. 196 ff.; Hüttner/Schwarting 2002, S. 132 ff.).

Vorteile	Nachteile
• Einfach durchführbar • Kostengünstig • Hohe Flexibilität durch einfachen Austausch von Ausfällen • Führt zu befriedigenden Ergebnissen • Hohe Ausschöpfungsquote	• Subjektive Verzerrung der Erhebungsergebnisse (z. B. Auswahl nach Sympathie) • Bequemlichkeitseffekt (Auswahl leicht zu erreichender Personen wie Freunde und Bekannte) • Klumpeneffekt (Beschränkung der Auswahl auf bestimmte Regionen oder soziale Schichten) • Bewusste Nichteinhaltung/Verfälschung von Quoten • Es können nur wenige Merkmale quotiert werden, da Erhebungsaufwand sonst zu groß wird • Sog. Restquoten häufig kaum zu erfüllen (z. B. 16-20-Jährige mit Einkommen > 3000 €) • Subjektiver Einfluss bei der Wahl der zu quotierenden Merkmale • Statistische Fehlerberechnung nicht möglich • Ergebnisverzerrungen durch Ausfälle bzw. Auskunftsverweigerungen unbekannt • Repräsentativität ist auf die quotierten Merkmale beschränkt • Datenmaterial für die Quotenbildung u. U. veraltet

Abb. 2.45: Vor- und Nachteile der Quotenauswahl

3.2.2.3 Konzentrationsauswahl

Bei der *Konzentrationsauswahl* gelangen solche Untersuchungseinheiten in die Stichprobe, welche für den Untersuchungszweck als besonders aussagefähig bzw. relevant angesehen werden.

Unterschieden werden hierbei
– die typische Auswahl und
– Cut-off-Verfahren.

Bei der *typischen Auswahl* wird eine Anzahl charakteristisch erscheinender Elemente als stellvertretend für die Grundgesamtheit herausgegriffen. Die Vorgehensweise kann im Falle einer recht homogenen Grundgesamtheit als vertretbar angesehen werden, wenn also davon ausgegangen werden kann, dass einige „typische" Merkmalsträger die gesamte Menge hinreichend gut repräsentieren; anwendbar ist es auch dort, wo die strukturelle Zusammensetzung der Grundgesamtheit auf einige wenige „Typen" reduziert werden kann. Gebräuchlich ist die typische Auswahl im Rahmen qualitativer, explorativer Untersuchungen, bei der weniger eine Repräsentativität der Ergebnisse, sondern ein umfassendes Ergebnisspektrum gefordert wird (vgl. Teil 3).

Beispiel 2.50:

Im Rahmen einer qualitativen Erhebung zum Thema „Produktbevorzugung bei Waschmitteln" wird eine Stichprobe aus 10 als typisch anzusehenden Hausfrauen gebildet, welche sich im Rahmen einer Gruppendiskussion zu diesem Thema äußern sollen.

Vorteilhaft sind an der typischen Auswahl die Einfachheit und Kostengünstigkeit; problematisch ist an diesem Verfahren die Bestimmung, welche Merkmalsträger typisch sind bzw. was für ein typischer Merkmalsträger charakteristisch ist. Die Ergebnisse hängen somit stark vom subjektiven Urteil des Forschers ab, wodurch die Validität und Repräsentativität der Ergebnisse fragwürdig sind.

	Merkmale	Beispiele	Beurteilung
Willkürliche Auswahl	• Wahl von Elementen aus der Grundgesamtheit, die besonders leicht zu erreichen sind	• Befragung von Passanten einer bestimmten Straße zu einer bestimmten Tageszeit • Befragung von Freunden/ Bekannten	+ sehr einfach + sehr kostengünstig – in der Regel nicht repräsentativ
Quotenauswahl	• Verteilung bestimmter Merkmale in der Grundgesamtheit soll mit der Merkmalsverteilung in der Stichprobe (Quoten) übereinstimmen • Jeder einzelne Interviewer erhält Quotenanweisungen • Innerhalb der Quotenanweisungen ist der Interviewer bei der Auswahl konkreter Erhebungseinheiten frei	• Erhebung einer Stichprobe von Studenten, deren Verteilung im Hinblick auf Geschlecht, Staatsangehörigkeit, Studiengang und Alter der Verteilung der gesamten Studentenschaft an einer bestimmten Universität entspricht	+ relativ einfach + relativ kostengünstig + liefert in der Regel gute Ergebnisse – Auswahl der Quotenmerkmale schwierig – Gefahr der Willkür bei der Auswahl der Erhebungseinheiten durch den Interviewer – Es können nur wenige Merkmale quotiert werden
Konzentrationsprinzip	• *Cut-off-Verfahren:* Beschränkung der Erhebung auf solche Elemente, die für den Untersuchungsgegenstand eine besondere Bedeutung haben • *Typische Auswahl:* Herausgreifen jener Elemente aus der Grundgesamtheit, die als besonders charakteristisch erscheinen	• Befragung von Kundenunternehmen, die zusammen einen Marktanteil von 80 % haben • Befragung typischer Hausfrauen über bevorzugte Reinigungsmittel	+ einfach und kostengünstig – Ergebnisse stark vom subjektiven Urteil des Untersuchers geprägt – Repräsentativität fraglich

Abb. 2.46: Überblick über Verfahren der nichtzufälligen Auswahl

Beim *Cut-off-Verfahren* beschränkt sich die Auswahl auf jenen Teil der Grundgesamtheit, welcher für den Untersuchungsgegenstand als besonders bedeutsam angesehen wird. Gebräuchlich ist dieses Auswahlverfahren insb. in der Industriegütermarktforschung.

Beispiel 2.51:

Erreichen einige wenige Kundenunternehmen einen Marktanteil von 80% bis 90%, so liegt es nahe, eine Konzentration der Untersuchung auf diese wenigen Unternehmen vorzunehmen und die (möglicherweise vielen) restlichen Kunden nicht in die Untersuchung mit einzubeziehen. Auf diese Weise kann der Informationsverlust in Grenzen gehalten werden; gleichzeitig verringert sich der Zeit- und Kostenaufwand der Datenerhebung erheblich.
Quelle: Sander 2004, S. 156.

Voraussetzung für die Anwendung des Cut off-Verfahrens ist die Kenntnis, welche Merkmalsträger im Hinblick auf den Untersuchungsgegenstand als wesentlich anzusehen sind. Wie schon bei der typischen Auswahl liegt hier die Gefahr darin, dass die Ergebnisse stark vom subjektiven Urteil des Forschers abhängen, welche Elemente für die Erhebung als wesentlich anzusehen sind. Allerdings ist gerade in der Industriegütermarktforschung eine Repräsentativität nicht unbedingt gefragt, sondern es interessieren tatsächlich nur die „Key Accounts", sodass das Verfahren seine Berechtigung hat. Abb. 2.46 zeigt die wesentlichen Charakteristika nichtzufälliger Auswahlverfahren im Überblick.

3.2.3 Verfahren der Zufallsauswahl

> Verfahren der Zufallsauswahl sind dadurch charakterisiert, dass die Auswahl der Merkmalsträger auf der Grundlage eines Zufallsprozesses erfolgt.

Dadurch entfällt der subjektive Einfluss des Forschers bzw. des Interviewers. Jedes Element der Grundgesamtheit (bzw. genau genommen der Erhebungsgesamtheit) besitzt eine angebbare, von Null verschiedene Wahrscheinlichkeit, in die Stichprobe zu gelangen. Dadurch kann der Stichprobenfehler (Zufallsfehler) berechnet werden. Aus diesem Tatbestand ergibt sich, dass aus den Stichprobenergebnissen auf die „wahren" Werte der Grundgesamtheit geschlossen werden kann (Repräsentationsschluss), wobei für den „wahren" Wert ein bestimmter Bereich (sog. *Konfidenzintervall*) angegeben werden kann, innerhalb dessen er sich mit einer bestimmten Wahrscheinlichkeit befindet. Die Größe des Konfidenzintervalls hängt dabei c. p. von der Streuung des interessierenden Merkmals ab: Je homogener die Grundgesamtheit im Hinblick auf das interessierende Merkmal ist, umso geringer ist die Streuung, und umso näher wird daher der Stichprobenwert beim wahren Wert liegen.

Beispiel 2.52:

Aus einer Stichprobe von 10 Frauen wird die Markenbekanntheit eines bestimmten Fertiggerichts erhoben. Bei einer großen Streuung in der Grundgesamtheit (z. B. im Hinblick auf Berufstätigkeit, Bildungsstand, Alter, Einkommen usw.) werden von Stichprobe zu Stichprobe voraussichtlich sehr unterschiedliche Ergebnisse resultieren. Die Zuverlässigkeit der Ergebnisse kann jedoch verbessert werden, wenn man den Stichprobenumfang erhöht.

Nachteilig an Zufallsstichproben sind insb. der erhöhte Planungsaufwand sowie die fehlende Möglichkeit, ausgewählte Untersuchungseinheiten durch andere Merkmalsträger zu ersetzen, ohne die Repräsentativität zu gefährden. Im Folgenden werden die wichtigsten Verfahren der Zufallsauswahl skizziert (vgl. ausführlich z. B. Cochran 1977; Pokropp 1996; Schaich 1998).

3.2.3.1 Einfache Zufallsauswahl

Die *einfache* bzw. *uneingeschränkte Zufallsauswahl* (*Lottery Sampling*) beruht auf dem sog. Urnenmodell. Jedes Element der Grundgesamtheit besitzt dieselbe Wahrscheinlichkeit, in die Stichprobe zu gelangen.

Aus einer gut gemischten Urne bzw. Trommel, welche Kugeln, Namenskärtchen u. Ä. enthält, werden zufällig nacheinander (und in der Marktforschung immer ohne Zurücklegen) Elemente im Umfang der jeweiligen Stichprobengröße gezogen (vgl. Abb. 2.47). Aufgrund des Aufwands bei praktischen Fragestellungen werden i. d. R. anstelle von Urnen bestimmte Auswahltechniken herangezogen.

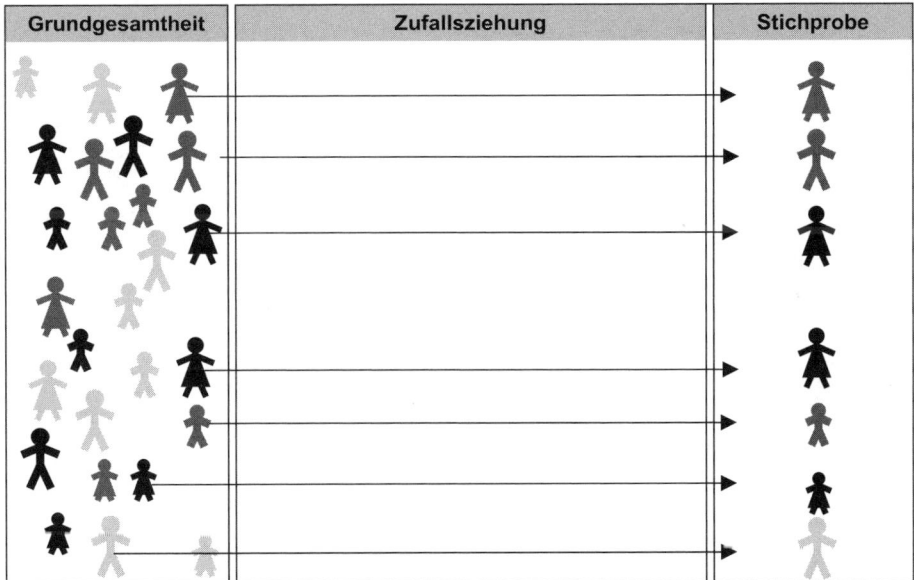

Abb. 2.47: Grundprinzip der einfachen Zufallsauswahl

Bei einem Umfang der Grundgesamtheit von N beträgt die Wahrscheinlichkeit, in die Stichprobe zu gelangen, 1/N. Wird mit n der festgelegte Stichprobenumfang bezeichnet, dann gilt: jedes n-Tupel (x_1, ..., x_n), d. h. jede mögliche Stichprobe des Umfangs n, hat dieselbe Wahrscheinlichkeit, realisiert zu werden. Diese beträgt beim Modell ohne Zurücklegen (vgl. Schaich 1998, S. 150):

$$P(n) = \frac{(N-n)!}{N!}$$

Insgesamt sind dabei

$$C(n;N) = \frac{N!}{(N-n)!}$$

Stichproben des Umfangs n realisierbar.

Zur Schätzung der unbekannten Parameter in der Grundgesamtheit ist von der Überlegung auszugehen, dass jede Stichprobe – und damit deren Mittelwert bzw. Anteilswert – als Realisierung einer Zufallsvariablen anzusehen ist. Die Stichprobenmittelwerte $\overline{x}$ bzw. Anteilswerte p schwanken dabei um den wahren Wert μ bzw. π der Grundgesamtheit. Würde man sämtliche möglichen Stichproben des Umfangs n aus einer Grundgesamtheit N ziehen (c = 1,...C), so würde folgender Mittelwert aller Stichprobenmittelwerte resultieren:

$$\mu = \frac{1}{C} \sum_{c=1}^{C} \overline{x}_c \, ,$$

d. h. der Mittelwert aller Stichprobenmittelwerte ist gleich dem gesuchten Parameter μ in der Grundgesamtheit. Es gilt also: Der Erwartungswert des Stichprobenmittelwerts ist gleich dem Mittelwert in der Grundgesamtheit:

$$E(\overline{x}) = \mu .$$

Für das arithmetische Mittel der Grundgesamtheit μ gilt dabei:

$$\mu = \frac{1}{N} \sum_{i=1}^{N} x_i \quad (i = 1,...,N)$$

und für den Stichprobenmittelwert $\overline{x}$:

$$\overline{x} = \frac{1}{n} \sum_{i=1}^{n} x_i \quad (i = 1,...,n).$$

Die Varianz der Merkmalswerte in der Grundgesamtheit berechnet sich als:

$$\sigma^2 = \frac{1}{N} \sum_{i=1}^{N} (x_i - \mu)^2 \quad (i = 1,...,N);$$

und in der Stichprobe:

$$s^2 = \frac{1}{n-1}\sum_{i=1}^{n}(x_i - \overline{x})^2 \quad (i = 1, ..., n).$$

Die *Varianz der Stichprobenmittelwerte* ist ein Maß für die Streuung der Stichprobenmittelwerte $\overline{x}$ um den wahren Wert μ in der Grundgesamtheit. Diese lässt sich aus der Varianz der Merkmalswerte in der Grundgesamtheit ableiten und beträgt:

$$\sigma_{\overline{x}}^2 = \frac{\sigma^2}{n} \cdot \frac{N-n}{N-1} ;$$

die zugehörige Standardabweichung (Standardfehler) errechnet sich als:

$$\sigma_x = \frac{\sigma}{\sqrt{n}} \cdot \sqrt{\frac{N-n}{N-1}} .$$

Der Korrekturfaktor N-n/N-1 kann dabei bei einem Auswahlsatz von n/N < 5 % vernachlässigt werden. Gemäß dem zentralen Grenzwertsatz gilt, dass der Stichprobenmittelwert $\overline{x}$ bei wachsendem Stichprobenumfang n (Faustregel: n > 30) annähernd normalverteilt ist mit dem Erwartungswert $E(\overline{x}) = \mu$ und der Varianz $\sigma_{\overline{x}}^2 = \sigma^2 / n$.

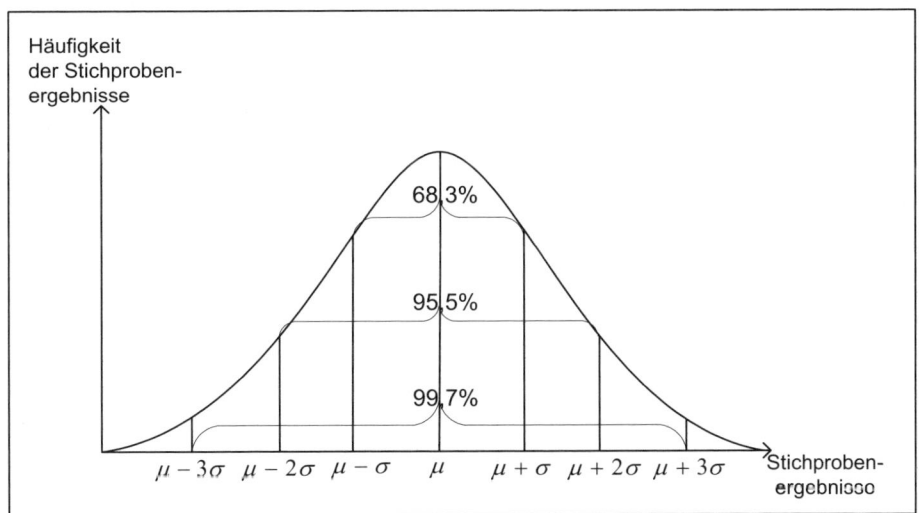

Quelle: In Anlehnung an Böhler 2004, S. 144.
Abb. 2.48: Normalverteilung des Mittelwerts $\overline{x}$ im Bereich $\mu \pm 3\sigma$

Auf der Grundlage dieser Überlegungen kann für den Mittelwert μ ein *Konfidenzintervall* (Vertrauensbereich) ermittelt werden. Zunächst gilt, dass die Wahrscheinlichkeit, dass ein bestimmter Stichprobenmittelwert realisiert wird, als Flächenanteil der Normalverteilung errechnet werden kann. So wird aus Abb. 2.48 deutlich, dass im Intervall $\mu \pm \sigma_{\bar{x}}$ 68,3 %, $\mu \pm 2\sigma_{\bar{x}}$ 95,5% und $\mu \pm 3\sigma_{\bar{x}}$ 99,7% der möglichen Stichprobenmittelwerte liegen. Beispielsweise gilt, dass ein Stichprobenmittelwert $\bar{x}$ mit einer Wahrscheinlichkeit P von 95,5 % im Intervall $[\mu \pm 2\sigma]$ liegt. Es gilt also:

$$P\left(\mu - 2\sigma_{\bar{x}} \leq \bar{x} \leq \mu + 2\sigma_{\bar{x}}\right) = 0{,}955 \text{, bzw. allgemein:}$$

$$P\left(\mu - z \cdot \sigma_{\bar{x}} \leq \bar{x} \leq \mu + z\sigma_{\bar{x}}\right) = 1 - \alpha \text{,}$$

wobei z einen beliebigen Multiplikator für die Standardabweichung bezeichnet (vgl. Böhler 2004, S. 144 f.).

Aus der letzten Gleichung erhält man nach Umformungen:

$$P\left(\bar{x} - z \cdot \sigma_{\bar{x}} \leq \mu \leq \bar{x} + z \cdot \sigma_{x}\right) = 1 - \alpha \text{, bzw.}$$

$$\mu = \bar{x} \pm z \cdot \sigma_{\bar{x}}^{2} \text{,}$$

d. h. mit einer Wahrscheinlichkeit von $1 - \alpha$ liegt der gesuchte Mittelwert der Grundgesamtheit im Intervall $[\bar{x} - z \cdot \sigma_{\bar{x}}; \bar{x} + z \cdot \sigma_{\bar{x}}]$. Bei einem Wert z in Höhe von 2 beträgt $1 - \alpha$ demnach 95,5; d. h. in 95,5% der Fälle wird μ im angegebenen Intervall liegen.

In der Praxis wird der für die Errechnung des Konfidenzintervalls erforderliche Wert von $\sigma_{\bar{x}}^{2}$ i. d. R. nicht bekannt sein; für $\sigma_{\bar{x}}$ wird daher als Schätzer der Standardfehler aus der Stichprobe herangezogen:

$$s_{\bar{x}} = \frac{s}{\sqrt{n}} \text{.}$$

In diesem Fall ist der Stichprobenmittelwert $\bar{x}$ allerdings nicht mehr normalverteilt, sondern t-verteilt mit n – 1 Freiheitsgraden. Das gesuchte Konfidenzintervall lautet dann (vgl. Schaich 1998, S. 175):

$$\bar{x} - t \cdot \frac{s}{\sqrt{n}} \leq \mu \leq \bar{x} + t \cdot \frac{s}{\sqrt{n}} \text{.}$$

Da sich die t-Verteilung bei zunehmendem n jedoch asymptotisch einer Normalverteilung annähert, kann ab n > 30 auch mit den tabellierten z-Werten der Normalverteilung gearbeitet werden.

In analoger Weise lässt sich ein Konfidenzintervall für den Anteilswert π der Grundgesamtheit konstruieren (heterograder Fall, vgl. z. B. Schaich 1998, S. 176 ff.). Sei

$$\pi = \frac{1}{N} \sum_{i=1}^{N} x_i$$

der Anteilswert der Grundgesamtheit mit $x_i = 1$ wenn die Merkmalsausprägung vorhanden ist, sonst 0,

dann ist

$$p = \frac{1}{n} \sum_{i=1}^{N} x_i$$

der Anteilswert in der Stichprobe. Die zugehörige Varianz in der Grundgesamtheit lautet:

$$\sigma^2 = \frac{1}{N} \sum_{i-1}^{N} (x_i - \mu)^2 = \pi \cdot (1 - \pi);$$

und in der Stichprobe:

$$s^2 = \frac{1}{n} \sum_{i-1}^{n} (x_i - \overline{x})^2 \cdot \frac{n}{n-1} = p \cdot (1-p) \cdot \frac{n}{n-1}.$$

Beim hier betrachteten Modell ohne Zurücklegen erhält man für die Standardabweichung der Anteilswerte in der Grundgesamtheit und in der Stichprobe:

$$\sigma_p = \sqrt{\frac{\pi \cdot (1 - \pi)}{n}} \cdot \sqrt{\frac{N-n}{N-1}} \quad \text{bzw.}$$

$$s_p = \sqrt{\frac{p(1-p)}{n-1}} \cdot \sqrt{\frac{N-n}{N-1}}.$$

Auch hier gilt, dass bei zunehmendem Stichprobenumfang der Anteilswert p annähernd normalverteilt ist (Faustregel: $n \cdot p \cdot (1-p) \geq 9$). Bei einem Auswahlsatz $n/N < 0{,}05$ kann der Korrekturfaktor wiederum vernachlässigt werden.

Ist σ_p in der Grundgesamtheit bekannt, resultiert folgendes Konfidenzintervall für π:

$$p - z \cdot \sigma_p \leq \pi \leq p + z \cdot \sigma_p.$$

Dies ist allerdings nicht praktikabel, da σ_p den zu schätzenden, unbekannten Wert π enthält. Da $\sqrt{\pi \cdot (1-\pi)}$ jedoch maximal den Wert ½ annimmt, kann das Konfidenzintervall näherungsweise folgendermaßen bestimmt werden (vgl. Schaich 1998, S. 178):

$$p - z \cdot \frac{1}{2\sqrt{n}} \leq \pi \leq p + z \frac{1}{2\sqrt{n}}.$$

Bei unbekanntem σ_p wird bei ausreichend großer Stichprobenbewertung als Schätzer für σ_p der Standardfehler der Stichprobe s_p verwendet:

$$p - z \cdot s_p \leq \pi \leq p + z \cdot s_p.$$

Beispiel 2.53:

Zur Evaluation eines neuen Tiefkühlprodukts interessiert sich das auftraggebende Unternehmen für das Durchschnittsalter (μ) und den Anteil berufstätiger Frauen (π) an den Verwenderinnen des Produkts. Zu diesem Zweck wird eine Stichprobe von $n = 400$ Käuferinnen des Produkts gezogen. Aus der Erhebung resultieren ein Durchschnittsalter von $\bar{x} = 32,5$ Jahren und ein Anteil berufstätiger Verwenderinnen von $p = 68\%$. Die Varianz des Alters in der Stichprobe beträgt $s_{\bar{x}}^2 = 81$.

Fall (1)

Die Varianzen in der Grundgesamtheit seien bekannt. Es gilt σ^2 (Alter) $= 100$, σ^2 (Berufstätigkeit) $= 0,25$. Die Vertrauenswahrscheinlichkeit ($1 - \alpha$) wird mit $0,95$ vorgegeben. Aus der Tabelle der Standardnormalverteilung resultiert damit (bei zweiseitiger Fragestellung) ein z-Wert von 1,96.

Die gesuchten Konfidenzintervalle lassen sich wie folgt ermitteln:

$$32,5 - 1,96 \cdot \frac{\sqrt{100}}{\sqrt{400}} \leq \mu \leq 32,5 + 1,96 \cdot \frac{\sqrt{100}}{\sqrt{400}},$$

d. h. das Durchschnittsalter der Verwenderinnen liegt mit einer Wahrscheinlichkeit von 95 % im Intervall [31,85; 33,48].

Für den Anteilswert berufstätiger Verwenderinnen gilt:

$$0,68 - 1,96 \cdot \frac{\sqrt{0,25}}{\sqrt{400}} \leq \pi \leq 0,68 + 1,96 \cdot \frac{\sqrt{0,250}}{\sqrt{400}},$$

d. h. mit einer Wahrscheinlichkeit von 0,95 liegt der Anteil berufstätiger Verwenderinnen in der Grundgesamtheit zwischen 67,03 und 68,98.

Fall (2)

Die Varianzen der Parameterwerte in der Grundgesamtheit sind nicht bekannt. Als Schätzwerte werden daher die Varianzen bzw. Standardabweichungen der Parameterwerte in der Stichprobe herangezogen. Da $n > 30$ und $n \cdot p \cdot (1-p) = 21,8 > 9$ sind, kann auch hier die Tabelle der Standardnormalverteilung herangezogen werden. Für die Standardfehler aus der Stichprobe gilt:

$$s_{\bar{x}} = \frac{s}{\sqrt{n}} = \frac{\sqrt{81}}{\sqrt{400}} = 0,45$$

$$s_p = \sqrt{\frac{p(1-p)}{n-1}} = \sqrt{\frac{0,68\,(1-0,68)}{400-1}}$$

(Der Korrekturfaktor kann vernachlässigt werden, da der Auswahlsatz als < 0,05 angenommen werden kann).

Somit resultieren die folgenden Konfidenzintervalle:

$32,5 - 1,96 \cdot 0,45 \le \mu \le 32,5 + 1,96 \cdot 0,45$ und

$0,68 - 1,96 \cdot 0,023 \le \pi \le 0,68 + 1,96 \cdot 0,023$.

Dies bedeutet, dass bei unbekannten Varianzen in der Grundgesamtheit das Durchschnittsalter in der Grundgesamtheit mit einer Wahrscheinlichkeit von 95 % im Intervall [31,62; 33,38] liegt; der Anteil berufstätiger Frauen liegt im Intervall [63,49; 72,5].

Die einfache Zufallsauswahl findet ihre Anwendung insb. bei kleinen, vergleichsweise homogenen Grundgesamtheiten. Vorteilhaft ist neben der einfachen Durchführung die Tatsache, dass die Kenntnis der Merkmalsstruktur der Grundgesamtheit nicht erforderlich ist. Allerdings ist die Methode u. a. mit folgenden Problemen behaftet (vgl. z. B. Fantapié Altobelli 1998, S. 313):

– Die Elemente der Grundgesamtheit müssen vollständig erfasst und zugänglich sein, z. B. in Form von Adressenverzeichnissen.

– Im Vergleich zu anderen Verfahren der Zufallsauswahl ist bei gleichem Zufallsfehler ein größerer Stichprobenumfang erforderlich, da viele Merkmale in der Grundgesamtheit eine sehr hohe Varianz aufweisen, welche sich auch in der Stichprobenvarianz niederschlägt.

3.2.3.2   Geschichtete Zufallsauswahl

Bei einer *geschichteten Zufallsauswahl* wird die Grundgesamtheit zunächst nach einem bestimmten Merkmal in Untergruppen (Schichten) zerlegt. Aus diesen Schichten werden anschließend separate Stichproben gezogen (vgl. Abb. 2.49).

Die Methode bietet sich an, wenn ein Merkmal in der Grundgesamtheit eine besonders hohe Varianz besitzt. Dieses Verfahren ermöglicht es, den Stichprobenfehler zu reduzieren, da die Streuung zwischen den Schichten entfällt. Damit ist die geschichtete Auswahl (*Stratified Sampling*) insb. dann geeignet, wenn die Grundgesamtheit insgesamt heterogen ist, aber aus vergleichsweise homogenen Teilgruppen zusammengesetzt ist (z. B. Tante-Emma-Läden, Supermärkte und Discounter). Die Verteilung des Schichtungsmerkmals in der Grundgesamtheit muss allerdings bekannt sein. Eine geschichtete Stichprobe kann wie folgt ausgewertet werden (vgl. Böhler 2004, S. 151 f.):

– In jeder Schicht k (k = 1 ..., K) werden $\bar{x}_k$ und $s_{\bar{x}k}$ errechnet und zur Schätzung der tatsächlichen Werte μ_k (inkl. der zugehörigen Konfidenzintervalle) herangezogen.

– Aus den Stichprobenwerten $\bar{x}_k$ und $s_{\bar{x}k}$ werden zunächst der Gesamtmittelwert $\bar{x}$ und die Standardabweichung $s_{\bar{x}}$ errechnet. Diese werden anschließend – wie bei der einfachen Zufallswahl – zur Bestimmung des Konfidenzintervalls für μ herangezogen.

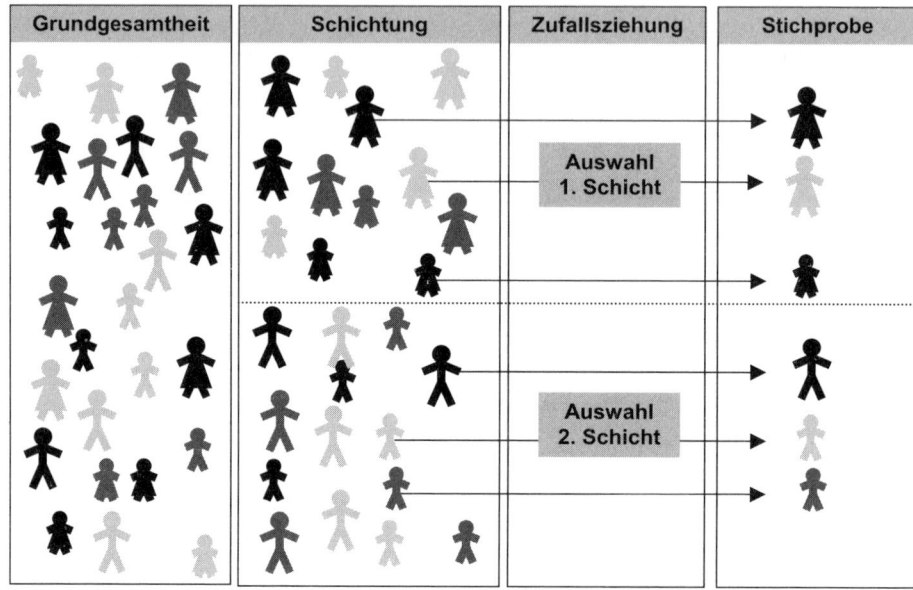

Abb. 2.49: Grundprinzip der geschichteten Zufallsauswahl

Im Rahmen einer *proportionalen Schichtung* stehen die Schichten in der Stichprobe im gleichen Verhältnis wie in der Grundgesamtheit. Der Mittelwert resultiert als gewogener Durchschnitt aus den Schichtenmittelwerten.

Beispiel 2.54:

Bei der Tiefkühlkost-Erhebung des vorangegangenen Beispiels 2.53 wird eine Schichtung nach dem Wohnort vorgenommen (Stadtgebiet vs. Landgebiet). In der Grundgesamtheit wohnen die Verwenderinnen des Produkts zu 75 % in Städten und zu 25 % auf dem Land; entsprechend werden bei einem Stichprobenumfang von n = 400 300 Frauen aus städtischen und 100 Frauen aus ländlichen Gebieten rekrutiert. Die Mittelwerte in den Schichten betragen:

$$\bar{x}_1 = 33, \bar{x}_2 = 31 \, .$$

Der Gesamtmittelwert resultiert als:

$$\bar{x} = 0{,}75 \cdot \bar{x}_1 + 0{,}25 \cdot \bar{x}_2 = 0{,}75 \cdot 33 + 0{,}25 \cdot 31 = 32{,}5 \, .$$

Eine proportionale Schichtung ist sinnvoll, wenn die Streuungen des interessierenden Merkmals innerhalb der Schichten annähernd gleich sind. Bei stark unterschiedlichen Streuungen oder aber für den Fall, dass relativ kleine Schichten eine besondere Bedeutung für das Untersuchungsergebnis haben, wird eine sog. *disproportionale Schichtung* vorgenommen. Hier sind die Auswahlsätze für die einzelnen Schichten in der Stichprobe nicht identisch mit den Relationen in der Grundgesamtheit. Beispielsweise können umsatzstarke Betriebe mit einem größeren Anteil in eine Stichprobe aufgenommen werden, als ihnen gemäß ihrer relativen Anzahl zustünde, da ihre Umsatzbedeutung mit berücksichtigt wird. Auf diese Weise erzielen Marktforschungsinstitute wie Nielsen und GFK im Lebensmitteleinzelhandel trotz hoher Streuung in der Grundgesamtheit vergleichsweise geringe Standardfehler.

Einen Unterfall der disproportionalen Schichtung stellt die *optimale Schichtung* dar, bei welcher die Schichten proportional zu den Streuungen innerhalb der Schichten in der Grundgesamtheit aufgeteilt werden. Dies erlaubt eine Minimierung des Stichprobenfehlers, scheitert in der Praxis jedoch häufig daran, dass entsprechende Informationen über die Verteilung der Schichten in der Grundgesamtheit fehlen.

3.2.3.3 Mehrstufige Zufallsauswahl

> Eine *mehrstufige Auswahl* (Multistage Sampling) kann vorgenommen werden, wenn die Grundgesamtheit hierarchisch strukturiert ist. Aus den einzelnen Hierarchiestufen werden Auswahleinheiten gebildet, aus denen nacheinander Zufallsstichproben gezogen werden.

Im einfachsten Fall einer zweistufigen Auswahl wird die Grundgesamtheit zunächst in disjunkte Teilmengen (*Primäreinheiten*) aufgeteilt, welche die Auswahlbasis für die erste Stufe bilden (z. B. Gemeinden). Aus den Primäreinheiten wird eine Zufallsstichprobe gezogen. Untersuchungseinheiten, welche in den gewählten Primäreinheiten enthalten sind (z. B. Haushalte), bilden die Auswahlbasis für die zweite Stufe. Aus jeder ausgewählten Primäreinheit erfolgt eine Zufallsauswahl von Untersuchungseinheiten (*Sekundäreinheiten*) (vgl. Abb. 2.50). Beispielsweise kann die Bevölkerung der Bundesrepublik Deutschland mit dem Schema „Individuum – Haushalt – Gemeinde – Bundesland" strukturiert werden. In diesem Fall kann im Rahmen einer mehrstufigen Auswahl zunächst eine Stichprobe von Gemeinden auf Landesebene, dann eine Auswahl von Haushalten auf kommunaler Ebene und schließlich eine Auswahl von Individuen erfolgen. Es handelt sich also um eine Hintereinanderschaltung von Zufallsauswahlen, wobei die Auswahlebene jeweils wechselt (vgl. Sander 2004, S. 159).

Vorteile ergeben sich hier in einer Kostenersparnis im Rahmen der Datenerhebung auf Grund der räumlichen Konzentration der Untersuchungseinheiten.

Auch bietet sich die mehrstufige Auswahl an, wenn für eine uneingeschränkte Zufallsstichprobe keine Auswahlbasis verfügbar ist.

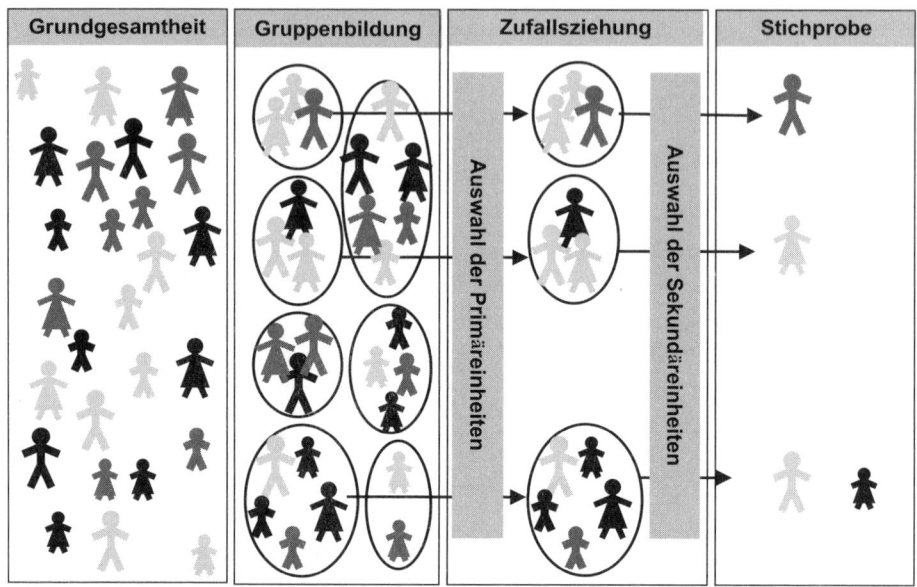

Abb. 2.50: Grundprinzip der mehrstufigen Zufallsauswahl

3.2.3.4 Klumpenauswahl

Im Rahmen einer *Klumpenauswahl* (Cluster Sampling) wird die Grundgesamtheit zunächst in sich gegenseitig ausschließende Gruppen (Klumpen) aufgeteilt (z. B. Landkreise innerhalb eines Bundeslandes), welche die Auswahlbasis darstellen. Aus der Gesamtheit der Klumpen wird eine Zufallsstichprobe gezogen.

Im einfachsten Fall der einstufigen Klumpenauswahl gelangen sämtliche Elemente, die in den gewählten Klumpen enthalten sind, in die Stichprobe; mehrstufige Verfahren sind jedoch ebenfalls möglich (vgl. Abb. 2.51).

Im Vergleich zur einfachen Zufallsstichprobe hat die Klumpenauswahl eine ganze Reihe von Vorteilen, welche dazu führen, dass sie in der Marktforschungspraxis verbreitet ist (vgl. Böhler 2004, S. 153 f.; Malhotra 2007, S. 352):

– Die Auswahlbasis für die Erhebungseinheiten ist häufig nicht vorhanden (z. B. Liste sämtlicher abhängig Beschäftigter in einer bestimmten Branche). Eine Liste von Betrieben, welche als Klumpen fungieren, ist hingegen vergleichsweise leicht zu beschaffen.

– Die Liste der Erhebungseinheiten ist oft nicht mehr aktuell. Anstelle eines veralteten Adressverzeichnisses kann beispielsweise ein Stadtgebiet in Häuserblöcke aufgeteilt werden, welche die Auswahlbasis für die Stichprobenziehung bilden. In den gewählten Häuserblöcken werden sämtliche Haushalte befragt (sog. *Flächenstichprobe*). Dies gewährleistet, dass nur solche Einwohner in die Stichprobe gelangen, welche tatsächlich aktuell in der betreffenden Gemeinde wohnhaft sind.
– Die Durchführung der Erhebung ist häufig weniger aufwändig, da die Datenerhebung räumlich konzentriert werden kann (z. B. Befragung sämtlicher Beschäftigter an ihrer gemeinsamen Arbeitsstätte).

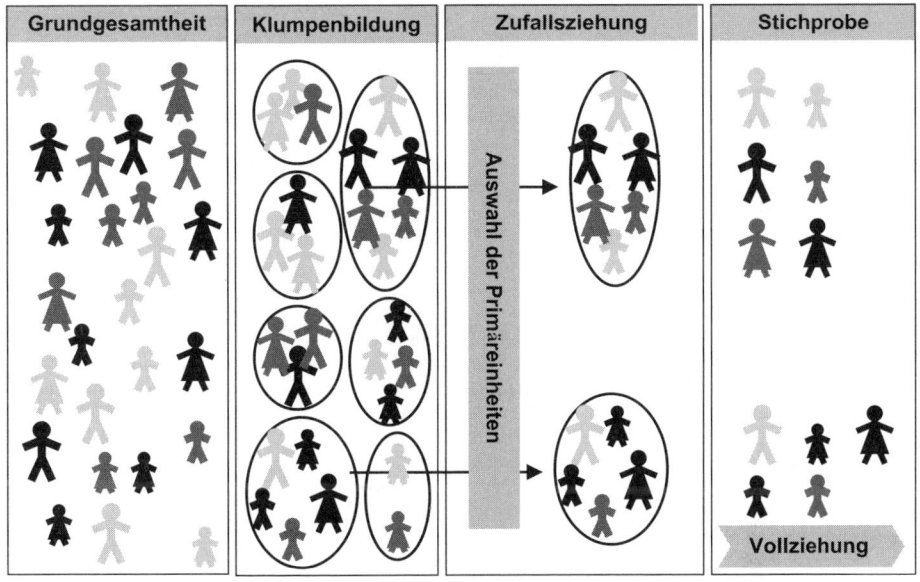

Abb. 2.51: Grundprinzip der Klumpenauswahl

Nachteilig an der Klumpenauswahl ist der Klumpeneffekt, welcher dann auftritt, wenn die Untersuchungseinheiten innerhalb eines Klumpens im Hinblick auf die Untersuchungsmerkmale homogener sind als dies bei einer einfachen Zufallsauswahl zu erwarten wäre. Die Klumpen sind dann weniger repräsentativ für die Grundgesamtheit. Abgemildert werden kann der Klumpeneffekt durch eine Ausdehnung der Stichprobengröße, welche infolge der erleichterten Datenerhebung im Regelfall problemlos möglich ist und nur mit vergleichsweise geringen zusätzlichen Erhebungskosten behaftet ist (vgl. Sander 2004, S. 159). Abb. 2.52 zeigt die Verfahren der Zufallsauswahl im Überblick.

	Merkmale	Beispiele	Beurteilung
Einfache Zufallsstichprobe	• Unmittelbare Ziehung einer Stichprobe aus der Grundgesamtheit • Grundlage: Urnenmodell	• Zufällige Ziehung von 100 Käufern aus der Gesamtheit der Käufer eines Produkts	+ Einfache Durchführung − Im Vergleich zu den anderen Verfahren der Zufallsauswahl: Bei gleichem Stichprobenfehler ist ein größerer Stichprobenumfang erforderlich − Sämtliche Elemente der Grundgesamtheit müssen erfasst und zugänglich sein.
Geschichtete Zufallsstichprobe	• Grundgesamtheit wird in mehrere Schichten aufgeteilt • Aus jeder Schicht wird eine einfache Zufallsstichprobe gezogen • *Proportionale Aufteilung:* Aufteilung des Stichprobenumfangs proportional zum Umfang der Schichten • *Optimale Aufteilung:* Aufteilung proportional zu den Streuungen innerhalb der Schichten	• Aufteilung der Kunden in Gewerbe- und Privatkunden • Ziehung je einer Zufallsstichprobe aus den Gewerbe- und den Privatkunden	+ Im Vergleich zur einfachen Zufallsstichprobe Reduzierung des Stichprobenfehlers (bei gleichem Stichprobenumfang) − Verteilung der interessierenden Merkmalsdimensionen muss bekannt sein
Klumpenauswahl	• Aufteilung der Grundgesamtheit in Klumpen (meist natürliche Gruppierungen von Untersuchungseinheiten) • Aus der Gesamtheit der Klumpen wird zufällig eine Stichprobe gezogen • Alle Elemente der gezogenen Klumpen gehen in die Stichprobe ein	• Ziehung einer Stichprobe von Einzelhandelsgeschäften aus der Gesamtheit der Läden, die das Produkt führen • Beobachtung des Markenwahlverhaltens aller Käufer der betrachten Läden während eines vorgegebenen Zeitraums	• Struktur der Grundgesamtheit braucht nicht im Einzelnen bekannt zu sein + Durchführung der Erhebung i. d. R. weniger aufwändig − Repräsentation der Grundgesamtheit durch die Klumpen ist fraglich
Mehrstufige Stichprobe	• Aufteilung der Grundgesamtheit in Teilmengen (Primäreinheiten) • Zufallsauswahl aus der Menge der Primäreinheiten • Zufallsauswahl von Untersuchungseinheiten aus jeder ausgewählten Primäreinheit (Sekundäreinheiten)	• Aufteilung der Grundgesamtheit in Gemeinden • Zufällige Auswahl einer Stichprobe von Gemeinden • Aus den gewählten Gemeinden Zufallsauswahl von Personen	+ Vereinfachung der Durchführung der Erhebung, wenn die Grundgesamtheit hierarchisch gegliedert ist + Geeignet, wenn keine Auswahlbasis für eine einfache Zufallsauswahl verfügbar ist

Abb. 2.52: Überblick über Verfahren der Zufallsauswahl

3.2.3.5   Auswahltechniken der Zufallsauswahl

Der einfachen Zufallsauswahl liegt das Urnenmodell ohne Zurücklegen zu Grunde. Aufgrund des Aufwands, welchen diese Vorgehensweise bei realen Grundgesamtheiten implizieren würde (etwa Anfertigen von Namenskärtchen bzw. Kugeln, Beschaffung einer Urne in entsprechender Größe usw.) bedient man sich in der Praxis alternativer Auswahltechniken. Dazu gehören Zufallszahlentafeln sowie sog. Ersatzverfahren. *Zufallszahlentafeln* enthalten Ziffern, welche durch Zufall gewonnen werden (z. B. mit Hilfe eines Zufallszahlengenerators). Konstitutiv für eine Zufallszahlentafel ist die Tatsache, dass jede der Ziffern 0 bis 9 an jeder beliebigen Stelle der Tafel vor der Herstellung die Wahrscheinlichkeit 0,1 hatte, realisiert zu werden. Abb. 2.53 zeigt einen Ausschnitt aus einer Zufallszahlentafel. Voraussetzung für die Anwendung ist eine lückenlose Durchnummerierung der Grundgesamtheit.

2671	4690	1550	2262	2597	8034	0785	2978	4409	0237
9111	0250	3275	7519	9740	4577	2064	0286	3398	1348
0391	6035	9230	4999	3332	0608	6113	0391	5789	9926
2475	2144	1886	2079	3004	9686	5669	4367	9306	2595
5336	5845	2095	6446	5694	3641	1085	8705	5416	9066

Quelle: Schaich 1998, S. 151.
Abb. 2.53: Auszug aus einer Zufallszahlentafel

Die Vorgehensweise wird anhand des nachfolgenden Beispiels erläutert. Detaillierte Ausführungen finden sich bei Schaich 1998, S. 151 ff.

Beispiel 2.55:

Die Grundgesamtheit betrage N = 100.000; die Elemente der Grundgesamtheit seien von 00000 bis 99999 durchnummeriert. Damit sind aus der Zufallszahlentafel fünfstellige Ziffernfolgen zu entnehmen; bei reihenweisem Vorgehen also: 26714 69015 50226 22597 80340 …

Bei einer Stichprobe von beispielsweise n = 100 werden die ersten 100 der auf diese Weise gewonnenen fünfstelligen Ziffernfolgen herangezogen. Durch Zuordnung der Zufallszahlen zu den Elementen der Grundgesamtheit mit den entsprechenden Nummern erhält man die Stichprobe im gewünschten Umfang.

Aus praktischen Erwägungen werden anstelle einer Zufallszahlentafel meist *Ersatzverfahren* herangezogen. Zu den gebräuchlichsten Ersatzverfahren zur Gewinnung uneingeschränkter Zufallsstichproben zählen:

– Schlussziffernverfahren,

– Systematische Auswahl mit Zufallsstart,

– Geburtstagsverfahren,

– Buchstabenverfahren,

– Schwedenschlüssel und
– Random Route.

Das *Schlussziffernverfahren* setzt wie die Anwendung einer Zufallszahlentafel voraus, dass die Grundgesamtheit durchnummeriert ist, z. B. von 0 bis N-1; die Nummerierung darf mit der Untersuchungsvariable nicht korrelieren, was beispielsweise dann gewährleistet ist, wenn die Zuordnung nach rein äußerlichen Kriterien – etwa chronologisch – erfolgt. Anschließend wird der Auswahlsatz n/N bestimmt, der die Grundlage für die Auswahl bildet.

Beispiel 2.56:

Die Grundgesamtheit betrage N = 100.000, die Stichprobe n = 200. Damit ist der Auswahlsatz n/N = 200/100.000 = 2 ‰ der Grundgesamtheit.

Aus der Ziffernfolge 000 bis 999 werden zufällig zwei Zahlen gezogen; jede dieser dreistelligen Zahlen kann zur Auswahl von genau 1 ‰ der Grundgesamtheit herangezogen werden. Hat man etwa die Zahlen 498 und 782 gewonnen, so gelangen die Elemente der Grundgesamtheit mit folgenden Nummern in die Stichprobe:

0498; 1498; 2498; … ; 99498 (100 Elemente)
0782; 1782; 2782; … ; 99782 (100 Elemente).

Auch die Anwendung der *systematischen Auswahl mit Zufallsstart* setzt Unkorreliertheit zwischen der Nummerierung und der Untersuchungsvariable voraus. Zunächst wird der Kehrwert des Auswahlsatzes gebildet, N/n. Aus den N/n-Nummern $(0;1;…;N/n-1)$ wird zufällig eine Zahl r gezogen. Anschließend wird die Stichprobe folgendermaßen gebildet:

$$r; r+\frac{N}{n}; r+2\frac{N}{n};…; r+(n-1)\cdot\frac{N}{n}.$$

Beispiel 2.57:

Soll aus einer Grundgesamtheit von N = 20.000 eine Stichprobe von n = 400 gezogen werden, so würde jedes k-te Element mit

$$k=\frac{N}{n}=\frac{20.000}{400}=50$$

in die Stichprobe gelangen. Begonnen wird bei einem zufällig ausgewählten Element, welches sich an r-ter Stelle befindet. Gilt beispielsweise ein per Zufall gezogenes r = 17, so würden das 67. Element, das 117. Element usw. in die Stichprobe aufgenommen werden bis die Stichprobengröße von n = 400 erreicht ist. Als Auswahlbasis benötigt man wie bei der Auswahl per Zufallszahlentabelle eine Kartei oder Liste, welche die jeweiligen Elemente der Grundgesamtheit enthält (vgl. Sander 2004, S. 158).

Das Grundprinzip des *Geburtstagsverfahrens* besteht darin, dass aus einer Grundgesamtheit von Personen, deren Geburtstag bekannt ist, alle diejenigen in die Stichprobe übernommen werden, welche an einem bestimmten Tag im Jahr Geburtstag haben. Je nach erwünschtem Stichprobenumfang können auch mehrere

Tage zu Grunde gelegt werden. Erreichbar sind Auswahlsätze von (ungefähr) 1/365, 2/365 usw., je nach Zahl der einbezogenen Tage. Ein exakter, vorgegebener Stichprobenumfang kann aber nur in Ausnahmefällen erzielt werden. *Varianten* des Geburtstagsverfahrens werden bei mehrstufigen Auswahlverfahren herangezogen, etwa um aus einem gewählten Haushalt die zu befragenden Personen auszuwählen (vgl. Hüttner/Schwarting 2002, S. 137): Es ist z. B. die Person zu befragen, welche

– als erste im Jahr Geburtstag hat oder

– vom Befragungstag gerechnet als letzte Geburtstag hatte oder als nächste haben wird,

– an einem Tag mit der niedrigsten der Zahlen zwischen 1 und 31 Geburtstag hat usw.

Vorteilhaft ist an diesem Verfahren, dass keine Auflistung und Nummerierung der Erhebungseinheiten erforderlich ist.

Beim *Buchstabenverfahren* gelangen alle Personen in die Stichprobe, deren Familienname mit einem bestimmten Buchstaben oder einer bestimmten Buchstabenfolge beginnt. Damit alle Elemente der Grundgesamtheit die gleiche Wahrscheinlichkeit haben, in die Stichprobe zu gelangen, darf zwischen den Anfangsbuchstaben der Familiennamen und den Untersuchungsmerkmalen kein Zusammenhang bestehen (wie dies etwa bei den Anfangsbuchstaben „Roth…" und der Variable Einkommen der Fall sein könnte). Auch bei diesem Verfahren kann ein vorgegebener Stichprobenumfang nur ungefähr eingehalten werden.

Der *Schwedenschlüssel* findet oft Verwendung, wenn Personen innerhalb von Mehrpersonenhaushalten zu befragen sind. Dabei wird für jedes Interview und für jede Haushaltsgröße vorgegeben, welche (die wievielte) Person jeweils zu befragen ist. Die Zahl resultiert durch Permutationen der Ziffern 1 bis 4 (gelegentlich auch 1 bis 3), wobei 4 bzw. 3 die zu Grunde gelegte Haushaltsgröße ist.

Beispiel 2.58:

Die Erhebungsgesamtheit soll Deutsche über 14 Jahre umfassen, die in Privathaushalten leben. Auszugehen ist von Haushalten mit bis zu vier Personen, die zur Erhebungsgesamtheit gehören. Die Personen in einem Haushalt werden dabei meist nach dem Alter nummeriert. Die Permutationen sind in diesem Fall wie folgt:

Interview Haushaltsgröße*	A	B	C	(D)	E	F	G	H	I	J	K	L	…
2	1	2	1	(2)	1	2	1	2	1	2	1	2	…
3	1	2	3	(1)	2	3	1	2	3	1	2	3	…
4	1	2	3	(4)	1	2	3	4	1	2	3	4	…

* Netto, d. h. Zahl der zur Erhebungsgesamtheit zählenden Personen

Beim vierten durchzuführenden Interview würde der Interviewer folgendermaßen vorgehen:
- Bei zwei erhebungsrelevanten Personen im Haushalt ist die zweite zu befragen,
- bei drei erhebungsrelevanten Personen ist die erste zu befragen,
- bei vier erhebungsrelevanten Personen ist die vierte zu befragen.

Das *Random-Route-Verfahren* (auch: *Random-Walk-Verfahren*) wird meist auf der letzten Stufe eines mehrstufigen Auswahlverfahrens eingesetzt. Nach dem Zufallsprinzip werden zunächst ausgewählte Ausgangspunkte für den Start einer Befragung bestimmt (z. B. Straße). Darüber hinaus wird eine exakte Regel vorgegeben, wie der Interviewer von diesem Ausgangspunkt aus weiter vorgehen soll. Beispielsweise wird ihm vorgegeben, er soll jeden dritten Haushalt in jedem zweiten Gebäude auf der linken Straßenseite befragen o. Ä. Somit wird deutlich, dass es sich um eine Variante der systematischen Auswahl handelt. Vorteilhaft sind die räumliche Konzentration der Feldarbeit, die einfachen Kontrollmöglichkeiten sowie die vergleichsweise geringen Kosten; allerdings ist der Zufallscharakter des Verfahrens umstritten; insbesondere wird darauf hingewiesen, dass eine statistische Berechnung des Zufallsfehlers nur näherungsweise möglich ist (vgl. Berekoven/Eckert/Ellenrieder 2009, S. 53).

3.2.4 Sonstige Verfahren der Stichprobenauswahl

Es gibt eine ganze Reihe weiterer Verfahren der Stichprobenauswahl, welche teilweise eigenständige Verfahren darstellen, teilweise als Kombination der bisher dargestellten Methoden anzusehen sind. Beispielhaft seien erwähnt:
- die sequenzielle Auswahl,
- das Schneeballverfahren und
- das ADM Stichprobensystem.

Im Rahmen einer *sequenziellen Auswahl* wird zunächst eine vergleichsweise kleine Stichprobe gezogen und ausgewertet. Im Anschluss daran wird entschieden, ob die erhaltenen Informationen ausreichend sind (z. B. im Hinblick auf Präzision, Anwendbarkeit von Verfahren der induktiven Statistik sowie komplexer multivariater Verfahren usw.). Ist dies nicht der Fall, werden solange weitere Stichproben gezogen, bis der Informationsstand als ausreichend angesehen wird. Somit ergibt sich der Stichprobenumfang erst im Laufe der Untersuchung. Vorteilhaft an der sequenziellen Auswahl ist der Versuch, den Stichprobenumfang zu begrenzen und damit die Erhebungskosten zu kontrollieren. Andererseits entsteht ein nicht unerheblicher Analyseaufwand, da nach jeder erneuten Stichprobenziehung aufgrund der Analyseergebnisse entschieden werden muss, ob der Informationsbedarf bereits befriedigt ist.

Eine besondere Form eines Auswahlverfahrens stellt das sog. *Schnellballverfahren* dar (*Snowball* oder *Linkage Sampling*). Das Hauptziel des Schneeballverfahrens liegt darin, eine Stichprobe von Personen mit solchen Merkmalen zu gewinnen, die in der Gesamtbevölkerung selten sind und daher bei Anwendung einer Zufallsstichprobe in zu geringem Umfang im Sample vertreten wären. In einem ersten Schritt wird – üblicherweise nach dem Zufallsprinzip – eine anfängliche Gruppe von Erhebungseinheiten ausgesucht. Stößt man im Rahmen der Befragung auf Erhebungseinheiten, welche über die erhebungsrelevanten Merkmale verfügen, werden diese gebeten, Adressen von Personen mit gleichen Merkmalen zu nennen. In einer zweiten Erhebungswelle werden die neu gewonnenen Erhebungseinheiten ebenfalls gebeten, Adressen von Personen, die den gleichen Tatbestand erfüllen, zu nennen usw. (vgl. Goodmann 1961). Anwendungsbeispiele sind bestimmte Bevölkerungsgruppen, wie z. B. ethnische Minderheiten, Eltern geistig behinderter Kinder, Träger bestimmter Krankheiten wie HIV-Infizierte etc. In solchen Fällen ist eine Schneeballauswahl deutlich effizienter als eine Zufallsauswahl; die Varianz in der Stichprobe wird deutlich verringert, die Kosten sind begrenzt. Nachteilig ist, dass es sich nicht um keine Zufallsauswahl handelt und damit der Fehler nicht berechenbar ist. Zudem ist mit erheblichen Klumpungseffekten zu rechnen.

Beim *ADM Stichprobensystem* handelt es sich um eine Flächenstichprobe, die vom Arbeitskreis Deutscher Marktforschungsinstitute e. V. (ADM) zur Durchführung von Bevölkerungsstichproben entwickelt wurde, da in Deutschland kein allgemein zugängliches Verzeichnis aller Privathaushalte existiert. Das *ADM Master Sample* basiert auf sog. Muster-Stichprobenplänen, welche als Baukastensystem konzipiert sind (vgl. ausführlich ADM 1979). Dieser allgemeine Rahmen bildete die Grundlage für die Entwicklung des ADM Master Samples; hierbei handelt es sich um ein System von vorgefertigten Stichproben bzw. „Netzen", welche den Mitgliedsinstituten des ADM zur Verfügung gestellt werden und als Grundlage für die Ziehung individueller, konkreter Stichproben dienen (vgl. Heyde 2009).

Am Beispiel der F2F Flächenstichprobe für persönliche Interviews wird nachfolgend das ADM Stichprobensystem skizziert (für Telefoninterviews wurde ein vergleichbares Verfahren entwickelt). Das Stichprobensystem umfasst die folgenden Stufen (vgl. ausführlich z. B. Hüttner/Schwarting 2002, S. 136 ff.):
– Auswahl von Sampling Points,
– Auswahl von Haushalten innerhalb der gezogenen Sampling Points und
– Auswahl der Zielpersonen in den ausgewählten Haushalten.

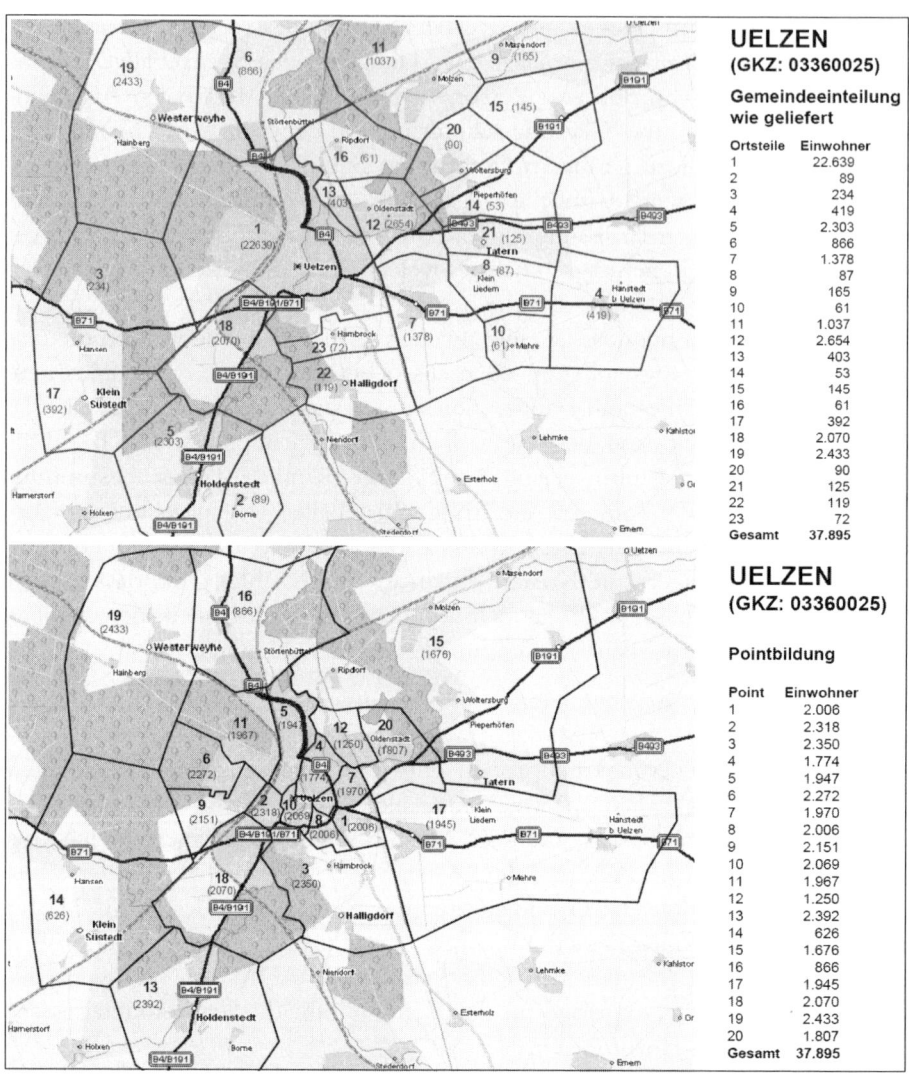

Quelle: BVM 2006.

Abb. 2.54: Generierung von Sampling Points im ADM Stichprobensystem

Die Grundgesamtheit bei Bevölkerungsumfragen in Deutschland ist definiert als Personen, welche in Privathaushalten leben. Um *Sampling Points* zu bilden, wurde das Gebiet der Bundesrepublik Deutschland in Flächen eingeteilt. 2004 wurde das Stichprobensystem überarbeitet: Anstelle der bis dato zu Grunde gelegten Wahlbezirke werden nun die Gemeindegliederung der Bundesrepub-

lik, die intrakommunalen Gebietsgliederungen sowie die für die Navigations-
systeme erstellten Regionaleinteilungen verwendet. Auf der Grundlage dieser
Daten werden in Deutschland rd. 53.000 Flächen elektronisch abgegrenzt, die
jeweils mindestens 350, durchschnittlich 700 Privathaushalte enthalten. Beispielsweise unterscheidet die Gemeinde Uelzen 23 Ortsteile mit 53 bis 22.639
Einwohnern; daraus entstanden 20 Sampling Points mit 626 bis 2433 Einwohnern (vgl. Abb. 2.54). Nach diesen Merkmalen wurde vor der Ziehung ge-
schichtet bzw. angeordnet; die daraus entstehenden Zellen bildeten die Auswahlbasis, aus der anschließend die Ziehung erfolgte. Die Ziehung erfolgte
proportional zur Zahl der Haushalte; es wurden insgesamt 128 Stichproben –
sog. Netze – gezogen, welche jeweils rd. 250 Sampling Points umfassen und an
die beteiligten Marktforschungsinstitute weitergegeben wurden. Die 128 Netze
sind überschneidungsfrei und können beliebig kombiniert werden.

Im Rahmen der zweiten Stufe erfolgt seitens der Institute die *Ziehung von Haushalten* nach einer uneingeschränkten Zufallsauswahl. Hierbei wird unterschieden zwischen einer Totalauflistung, bei welcher sämtliche Haushalte in Sampling Point bekannt und aufgelistet sind, und einer Teilauflistung, bei welcher
die Begehung in Form eines Random-Route-Verfahrens erfolgt.

Innerhalb der einzelnen Haushalte können die *Zielpersonen* entweder nach dem
Zufalls- oder nach dem Quotenprinzip ausgewählt werden. Die konkrete Auswahl kann dabei nach verschiedenen Ansatzpunkten erfolgen (vgl. Bereko-
ven/Eckert/Ellenrieder 2009, S. 54 f.). Ist die Grundgesamtheit begrenzt, z. B.
Haushaltsvorstände, Jugendliche zwischen 14 und 19 Jahren o. Ä., so werden
alle Zielpersonen befragt, die das Erhebungskriterium erfüllen. Setzt sich die
Grundgesamtheit dagegen aus allen erwachsenen Personen zusammen, so bestehen für die konkrete Auswahl der Zielpersonen folgende Möglichkeiten:
– Es werden sämtliche Haushaltsmitglieder befragt, oder
– es erfolgt eine Auflistung der Haushalte (z. B. alphabetisch oder nach Alter).
  Anschließend wird pro Haushalt eine Zielperson befragt; als Auswahltechniken kommen Zufallszahlenfolgen, das Geburtstagsverfahren oder der
  Schwedenschlüssel zum Einsatz (vgl. die Ausführungen in Abschn. 3.2.3.5).

3.2.5 Bestimmung des Stichprobenumfangs

Da der Stichprobenumfang zum einen die Präzision des Untersuchungs-
ergebnisses, zum anderen aber auch die Erhebungskosten erheblich beeinflusst, ist die Bestimmung der Stichprobengröße von zentraler Bedeutung. Im
Praxisalltag der Marktforschung liegt der bevorzugte Stichprobenumfang je
nach Fragestellung meist zwischen 150 und 3.000; bei größeren Stichproben-

umfängen besteht die Gefahr, dass der systematische Fehler anwächst und die Verringerung des Stichprobenfehlers dadurch überkompensiert wird.

Bei Vorliegen einer *Zufallsstichprobe* kann der notwendige Stichprobenumfang auf der Basis einer gewünschten Vertrauenswahrscheinlichkeit und einer maximal zu tolerierenden Fehlersumme errechnet werden. Dies wird im Folgenden anhand der uneingeschränkten Zufallsauswahl gezeigt (komplexere Verfahren der Zufallsauswahl kommen c. p. mit kleineren Stichprobenumfängen aus).

Aus der Formel für die Standardabweichung (bzw. für den Standardfehler) bei einer Zufallsauswahl ohne Zurücklegen und unter der Voraussetzung, dass der Auswahlsatz $n/N < 0{,}05$ ist, wird ersichtlich, dass der Standardfehler verringert werden kann, wenn der Stichprobenumfang erhöht wird:

$$\sigma_{\bar{x}} = \frac{\sigma}{\sqrt{n}}.$$

Dadurch wird das Konfidenzintervall enger; die Parameterschätzung wird genauer. Zur Bestimmung des notwendigen Stichprobenumfangs wird vom Konfidenzintervall für μ ausgegangen (heterograder Fall):

$$\mu = \bar{x} \pm z \cdot \sigma_{\bar{x}} \text{ bzw. } \mu = \bar{x} \pm z \cdot \frac{\sigma}{\sqrt{n}}.$$

Die absolute Fehlerspanne e resultiert damit als:

$$e = |\mu - \bar{x}| = z \cdot \frac{\sigma}{\sqrt{n}}.$$

Der notwendige Stichprobenumfang kann ermittelt werden, indem man sowohl die maximale Fehlerspanne angibt, die man gerade noch tolerieren würde, als auch die Vertrauenswahrscheinlichkeit $(1 - \alpha)$ bzw. die Irrtumswahrscheinlichkeit α vorgibt. Bei bekannter Standardabweichung σ in der Grundgesamtheit resultiert der notwendige Stichprobenumfang dann als:

$$n = \left(\frac{z_\alpha - \sigma}{e}\right)^2 = \frac{z_\alpha^2 \cdot \sigma^2}{e^2}.$$

Analog gilt für den homograden Fall:

$$e = |\pi - p| = z \cdot \frac{\sigma}{\sqrt{n}} = \sqrt{\frac{\pi(1-\pi)}{n}}$$

$$n = \frac{z_\alpha^2 \cdot p \cdot (1-p)}{e^2}.$$

Beispiel 2.59:

Ein Unternehmen möchte das durchschnittliche Einkommen seiner Zielgruppe ermitteln. Die Zielgruppe umfasst insgesamt N = 100.000 Personen. Aus Erfahrungswerten ist bekannt, dass in der Grundgesamtheit mit einer Varianz von σ^2 = 120.000 zu rechnen ist. Soll bei gegebener Vertrauenswahrscheinlichkeit von 95 % die Fehlerspanne nicht mehr als 20 € betragen, so ergibt sich ein notwendiger Stichprobenumfang von

$$n = \left(\frac{1,96}{20}\right)^2 \cdot 120.000 = 1.152 \cdot$$

Neben dem Einkommen interessiert sich das Unternehmen auch für den Anteil der Rentner in der Zielgruppe. Soll der Anteil der Rentner bei gleicher Vertrauenswahrscheinlichkeit von 95 % nicht mehr als 2 % um den wahren Wert schwanken, ergibt sich:

$$n = \left(\frac{1,96}{0,02}\right)^2 \cdot 0,18(1-0,18) = 1.418 \cdot$$

In diesem Fall ist der größere Wert des Stichprobenumfangs heranzuziehen, also n = 1.418, damit beide Fehlerspannen eingehalten werden.

Quelle: In Anlehnung an Sander 2004, S. 162 ff.

Die obige Berechnung setzt voraus, dass zur Bestimmung des erforderlichen Stichprobenumfangs die Varianz der Grundgesamtheit bzw. – als Ersatzwert – zumindest die Stichprobenvarianz bekannt ist. Da die Stichprobe jedoch gerade erst gebildet werden soll, liegen derartige Werte in der Regel nicht vor. In diesem Fall ist eine außerstatistische Schätzung vorzunehmen, indem auf Expertenurteile oder ähnlich gelagerte Untersuchungen aus der Vergangenheit zurückgegriffen wird. Anzumerken ist schließlich, dass eine steigende Vertrauenswahrscheinlichkeit bzw. eine sinkende Fehlerspanne zu einem überproportionalen Anstieg des notwendigen Stichprobenumfangs führen, wodurch die Erhebungskosten enorm ansteigen.

Beispiel 2.60:

Wie im vorangegangenen Beispiel interessiert das Durchschnittseinkommen in der Zielgruppe. Die Grundgesamtheit beträgt N = 100.000. Die Vertrauenswahrscheinlichkeit soll 95% betragen, die Varianz der Grundgesamtheit wird als σ^2 = 120.000 angenommen. In Abhängigkeit von der maximalen Fehlerspanne resultieren die folgenden erforderlichen Stichprobenumfänge:

e	n
50	184
40	288
30	512
20	1.152
10	4.610
5	18.439

Bei Kosten pro Interview von ca. 50 € würde die Untersuchung bereits knapp 1.000.000 € kosten, wollte man die Fehlerspanne auf ± 5 € reduzieren.

Wiederholungsfragen

1. Welcher Unterschied besteht zwischen einer Voll- und einer Teilerhebung? Wann kommt in der Marktforschung eine Vollerhebung in Frage?

2. Was unterscheidet Verfahren der nichtzufälligen von solchen der zufälligen Auswahl?

3. Charakterisieren Sie das Quotenverfahren und nehmen Sie zur Methode kritisch Stellung.

4. Geben Sie einen Überblick über die wichtigsten Verfahren der Zufallsauswahl!

5. Welche Vorteile weist eine geschichtete im Vergleich zu einer uneingeschränkten Zufallsstichprobe?

6. Legen Sie dar, in welcher Weise, d. h. mit Hilfe welcher Auswahltechniken, eine Stichprobenziehung in der Praxis realisiert werden kann.

3.3 Weiterführende Literatur

Cochran, W. G. (1977): Sampling Techniques, 3rd ed., New York 1977.

Noelle-Neumann, E., Petersen, T. (2000): Alle, nicht jeder. Einführung in die Methoden der Demoskopie, 3. Aufl., Berlin 2000.

Pokropp, F. (1996): Stichproben: Theorien und Verfahren, 2. Aufl., München 1996.

Sampath, S. (2005): Sampling Theory and Methods, 2nd ed., Boca Raton 2005.

Sudman, S. (1976): Applied Sampling, New York 1976.

Thompson, S. K. (2002): Sampling, 2nd ed., New York 2002.

4. Datensammlung

Lernziele

In diesem Kapitel erfahren Sie,
– welche Teilaufgaben die Datensammlung beinhaltet und
– welche Aspekte die Qualität einer Datensammlung maßgeblich beeinflussen.

Die sorgfältige Planung des Untersuchungsdesigns ist eine notwendige, aber nicht hinreichende Bedingung für die Güte von Primärerhebungen. Genauso wichtig ist eine korrekte Durchführung der Feldarbeit, da hierdurch das Ausmaß des *systematischen Fehlers* stark beeinflusst wird (vgl. hierzu Abschn. 2.1.3.1). Häufig wird der eigentlichen Erhebung deshalb ein *Pretest* bzw. eine Pilotstudie vorgeschaltet, um zu überprüfen, ob das Messinstrument (Fragebogen, Beobachtungsanweisung) adäquat entwickelt wurde.

Im Rahmen der *Datensammlung* sind eine Vielzahl von Teilentscheidungen zu treffen. Diese umfassen im Einzelnen (vgl. Abb. 2.55):
- Auswahl der Feldorganisation,
- Schulung der Interviewer bzw. Beobachter,
- Projektabwicklung und
- Kontrolle der Erhebung.

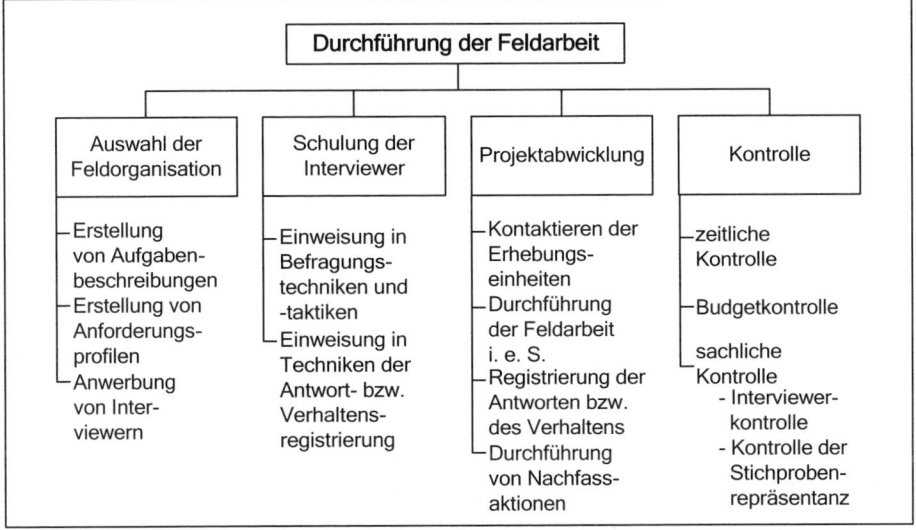

Abb. 2.55: Teilaufgaben im Rahmen der Durchführung der Feldarbeit

Im Rahmen der *Auswahl der Feldorganisation* ist zunächst die Grundsatzentscheidung zu treffen, ob ein eigener Interviewerstab eingesetzt werden soll, oder ob die Dienste externer Marktforschungsinstitute in Anspruch genommen werden sollen. Neben dieser grundsätzlichen organisatorischen Frage sind für das konkrete Projekt die damit zu beauftragenden Interviewer bzw. Beobachter auszuwählen. Der Studienleiter sollte detaillierte Aufgabenbeschreibungen in Abhängigkeit der geplanten Erhebungsform erarbeiten. Darauf aufbauend sind die erforderlichen Eigenschaften bzw. Qualifikationen der Interviewer festzulegen: Während beispielsweise die Durchführung einer quantitativen, standardisierten schriftlichen Erhebung ein vergleichsweise geringes fachliches Vorwissen erfordert, sollte ein qualitatives Tiefeninterview nur durch einen geschulten Psychologen erfolgen. Auf der Grundlage der erstellten Anforderungsprofile werden geeignete Personen angeworben (vgl. Malhotra 2007, S. 412 ff.).

Die *Schulung* der Interviewer ist sehr stark von der gewählten Erhebungsmethode abhängig. Am Beispiel persönlicher Interviews lauten die wichtigsten Richtlinien (vgl. ausführlich Guenzel/Berkmans/Cannell 1983):

- Der Interviewer sollte mit den Fragebögen durchweg vertraut sein (sowohl inhaltlich als auch ablauftechnisch).
- Wortlaut und Reihenfolge der Fragen sollten exakt eingehalten werden.
- Die Fragen sollten langsam und deutlich vorgelesen werden.
- Bei Verständnisschwierigkeiten ist die Frage im selben Wortlaut zu wiederholen.
- Intervieweranweisungen sind exakt zu befolgen.
- Sorgfältiges Nachhaken ist erforderlich, um Ergänzungen und Erläuterungen seitens des Befragten zu provozieren.

Auch bei der Registrierung der Antworten ist Sorgfalt geboten. So sind die Antworten wörtlich zu notieren und zusätzliche Anmerkungen sowie Kommentare ebenfalls im Fragebogen zu vermerken. Auf keinen Fall sollte ein Interviewer Antworten eigenmächtig zusammenfassen oder interpretieren; das ist Aufgabe des Forschers.

Im Rahmen der *Projektabwicklung* erfolgt die konkrete Datensammlung bei den Erhebungseinheiten. Dazu gehören folgende Schritte:

- Kontaktieren der Probanden,
- Befragung bzw. Beobachtung der Auskunftspersonen,
- Registrierung der Antworten bzw. des beobachteten Verhaltens sowie ggf.
- Durchführung von Nachfassaktionen, um schwer zugängliche Probanden zu erreichen.

Große Bedeutung hat schließlich die *Kontrolle der Erhebung*, um die Qualität der Ergebnisse zu gewährleisten; die Überprüfung umfasst dabei zeitliche, finanzielle und sachliche Aspekte. In zeitlicher Hinsicht ist die Einhaltung des geplanten Zeitraums für die Untersuchung zu überwachen. Die Budgetkontrolle soll gewährleisten, dass der finanzielle Rahmen der Untersuchung nicht gesprengt wird; gerade ungeplante Zeitverzögerungen führen regelmäßig zur Unterschätzung der tatsächlich anfallenden Kosten (vgl. Böhler 2004, S. 157). In sachlicher Hinsicht ist zum einen zu gewährleisten, dass die Interviewer bzw. Beobachter die Studienanweisungen befolgen und die gelernten Techniken im Rahmen der Feldarbeit in geeigneter Weise einsetzen (*Interviewerkontrolle*). Zum anderen sollte eine Überprüfung des *Sampling* erfolgen, um zu gewährleisten, dass die Interviewer tatsächlich dem vorgegebenen Stichprobenplan folgen und nicht beispielsweise die Probanden nach Bequemlichkeitsaspekten aussuchen. Die Interviewer sollen daher angehalten werden, genau zu notieren, wie viele Probanden kontaktiert und wie viele nicht erreicht wurden, wie viele die Teilnahme verweigerten und wie viele Interviews erfolgreich abgeschlossen wurden (vgl. Malhotra 2007, S. 471 f.). Die Überprüfung der Interview-Durchführung soll somit erstens sicherstellen, dass die Interviews tatsächlich durchgeführt wurden, und zweitens, dass die Fragebögen korrekt ausgefüllt wurden. Die Kontrolle erfolgt i. d. R. dadurch, dass bei einem Teil der Probanden angefragt wird, ob das Interview wirklich durchgeführt wurde. Bei einzelnen Personen kann die Erhebung zudem noch einmal wiederholt werden, um Teilfälschungen aufzudecken (vgl. Böhler 2004, S. 157).

Wiederholungsfragen

1. Welche Teilaufgaben sind im Rahmen der Datensammlung durchzuführen?

2. Aus welchen Gründen ist eine sorgfältige Kontrolle der Erhebung erforderlich?

---

5. Aufbereitung der Daten

Lernziele

In diesem Kapitel erfahren Sie,
– welche Teilschritte erforderlich sind, um die gesammelten Daten einer Auswertung zugänglich machen zu können,
– welche Aspekte im Rahmen der Kodierung von Daten zu beachten sind,
– welche Unterschiede bei der Aufbereitung quantitativer Daten von Bedeutung sind.

Nach der Durchführung der Feldarbeit liegt das Rohdatenmaterial – je nach Erhebungsmethode – in Form ausgefüllter Fragebögen, Beobachtungsprotokolle, Audio- bzw. Videobänder etc. vor. Die darin enthaltenen Einzelinformationen müssen anschließend zumeist aufbereitet werden, bevor sie der eigentlichen Analyse unterzogen werden können.

Am Beispiel von Fragebögen umfasst die Datenaufbereitung die in Abb. 2.56 aufgeführten Schritte (für die Besonderheiten der Auswertung von qualitativen Interview- und Beobachtungsdaten vgl. Höld 2009, Mayring/Brunner 2009, Kuckartz 2009 sowie Abschn. 4.1 im 3. Teil).

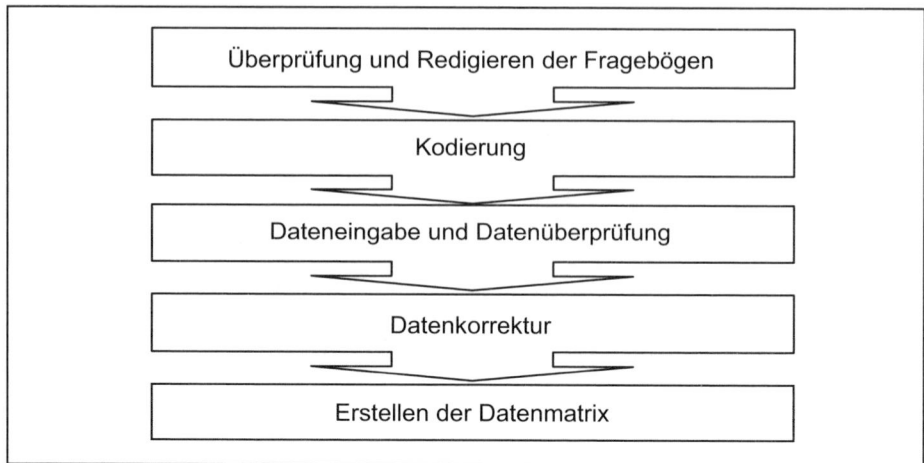

Abb. 2.56: Ablauf der Datenaufbereitung

In einem ersten Schritt werden die Fragebögen *überprüft*. Nicht auswertbare (z. B. unvollständige oder fehlerhafte) Fragebögen sind auszusondern, die verbleibenden müssen ggf. redigiert werden. Gängige *Prüfkriterien* sind (vgl. Churchill/Iacobucci 2005, S. 407):

- *Vollständigkeit:* Fehlende Antworten können Antwortverweigerung, Unverständnis der Frage oder Unwissen des Befragten zum Ausdruck bringen. Für den Zweck der Untersuchung ist es wesentlich, den Grund korrekt zuzuordnen.
- *Lesbarkeit:* Kodierung und Eingabe der Daten setzen voraus, dass ein Fragebogen leserlich ist; dies gilt sowohl für die Handschrift als auch für mögliche Abkürzungen, die der Interviewer bei der Antwortregistrierung verwendet hat.
- *Verständlichkeit:* Unklare Formulierungen des Interviewers sind zu identifizieren und abzuklären.
- *Konsistenz:* Die einzelnen Fragebögen sind dahingehend zu überprüfen, ob sich die Antworten der Befragten widersprechen.

Beispiel 2.61:

Der Befragte gibt an, die E-Mail-Funktion des Internets zu nutzen. Bei der Frage nach seiner E-Mail-Adresse gibt er an, keine zu besitzen.

- *Vergleichbarkeit:* Die Registrierung der Antworten soll in vergleichbaren Einheiten erfolgen.

Beispiel 2.62:

Antwortet ein Befragter auf die Frage nach dem jährlichen Haushaltsnettoeinkommen mit „2.500 EUR", so liegt die Annahme nahe, dass sich seine Antwort eigentlich auf das monatliche Einkommen bezieht.

Treten in den Fragebögen die o. g. Probleme auf, so ist zunächst eine Kontaktaufnahme mit dem Interviewer bzw. dem Probanden denkbar, um bestehende Unklarheiten zu beseitigen. Sollte dies nicht möglich sein, muss überprüft werden, wie mit den fehlenden bzw. fehlerhaften Daten verfahren wird.

Im Rahmen der *Kodierung* werden Antwortkategorien gebildet (sofern sie nicht bereits existieren). Den einzelnen Antwortkategorien werden dabei möglichst einfache Symbole zugeordnet; i. d. R. sind dies Zahlenwerte. Eine systematische Kodierung bildet die Voraussetzung dafür, dass die Rohdaten elektronisch erfasst und weiterverarbeitet werden können.

Bei der Kodierung gibt es erhebliche Unterschiede, ob die Daten quantitativer oder qualitativer Natur sind. *Quantitative Daten* entstehen im Rahmen standardisierter Befragungen quasi „automatisch", da die für die Kodierung erforderlichen Antwortkategorien bereits im Fragebogen vorgegeben sind (vgl. Abschn. 1.2.2). Bei *qualitativen* Erhebungen erfolgt eine Kategorienbildung häufig nachträglich (vgl. ausführlich Abschn. 4.1 im 3. Teil).

Beispiel 2.63:

In einem Fragebogen wurde eine Frage wie folgt beantwortet:
„Wie häufig verwenden Sie Marke X pro Woche?"

	Schlüssel
weniger als 1 Mal	1
1 – 2 Mal:	2
3 – 4 Mal ✗	3
5 Mal und mehr	4

Die Zahlen 1 bis 4 dienen der Verschlüsselung. Einem Haushalt, der Marke X 3 bis 4 Mal die Woche verwendet, würde der Wert 3 zugeordnet werden.

Bei der Kodierung sollten die Daten in möglichst detaillierter Form verschlüsselt werden. Eine Klassenbildung und Aggregation sollte der Forscher erst im Rahmen der Datenanalyse vornehmen, da ansonsten wertvolle Einzelinformationen verloren gehen.

Gerade bei umfangreichen Datenerhebungen ist es elementar wichtig, die erhobenen Daten nicht nur systematisch zu kodieren, sondern auch einen Codeplan zu erstellen, aus dem auch langfristig nachvollzogen werden kann, in welcher Weise die Daten kodiert wurden. Abb. 2.57 zeigt einen Auszug aus einem Codeplan.

Var1 Wie würden Sie das Verhältnis zu Ihrer Hausbank beschreiben?	
1	O sehr gut
2	O gut
3	O befriedigend
4	O ausreichend
5	O schlecht
6	O sehr schlecht

Wobei benötigen Sie eine persönliche Beratung?	
Var21	O Überweisungen 1 / 0
Var22	O Kontostandsabfrage 1 / 0
Var23	O Brokerage 1 / 0
Var24	O Daueraufträge 1 / 0
Var25	O Sonstiges_____

	Bedienerfreundlichkeit		
1	Var31 Benutzeroberflächen im Online-banking empfinde ich als bedie-nerfreundlich	Ja, trifft voll zu	Nein, trifft gar nicht zu
			O O O O O O 1 2 3 4 5 6
2	Var32 Es ist in Ordnung, externe Do-kumente (z.B. eine TAN-Liste) mitzuführen.	Ja, trifft voll zu	Nein, trifft gar nicht zu
			O O O O O O 1 2 3 4 5 6
3	Var33 Ein einfaches Banking-Menü ist auf modernen Handys gut zu be-dienen	Ja, trifft voll zu	Nein, trifft gar nicht zu
			O O O O O O 1 2 3 4 5 6

Abb. 2.57: Auszug aus einem Codeplan

Der Kodierung der Daten folgt im Allgemeinen die *Übertragung und Speicherung* auf einen Datenträger. Dies kann manuell, opto-elektronisch (Lesestift, Scan-ning) oder auch automatisch erfolgen. Insbesondere im Falle einer manuellen Datenübertragung können leicht Fehler auftreten, weshalb stets eine sorgfältige Vorgehensweise und Kontrolle durchgeführt werden sollte. Erfolgt die Erhe-bung computergestützt, wird der Fehler bereits bei der Antworteingabe erkannt. Darüber hinaus sind gängige Softwarepakete wie MS Excel, PASW, SAS bei ent-sprechender Konfigurierung in der Lage, einige der o. g. Fehler zu erkennen.

Im Anschluss an die Dateneingabe und -überprüfung ist oftmals eine weitere *Korrektur* erforderlich. Dies kann beinhalten:
– Behandlung von Missing Values,

– Gewichtung,
– Variablentransformation.

Missing Values entstehen dann, wenn bestimmte Variablenwerte unbekannt sind (z. B. auf Grund von Antwortverweigerung). Ein hoher Anteil von Missing Values kann die Ergebnisse einer Untersuchung erheblich verfälschen, insbesondere dann, wenn die Antwortverweigerer sich nicht gleichmäßig verteilen. Es gibt verschiedene Möglichkeiten, mit Missing Values umzugehen, um dennoch möglichst unverzerrte statistische Analysen durchführen zu können (vgl. Göthlich 2009, Spieß 2009).

Eine *Gewichtung* einzelner Daten ist häufig dann vorzunehmen, wenn die Daten auf einer Zufallsauswahl beruhen. Ziel ist es, dadurch die Aussagekraft der Daten zu erhöhen. Beispielsweise kann es sinnvoll sein, bei einer Erhebung mit dem Ziel, Ansatzpunkte für eine Produktvariation zu gewinnen, Intensivverwender stärker zu gewichten. Ferner erfolgt eine Gewichtung des Datenmaterials bei hoher Ausfallquote, um die unterrepräsentierten Fälle auszugleichen. Allgemein gilt, dass eine Korrektur mittels Gewichtung mit Vorsicht zu genießen ist, da sie leicht zur Verzerrung der Ergebnisse führen kann.

Eine *Variablentransformation* beinhaltet, dass aus den Daten neue Variablen erzeugt bzw. bestehende Variablen modifiziert werden. Hierzu gibt es insbesondere folgende Ansatzpunkte:
– Reduktion der Antwortkategorien (z. B. Zusammenfassung der Kategorien „häufig" und „sehr häufig" bzw. „selten" und „sehr selten" in jeweils einer gemeinsamen Kategorie);
– Umkodierung sog. Reverse Items bei Multi-Item-Skalen, die positive wie negative Frageformulierungen enthalten (vgl. Abschn. 2.2.3);
– Bildung neuer Variablen, z. B. Verhältnis zweier Variablen, Indexbildung usw.;
– Spezifizierung von nominal skalierten Variablen mit Hilfe von Dummy-Variablen;
– Hinzufügen von Variablen, die aus anderen Quellen stammen (zur Ergänzung oder zum Vergleich);
– Standardisierung, um Variablen unterschiedlicher Niveaulage vergleichbar zu machen:

$$z_i = \frac{x_i - \overline{x}}{s} \text{ mit}$$

z_i = Ausprägung der standardisierten Variable,
x_i = ursprüngliche Variablenausprägung,
$\overline{x}$ = Stichprobenmittelwert,

s = Standardabweichung in der Stichprobe.

Variablen / Fälle	1	...	j	...	m
1	x_{1i}	...	x_{1j}	...	x_{1m}
⋮	⋮		⋮		⋮
i	x_{i1}	...	x_{ij}	...	x_{im}
⋮	⋮		⋮		⋮
n	x_{n1}	...	x_{nj}	...	x_{nm}

Abb. 2.58: Datenmatrix

Der letzte Schritt im Rahmen der Datenaufbereitung besteht in der Erstellung der *Datenmatrix*. Die Spalten der Datenmatrix enthalten die einzelnen Variablen, die Zeilen die verschiedenen Fälle (z. B. Befragte). Bei $i = 1, ..., n$ Fällen („Cases") und $j = 1, ..., m$ Variablen enthält man somit eine $n \times m$-Datenmatrix (vgl. Abb. 2.58).

Bei quantitativen Erhebungen enthält die Datenmatrix nummerische x_{ij}-Werte. x_{ij} bezeichnet dabei den Wert der Variablen j beim i-ten Fall. Bei qualitativen Untersuchungen wird nicht von einer Datenmatrix gesprochen, es wird jedoch vielfach ebenfalls ein Tableau erstellt, welches eine geordnete Darstellung verbaler Äußerungen bzw. beobachteter Verhaltensweisen nach Personen und Variablen enthält und ebenfalls die Grundlage für die sich anschließende Datenauswertung bildet (vgl. Abschn. 4 im 3. Teil).

Wiederholungsfragen

1. Welche Teilaufgaben sind im Rahmen der Datenaufbereitung durchzuführen?

2. Aus welchen Gründen ist eine Überprüfung der Fragebögen erforderlich?

3. Was versteht man unter einem Codeplan?

4. Aus welchen Gründen und auf welche Weise können Fragebögen redigiert und korrigiert werden?

6. Datenanalyse

> **Lernziele**
>
> In diesem Kapitel erfahren Sie,
> – welches die gängigsten Verfahren der Datenanalyse im Marketing sind,
> – welche typischen Einsatzgebiete sie aufweisen,
> – welche exemplarischen Fragestellungen mit Hilfe der einzelnen Verfahren bearbeitet werden können sowie
> – welche Anwendungsvoraussetzungen jeweils zu beachten sind.

6.1 Überblick

Die primär- oder sekundärstatistisch erhobenen Daten müssen in der Regel zunächst verarbeitet werden, bevor Aussagen zum untersuchten Sachverhalt getroffen werden können. Hierfür steht eine ganze Reihe von Verfahren der Datenanalyse zur Verfügung, welche sich nach verschiedenen Kriterien einteilen lassen (vgl. Abb. 2.59).

Nach der *Zahl der berücksichtigten Variablen* wird zwischen univariater, bivariater und multivariater Datenanalyse unterschieden. Während sich eine univariate Datenanalyse auf die Untersuchung der Merkmalsausprägungen einer einzigen Variable beschränkt, werden im Rahmen von Verfahren der bi- und multivariaten Datenanalyse die Zusammenhänge zwischen zwei und mehr Variablen untersucht.

Nach dem *Geltungsanspruch* wird zwischen deskriptiven und induktiven Verfahren unterschieden.

> Aufgabe der *deskriptiven Datenanalyse* ist es, die Vielzahl der Einzeldaten aufzubereiten, zu analysieren und sie für eine Entscheidungsfindung zu verdichten.

Dabei geht es insbesondere darum, aussagekräftige Kennzahlen zu generieren, anhand derer die in den Rohdaten enthaltenen Zusammenhänge sichtbar werden. Als Beispiele seien die Berechnung von Mittel- und Anteilswerten genannt. Die Aussagekraft deskriptiver Datenanalysen beschränkt sich dabei auf die Beschreibung der jeweiligen Stichprobe.

> Aufgabe der *induktiven Datenanalyse* ist es dagegen, ausgehend von den Befunden in einer Stichprobe statistische Rückschlüsse auf die allgemeingültigen Zusammenhänge in der Grundgesamtheit vorzunehmen.

Beispielsweise wird bei induktiven Analysen mit Hilfe geeigneter Tests vom Mittelwert in der Stichprobe mit einer bestimmten Irrtumswahrscheinlichkeit auf den Mittelwert in der Grundgesamtheit geschlossen.

Kriterium	Ausprägungen	Kennzeichnung
(1) Zahl der berücksichtigten Variablen	– univariate Verfahren	– Betrachtung der Merkmalsausprägungen einer einzigen Variablen
	– bivariate Verfahren	– Untersuchung der Beziehungen zwischen zwei Variablen
	– multivariate Verfahren	– Untersuchung der Beziehungen zwischen drei und mehr Variablen
(2) Geltungsanspruch	– deskriptive Verfahren	– Aussagen über Strukturen in der Stichprobe
	– induktive Verfahren	– Übertragung von Stichprobenbefunden auf die Grundgesamtheit
(3) Partitionierung der Datenmatrix	– Verfahren der Dependenzanalyse	– Untersuchung der Abhängigkeit von einer oder mehreren abhängigen Variablen von einer oder mehreren unabhängigen Variablen
	– Verfahren der Interdependenzanalyse	– Untersuchung der wechselseitigen Beziehungen zwischen zwei und mehr Variablen
(4) Richtung der Datenkompression	– auf Variablen gerichtete Verfahren	– Aussagen über Strukturen von Variablen
	– auf Elemente gerichtete Verfahren	– Aussagen über Strukturen einzelner Objekte
(5) Ausgangspunkt der Auswertung	– strukturprüfende Verfahren (konfirmatorisch)	– Überprüfung der Konsistenz der Daten mit postulierten Zusammenhängen
	– strukturentdeckende Verfahren (exploratorisch)	– Aufdeckung von Zusammenhängen innerhalb eines Datensatzes
(6) Auswertungszweck	– Verfahren der Datenreduktion	– Komprimieren der Rohdaten auf wenige überschaubare Größen
	– Verfahren der Klassifikation	– Aufteilung einer Gesamtheit von Objekten in Gruppen
	– Verfahren zur Messung von Beziehungen	– Ermittlung der Zusammenhänge zwischen Variablen
	– Verfahren zur Messung von Präferenzen	– Beschreibung und Erklärung von Auswahlentscheidungen

Abb. 2.59: Einteilungskriterien von Verfahren der Datenanalyse

Die *Partitionierung der Datenmatrix* beinhaltet die Frage, ob die vorliegenden Variablen in abhängige und unabhängige aufgeteilt werden können. Ist dies der Fall, so spricht man von Verfahren der Dependenzanalyse; fehlt eine solche Partitionierung, wird also lediglich die Wechselbeziehung der Variablen untereinander untersucht, so handelt es sich um Verfahren der Interdependenzanalyse. Beispielsweise untersucht die Regressionsanalyse die Abhängigkeit einer (metrischen) abhängigen Variable von einer oder mehreren unabhängigen Variable(n), wohingegen die Korrelationsanalyse den Zusammenhang zwischen zwei und mehr Variablen analysiert.

Nach der *Richtung der Datenkompression* (bzw. nach der Betrachtungsebene) wird unterschieden, ob die Variablen in ihrer Gesamtheit betrachtet werden – z. B. Art oder Richtung des Zusammenhangs zwischen Variablen im Rahmen einer Korrelationsanalyse – oder aber als Betrachtungsebene einzelne Objekte analysiert werden, z. B. die Zugehörigkeit eines bestimmten Objekts zu einer Objektgruppe im Rahmen der Clusteranalyse.

Je nachdem, ob die Analyse postulierte Zusammenhänge überprüft oder erst entdeckt, wird zwischen *strukturprüfenden* (konfirmatorischen) und *strukturentdeckenden* (exploratorischen) Verfahren unterschieden. Zu den strukturprüfenden Verfahren gehört u. a. die Regressionsanalyse, im Rahmen derer ein hypothetischer Modellzusammenhang geprüft wird; zu den strukturentdeckenden Verfahren zählt z. B. die Clusteranalyse.

Nach dem *Zweck der Auswertung* wird schließlich in Verfahren der Datenreduktion, Verfahren der Klassifikation, Verfahren zur Messung von Beziehungen und Verfahren zur Messung von Präferenzen unterschieden (vgl. Fantapié Altobelli 1998, S. 327 ff.). Verfahren der Datenreduktion haben die Aufgabe, die Vielzahl an Rohdaten zu komprimieren, um das Datenmaterial auf einige wenige überschaubare Größen zu reduzieren; dadurch können Strukturen erkannt werden. *Univariate Verfahren* der Datenreduktion erfassen u. a. die Bildung von Häufigkeitsverteilungen sowie Lokalisations- und Streuungsmaße; zu den *multivariaten Verfahren* der Datenreduktion zählt die Faktorenanalyse.

Verfahren der Klassifikation dienen dem Zweck, eine Gesamtheit von Objekten in Gruppen aufzuteilen. Zu den gebräuchlichsten Verfahren der Klassifikation zählen die Clusteranalyse, Diskriminanzanalyse und Multidimensionale Skalierung.

Verfahren zur Messung von Beziehungen versuchen, Zusammenhänge zwischen Variablen festzustellen. Bei einseitigen Zusammenhängen sind dies Dependenzanalysen, bei wechselseitigen Beziehungen Interdependenzanalysen (s. o. zur Partitionierung der Datenmatrix). Verfahren zur Messung von Präferenzen versuchen schließlich, Auswahlentscheidungen von Konsumenten zu beschreiben und zu erklären. Unter den Verfahren zur Präferenzmessung hat die Conjoint-Analyse große Bedeutung erlangt; Präferenzen können darüber hinaus auch durch Erweiterung der Multidimensionalen Skalierung ermittelt werden.

6.2 Univariate Datenanalyse

Im Rahmen der univariaten Datenanalyse werden die Merkmalsausprägungen einer einzigen Variablen betrachtet, bzw. bei der Vorliegen mehrerer Variablen erfolgt die Analyse der einzelnen Variablen isoliert.

6.2.1 Deskriptive Datenanalyse

Ausgangspunkt der *univariaten deskriptiven Datenanalyse* sind die beobachteten Merkmalsausprägungen einer Untersuchungsvariablen x_i, welche zunächst ungeordnet vorliegen. Für diese Rohdaten („Urwerte") wird die Häufigkeitsverteilung der einzelnen Merkmalsausprägungen ermittelt. Aus der Verteilung können anschließend Maßzahlen gewonnen werden.

> Häufigkeitsverteilungen beschreiben, wie häufig ein bestimmter *Merkmalswert (Ausprägung)* in der Stichprobe auftritt.

Hierbei wird zwischen
- absoluten,
- relativen und
- kumulierten Häufigkeiten
unterschieden. Während die *absolute Häufigkeit* n_j angibt, wie oft eine bestimmte Merkmalsausprägung j in einer Stichprobe vorgekommen ist, beschreibt die *relative Häufigkeit* p_j den jeweiligen Anteil der einzelnen Merkmalsausprägungen in der Stichprobe. Es gilt also:

$$p_j = \frac{n_j}{n}, \text{ wobei}$$

p_j = Anteil der Merkmalsausprägung j in der Stichprobe,

n_j = absolute Häufigkeit der j-ten Merkmalsausprägung,

n = Stichprobengröße.

Bei mindestens ordinalem Skalenniveaus können die Häufigkeiten zudem *kumuliert* werden. Die Frage lautet hierbei: „Wie häufig tritt eine Merkmalsausprägung kleiner oder gleich einem bestimmten Wert auf?" Abb. 2.60 zeigt das Grundprinzip der Bildung von Häufigkeitsverteilungen am Beispiel der Variable „Alter".

Bei Bildung von Häufigkeitsverteilungen ist das Skalenniveau der Variablen zu beachten (vgl. Schaich 1998, S. 12 ff.). Die Menge aller Merkmalsausprägungen eines nominal bzw. ordinal skalierten Merkmals bildet zusammen mit den zugehörigen Häufigkeiten die Häufigkeitsverteilung für dieses Merkmal; dasselbe gilt für metrische diskrete Variablen mit nur sehr wenigen Ausprägungen (z. B.

Kinderzahl). Liegt dagegen eine metrische diskrete Variable mit sehr vielen möglichen Werten (z. B. Einwohnerzahl) oder aber eine stetige bzw. annähernd stetige metrische Variable (wie z. B. Einkommen) vor, so ist es meist sinnvoll eine Klassenbildung vorzunehmen, da i. d. R. davon auszugehen ist, dass die spezifischen Merkmalsausprägungen jeweils unterschiedlich sind, also nicht mehrfach vorkommen.

Altersklassen	unter 20	20 - 39	40 - 59	60 und mehr	Σ
Absolute Häufigkeit	30	50	70	50	200
Relative Häufigkeit	0,15	0,25	0,35	0,25	1
Kumulierte relative Häufigkeit	0,15	0,40	0,75	1,00	1

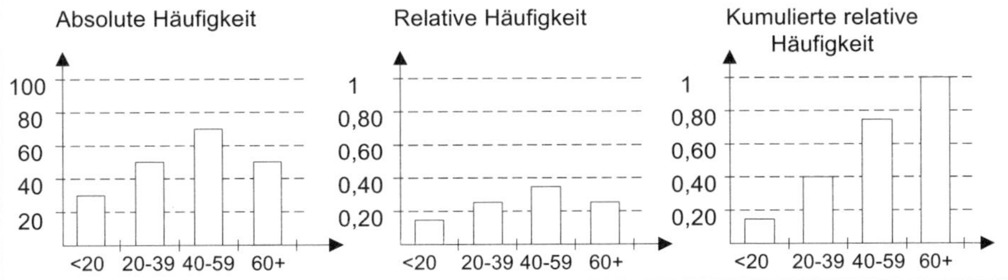

Abb. 2.60: Exemplarische Häufigkeitsverteilung der Variable "Alter"

Durch die Einführung von Klassen resultieren wenige alternative Ausprägungen j analog zu den nominal bzw. ordinal skalierten Variablen. Für jede Klasse kann als typischer Variablenwert die *Klassenmitte* definiert werden.

Es wird ersichtlich, dass mit der Klassenbildung einerseits ein Informationsverlust einhergeht, andererseits gewinnt die Darstellung jedoch an Übersichtlichkeit. Insofern sind bei der Bestimmung der *Anzahl der Klassen* Informationsgehalt und Übersichtlichkeit gegeneinander abzuwägen.

> *Maßzahlen* sind Kenngrößen theoretischer bzw. empirischer Verteilungen von Beobachtungswerten. Sie dienen der Zusammenfassung einer Vielzahl von Einzeldaten.

Im Rahmen der deskriptiven Statistik werden Maßzahlen unterschieden in
– Verteilungsparameter und
– Verhältniszahlen.

Verteilungsparameter haben die Aufgabe, Häufigkeitsverteilungen anhand einiger weniger Werte zu beschreiben. Wichtige Verteilungsparameter sind
– Lageparameter (Lokalisationsmaße) sowie
– Streuungsparameter (Dispersionsmaße).

> *Lageparameter* beschreiben die allgemeine Niveaulage einer Verteilung, d. h. deren mittlere Lage.

Es handelt sich hier also um unterschiedliche *Mittelwerte*.

> Als *Modus* wird der häufigste Wert einer Verteilung bezeichnet.

Er kann sowohl bei nominalen als auch bei ordinalen und metrischen (ggf. skalierten) Variablen ermittelt werden.

> Der *Median* erfordert hingegen mindestens ein ordinales Skalenniveau und beschreibt den Zentralwert einer Verteilung, d. h. denjenigen Wert, der die 50 % größeren von den 50 % kleineren Variablenwerten trennt.

Er wird daher häufig auch als 50%-Quantil bezeichnet. Quartile unterteilen allgemein eine Merkmalsverteilung in vier Viertel. Ein Quartil entspricht dabei der Grenze zwischen zwei Vierteln einer Verteilung (vgl. Abb. 2.61).

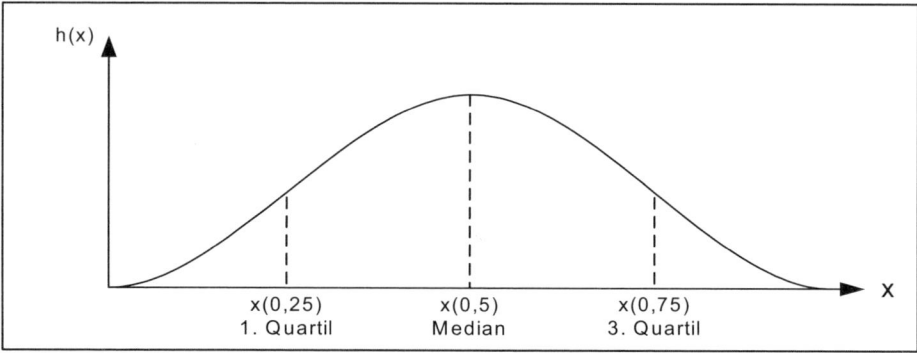

Abb. 2.61: Quartilseinteilung einer Stichprobenverteilung

> Das *arithmetische Mittel* entspricht dem durchschnittlichen Beobachtungswert einer Stichprobenverteilung.

Seine Bildung setzt strenggenommen ein metrisches Skalenniveau voraus, wobei es in der Marktforschungspraxis häufig auch auf ordinalen Daten angewandt wird. Das arithmetische Mittel ergibt aus der Summe alle Beobachtungswerte x_i geteilt durch ihre Anzahl:

$$\bar{x} = \frac{1}{n}\sum_{i=1}^{n} x_i \; .$$

Liegt eine klassierte Häufigkeitsverteilung vor, so ist zunächst der Klassenmittelwert zu berechnen:

$$\bar{x}_j = \frac{1}{n_j}\sum_{\upsilon=1}^{n_j} x_{\upsilon j} \;\; \text{mit}$$

υ_j = Ordnungsnummer der Variablenwerte in der Klasse j.

Der Gesamtmittelwert ergibt sich dann als:

$$\bar{x} = \sum_{j=1}^{m} p_j \cdot \bar{x}_j \;\; \text{mit}$$

p_j = Anteil der Klasse j an der Gesamtstichprobe.

Das *geometrische Mittel* wird zur Berechnung durchschnittlicher Wachstumsprozesse eingesetzt.

Eine Anwendung des arithmetischen Mittels würde bei Entwicklungsbeschreibungen zu fehlerhaften Ergebnissen führen. Die Formel des geometrischen Mittels lautet:

$$\bar{x}_g = \sqrt[n]{\prod_{i=1}^{n} x_i} \; .$$

Streuungsparameter beschreiben die Variabilität der Merkmalswerte, d. h. sie sagen aus, in welchem Ausmaß die Variablenwerte im Bereich der Merkmalsskala verteilt sind. Auch hier ist das anzuwendende Maß vom Skalenniveau abhängig.

Bei nominal skalierten Merkmalen kann lediglich angegeben werden, wie viele (bzw. welcher Anteil) der möglichen Ausprägungen einer Variable in der Stichprobe realisiert wurden. So kann beispielsweise der Anteil der erinnerten Markennamen bezogen auf die Gesamtheit der im Rahmen eines Werbetests präsentierten Marken angegeben werden.

Liegen ordinal skalierte Daten vor, so kann u. a. die *Spannweite* (Variationsbreite), angegeben werden. Beispielsweise lässt sich mit Hilfe der Spannweite der Bereich angeben, in dem sich die Notenergebnisse einer bestimmten Klausur bewegen. Sie entspricht der absoluten Differenz zwischen dem größten und dem kleinsten Beobachtungswert:

$$V = x^{max} - x^{min} \; .$$

Für metrische Daten ist eine ganze Reihe von Streuungsmaßen gebräuchlich. Die in der Marktforschung am häufigsten verwendeten Streuungsmaße sind die Varianz und die Standardabweichung.

> Die *Varianz s²* bezeichnet die Summe der quadrierten Abweichungen der Beobachtungswerte von ihrem Mittelwert. Ihre positive Quadratwurzel ist die *Standardabweichung s*.

Sie werden errechnet als:

$$s^2 = \frac{1}{n} \sum_{i=1}^{n} (x_i - \bar{x})^2 \text{ bzw.}$$

$$s = \sqrt{\frac{1}{n} \sum_{i=1}^{n} (x_i - \bar{x})^2} \, .$$

Ein exemplarischer Anwendungsfall für die Varianz bzw. Standardabweichung ist die Angabe der durchschnittlichen absoluten bzw. quadratischen Abweichung des Einkommens vom mittleren Einkommen in einer Stichprobe. Generell gilt: Ein Mittelwert gibt die mittlere Lage einer Verteilung umso besser an, je geringer die Streuung ist, d. h. je mehr die Einzelwerte übereinstimmen.

Neben den Verteilungsparametern können als Maßzahlen auch *Verhältniszahlen* zur deskriptiven Analyse eines Datensatzes ermittelt werden.

> Verhältniszahlen werden gebildet, indem sachlich zueinander in Beziehung stehende Größen miteinander in Relation gesetzt werden.

Der Zähler einer Verhältniszahl bildet die Bezugs- bzw. Berichtsgröße, während der Nenner die sog. Basisgröße darstellt. Im Falle einer Geschwindigkeitsangabe werden die gefahrenen Kilometer beispielsweise ins Verhältnis zur benötigten Zeitspanne gesetzt (km/h). Im wirtschaftswissenschaftlichen Kontext zählen zu den Verhältniszahlen insbesondere:

– Quoten (Anteilswerte einer Größe an einer übergeordneten Größe, z. B. Umsatzanteil),
– Relationen von sachlich zusammenhängenden Variablen, z. B. Pro-Kopf-Einkommen,
– Messzahlen (Verhältnis eines Wertes in der Berichtsperiode zu einem Wert in der Basisperiode, z. B. Umsatz 2005 bezogen auf Umsatz 2004),
– Indexzahlen (gewogenes arithmetisches Mittel von Messzahlen mit gleicher Basis- und Berichtsperioden, Preisindizes von Laspeyres und von Paasche).

6.2.2 Induktive Datenanalyse

Die im Rahmen einer deskriptiven Datenauswertung ermittelten Verteilungsparameter können *Signifikanztests* unterzogen werden, mit denen Hypothesen über die Verteilung als Ganzes bzw. über einzelne Verteilungsparameter in der Grundgesamtheit überprüft werden. Der allgemeine Ablauf eines Signifikanztests ist in Abb. 2.62 wiedergegeben. Die grundsätzliche Vorgehensweise wird nachfolgend anhand der Signifikanzprüfung eines Mittelwerts dargestellt (vgl. zur Vorgehensweise bei Signifikanztests z. B. Diekmann 2009, S. 704 ff., Hildebrandt 2000, S. 33 ff. sowie zur Kritik daran Biemann 2009, S. 204 ff.).

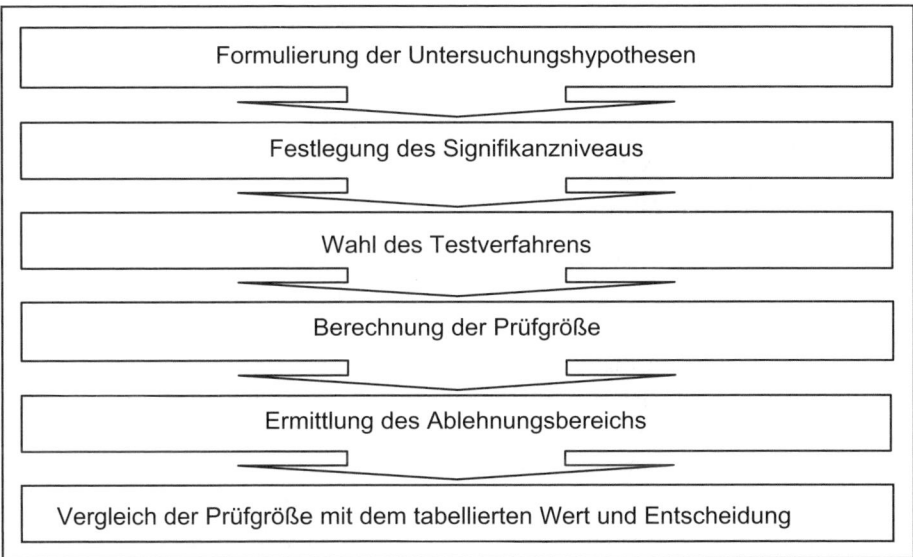

Abb. 2.62: Grundsätzlicher Ablauf eines Hypothesentests

Formulierung der Untersuchungshypothesen

Im ersten Schritt werden die *Untersuchungshypothesen* formuliert; hierbei handelt es sich um die Nullhypothese H_0 und um die Alternativhypothese H_1. Die *Nullhypothese H_0* wird in der Regel so formuliert, dass der interessierende Sachverhalt verneint wird, z. B.: „Es besteht kein Zusammenhang zwischen Variable 1 und Variable 2". Darüber hinaus wird die *Alternativhypothese H_1* formuliert, welche bei Widerlegung von H_0 angenommen wird. Gelingt es, die Hypothese H_0 abzulehnen, so gilt der postulierte Zusammenhang als (vorläufig) bestätigt, d. h. es ist von einem Zusammenhang zwischen den beiden Variablen auszugehen.

Festlegung des Signifikanzniveaus

Der nächste Schritt besteht darin, das geforderte Signifikanzniveau α festzulegen. Der Wert von α bezeichnet die Wahrscheinlichkeit dafür, dass die Nullhypothese abgelehnt wird, obwohl sie in der Realität (d. h. in der Grundgesamtheit) zutrifft (aus diesem Grunde wird α auch als Irrtumswahrscheinlichkeit bezeichnet). Damit wird deutlich, dass eine statistische Hypothesenprüfung nie mit 100%ger Sicherheit, sondern stets unter dem Vorbehalt einer bestimmten Irrtumswahrscheinlichkeit erfolgen kann (vgl. zur wissenschaftstheoretischen Diskussion um empirische Beweise z. B. Homburg 2007). In der Marktforschung gebräuchlich sind folgende Signifikanzniveaus:

- $\alpha = 0,1$: die zugehörige Sicherheitswahrscheinlichkeit $(1-\alpha)$ beträgt 0,90 (90%), was allenfalls als „schwach signifikant" bezeichnet werden kann;
- $\alpha = 0,05$ („signifikant", häufig mit dem Symbol '*' gekennzeichnet) mit $(1-\alpha) = 0,95$;
- $\alpha = 0,01$ („hoch signifikant",'**') mit $(1-\alpha) = 0,99$;
- $\alpha = 0,001$ (***), $(1-\alpha) = 0,999$ (dieser Wert wird nur sehr selten gefordert).

Auswahl des Testverfahrens

Je nach Fragestellung existiert in der Statistik eine Vielzahl von Testverfahren, die sich in verteilungsgebundene und verteilungsfreie Prüfverfahren einteilen lassen (vgl. Abb. 2.63). *Verteilungsgebundene Prüfverfahren* (auch parametrische Tests genannt) setzen eine Normalverteilung der betrachteten Variable voraus. Zu den verteilungsgebundenen Prüfverfahren gehören u. a. der t-Test (Prüfung eines Mittelwerts bzw. Vergleich zweier Mittelwerte) sowie der F-Test (Vergleich von Varianzen). *Verteilungsfreie Prüfverfahren* (auch: nichtparametrische Tests) kommen ohne Normalitätsvoraussetzung aus. Hierzu zählt z. B. der Vorzeichentest sowie der Vorzeichen-Rang-Test zur Prüfung des Medians bzw. der Wilcoxon-Mann-Whitney-Test zum Vergleich von Verteilungen.

Nach dem Gegenstand der Prüfung lassen sich statistische Tests zudem unterscheiden, ob sie einzelne *Parameter* einer Verteilung oder eine *Verteilung als Ganzes* überprüfen. Da auf die einzelnen Testverfahren hier nicht im Einzelnen eingegangen werden kann, wird für weiterführende Informationen auf statistische Spezialliteratur verwiesen (vgl. z. B. Bortz 2005, Hartung et al. 2009).

Berechnung der Prüfgröße

Die Wahl des Testverfahrens bedarf der Festlegung der zu Grunde zu legenden Prüfverteilung, d. h. je nach Testverfahren ist die Prüfgröße zu berechnen, welche einer bestimmten, bekannten Verteilung folgt. Soll beispielsweise der Mittelwert der Grundgesamtheit geprüft werden, so wird die Prüfgröße auf der

Basis des Mittelwerts $\bar{x}$ in der Stichprobe berechnet. Als Testverfahren werden meist der t-Test oder der z-Test herangezogen. Abb. 2.64 zeigt die Prüfgrößen und deren Verteilungen für ausgewählte statistische Testverfahren im Ein-Stichproben-Fall.

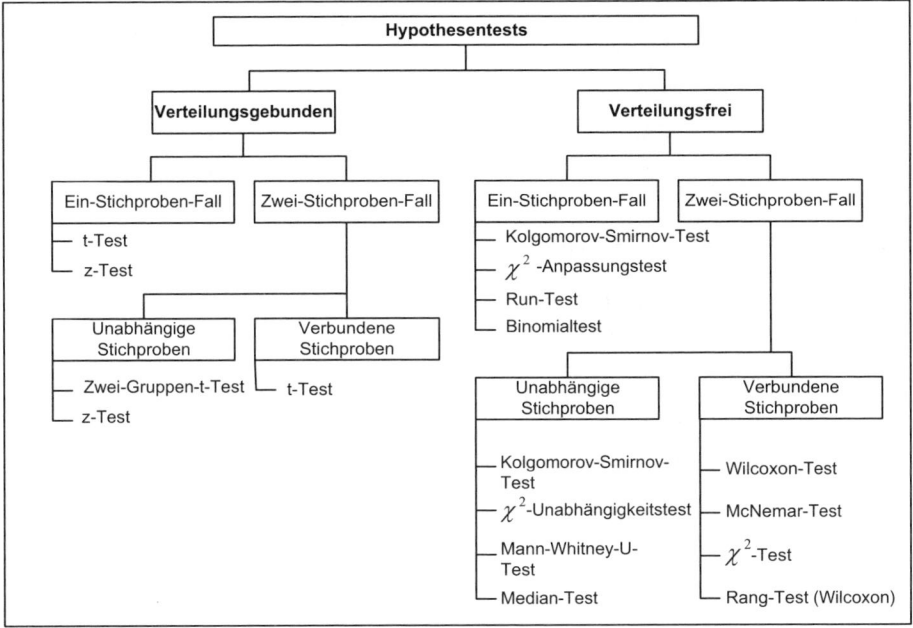

Quelle: Malhotra 2007, S. 478.
Abb. 2.63: Gebräuchliche Testverfahren im Überblick

Ermittlung des Ablehnungsbereichs

Liegt das Signifikanzniveau fest und wurde die Prüfgröße bestimmt, so kann der Ablehnungsbereich ermittelt werden. Es wird also das Intervall bestimmt, innerhalb dessen die Nullhypothese abgelehnt wird.

Daraus resultiert auch die Entscheidungsregel, welche besagt, dass die Nullhypothese dann abzulehnen ist, wenn die Prüfgröße in den Ablehnungsbereich fällt. Zur Ermittlung des Ablehnungsbereichs ist dabei von entscheidender Bedeutung, ob es sich um eine einseitige oder eine zweiseitige Fragestellung handelt.

Bei einer *zweiseitigen Fragestellung* wird betrachtet, ob sich der Mittelwert μ vom Ausgangswert μ_0 signifikant unterscheidet.

	Bezeichnung	Voraussetzungen	Prüfgröße	Verteilung der Prüfgröße
Prüfung des Mittelwerts	z-Test	Normalverteilung von x Varianz der Grundgesamtheit σ^2 bekannt	$z = \dfrac{\overline{x} - \mu_0}{\sigma} \cdot \sqrt{n}$	Standardnormal-verteilung
	t-Test	Normalverteilung von x σ^2 unbekannt	$t = \dfrac{\overline{x} - \mu_0}{s} \cdot \sqrt{n}$ mit $s = \sqrt{\dfrac{1}{n-1} \cdot \Sigma(x_i - \overline{x})^2}$	t-Verteilung mit k = n − 1 Freiheitsgraden
Prüfung des Anteilswerts	z-Test	n „groß" (n > 30) π_0 soll nicht zu nahe bei 0 oder 1 liegen $(0,05 \le \pi_0 \le 0,95)$ Modell mit Zurücklegen Anteilswert π der Grundgesamtheit bekannt	$z = \dfrac{p - \pi_0}{\sqrt{\pi(1 - \pi)}} \cdot \sqrt{n}$	Standardnormalvertei-lung
	t-Test	n „groß" π_0 nicht zu nahe bei 0 oder 1 Modell mit Zurücklegen Anteilswert π der Grundgesamtheit unbekannt	$t = \dfrac{p - \pi_0}{\sqrt{p(1 - p)}} \cdot \sqrt{n}$	t-verteilt mit k = n − 1 Freiheitsgraden
Prüfung der Varianz	χ^2-Test	Normalverteilung von x σ^2 unbekannt	$\chi^2 = \dfrac{1}{\sigma_0^2}(x_i - \overline{x})^2$	χ^2-Verteilung mit k = n − 1 Freiheitsgraden
	z-Test	Normalverteilung von x σ^2 unbekannt n „groß" (k > 30)	$z = \dfrac{s}{\sigma_0} \cdot \sqrt{2n} - \sqrt{2n - 3}$ mit $s\sqrt{\dfrac{1}{n-1}\Sigma(x_i - \overline{x})^2}$	Standardnormalvertei-lung (approximativ)
Prüfung der Verteilung einer Variable	χ^2-Anpas-sungstest	x diskret mit m möglichen Ausprägungen (j = 1...m) n „groß" (n > 30) keine der erwarteten Häufigkeiten soll kleiner als 1 sein höchstens 20 % der erwarteten Häufigkeiten soll kleiner als 5 sein einseitiger Test	$\chi^2 = \sum\limits_{j=1}^{m} \dfrac{(n_j - n \cdot \pi_j)^2}{n \cdot \pi_j^2}$ mit $n_j =$ beobachtete Häufigkeiten in der Kategorie j $\pi_j =$ erwarteter (theoretischer) Anteil der Kategorie j	Für n → ∞ asymptotisch χ^2-verteilt mit m − 1 Freiheitsgraden

Abb. 2.64: Ausgewählte statistische Testverfahren im Ein-Stichproben-Fall

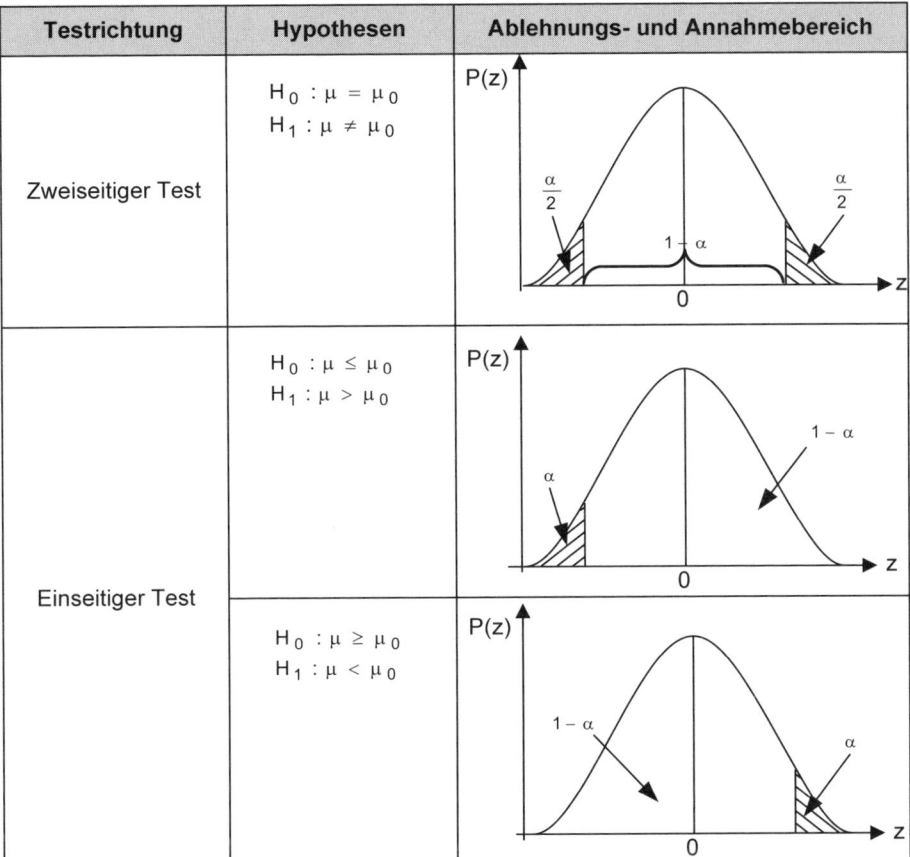

Testrichtung	Hypothesen	Ablehnungs- und Annahmebereich
Zweiseitiger Test	$H_0 : \mu = \mu_0$ $H_1 : \mu \neq \mu_0$	
Einseitiger Test	$H_0 : \mu \leq \mu_0$ $H_1 : \mu > \mu_0$	
	$H_0 : \mu \geq \mu_0$ $H_1 : \mu < \mu_0$	

Abb. 2.65: Ablehnungs- und Annahmebereich beim z-Test des Mittelwerts

Ob μ von μ_0 nach oben oder nach unten abweicht, ist irrelevant; die Hypothese ist *ungerichtet*. Demzufolge werden die Hypothesen folgendermaßen formuliert:

H_0: $\mu = \mu_0$ und

H_1: $\mu \neq \mu_0$.

Bei einer *einseitigen Fragestellung* interessiert auch die Richtung der Abweichung des Mittelwerts μ von μ_0.

Die zu formulierende Hypothese ist damit *gerichtet*. Wird beispielsweise postuliert, dass sich μ im Vergleich zu μ_0 erhöht hat, würde man die folgenden Hypothesen formulieren:

$H_0 : \mu \le \mu_0$ und

$H_1 : \mu > \mu_0$.

Abb. 2.65 zeigt die Zusammenhänge am Beispiel der Prüfung des Mittelwerts (z-Test). Bei einer zweiseitigen Fragestellung ist die Nullhypothese dann abzulehnen, wenn die Prüfgröße entweder größer als das $(1 - \alpha/2)$-Quantil der Standardnormalverteilung oder kleiner als das zugehörige negative $(1- \alpha/2)$-Quantil ist. Bei einseitiger Fragestellung wird die Nullhypothese dann abgelehnt, wenn die Prüfgröße größer (kleiner) als das $(1- \alpha)$-Quantil bzw. dessen negativer Wert ist. Analog lässt sich der Ablehnungsbereich bei den übrigen Tests ermitteln. Die konkrete Bestimmung des Ablehnungsbereichs erfordert statistische Tabellen, in welchen für die verschiedenen Verteilungen Quantile tabelliert sind (vgl. Bortz 2005, S. 116 ff.).

Vergleich der Prüfgröße mit dem tabellierten Wert und Entscheidung

Der empirische Wert der Prüfgröße wird mit dem theoretischen Wert verglichen, welcher bei entsprechender Verteilung bei einem Signifikanzniveau α resultieren würde. Statistiksoftware zeigt als Ergebnis dabei meist nicht den empirischen Prüfwert, sondern direkt die entsprechende „Signifikanz". Der Wert gibt die Wahrscheinlichkeit dafür an, dass die Ablehnung der Nullhypothese H_0 irrtümlich erfolgt. Liegt der ausgegebene „Signifikanz"-Wert unter dem zuvor festgelegten Signifikanzniveau von z. B. $\alpha=0,05$, so gilt der überprüfte Zusammenhang als signifikant (vgl. Jannssen/Laatz 2010, S. 332 ff.).

Wiederholungsfragen

1. Was ist jeweils unter deskriptiver und induktiver Datenanalyse zu verstehen?

2. Was ist eine Häufigkeitsverteilung? Was ist bei der Bildung von Häufigkeitsverteilungen zu berücksichtigen?

3. Geben Sie einen Überblick über die gängigsten Lage- und Streuungsparameter! Welches Skalenniveau wird jeweils gefordert?

4. Aus welchen Gründen werden statistische Tests durchgeführt?

5. Was bedeutet es, wenn ein Ergebnis (z. B. Mittelwert) statistisch signifikant ist?

6.3 Multivariate Datenanalyse

6.3.1 Überblick

Bei der statistischen Auswertung quantitativer Primärerhebungen kommen sowohl in der Wissenschaft als auch in der Marktforschungspraxis vielfach multivariate Analyseverfahren zur Anwendung, bei denen oft eine große Zahl von Variablen untersucht wird. Dies hat zwei primäre Ursachen: Erstens umfassen die Fragestellungen der Untersuchungen zumeist komplexe Sachverhalte, für deren Erklärung nicht nur eine einzige Variable ausreicht, sondern eine Vielzahl von Einzelindikatoren relevant ist. Der zweite Grund ist, dass die IT-technischen Voraussetzungen mittlerweile so weit fortgeschritten sind, dass die Auswertung umfangreicher Datenmengen mit Hilfe von Standardsoftware, wie *PASW* (früher *SPSS*) oder gar *MS Excel* möglich geworden ist. Obwohl die Datenauswertung am Computer recht komfortabel ist und im Allgemeinen keine speziellen Programmierkenntnisse notwendig sind, setzt eine sinnvolle multivariate Datenanalyse dennoch voraus, dass sowohl die statistischen Methoden als auch ihre Anwendungsvoraussetzungen bekannt sind.

Eine weit verbreitete Kategorisierung der multivariaten Datenanalyse teilt die Methoden in Dependenz- und Interdependenzverfahren ein (vgl. Abb. 2.66). Bei *Dependenzanalysen* werden die erhobenen Variablen in abhängige und unabhängige Variablen eingeteilt (vgl. Abschn. 6.1). Die Einteilung erfolgt im Hinblick auf die Fragestellung bzw. die Hypothesen der Untersuchung, bei denen es allgemein darum geht herauszufinden, ob sich ein vermuteter Zusammenhang zwischen den erhobenen Variablen statistisch bestätigen lässt. Grundannahme der Dependenzanalysen ist es, dass die Ausprägung der abhängigen Variable (zumindest zu einen gewissen Ausmaß) durch die Ausprägung der unabhängigen Variablen erklärt werden kann. Eine typische Fragestellung im Marketing könnte also lauten, welchen Einfluss der Verkaufspreis, das Ausmaß der Verkaufsförderungsaktivitäten sowie die Höhe des Werbebudgets (unabhängige Variablen) auf die Absatzhöhe eines Produktes (abhängige Variable) haben. Wichtig ist in dem Zusammenhang der Hinweis, dass es sich „nur" um eine statistische Überprüfung handelt, aus der nicht automatisch ein kausaler, d. h. sachlich begründeter Zusammenhang geschlussfolgert werden kann (vgl. Bortz/Döring 2006, S. 11.).

Im Gegensatz zu Dependenzanalysen werden bei *Interdependenzanalysen* keine Beziehungen zwischen abhängigen und unabhängigen Variablen untersucht, sondern die Gesamtheit der erhobenen Variablen wird auf Zusammenhänge zwischen den Variablen (z. B. Korrelationsanalyse, Faktorenanalyse) bzw. Ähnlichkeiten von Objekten (Clusteranalyse) analysiert.

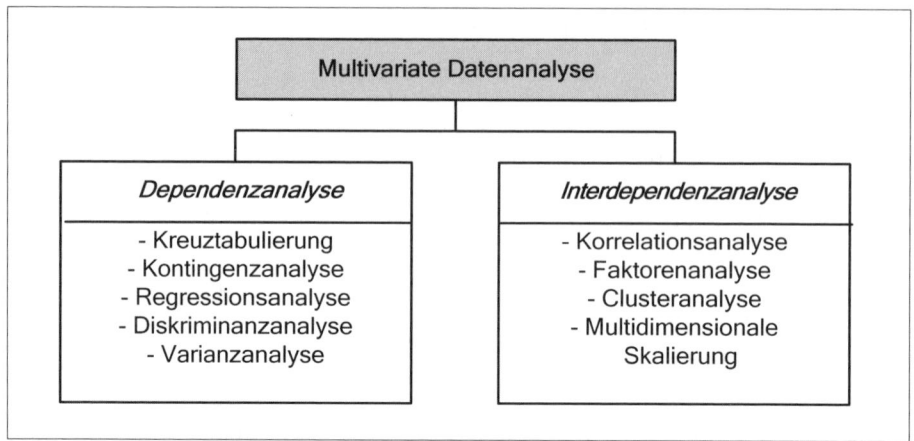

Abb. 2.66: Einteilung multivariater Analyseverfahren

Bei der Auswahl des geeigneten multivariaten Analyseverfahrens ist zunächst selbstverständlich zu klären, ob die zu untersuchende Fragestellung überhaupt mit der jeweiligen Methode überprüfbar ist. Neben der inhaltlichen Anwendbarkeit müssen jedoch auch die formalen Anwendungsvoraussetzungen bei den einzelnen Analyseverfahren erfüllt sein. Dazu gehört u. a. die Frage nach dem Skalenniveau der zu analysierenden Variablen.

Im Folgenden werden einige zentrale multivariate Analyseverfahren in ihren Grundzügen vorgestellt. Dabei werden auch ihre Anwendungsvoraussetzungen und Einsatzbereiche angesprochen. Es sei an dieser Stelle jedoch explizit darauf hingewiesen, dass die Ausführungen keinesfalls ausreichen, um die Verfahren im Rahmen eigener Datenauswertungen anwenden zu können. Hierfür empfiehlt sich insb. ein Blick in die umfangreiche anwendungsorientierte Statistikliteratur, wie z. B. Bühl 2010; Janssen/Laatz 2010; Brosius 2008.

6.3.2 Korrelationsanalyse

Um die Richtung und die Stärke eines Zusammenhangs zwischen zwei Variablen zu messen, lassen sich sog. *Korrelationskoeffizienten* berechnen. In Abhängigkeit vom Skalenniveau der Variablen sind unterschiedliche Korrelationskoeffizienten anzuwenden (vgl. Bortz 2005, S. 224). Gebräuchlich sind:
– bei intervallskalierten Variablen: Pearsons Korrelationskoeffizient;
– bei ordinal skalierten Variablen: Spearmans Rangkorrelationskoeffizient;
– bei nominal skalierten Variablen: Phi-Koeffizient.

Das Grundprinzip der Korrelationsanalyse wird anhand des *Korrelationskoeffizienten nach Pearson* (auch als *Produkt-Moment-Korrelationskoeffizient* bezeichnet) erläutert. Er ist definiert als:

$$r = \frac{\sum_{i=1}^{n}(x_i - \bar{x})(y_i - \bar{y})}{\sqrt{\sum_{i}(x_i - \bar{x})^2 \sum_{i}(y_i - \bar{y})^2}} \, .$$

Dabei gilt: $-1 \leq r \leq +1$. Während die Größe des Korrelationskoeffizienten die Stärke des Zusammenhangs aufzeigt, gibt das Vorzeichen von r die Richtung des Zusammenhangs an. Für r = +1 (-1) besteht ein vollständiger positiver (negativer) Zusammenhang zwischen den Variablen. Zu beachten ist allerdings, dass der Korrelationskoeffizient nach Pearson lediglich einen *linearen* Zusammenhang abbilden kann. Die Stärke des Zusammenhangs lässt sich näherungsweise wie folgt bestimmen (vgl. Abb. 2.67):

Betrag des Korrelationskoeffizienten	Stärke des Zusammenhangs
0	keine Korrelation
über 0 bis 0,2	sehr schwache Korrelation
0,2 bis 0,4	schwache Korrelation
0,4 bis 0,6	mittlere Korrelation
0,6 bis 0,8	starke Korrelation
0,8 bis unter 1	sehr starke Korrelation
1	perfekte Korrelation

Quelle: Brosius 2008, S. 509.
Abb. 2.67: Interpretation von Korrelationswerten

Die Korrelationsanalyse lässt sich anhand eines *Streudiagramms* illustrieren, bei dem die beiden Variablen X und Y die Achsen eines Koordinatensystems bilden. Die Wertepaare von X und Y (Untersuchungsfälle) werden als Punktwolke in dem Koordinatensystem dargestellt (vgl. Janssen/Laatz 2010, S. 387 ff.). Abb. 2.68 zeigt typische Streudiagramme.

Fall 1 zeigt einen positiven Zusammenhang zwischen den Variablen x und y: Bei einer Zunahme von x wächst auch y. Der Korrelationskoeffizient hat einen Wert nahe +1. Im zweiten Fall besteht ein negativer Zusammenhang zwischen den beiden Variablen, d. h. bei einem Anstieg von x sinkt der Wert von y. Der diesen

Zusammenhang widerspiegelnde Korrelationskoeffizient hat ein negatives Vorzeichen nahe -1. Im dritten Fall lässt sich anhand des Streudiagramms kein Zusammenhang zwischen den beiden Variablen erkennen. Der sich ergebende Korrelationskoeffizient hat einen Wert um Null. Der vierte Fall zeigt einen nichtlinearen Zusammenhang zwischen x und y. Hier ist die zentrale Anwendungsvoraussetzung der *Linearität* von Korrelationsanalysen verletzt; die Berechnung eines Korrelationskoeffizienten ist hier nicht möglich (in vielen Fällen lassen sich nichtlineare Zusammenhänge durch Transformation der Variablen, etwa durch Logarithmierung, linearisieren, wodurch eine Anwendung der Korrelationsanalyse doch möglich ist, vgl. Janssen/Laatz 2010, S. 388).

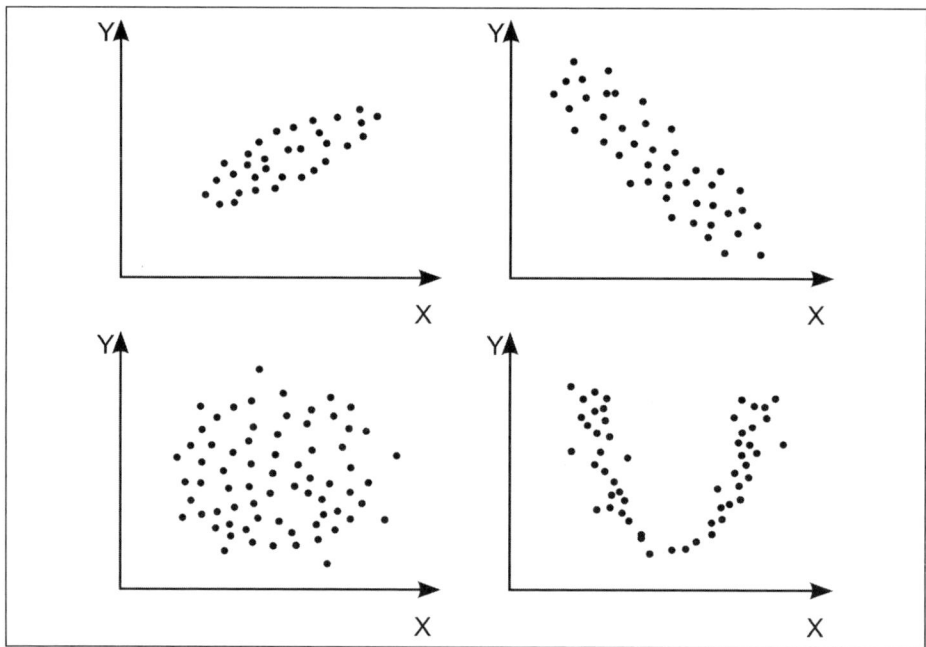

Quelle: Janssen/Laatz 2010, S. 388.
Abb. 2.68: Beispiele für Korrelationsdiagramme

Neben der Stärke eines Zusammenhangs interessiert vor allem, ob überhaupt ein statistisch signifikanter Zusammenhang zwischen zwei Variablen vorliegt. Die Frage ist also, ob ein aus einer Stichprobe ermittelter Zusammenhang zwischen x und y auch für die Grundgesamtheit Gültigkeit besitzt. Hierzu ist eine Signifikanzprüfung notwendig. Der Signifikanzwert gibt die Wahrscheinlichkeit an, mit der sich in einer Stichprobe mit einem bestimmten Umfang auch dann der Korrelationskoeffizient ergäbe, wenn in der Grundgesamtheit tatsächlich gar kein signifikanter Zusammenhang besteht. Der Signifikanzwert stellt damit die Wahrscheinlichkeit dar, dass ein ermittelter Zusammenhang irrtümlich angenommen wird. Eine Berechnung der Signifikanz ist nur möglich, wenn die Variablen annähernd normalverteilt sind (vgl. Brosius 2008, S. 509 f.).

Das in Abb. 2.69 dargestellte Ergebnis einer Korrelationsanalyse mit Hilfe von PASW zeigt mit einem ermittelten Korrelationskoeffizienten r= 0,935 einen sehr starken positiven Zusammenhang zwischen den beiden betrachteten Variablen. Bei einer Stichprobe von 226 Fällen ergibt sich ein Signifikanzwert (Irrtumswahrscheinlichkeit) von 0,000. Es kann also mit Sicherheit angenommen werden, dass auch in der Grundgesamtheit ein positiver Zusammenhang zwischen den beiden Variablen besteht. Wichtig ist der Hinweis, dass der Signifikanztest nur untersucht, *ob* überhaupt ein linearer Zusammenhang zwischen den Variablen existiert. Aus der Höhe der Irrtumswahrscheinlichkeit lässt sich nicht auf die Stärke des Zusammenhangs schließen; sie wird einzig durch den berechneten Korrelationskoeffizienten angegeben (vgl. Brosius 2008, S. 510).

Korrelationen

		Variable_1	Variable_2
Variable_1	Korrelation nach Pearson	1	,935[**]
	Signifikanz (2-seitig)		,000
	N	226	226
Variable_2	Korrelation nach Pearson	,935[**]	1
	Signifikanz (2-seitig)	,000	
	N	226	226

**. Die Korrelation ist auf dem Niveau von 0,01 (2-seitig) signifikant.

Abb. 2.69: PASW-Ergebnisausgabe einer Korrelationsanalyse

Bei der Interpretation des Korrelationskoeffizienten ist ferner darauf zu achten, dass selbst eine starke und statistisch signifikante Korrelation keinen Beweis für einen kausalen Zusammenhang darstellt. So können auch zwei voneinander inhaltlich völlig unabhängige Variablen trotzdem eine statistische Korrelation aufweisen, weil sie z. B. von einer gemeinsamen dritten Variablen abhängen. Ein Beispiel für eine solche *Scheinkorrelation* ist der empirisch festgestellte statistische Zusammenhang zwischen der Anzahl von Störchen und der Geburtenhöhe in einer Region (welche beide von der Urbanisierung als dritte Variable beeinflusst werden). Die Begründung für das Vorliegen eines kausalen Zusammenhangs zwischen zwei Variablen muss daher stets theoretisch begründet und durch Plausibilitätsüberlegungen überprüft werden (vgl. Janssen/Laatz 2010, S. 389).

Die Korrelationsanalyse ist eng mit der Regressionsanalyse verbunden; so entspricht der Korrelationskoeffizient der Quadratwurzel des Bestimmtheitsmaßes (vgl. die Ausführungen in Abschn. 6.3.3). Darüber hinaus gilt, dass die Korrelation zwischen den Variablen x und y der Korrelation zwischen den empirischen y-Werten und den vorhergesagten y-Werten im Rahmen der Regressionsanalyse entspricht (vgl. Bortz 2005, S. 206).

6.3.3 Regressionsanalyse

> Mit Hilfe der Regressionsanalyse werden Richtung und Stärke des Zusammenhangs zwischen metrisch skalierten Variablen untersucht, d. h. es wird die Beziehung zwischen einer abhängigen Variablen und einer bzw. mehreren unabhängigen Variablen analysiert.

Die Regressionsanalyse stellt in den Sozialwissenschaften eines der am häufigsten angewendeten quantitativen Analyseverfahren dar. Eine typische Fragestellung im Marketing ist beispielsweise, wie sich die Absatzmenge eines Produktes (abhängige Größe) verändert, wenn eines oder mehrere Marketinginstrumente wie z. B. der Preis des Produktes oder das Werbebudget (unabhängige Größen) variiert werden. Dabei können mit Hilfe der Regressionsanalyse nicht nur Wirkungszusammenhänge aufgedeckt, sondern auch Prognosen erstellt werden (vgl. Backhaus et al. 2008, S. 51 ff.).

Die wesentlichen *statistischen Anwendungsvoraussetzungen* der linearen Regressionsanalyse lauten (Backhaus et al. 2008, S. 80 ff; Skiera/Albers 2008, S. 478 ff.; Hair et al. 2010, S. 181 ff.):

– Sowohl die abhängige als auch die unabhängigen Variablen sind metrisch skaliert (dies gilt nicht bei Abwandlungen der linearen Regressionsanalyse, wie z. B. die Dummy-Regression oder die Logistische Regression, vgl. Hair et al. 2010).

– Die Anzahl der Beobachtungen ist größer als die Zahl der zu schätzenden Regressionskoeffizienten.

– Zwischen den unabhängigen Variablen besteht keine (perfekte) lineare Abhängigkeit (keine Multikollinearität).

– Die Residuen sind normalverteilt mit einem Erwartungswert von Null und einer gleichbleibenden Varianz.

Die Regressionsanalyse wird je nach Fragestellung und vorhandenem Datenmaterial in zahlreichen Variationen angewandt. Am häufigsten wird bei der Regressionsanalyse ein lineares Modell zugrunde gelegt, das in allgemeiner Form wie folgt lautet:

$$y = a + \sum_{k=1}^{K} b_k \cdot x_k \quad \text{mit}$$

y = abhängige Variable,
a = Konstante der Regressionsfunktion,
b_k = zu ermittelnde Regressionskoeffizienten ($k = 1, \ldots, K$),
x_k = unabhängige Variablen ($k = 1, \ldots, K$),
e = Residuum (Schätzfehler).

Inhaltlich beschreibt die Regressionsgleichung den (vermuteten) Zusammenhang, dass der Wert einer abhängigen Variablen y von den Ausprägungen der unabhängigen Variablen x_k, abhängt. Beispielsweise könnte ein Unternehmen mit Hilfe der Regressionsanalyse untersuchen wollen, welche Wirkung der Einsatz von Marketinginstrumenten x_k (Höhe des Werbebudgets, Preis des Produktes etc.) auf die Absatzmenge seines Produktes ausübt.

Bei nur einer unabhängigen Variablen vereinfacht sich das Regressionsmodell zu:

$$y = a + b \cdot x + e \quad \text{mit}$$

y = abhängige Variable (z. B. die Absatzmenge eines Produktes)
x = unabhängige Variable (z. B. die Höhe der Werbeausgaben),
a, b = Regressionskoeffizienten (Ordinatenabschnitt und Steigung der Funktion),
e = Residuum (Schätzfehler).

Zur Veranschaulichung sind in Abb. 2.70 die Wertepaare von Werbebudgethöhen (x_i) und den Absatzzahlen (y_i) eines fiktiven Produktes für 12 Monate angegeben. Mittels linearer Einfachregression soll überprüft werden, ob ein Zusammenhang zwischen der Werbebudgethöhe und dem Absatz des Produktes besteht.

Monat	Werbebudget x_i (in TEUR)	Absatz y_i (in TStück)	Monat	Werbebudget x_i (in TEUR)	Absatz y_i (in TStück)
Januar	58	50	Juli	68	70
Februar	32	40	August	91	77
März	63	71	September	70	83
April	30	42	Oktober	64	54
Mai	34	41	November	50	50
Juni	69	62	Dezember	81	83

Abb. 2.70: Datenbeispiel für eine lineare Regressionsanalyse

Mit Hilfe der Regressionsanalyse sind die Regressionskoeffizienten a und b so zu bestimmen, dass die resultierende Regressionsfunktion „möglichst gut" die empirischen Beobachtungswerte repräsentiert. Statistisch ausgedrückt wird die Gerade gesucht, bei der die Summe der quadrierten Abweichungen (e_i) von den durch die Regressionsgleichung vorhergesagten Absatzwerten ($\hat{y}_i$) und den beobachteten Absatzzahlen minimal wird (Methode der kleinsten Quadrate) (vgl. Bortz 2005, S. 184 f.). Abb. 2.71 zeigt das Gleichungssystem für die lineare Regressionsanalyse des Beispiels aus Abb. 2.70.

$$y_1 = a + b \cdot x_1 \qquad 50 = a + b \cdot 58$$
$$\vdots \qquad \vdots \qquad\qquad \vdots \qquad \vdots$$
$$y_{12} = a + b \cdot x_{12} \qquad 81 = a + b \cdot 83$$

Abb. 2.71: Gleichungssystem der linearen Regressionsanalyse

Für das Beispiel in Abb. 2.70 erhält man nach Durchführung der Regressionsanalyse in dem Statistikprogramm PASW folgendes Ergebnis (vgl. Abb. 2.72):

Koeffizienten[a]					
Modell	Nicht standardisierte Koeffizienten		Standardisierte Koeffizienten		
	Regressions-koeffizient B	Standardfehler	Beta	T	Sig.
1 (Konstante)	16.337	7,590		2,152	,57
Werbebudget	,742	,122	,887	6,063	,000
a. Abhängige Variable: Absatzmenge					

Abb. 2.72: PASW-Ausgabe einer Regressionsanalyse

Damit lautet die aus den Daten geschätzte Regressionsgleichung:

y = 16,34 + 0,74 x.

Die Regressionsfunktion zeigt, dass ein positiver Zusammenhang zwischen der Höhe des eingesetzten Werbebudgets und der Absatzmenge besteht. Jede Erhöhung des Werbebudgets um ein Prozent führt danach im statistischen Mittel zu einer Absatzerhöhung um 0,74%.

Wie bei allen statistischen Schätzungen muss beurteilt werden, wie „sicher" das Schätzergebnis ist. Die Frage ist daher, wie gut die geschätzte Regressionsfunktion die empirisch beobachteten Zusammenhänge widerspiegelt. In Abb. 2.73 sind die Beobachtungswerte und die geschätzte Regressionsgerade graphisch dargestellt. Je kleiner die Abweichungen zwischen Beobachtungswerten und den geschätzten Werten ist, umso höher ist die sog. Güte der Regressionsfunktion.

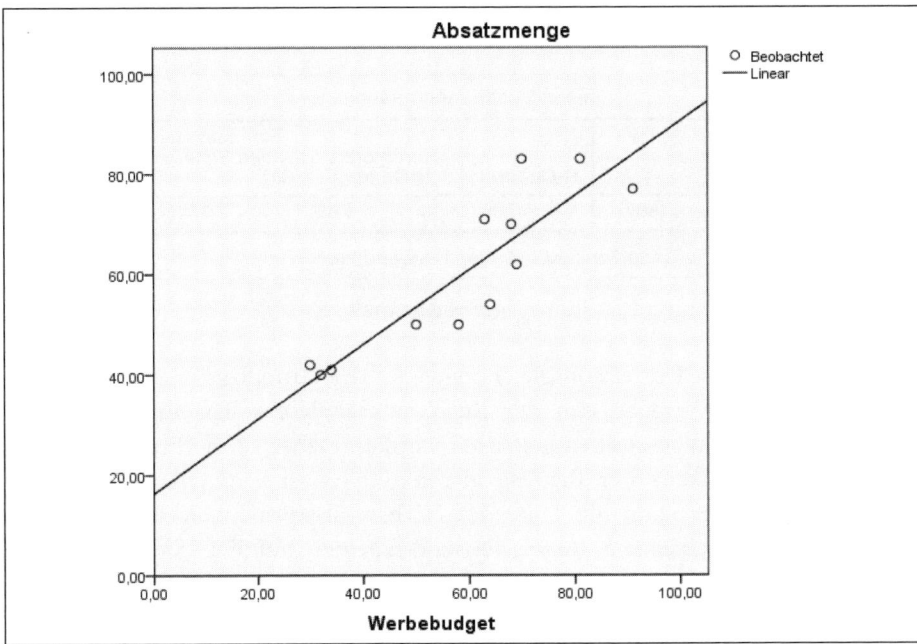

Abb. 2.73: Graphische Darstellung einer Regressionsanalyse

Statistisch wird die Güte einer Regressionsfunktion mit Hilfe des *Bestimmtheitsmaßes R^2* angegeben. Das Bestimmtheitsmaß gibt an, welcher Anteil der Streuung der Beobachtungswerte durch die Regressionsgerade erklärt wird. Der Wertebereich des Bestimmtheitsmaßes liegt zwischen 0 und 1, wobei für $R^2 = 0$ überhaupt keine, für $R^2 = 1$ eine vollständige Erklärung der Streuung der empirischen Werte durch die Regressionsgerade erfolgt. Die Höhe des Bestimmtheitsmaßes wird durch die Zahl der unabhängigen Variablen beeinflusst. Dieser Effekt wird im sog. *korrigierten Bestimmtheitsmaß* berücksichtigt. Im Beispiel betragen das Bestimmtheitsmaß $R^2 = 0,79$ und das korrigierte $R^2_{korr} = 0,77$ (vgl. Abb. 2.74).

Wird eine Regressionsanalyse auf der Basis mehrerer unabhängiger Variablen durchgeführt, so stellt sich häufig zusätzlich die Frage nach dem relativen Einfluss der einzelnen Variablen. Hierzu müssen die Regressionskoeffizienten standardisiert werden (Beta), da die absolute Höhe der Regressionskoeffizienten von der Dimension beeinflusst wird, in der die Variablen x_k gemessen wurden (vgl. Skiera/Albers 2008, S. 475 f.). Die Höhe der Beta-Koeffizienten gibt damit an, wie stark der Einfluss der einzelnen unabhängigen Variablen auf die abhängige Variable ist, wohingegen die unstandardisierten Regressionskoeffizienten den marginalen Effekt der Änderung der jeweiligen unabhängigen Variablen auf die abhängige widerspiegeln.

Modellzusammenfassung

Modell	R	R-Quadrat	Korrigiertes R-Quadrat	Standardfehler des Schätzers
1	,887[a]	,786	,765	7,86486

a. Einflußvariablen : (Konstante), Werbebudget

Abb. 2.74: Anpassungsgüte einer Regressionsanalyse

In der Regel werden Regressionsgleichungen auf der Grundlage einer Stichprobe ermittelt. Aus den Ergebnissen der Regressionsanalyse sollen aber möglichst Aussagen zur Grundgesamtheit getroffen werden. Daher ist die Frage nach der statistischen Signifikanz der Regressionsfunktion zu stellen. Die Regressionsfunktion als Ganzes kann mit Hilfe des F-Tests überprüft werden. Zusätzlich müssen auch die einzelnen Regressionskoeffizienten auf ihre Signifikanz hin überprüft werden. Dies geschieht durch den t-Test (vgl. zu den Signifikanztests ausführlich Skiera/Albers 2008, S. 480 ff., Hair et al. 2010, 192 ff.).

6.3.4 Varianzanalyse

Mit Hilfe der Varianzanalyse wird der Einfluss einer oder mehrerer (mindestens nominal skalierter) Variablen auf eine oder mehrere metrisch skalierte Variablen untersucht. Dabei wird festgestellt, ob zwischen verschiedenen Gruppen signifikante Unterschiede bestehen, die auf den Einfluss einer oder mehrerer kontrollierbarer Variablen zurückzuführen sind.

Ein typischer Anwendungsbereich der Varianzanalyse ist die Auswertung von Experimenten (vgl. Abschnitt 1.5); insofern eignet sich die Varianzanalyse zur Überprüfung von Kausalhypothesen. Eine beispielhafte Fragestellung lautet: Wie hängt die Absatzmenge von der Platzierung des Produkts im Geschäft ab?

Die Anwendung der Varianzanalyse ist an folgenden Voraussetzungen gebunden (vgl. Malhotra 2007, S. 477 f.):
– Die Störgröße ist normalverteilt mit einem Erwartungswert in Höhe von Null und konstanter Varianz.
– Es darf kein systematischer Fehler bei der Erhebung auftreten.

– Die Störgrößen sind unkorreliert, d. h. die Beobachtungswerte sind voneinander unabhängig.

Während geringfügige Verletzungen der ersten beiden Annahmen keine nennenswerte Gefährdung der Validität der Ergebnisse herbeiführen, kann eine Verletzung der dritten Prämisse zu starken Verzerrungen bei der Berechnung des empirischen F-Werts führen.

Eine Varianzanalyse vollzieht sich grundsätzlich in folgenden *Schritten* (Herrmann/Landwehr 2008, S. 585):
– Modellspezifizierung,
– Zerlegung der Gesamtabweichung,
– Berechnung der Varianzen und Messung der Effekte,
– Signifikanztest,
– Interpretation der Ergebnisse.

Bei der Varianzanalyse gibt es mehrere Varianten, die sich unterscheiden nach:
– der Anzahl der unabhängigen Variablen,
– der Anzahl der abhängigen Variablen sowie
– dem Skalenniveau der unabhängigen Variablen.

Im Folgenden wird die grundsätzliche Vorgehensweise anhand der *univariaten einfaktoriellen Varianzanalyse* (Analysis of Variance, *ANOVA*) bei Vorliegen eines vollständigen Zufallsplans erläutert. Ausführliche Darstellungen varianzanalytischer Methoden bei unterschiedlichen Versuchsanordnungen finden sich u. a. bei Bortz 2005, S. 289 ff. sowie Bailey 2008.

Faktorstufen k / Beobachtungen i	1	...	k	...	s
1 2	y_{11}	...	y_{1k}	...	y_{1s}
. . . i . . .	y_{i1}	...	y_{ik}	...	y_{is}
n	y_{n1}	...	y_{nk}	...	y_{ns}
Gruppenmittelwerte $\overline{y}_k$	$\overline{y}_1$		$\overline{y}_k$		$\overline{y}_s$
Gesamtmittelwert	$\overline{y}$				

Abb. 2.75: Ausgangstableau der einfaktoriellen Varianzanalyse

Im Rahmen der einfaktoriellen Varianzanalyse wird die Wirkung einer einzigen unabhängigen nominal skalierten Variable (Faktor) mit $k = 1, \ldots s$ Ausprägungen (Faktorstufen) auf eine metrisch skalierte abhängige Variable untersucht. Dabei wird überprüft, ob Unterschiede in den Mittelwerten der abhängigen Variable, z. B. unterschiedliche Absatzmengen, bei den einzelnen Faktorstufen (z. B. unterschiedliche Platzierungen im Geschäft) statistisch signifikant sind. Abb. 2.75 zeigt das Ausgangstableau der einfaktoriellen Varianzanalyse.

Die Gruppenmittelwerte $\bar{y}_k$, d. h. die Mittelwerte bei den einzelnen Faktorstufen, streuen um den Gesamtwert $\bar{y}$. Ausgangspunkt der Überlegungen ist die sog. *Streuungszerlegung*. Diese besagt, dass sich die Gesamtstreuung, gemessen als Summe der quadrierten Abweichungen der Beobachtungswerte y_{ik} vom Gesamtmittelwert $\bar{y}$, additiv aus der Treatmentquadratsumme und der Fehlerquadratsumme zusammensetzt. Die *Treatmentquadratsumme* bezeichnet dabei die Streuung zwischen den Gruppen, welche also auf die verschiedenen Faktorstufen zurückzuführen ist, wohingegen die *Fehlerquadratsumme* die Streuung innerhalb der Gruppen bezeichnet, die aus zufälligen Schwankungen resultiert. Es gilt also (vgl. Bortz 2005, S. 254 f.):

$$QS_{Tot} = QS_{Treat} + QS_F \text{ mit}$$

$$QS_{Tot} = \sum_{i=1}^{n} \sum_{k=1}^{s} (y_{ik} - \bar{y})^2 \text{ (Totale Quadratsumme)},$$

$$QS_F = \sum_{i=1}^{n} \sum_{k=1}^{s} (y_{ik} - \bar{y}_k)^2 \text{ (Fehlerquadratsumme)},$$

$$QS_{Treat} = n \cdot \sum_{k=1}^{s} (\bar{y}_k - \bar{y})^2 = QS_{Tot} - QS_F \text{ (Treatmentquadratsumme)}.$$

Aufgabe der Varianzanalyse ist die Überprüfung, ob sich die Gruppenmittelwerte $\bar{y}_i$ signifikant voneinander unterscheiden. Die Nullhypothese besagt, dass die Gruppenmittelwerte identisch sind. Die zugehörige Alternativhypothese besagt entsprechend, dass sich mindestens zwei Gruppenmittelwerte signifikant voneinander unterscheiden. Die Überprüfung erfolgt mittels F-Test. Führt die Varianzanalyse zu einem signifikanten F-Wert, so folgt daraus, dass sich mindestens zwei Gruppenmittelwerte signifikant voneinander unterscheiden; welche Mittelwerte im Einzelnen signifikant voneinander unterschiedlich sind, ist aus dem Overall-Test der Varianzanalyse zunächst nicht feststellbar. Zur Durchführung von Einzelvergleichen wurden jedoch eine ganze Reihe von Tests entwickelt, bspw. der in PASW enthaltene Duncan-Test oder der Scheffé-Test (vgl. hierzu Bortz 2005, S. 274 ff.).

6.3.5 Kontingenzanalyse

> Im Rahmen der Kontingenzanalyse wird die wechselseitige Abhängigkeit zweier oder mehrerer nominal skalierter oder klassierter höher skalierter Variablen untersucht.

Als Beispiel kann der Zusammenhang zwischen Geschlecht und Markenwahl angeführt werden. Ausgangspunkt der Analyse ist eine *Kontingenztabelle* (Häufigkeitstabelle), welche in allgemeiner Form in Abb. 2.76 dargestellt ist. Dabei sind:

n_{kl} $\quad = \quad$ absolute Häufigkeit der Merkmalskombination kl (k=1, ..., s; l=1, ..., m),

$n_{\bullet l} = \sum_{k=1}^{s} n_{kl} =$ Häufigkeit des Auftretens der Merkmalsausprägung l über alle k (Spalten summe),

$n_{k \bullet} = \sum_{i=1}^{m} n_{kl} =$ Häufigkeit des Auftretens der Merkmalsprägung k über alle l (Zeilensumme),

n $\quad = \quad$ Gesamtzahl der Fälle.

Variable 1 \\ Variable 2	1	...	l	...	m	$\sum$
1	n_{11}	...	n_{1l}	...	n_{1m}	$n_{1.}$
...	...	...	...	...	...	...
k	n_{k1}	...	n_{kl}	...	n_{km}	$n_{k.}$
...	...	...	...	...	...	...
s	n_{s1}	...	n_{sl}	...	n_{sm}	$n_{s.}$
$\sum$	$n_{.1}$	...	$n_{.l}$	...	$n_{.m}$	n

Abb. 2.76: Häufigkeitstabelle für die Kontingenzanalyse

Die in den Kontingenztabellen enthaltenen absoluten Häufigkeiten können anhand der Gesamtzahl der Fälle, der Zeilensummen $n_{k.}$ oder der Spaltensummen $n_{.l}$ relativiert werden (*Kreuztabellierung*); dies erlaubt ein erstes Urteil, ob ein Zusammenhang zwischen den Variablen vermutet werden kann. Genauere Ergebnisse lassen sich mit einem χ^2-*Unabhängigkeitstest* ermitteln.

Die H_0-Hypothese beim χ^2-Unabhängigkeitstest lautet: Beide Variablen treten unabhängig voneinander auf. Zur Prüfung der Nullhypothese werden die empirischen Häufigkeiten der Merkmalskombinationen k und l, n_{kl}, mit den theoretischen Häufigkeiten N_{kl} verglichen; diese errechnen sich als:

$$N_{kl} = \frac{n_{k\bullet} \cdot n_{\bullet l}}{n} .$$

Das Grundprinzip der Kontingenzanalyse basiert darauf, dass ein Zusammenhang zwischen beiden Variablen umso eher anzunehmen ist, je weniger sich die empirischen von den theoretischen Häufigkeiten unterscheiden. Grundlage für die statistische Überprüfung des Zusammenhangs ist die Summe der quadrierten Abweichungen zwischen den beobachteten und den theoretischen Häufigkeiten $(n_{kl} - N_{kl})^2$. Als Prüfgröße wird der empirische χ^2-Wert herangezogen (vgl. Bortz 2005, S. 172). Voraussetzung ist dabei, dass die erwarteten Häufigkeiten pro Zelle größer als 5 sind. Der empirische χ^2-Wert wird mit dem theoretischen Wert der χ^2-Verteilung bei einem vorgegebenen Signifikanzniveau α und $(k - 1)(l - 1)$ Freiheitsgraden verglichen; ist $\chi^2_{emp} > \chi^2_{theor}$, ist die H_0-Hypothese abzulehnen, d. h. es kann von einem signifikanten Zusammenhang zwischen den untersuchten Variablen ausgegangen werden.

Wichtig ist der Hinweis, dass die Kontingenzanalyse keine Aussagen über die *Richtung* eines gefundenen Zusammenhangs liefert; diese ist mit Hilfe von Plausibilitätsüberlegungen festzustellen. Zur Absicherung der Interpretation können einzelne Häufigkeiten der Kontingenztafel miteinander verglichen werden.

In der statistischen Literatur wurde eine Vielzahl weiterer Kontingenzmaße entwickelt (vgl. Clauss/Ebner 1979, S. 243 ff., Malhotra 2007, S. 475 ff.); zu den gebräuchlichsten zählen:

– *Phi-Koeffizient (ϕ)*: Er misst die Stärke des Zusammenhangs zweier Variablen im Spezialfall zweifach gestufter Merkmale (2 x 2-Kontingenztabelle) und liegt im Wertebereich zwischen 0 und 1, wobei der Wert 0 einen nicht vorhandenen, der Wert 1 einen vollständigen Zusammenhang darstellt.

– *Kontingenzkoeffizient C*: Er misst die Stärke des Zusammenhangs auch bei mehrfach gestuften Merkmalen, d. h. bei Merkmalen mit mehr als zwei Ausprägungen.

– *Cramer's V*: Stellt eine modifizierte Version des Phi-Koeffizienten für Tabellen größeren Umfangs dar.

– *Konfigurationsfrequenzanalyse (KFA)*: Wird zur Untersuchung der Zusammenhänge zwischen mehr als zwei nominal skalierten Variablen angewendet.

Darüber hinaus gibt es eine ganze Reihe weiterer Verfahren der Kontingenzanalyse, die in der Literatur unter der Bezeichnung *Logit-* und *Probit-Modelle* zu finden sind (vgl. Agresti 2002, Anderson 1990, Gilbert 1993).

6.3.6 Faktorenanalyse

Werden in einer Untersuchung nur wenige unabhängige Variablen erhoben, so lassen sich diese zumeist mit Hilfe der zuvor beschriebenen Analyseverfahren auswerten. Werden zu einem Sachverhalt hingegen sehr viele Einzelvariablen (Items) erhoben, was gerade im Bereich der Marktforschung keine Seltenheit ist, gestaltet sich die Auswertung deutlich komplexer, zumal oft nicht unmittelbar erkennbar ist, welche der vielen Variablen wirklich unabhängig voneinander zur Erklärung der abhängigen Variablen beitragen (Problem der *Multikollinearität*). In vielen Fällen kann durch den Einsatz einer Faktorenanalyse jedoch eine Reduktion der Einzelvariablen erreicht werden.

> Ziel der Faktorenanalyse ist es, die miteinander korrelierenden Einzelvariablen zu übergeordneten und voneinander unabhängigen *Faktoren* zusammenzufassen, ohne dass es zu einem entscheidenden Informationsverlust kommt.

Die *explorative Faktorenanalyse* ist ein strukturentdeckendes Analyseverfahren, bei dem angenommen wird, dass die übergeordneten Faktoren nicht direkt erhebbar sind (sog. *latente Variablen*), aber aus den beobachtbaren Einzelvariablen (*Indikatoren*) statistisch ableitbar sind. Dabei liegen zu Beginn der Untersuchung noch keine Informationen über mögliche Zusammenhänge zwischen den Einzelvariablen vor. Im Gegensatz dazu liegen bei einer *konfirmatorischen Faktorenanalyse* bereits Hypothesen über mögliche Zusammenhänge vor. Im Folgenden wird die grundlegende Vorgehensweise am Beispiel der explorativen Faktorenanalyse skizziert. Für die Besonderheiten der konfirmatorischen Faktorenanalyse vgl. z. B. Backhaus et al. 2008, S. 519 ff. sowie Homburg/Klarman/Pflesser 2008, S. 271 ff.

Beispiel 2.64:

Angenommen, es wurde im Rahmen einer quantitativen Befragung über eine Vielzahl an Einzelfragen (Items) die Eigenschaften verschiedener Automarken erhoben. Wie in der nachfolgenden Abbildung dargestellt ist, kann mit Hilfe der Faktorenanalyse versucht werden, aus den Antworten bei den Einzelfragen diese zu übergeordneten Eigenschaftsdimensionen (Faktoren) zusammenzufassen:

Wie viel PS hat Ihr Auto?

Wie empfinden Sie das Beschleunigungsverhalten Ihres Pkw? ———> Faktor 1 „Sportlichkeit"

Wie viel hoch ist die Maximalgeschwindigkeit Ihres Pkw?

Wie oft war Ihr PkW in den letzten 12 Monaten in der Werkstatt

Wie viel Öl verbraucht Ihr Auto im Jahr? ———> Faktor 1 „Zuverlässigkeit"

Wie oft mußten Sie im letzten Jahr den ADAC rufen?

Um eine Faktorenanalyse durchführen zu können, müssen die zu bündelnden Variablen mindestens intervallskaliert sein, d. h. ein metrisches Datenniveau der Variablen ist erforderlich. Ferner sollte das Datenmaterial aus einer möglichst homogenen Stichprobe von Befragten entstammen.

Ausgangspunkt der Faktorenanalyse sind die erhobenen Rohdaten, welche die Bewertung von Merkmalen für Objekte seitens der Probanden widerspiegeln. Dabei ist es zunächst erforderlich, die Zusammenhänge zwischen den Ausgangsvariablen messbar zu machen. Hierzu wird eine Korrelationsanalyse durchgeführt, bei der die *Korrelationskoeffizienten* (r) zwischen den Ausgangsvariablen ermittelt werden. Abb. 2.77 zeigt schematisch den Aufbau einer *Korrelationsmatrix* als Ergebnis der Korrelationsanalyse (vgl. zur Korrelationsanalyse die Ausführungen in Abschn. 6.3.2).

Variable	x_1	x_2	x_3	x_4
x_1	1	...	...	...
x_2		1	...	...
x_3			1	...
x_4				1

Abb. 2.77: Aufbau der Korrelationsmatrix

Die Korrelationsmatrix gibt Auskunft über die Unabhängigkeit der Ausgangsvariablen. Wird in der Korrelationsmatrix eine starke Korrelation zwischen zwei oder mehreren Variablen festgestellt, geht die Faktorenanalyse von der Hypothese aus, dass die Variablen von einem hinter ihnen stehenden gemeinsamen Faktor bestimmt werden. Ist $r \geq 0,6$, können die Variablen daher i. d. R. zu einem Faktor gebündelt werden.

Um festzustellen, inwiefern die Korrelationsmatrix für die Faktorenanalyse aussagefähig ist, können weitere Analysen durchgeführt werden. Geeignete Maße hierfür sind u. a. das Signifikanzniveau der Korrelationen, die Inverse der Korrelationsmatrix, der Bartlett-Test, die Anti-Image-Kovarianz-Matrix sowie das Kaiser-Meyer-Olkin-Kriterium (vgl. zu den einzelnen Maßen Backhaus et al. 2008, S. 333 ff.).

Die Maßgröße für den Zusammenhang zwischen einer oder mehreren Variable(n) und dem Faktor ist die *Faktorladung*, die angibt, mit welcher Gewichtung die ermittelten Faktoren an der Beschreibung der beobachteten Zusammenhänge beteiligt sind. Diese lassen sich in einer sog. *Faktorladungsmatrix* darstellen (Abb. 2.78).

Variable \ Faktor	F_1	F_2	...	F_n
x_1	...	...	...	...
x_2	...	...	...	...
⋮	...	...	...	...
x_j	...	...	...	...

Abb. 2.78: Aufbau der Faktorladungsmatrix

Bei der Extraktion der Faktoren geht man von der Annahme aus, dass sich jeder Beobachtungswert einer Ausgangsvariable als Linearkombination mehrerer Faktoren beschreiben lässt. Wie gut die Faktoren die ursprünglichen Ausgangsvariablen widerspiegeln, wird durch die sog. *Kommunalitäten* angegeben. Kommunalität beschreibt dabei den Teil der Gesamtvarianz einer Variablen, der durch die gemeinsamen Faktoren erklärt wird. Rechnerisch wird die Kommunalität durch die Summe der quadrierten Faktorladungen einer Variablen über alle Faktoren bestimmt.

Bei der Reduktion der Ausgangsvariablen auf wenige Faktoren kommt es stets zu einem Informationsverlust, da nur bei gleicher Anzahl von Faktoren und Variablen die gesamte Varianz erklärt würde. Für die Anzahl der zu extrahierenden Faktoren gibt es keine festen Vorschriften. Zwei gebräuchliche statistische Maßstäbe sind das Kaiser- und das Elbow-Kriterium (vgl. Hair et al. 2010, S. 108 ff.).

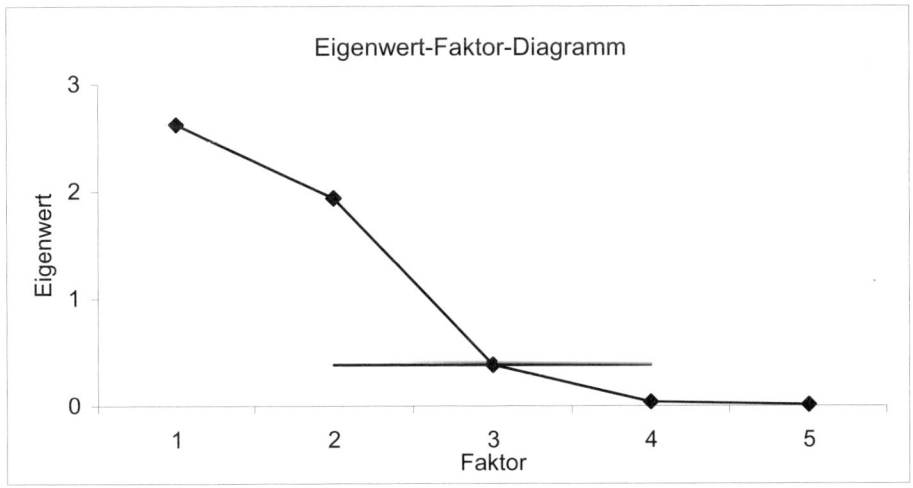

Abb. 2.79: Scree-Test

Beim *Kaiser-Kriterium* werden die Faktoren extrahiert, deren Eigenwerte größer Eins sind. Der *Eigenwert* ist das Maß für die durch einen Faktor erklärte Varianz der Grundgesamtheit, d. h. der Eigenwert liefert den Varianzbeitrag eines Faktors im Hinblick auf die Varianz aller Variablen. Rechnerisch wird der Eigenwert durch die Summe der quadrierten Faktorladungen eines Faktors bestimmt. Bei Faktoren mit einem Eigenwert kleiner Eins würde noch nicht einmal die Varianz einer einzelnen Ausgangsvariablen erklärt (vgl. Hair et al. 2010, S. 109).

Beim *Elbow-Kriterium* wird ein sog. Scree-Test durchgeführt. Dazu werden die Faktoren in einem Eigenwert-Faktor-Diagramm mit abnehmender Wertefolge angeordnet. Die Punkte, die sich asymptotisch der Abszisse nähern, werden durch eine Gerade angenähert. Dabei bestimmt der „letzte" Punkte links von der Geraden die Anzahl der zu extrahierenden Faktoren (vgl. Abb. 2.79). Beim Scree-Test kommt es jedoch nicht immer zu einer eindeutigen Lösung, da sich auf Grund ähnlicher Differenzen der Eigenwerte nicht immer ein Knick (Elbow) ermitteln lässt (vgl. Backhaus et al. 2008, S. 353 f., Aaker/Kumar/Day 2007, S. 567 f.).

Neben statistischen gibt es auch inhaltliche Kriterien, die zur Bestimmung der Faktoranzahl herangezogen werden. Hierzu zählen:
– Extrahiere alle Faktoren, die interpretierbar sind;
– extrahiere (z. B. !) 3 Faktoren;
– extrahiere so lange, bis x % (z. B. 95 %) der Gesamtvarianz erklärt sind.

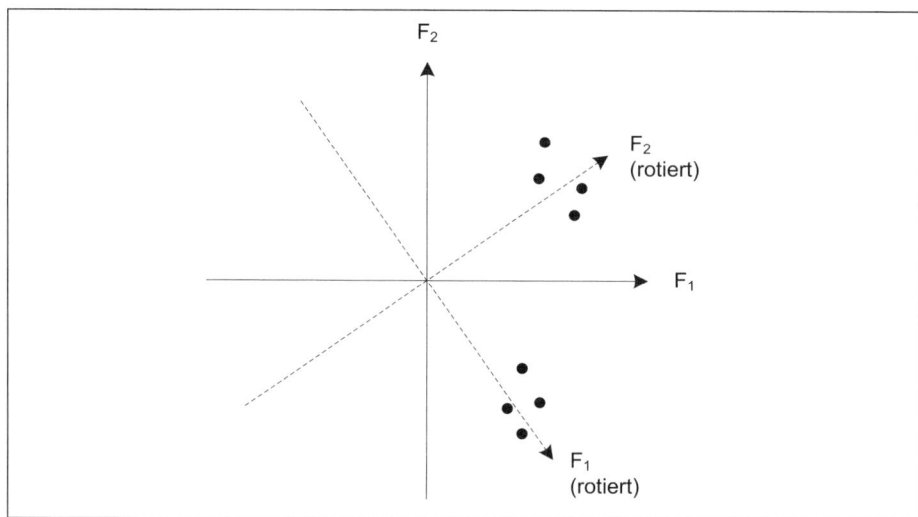

Abb. 2.80: Faktorrotation

Werden 2 bzw. 3 Faktoren extrahiert, lässt sich das Ergebnis einer Faktoren-analyse visualisieren, indem die Faktoren die Koordinaten des *Positionierungs-raumes* darstellen.

Im Anschluss an die Extraktion der Faktoren müssen diese interpretiert wer-den. Bei der *Faktorinterpretation* handelt es sich um einen kreativen Prozess, bei dem die in einem Faktor zusammengefassten Ausgangsvariablen mit einem Begriff umschrieben werden sollen. Interpretationsprobleme entstehen u. a., wenn Variablen auf mehrere Faktoren hoch laden, d. h. die Faktorladungen ei-ner Variablen bei mehreren Faktoren größer als 0,5 sind. Um dieses Problem zu lösen, wird zumeist eine *Faktorrotation*, d. h. eine Drehung der Koordinaten-achsen im Ursprung, durchgeführt (vgl. Abb. 2.80). Die Rotation wird soweit vollzogen, bis möglichst viele Variablen auf nur noch einen Faktor hoch und auf alle anderen niedrig laden.

Um die der ursprünglichen Datenerhebung zugrunde liegenden Objekte in dem durch die Faktoren aufgespannten Koordinatensystem zu positionieren, müssen schließlich ihre Faktorwerte bestimmt werden. Die *Faktorwerte* geben an, welche Werte die Objekte nun hinsichtlich der extrahierten Faktoren an-nehmen. Abb. 2.81 zeigt für das Beispiel 2.64 die Positionierung der Automar-ken für die zwei extrahierten Faktoren „Sportlichkeit" und „Zuverlässigkeit".

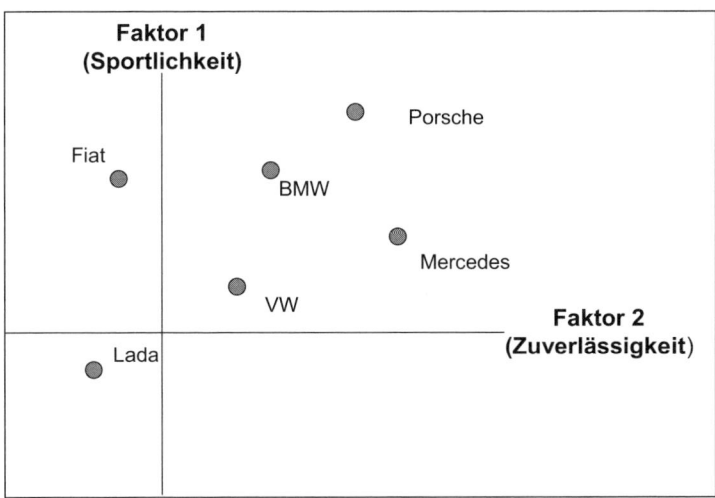

Abb. 2.81: Positionierungsanalyse einer Faktorenanalyse

6.3.7 Multidimensionale Skalierung

Ähnlich wie bei der Faktorenanalyse bilden Positionierungsanalysen, d. h. die (visuelle) Darstellung von Objekten im Wahrnehmungsraum von Personen, den Hauptanwendungsbereich der Multidimensionalen Skalierung (kurz: MDS). Im Gegensatz zur Faktorenanalyse erfolgt die Positionierung hier jedoch nicht auf der Basis konkreter Eigenschaften bzw. Faktoren, sondern anhand der (subjektiv empfundenen) Ähnlichkeit von Objekten.

> Mit Hilfe der Multidimensionalen Skalierung werden Objekte (Produkte, Marken, Einkaufstätten etc.) räumlich so positioniert, dass die Abstände zwischen den einzelnen Positionen der von den Probanden angegebenen (Un-)Ähnlichkeit entspricht.

Eine typische Fragestellung, bei der eine MDS-Analyse vorgenommen wird, ist die Messung der von Konsumenten empfundenen Ähnlichkeit von Marken innerhalb einer Produktklasse. Entsprechend der erhobenen Ähnlichkeiten werden dazu die einzelnen Objekte (z. B. Marken) in einem mehrdimensionalen Raum positioniert. Hierzu wird eine Konfiguration (Gesamtheit der Positionen) der Objekte im Wahrnehmungsraum gesucht, bei der die wahrgenommenen Ähnlichkeiten zwischen den Objekten möglichst genau durch die räumlichen Abstände abgebildet werden (vgl. Hartung/Elpelt/Klösener 2005, S. 860). Die Darstellung von Objekten im Wahrnehmungsraum liefert Erkenntnisse darüber,
– in welcher Weise Objekte relativ zu konkurrierenden Objekten gesehen werden,
– welche Objekte ähnlich wahrgenommen werden und somit in einer engen Konkurrenz zueinander stehen und
– inwiefern eventuell Marktlücken für neue Objekte bestehen.

Ausgangspunkt einer MDS ist die Messung der empfundenen Ähnlichkeiten von Objekten. Hierzu müssen Ähnlichkeitsurteile von Personen erfragt werden, indem Paarvergleiche von Objekten durchgeführt werden. Die wichtigsten Verfahren zur Erhebung von Ähnlichkeitsurteilen sind
– die Methode der Rangreihung,
– die Ankerpunktmethode und
– das Ratingverfahren.

Bei der Methode der *Rangreihung*, dem klassischen Verfahren zur Erhebung von Ähnlichkeitsurteilen, wird eine Auskunftsperson veranlasst, die Objektpaare nach ihrer empfundenen Ähnlichkeit zu ordnen; d. h. die Objektpaare werden nach aufsteigender oder abfallender Ähnlichkeit in eine Rangfolge gebracht. Im Gegensatz dazu dient bei der *Ankerpunktmethode* jedes Objekt genau einmal als Vergleichsobjekt zur Beurteilung der Ähnlichkeiten. Daraus ergeben sich insgesamt bei I Objekten I(I-1) Paarvergleiche. Beim *Ratingverfahren* werden dagegen alle Objekte mit Hilfe einer Ratingskala bewertet, indem einzelne Objektpaare auf einer Ähnlichkeits- bzw. Unähnlichkeitsskala beurteilt werden. Der Nachteil dieser Methode besteht jedoch darin, dass sog. *Ties* (verschiedene Objektpaare erhalten gleiche Ähnlichkeitswerte) auftreten können (vgl. Bortz 2005, S. 19, Wührer 2008, S. 443 ff.).

Um die erhobenen Ähnlichkeiten zwischen den Objekten in einem psychologischen Wahrnehmungsraum abbilden zu können, ist im zweiten Schritt der MDS die Berechnung eines Distanzmaßes notwendig. Bei einem metrischen Skalenniveau werden die Ähnlichkeitsmaße auf der Basis der allgemeinen Minkowski-Metrik ermittelt (vgl. Borg/Groenen/Mair 2010, S. 11):

$$d_{ij} = \left[\sum_{k=1}^{K} \left| x_{ik} - x_{jk} \right|^{r} \right]^{\frac{1}{r}} \text{ mit}$$

    d_{ij} = Distanz zwischen Objekt i und Objekt j,

    x_{ik} = Wert der Variablen k bei Objekt i (k = 1, 2, ... K),

    x_{jk} = Wert der Variablen k bei Objekt j (k = 1, 2, ... K),

    $r \geq 1$ = Minkowski-Konstante.

Dabei stellt r eine positive Konstante dar. Aus der Minkowski-Metrik lassen sich für unterschiedliche Werte von r unterschiedliche Distanzmaße ableiten, wobei insb. die *Euklidische Distanz* (r=2) und die *City-Block-Metrik* (r=1) weit verbreitet sind. Abb. 2.82 zeigt, dass die die Euklidische Distanz die direkte Entfernung zwischen zwei Objekten misst, während sich bei der City-Block-Metrik die Distanz zweier Punkte als Summe der (absolut gesetzten) Merkmalsdifferenzen ergibt, d. h. die Distanz wird rechtwinklig gemessen (vgl. Bortz 2005, S. 570).

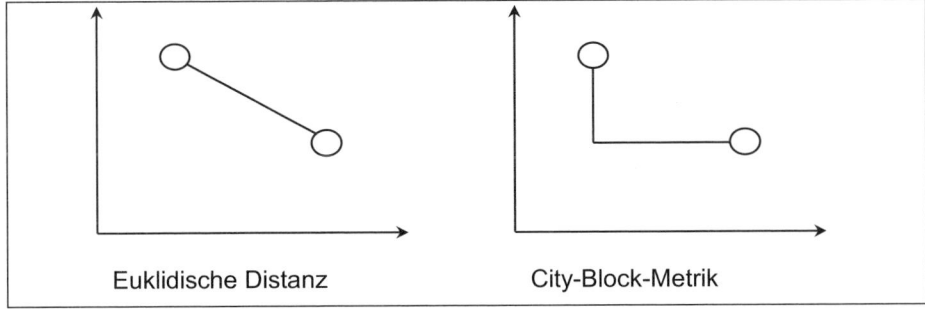

Euklidische Distanz   City-Block-Metrik

Abb. 2.82: Distanzmaße der MDS

Nach der Wahl des Distanzmodells schließt sich die *Ermittlung der Konfiguration* an. Dies geschieht in einem iterativen Prozess. Dabei erfolgt die Bestimmung der ersten willkürlichen Konfiguration, der sog. Startkonfiguration, indem in einem möglichst gering dimensionierten Raum eine Konfiguration ermittelt wird, deren dargestellte Distanzen d_{ij} „möglichst gut" die Monotoniebedingung erfüllen. Die Rangfolge der errechneten Distanzen soll die Rangfolge der Ähnlichkeiten bzw. Unähnlichkeiten u_{ij} widerspiegeln. Die Güte der Konfiguration wird mit Hilfe von sog. *Stress-Maßen* angegeben. Dabei gilt: Je kleiner das Stress-Maß ist, desto besser ist die Konfiguration.

Die Anzahl der Dimensionen sollte eigentlich der Zahl der „wahren" Dimensionalität der Wahrnehmung entsprechen. Da diese jedoch zumeist unbekannt ist, wird aus praktischen Gründen meist mit zwei bzw. drei Dimensionen gearbeitet, da so eine grafische Darstellung und anschauliche Interpretation der Ergebnisse möglich sind (vgl. Abb. 2.83).

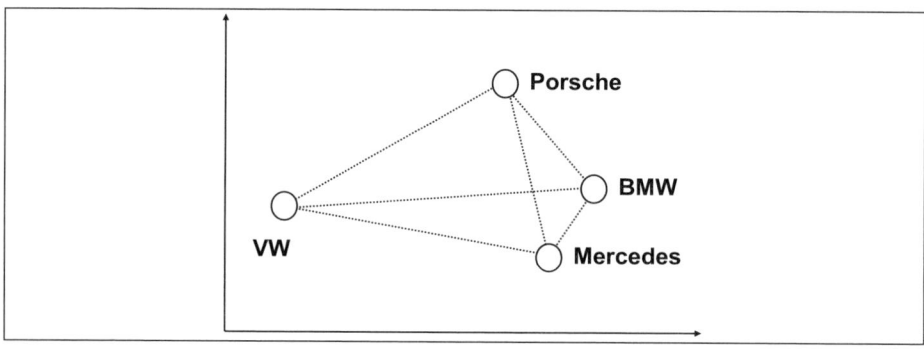

Abb. 2.83: Darstellung der wahrgenommenen Ähnlichkeiten von Automarken

Die inhaltliche Interpretation der Dimensionen wird bei der MDS aus der Lage der Objekte im Wahrnehmungsraum abgeleitet. Dabei ist zu beachten, dass bei der Ermittlung der Ähnlichkeitsdaten unberücksichtigt blieb, ob eine Auskunftsperson ein Objekt positiv oder negativ bewertet. Will man den Nutzen, bzw. die Präferenz, die eine Person mit einem Objekt verbindet, in eine Untersuchung einbeziehen, so ist eine zusätzliche Datenerhebung durchzuführen.

Eine weitere Möglichkeit bei der Interpretation der Konfiguration ist das sog. *Property Fitting*. Hierbei handelt es sich um eine Kombination von MDS und Faktorenanalyse, bei der die Eigenschaftsausprägungen bzw. -beurteilungen nachträglich in den Wahrnehmungsraum mit einbezogen werden. Der Objektraum enthält dabei wie bei der Faktorenanalyse zusätzliche Eigenschaftsvektoren (vgl. ausführlich Hilbert/Opitz 1997).

6.3.8 Kausalanalyse

> Die Kausalanalyse wird angewendet, um Beziehungen zwischen nicht beobachtbaren Konstrukten (latenten Variablen) abzubilden.

Latente Variablen sind nicht direkt messbare Konstrukte wie beispielsweise Einstellungen oder Kaufabsicht, die anhand von Indikatoren abgebildet werden und miteinander in Beziehung gesetzt werden können (vgl. die Ausführungen in Abschn. 2.2). Eine typische Fragestellung für das Marketing könnte lauten: „Welchen Einfluss haben die soziale Schichtzugehörigkeit und Persönlichkeitsmerkmale (wie Innovationsfreude, Risikoempfinden, Meinungsführerschaft) auf die Akzeptanz von Mobile Banking?" Die Variablen „soziale Schicht" und „Persönlichkeitsmerkmale" sind hypothetische Konstrukte, welche jeweils durch spezifische Indikatoren gemessen werden müssen.

Die Kausalanalyse geht zurück auf Arbeiten von Jöreskog (1973, 1978) sowie von Jöreskog/Sörbom (1979, 1982). Die Anwendungsmöglichkeiten der Kausalanalyse für Fragestellungen des Marketing wurden von Bagozzi (1980) erstmalig diskutiert. Eine Bestandsaufnahme liefern Homburg/Baumgartner (1995b). Die Überprüfung von Hypothesen mit Hilfe der Kausalanalyse sollte nur dann durchgeführt werden, wenn die Hypothesenbildung und die Konstruktion der latenten Variablen auf der Basis intensiver sachlicher Überlegungen erfolgt ist.

Das *mathematische Prinzip* der Kausalanalyse lässt sich umschreiben als eine Kombination aus faktorenanalytischem und regressionsanalytischem Analyseansatz. Die Besonderheit der Kausalanalyse liegt dabei in der expliziten Formulierung der Messtheorie und der Substanztheorie (vgl. Homburg/Hildebrandt 1998, S. 18 ff.). Die *Messtheorie* beschreibt Begriffe, die sich auf direkt messbare Zusammenhänge beziehen, also auf Indikatorvariablen. Die *Substanztheorie* beschreibt die theoretischen Konstrukte und bezieht sich damit auf nicht direkt messbare Sachverhalte, also die latenten Variablen und Hypothesen über deren Zusammenhang. Die Integration dieser beiden Betrachtungsweisen erfolgt mit Hilfe von Korrespondenzhypothesen, die eine Brücke zwischen der Substanztheorie und der Messtheorie schlagen, indem sie sowohl latente als auch beobachtbare Indikatorvariablen enthalten. Sie dienen der Operationalisierung der hypothetischen Konstrukte.

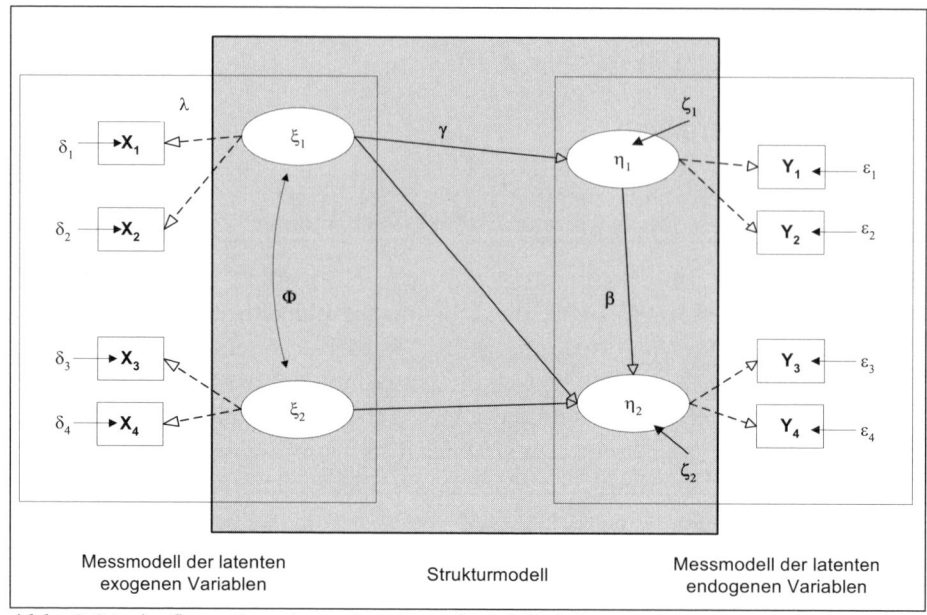

Abb. 2.84: Aufbau eines kausalanalytischen Modells

Abb. 2.84 zeigt den grundlegenden Aufbau eines kausalanalytischen Modells anhand eines Pfaddiagramms mit den gängigen Variablenbezeichnungen. Direkt beobachtbare Variablen (dargestellt in Kästchen) sind die Operationalisierungen der nicht direkt beobachtbaren latenten Variablen (dargestellt in Kreisen). Die Pfeile (=Pfade) beschreiben die unterstellten kausalen Beziehungen zwischen zwei Variablen im Sinne von „Je-desto-Hypothesen". Gekrümmte Doppelpfeile beschreiben nicht kausal interpretierte Beziehungen zwischen latenten Variablen und zwischen Messfehlervariablen.

Das Strukturmodell beinhaltet die substanztheoretischen Hypothesen der Wirkungszusammenhänge zwischen den latenten, also nicht direkt messbaren Variablen. Hier wird bereits die Kausalität der Variablen unterstellt, indem eine Einteilung in endogene, also aus dem Modell heraus erklärte abhängige Variablen, und exogene, also erklärende unabhängige Variablen erfolgt. Ziel des Modells ist die Generierung von Werten für die latenten endogenen Variablen.

Die *Messmodelle* geben die messtheoretischen Hypothesen wieder, indem sie die Beziehungen zwischen den latenten Variablen η und ξ und den dazu gehörenden Indikatoren darstellen. Dabei wird einem faktorenanalytischen Denkansatz gefolgt, genauer gesagt der konfirmatorischen Faktorenanalyse, da Hypothesen über die Beziehungen zwischen latenten Variablen und den Indikatoren vorliegen. So wird im Messmodell unterstellt, dass die Korrelationen zwischen den Indikatorvariablen auf den Einfluss der latenten Variablen zurückgeführt werden können. Im Gegensatz zur explorativen Faktorenanalyse ist das Ziel des Messmodells also nicht die Reduktion von Daten, sondern die theoriegeleitete Abbildung latenter Variablen durch direkt messbare Indikatoren. Messmodelle werden formal durch eine Reihe von *Matrizengleichungen* dargestellt (vgl. Homburg/Pflesser/Klarmann 2008, S. 555 f.).

Die allgemeine Vorgehensweise der Kausalanalyse lässt sich in die folgenden *Arbeitsschritte* einteilen (vgl. Backhaus et al. 2008, S. 515 ff., Homburg/Pflesser/ Klarmann 2008, S. 550 ff.):

− *Generierung von Untersuchungshypothesen:* Die Hypothesenbildung stellt die theoretische Vorarbeit für die Durchführung einer Kausalanalyse dar. Hier sind intensive Überlegungen über die Zusammenhänge des zu analysierenden Datensatzes anzustellen. In dieser Phase der Untersuchung ist der Einfluss des Forschers auf den Untersuchungsablauf besonders groß, weshalb dieser Schritt mit besonderer Sorgfalt durchzuführen ist.

− *Spezifikation der Modellstruktur:* Für die Formulierung der Modellstruktur werden anhand des Hypothesensystems jedem Konstrukt die messbaren Indikatoren zugeordnet (Operationalisierung der Messmodelle); des Weiteren wird der Zusammenhang der Konstrukte untereinander definiert (Aufstellen des Strukturmodells). Das Ergebnis ist ein umfangreiches Gleichungssystem. Die auf dem Markt befindlichen Softwareprogramme zur Kausalanalyse ermöglichen die Erstellung eines Pfaddiagramms zur Darstellung der Ursache-Wirkungszusammenhänge. Die Schätzung erfolgt dann automatisch, die Entwicklung eines Gleichungssystems ist also nicht mehr nötig.

− *Identifikation der Modellstruktur:* In diesem Schritt wird die Lösbarkeit des Modells bzw. des Gleichungssystems geprüft. Es wird geprüft, ob die empirischen Informationen ausreichen, um die Parameter des Gleichungssystems eindeutig zu bestimmen.

− *Parameterschätzung:* Es stehen verschiedene Verfahren zur Schätzung der Parameter zur Verfügung. Anhand der Annahmen, von denen im Rahmen der Schätzung ausgegangen wird, muss festgelegt werden, welches Verfahren für die Parameterschätzung des spezifischen Modells geeignet ist.

− *Beurteilung der Schätzergebnisse:* Es stehen eine Reihe von Kriterien zur Verfügung, anhand derer die Anpassungsgüte der Modellstruktur an die empirischen Daten geprüft werden kann. Diese Kriterien beziehen sich sowohl auf die Modellstruktur als Ganzes als auch auf einzelne Teile des Modells.

Es werden verschiedene Softwarepakete zur Lösung kausalanalytischer Modelle angeboten. Weit verbreitet sind die Softwareprogramme *AMOS* (Analysis of

Moment Structures) und *LISREL* (Linear Structural Relationships). Mit ihrer Hilfe lassen sich sämtliche Parameter eines Strukturgleichungsmodells auf der Basis einer Kovarianzstrukturanalyse simultan schätzen.

Kovarianzbasierte Schätzverfahren sind flexibel und statistisch sehr exakte Verfahren. Sie legen zur Paramterschätzung i. d. R. das Maximum-Likelihood-Prinzip zu Grunde, welches eine multivariate Normalverteilung voraussetzt. Diese ist jedoch bei der praktischen Anwendung nur selten gegeben und erfordert große Stichproben. Zudem ist das Verfahren nur bei reflektiven Messmodellen anwendbar. Aus diesem Grunde wurde als Alternative *PLS* (Partial Least Squares) entwickelt, um die restriktiven Annahmen des kovarianzbasierten Ansatzes zu vermeiden (zu einer vergleichenden Diskussion der beiden Ansätze vgl. z. B. Scholderer/Balderjahn 2006 sowie Homburg/Klarmann 2006). Im Rahmen von PLS können auch formative Indikatoren berücksichtigt werden. Dadurch werden Fehlspezifikationen des Modells vermieden. Zudem beruht die Parameterschätzung auf einer multiplen Regressionsanalyse (Least Square), sodass keine Verteilungsannahme erforderlich ist. Dadurch ist PLS auch bei kleinen Samples anwendbar. Weiterhin liefert PLS eher konservative Schätzungen, sodass die Gefahr einer Modellannahme trotz fehlerhafter Operationalisierung bzw. Modellkonzeption vergleichweise gering ist.

Buckler (2001) entwickelte als weiteres Kausalanalyseverfahren *NEUSREL* (Neuronal Structural Relationships), welches eine Verbindung von Faktorenanalyse und Neuronalen Netzen darstellt. Während AMOS, LISREL und PLS für die Überprüfung von Hypothesen konzipiert wurden, können mit NEUSREL explorative Analysen durchgeführt werden, da sich die Methode zum Aufdecken von Beziehungen und Interaktionen eignet. Zudem ist NEUSREL in der Lage, auch nichtlineare Beziehungen zwischen den Variablen abzubilden (vgl. Buckler/Hennig-Thurau 2008).

6.3.9 Clusteranalyse

Ziel der Clusteranalyse ist es, eine heterogene Gesamtheit von Objekten (z. B. Konsumenten, Produkte) anhand geeigneter Merkmale in Gruppen (Cluster) einzuteilen.

Die Clusteranalyse umfasst verschiedene Verfahren der Gruppenbildung und zählt insgesamt zur explorativen Datenanalyse (vgl. als Überblick Wedel/Kamakura 2000). Dabei sollen die untersuchten Objekte innerhalb einer identifizierten Gruppe möglichst ähnlich und die Gruppen untereinander möglichst unähnlich sein. Die Variablen können sowohl metrisch als auch nominal (binär) oder ordinal ausgeprägt sein. Eine typische Anwendung im Marketing ist die Bildung von Marktsegmenten bzw. Zielgruppen.

Ausgangspunkt der Clusteranalyse bildet eine Rohdatenmatrix, welche in allgemeiner Form in Abb. 2.85 dargestellt ist. Zu klassifizieren sind i = 1, … I Objekte anhand von k = 1, …, K Variablen.

	Variable 1	Variable 2	… Variable k …	Variable K
Objekt 1				
Objekt 2				
…				
Objekt i				
…				
Objekt I				

Abb. 2.85: Aufbau der Rohdatenmatrix einer Clusteranalyse

Um die Ähnlichkeiten zwischen den Objekten zu ermitteln, wird die Rohdatenmatrix in eine sog. *Distanzmatrix* (*Ähnlichkeitsmatrix*) überführt, die immer eine quadratische Matrix darstellt. Die Quantifizierung der Ähnlichkeit oder Distanz zwischen den Objekten wird allgemein als *Proximitätsmaß* bezeichnet. Zwei Arten von Proximitätsmaßen lassen sich unterscheiden:

– *Ähnlichkeitsmaße*: Sie spiegeln die Ähnlichkeit zweier Objekte wider (je größer der Wert, desto ähnlicher sind sich die zwei Objekte);
– *Distanzmaße*: Sie messen die Unähnlichkeit zwischen zwei Objekten (je größer der Wert, desto unähnlicher sind die zwei Objekte).

Während Ähnlichkeitsmaße meistens bei nichtmetrischen Merkmalen eingesetzt werden, finden Distanzmaße überwiegend bei metrischen Merkmalen ihre Anwendung (vgl. Raab/Unger/Unger 2004, S. 248 f.). Abb. 2.86 gibt einen Überblick über die gebräuchlichsten Proximitätsmaße.

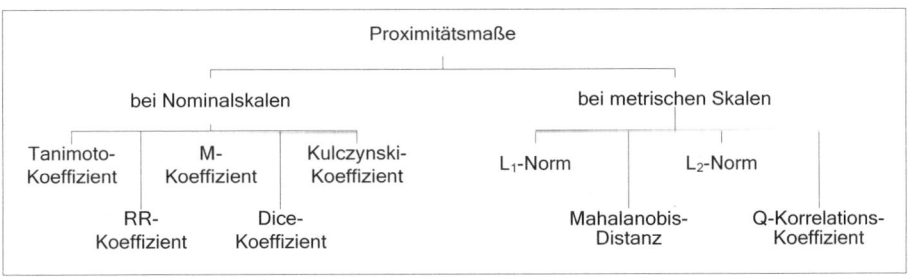

Abb. 2.86: Proximitätsmaße der Clusteranalyse

Bei einem *nominalen (binären) Skalenniveau* beruhen die Ähnlichkeitsmaße größtenteils auf der allgemeinen Ähnlichkeitsfunktion:

$$S_{ij} = \frac{a + \delta d}{a + \delta d + \lambda(b + c)} \text{ mit}$$

S_{ij} = Ähnlichkeit zwischen den Objekten i und j,

a = Anzahl der Merkmale, die bei beiden Objekten vorhanden sind (1;1),

b = Anzahl der Merkmale, die nur bei Objekt 2 vorhanden sind (0;1),

c = Anzahl der Merkmale, die nur bei Objekt 1 vorhanden sind (1;0),

d = Anzahl der Merkmale, die bei beiden Objekten nicht vorhanden sind (0;0),

δ, λ = mögliche konstante Gewichtungsfaktoren.

Der Unterschied zwischen den einzelnen Proximitätsmaßen liegt in der Höhe der beiden Gewichtungsfaktoren δ und λ (vgl. i. E. Bortz 2005, S. 567 f.; Backhaus et al. 2008, S. 396 ff.). Der *Simple Matching-Koeffizient* beispielsweise misst den relativen Anteil gemeinsamer vorhandener und nichtvorhandener Merkmale zweier Objekte, bezogen auf die gesamte Anzahl möglicher Merkmale. Somit ergibt sich für den Koeffizienten folgende Formel:

$$S_{ij} = \frac{a + d}{a + b + c + d}$$

mit $\delta = 1$ und $\lambda = 1$.

Anhand dieser Ähnlichkeitsmaße wird die Ähnlichkeitsmatrix erstellt und in eine Distanzmatrix (1-Ähnlichkeitsmatrix) überführt (vgl. Beispiel 2.65).

Beispiel 2.65:

Im Rahmen einer Sekundärerhebung analysiert ein Marktforschungsinstitut den Automobilmarkt. Das Marktforschungsinstitut wurde beauftragt, für einen Kunden ausgewählte Automobilmarken zu möglichst homogenen Gruppen zusammenzufassen. Für die neuesten Modelle der Marken BMW, Audi, VW und Opel resultiert aus verfügbarem Prospektmaterial folgendes Bild:

Marke	Airbag	ABS
1. BMW	ja	ja
2. Audi	ja	nein
3. VW	nein	nein
4. Opel	ja	nein

Auf der Grundlage des Simple-Matching-Koeffizienten können folgende Ähnlichkeiten ermittelt werden:

$$d_{1,2} = \frac{a+d}{a+b+c+d} = \frac{1+0}{1+0+1+0} = 0,5$$

$$d_{1,3} = \frac{0+0}{0+0+2+0} = 0$$

$$d_{1,4} = \frac{1+0}{1+0+1+0} = 0,5$$

$$d_{2,3} = \frac{0+1}{0+0+1+1} = 0,5$$

$$d_{2,4} = \frac{1+1}{1+0+0+1} = 1$$

$$d_{3,4} = \frac{0+1}{0+1+0+1} = 0,5$$

Daraus lässt sich folgende Ähnlichkeitsmatrix aufstellen:

	BMW	Audi	VW	Opel
1. BMW	1	0,5	0,0	0,5
2. Audi		1	0,5	1,0
3. VW			1	0,5
4. Opel				1

Somit lautet die Distanzmatrix:

	BMW	Audi	VW	Opel
1. BMW	0	0,5	1,0	0,5
2. Audi		0	0,5	0,0
3. VW			0	0,5
4. Opel				0

Bei einem *metrischen Skalenniveau* beruhen die Ähnlichkeitsmaße auf der allgemeinen Ähnlichkeitsfunktion der *Minkowski-Metrik* (vgl. die Ausführungen zur Multidimensionalen Skalierung in Abschn. 6.3.7). In Beispiel 2.66 wird die Vorgehensweise exemplarisch für die Euklidische Distanz erläutert.

Beispiel 2.66:

Bei dem Fall des Beispiels 2.65 verfügt die Marktforschungsgruppe zusätzlich über die Preislisten der neuesten Modelle der Marken BMW, Audi, VW und Opel:

Marke	Preis in €
BMW	40.000
Audi	35.000
VW	29.000
Opel	30.000

Das Distanzmaß der metrischen Variablen soll die direkte Entfernung der Marken im Objektraum messen. Somit erfolgt eine Berücksichtigung der positiven Konstanten von r=2, d. h. es wird die Euklidische Distanz verwendet.

$$d(i,j) = \left[\sum_{k=1}^{4} \left| x_{ik} - x_{jk} \right|^2 \right]^{\frac{1}{2}}$$

Daraus ergibt sich folgende Distanzmatrix:

	BMW	Audi	VW	Opel
BMW	0	5.000	11.000	10.000
Audi		0	6.000	5.000
VW			0	1.000
Opel				0

Die gewonnene Distanzmatrix bildet den Ausgangspunkt für die Anwendung von *Clusteralgorithmen*, die eine Zusammenfassung der Objekte zum Ziel haben. Dabei stehen unterschiedliche Fusionierungsalgorithmen zur Auswahl. Abb. 2.87 zeigt gebräuchliche Clusteralgorithmen im Überblick.

Hierarchische Verfahren beruhen darauf, dass Cluster schrittweise durch Aggregation oder Teilung von Elementen bzw. Gruppen gebildet werden. Während bei den *divisiven Verfahren* die Gesamtheit der Objekte schrittweise in immer feinere Klassen zerlegt wird, werden bei den *agglomerativen Verfahren* die Objekte sukzessive zu immer größeren Klassen zusammengefasst (vgl. Hoberg 2003, S. 94 f.).

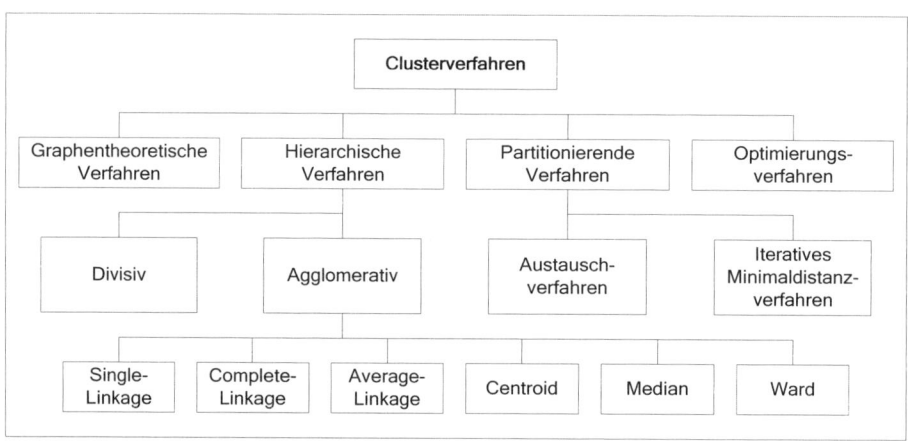

Quelle: Backhaus et al. 2008, S. 412.
Abb. 2.87: Clusteralgorithmen

Eine der am häufigsten angewandten agglomerativen Techniken stellt das *Single-Linkage-Verfahren* dar. Wie bei allen agglomerativen Verfahren werden hierbei zunächst die Objekte mit der geringsten Distanz aus der Distanzmatrix zu einer ersten Gruppe vereint. Im nächsten Schritt erfolgt beim Single-Linkage-Verfahren eine Berücksichtigung der kleinsten Einzeldistanz („Nearest Neighbour"). Das Verfahren ist beendet, wenn alle Objekte zu einer einzigen Klasse zusammengefasst werden.

Ein alternatives agglomeratives Verfahren stellt das *Complete-Linkage-Verfahren* dar. Der Unterschied zum Single-Linkage-Verfahren besteht in der Vorgehensweise bei der Bildung der Distanzmatrix. Beim Complete-Linkage-Verfahren erfolgt eine Berücksichtigung der größten Einzeldistanz („Furthest Neighbour") (vgl. Backhaus et al. 2008, S. 419).

Ein weiterer in der Praxis häufig genutzter Clusteralgorithmus ist das *Ward-Verfahren*. Im Vergleich zu den bisher vorgestellten Verfahren erfolgt beim Ward-Verfahren keine Fusionierung von Objekten auf der Basis der Distanzen, sondern es werden jene Objekte bzw. Gruppen fusioniert, die ein vorgegebenes Heterogenitätsmaß (z. B. die Fehlerquadratsumme) am wenigsten vergrößern. Als Ergebnis einer hierarchischen Clusterbildung erhält man eine Baumstruktur (*Dendrogramm*) (vgl. Abb. 2.88).

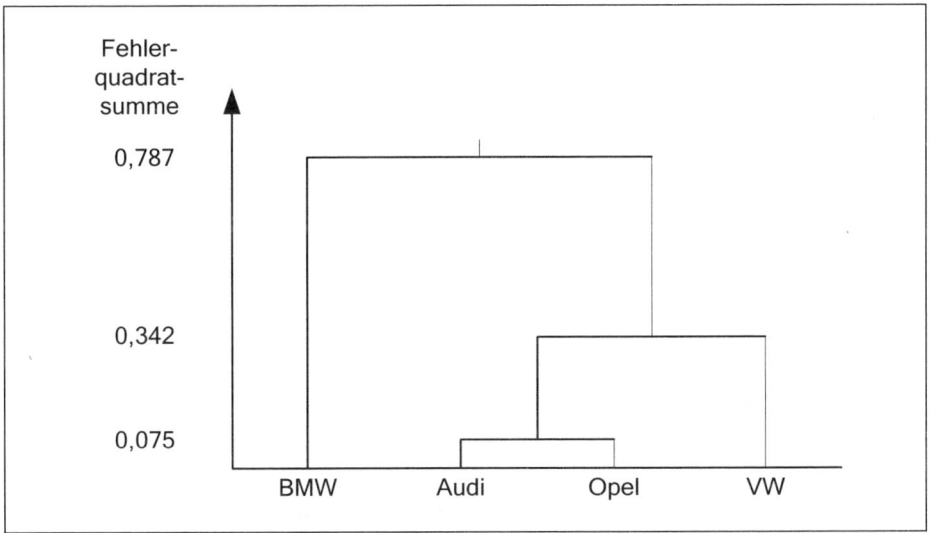

Abb. 2.88: Dendrogramm einer hierarchischen Clusterbildung

Während bei den hierarchischen Verfahren schrittweise Cluster gebildet werden, geht man bei den *partitionierenden Verfahren* von einer gegebenen oder generierten Startgruppierung aus, bei der schon eine Einteilung in Cluster vorliegt. Dabei wird durch das schrittweise Verschieben einzelner Objekte von einem Cluster zu einem anderen mit Hilfe eines Austauschalgorithmus versucht, das Optimum einer gegebenen Zielfunktion zu erreichen (vgl. Bortz 2005, S. 573; Raab/Unger/Unger 2004, S. 251).

Die unterschiedlichen Clusteralgorithmen nehmen eine schrittweise Fusionierung von Einzelobjekten zu Clustern vor. Die Anzahl möglicher Cluster reicht dabei von der kleinsten Partition, bei der jedes einzelne Objekt ein eigenes Cluster bildet, bis hin zur Zusammenfassung sämtlicher Objekte zu einem einzigen Cluster.

Bei der Clusteranalyse muss stets ermittelt werden, wie viele Objektgruppen die „beste" Clusterlösung darstellen. Üblicherweise wird hierzu das Elbow-Kriterium herangezogen. Der Abbruch erfolgt, wenn eine weitere Zusammenfassung der bestehenden Cluster zu einem Sprung in der Fehlerquadratsumme führt. Dabei ist zu berücksichtigen, dass der jeweilige Wert beim Elbow-Kriterium vom Anwender individuell vorgegeben werden muss. Im letzten Schritt erfolgt schließlich eine inhaltliche *Clusterbeschreibung* (Backhaus et al. 2008, S. 430 ff.).

6.3.10 Diskriminanzanalyse

Mit Hilfe der Diskriminanzanalyse können Unterschiede zwischen Gruppen von Untersuchungsobjekten analysiert werden. Während die Clusteranalyse auf Ähnlichkeiten zwischen Objekten beruht, basiert die Diskriminanzanalyse auf Abhängigkeiten einer nominal skalierten Variablen von zwei oder mehr metrisch skalierten unabhängigen Variablen.

Die Zugehörigkeit von Untersuchungsobjekten (Personen oder Produkten) zu Gruppen (Kundengruppen oder Warengruppen) kann so anhand von relevanten Merkmalen erklärt bzw. prognostiziert werden. Die Diskriminanzanalyse ist ein strukturprüfendes Verfahren. Methodisch werden die Unterschiede zwischen zwei oder mehr im Vorwege festgelegten Ausprägungen einer nominal skalierten Gruppierungsvariablen (abhängige Variable, y) anhand einer Linearkombination von zwei oder mehr metrisch skalierten Merkmalsvariablen x_k (k= 1,…,K) abgebildet (vgl. hierzu Decker/Temme 2000, S. 297). Typische Fragestellungen zur Anwendung der Diskriminanzanalyse sind:

- Kreditwürdigkeitsprüfungen: In welche Risikoklasse können Kreditnehmer auf Grund von soziographischen Daten eingeordnet werden?
- Klassifizierung von Warengruppen: Anhand welcher Eigenschaften lassen sich Produkte zu Warengruppen zusammenfassen?
- Wähleranalysen: Welchen Wählergruppen (Parteien) lassen sich Wähler auf Grund welcher politischen Einstellungsmerkmale zuordnen?

Die Anwendung der Diskriminanzanalyse kann verschiedene Untersuchungsziele haben. Zum einen kann ermittelt werden, auf Grund welcher Merkmalsvariablen Unterschiede zwischen den untersuchten Gruppen auftreten bzw. wie stark die Unterschiede zwischen den Gruppen sind. Zum anderen kann prognostiziert werden, in welche Gruppe neu zu klassifizierende Untersuchungsobjekte auf Grund der Ausprägungen von Merkmalsvariablen einzuordnen sind bzw. wie hoch die Wahrscheinlichkeit der Zuordnung eines Elementes zu einer bestimmten Gruppe ist. Weiterhin kann überprüft werden, ob sich die Gruppen signifikant voneinander unterscheiden, und es können diejenigen Variablen identifiziert werden, welche am stärksten zur Erklärung von Gruppenunterschieden beitragen (vgl. Frenzen/Krafft 2008, S. 611).

Die Definition der Gruppen kann durch theoretische Vorüberlegungen oder durch eine vorgeschaltete Analyse wie beispielsweise der Clusteranalyse erfolgen. Es gilt bei der Definition der Gruppen zu bedenken, dass zum einen der zur Verfügung stehende Stichprobenumfang in jeder Gruppe mindestens so groß sein muss wie die Anzahl der untersuchten Variablen. Des Weiteren steigt die Komplexität der Diskriminanzanalyse mit einer steigenden Gruppenzahl. Die Auswahl der Variablen erfolgt auf Grund sachlogischer Überlegungen hypothetisch. Nach der Schätzung der Diskrimininanzfunktion kann ermittelt werden, wie gut die ausgewählten Variablen geeignet sind, die Unterscheidung der Gruppen zu erklären.

Das allgemeine Diskriminanzmodell y hat dieselbe Form wie das allgemeine Modell der multiplen Regressionsanalyse (vgl. Abschn. 6.3.3). Zur *Bestimmung der Diskriminanzfunktion* wird sie partiell nach den Diskriminanzkoeffizienten abgeleitet, um ein Mehrgleichungsmodell zu erstellen. Aus ihnen lassen sich mit Hilfe der Beobachtungswerte der Variablen x_k die *Diskriminanzkoeffizienten* bestimmen (vgl. Böhler 2004, S. 215). Das allgemeine Modell der Diskriminanzanalyse lautet wie folgt (vgl. Backhaus et al. 2008, S. 186):

$$y = a + b_1 \cdot x_1 + \ldots + b_k \cdot x_k + \ldots + b_K \cdot x_K \text{ mit}$$

y = Diskriminanzvariable,
a = konstantes Glied,
b_k = Diskriminanzkoeffizient für die Variable x_k (k = 1, …, K).

Die Diskriminanzfunktion wird so geschätzt bzw. die Parameter b_k so bestimmt, dass die Gruppen g (g = 1,…, G) (in der Grafik die Gruppen A und B) optimal getrennt werden. Es wird also die *Diskriminanzachse* ŷ gesucht, welche die Gruppen möglichst vollständig trennt. Grafisch kann die Diskriminanzfunktion als eine Gerade dargestellt werden, die sog. Diskriminanzachse. Einzelne Elemente einer Gruppe sowie die Gruppenmittelwerte (Zentroide) lassen sich als Punkte auf der Diskriminanzachse lokalisieren. Abbildung 2.89 zeigt ein Beispiel für den einfachsten Fall der Diskriminanzanalyse (Zwei-Gruppen-zwei-Variablen-Fall).

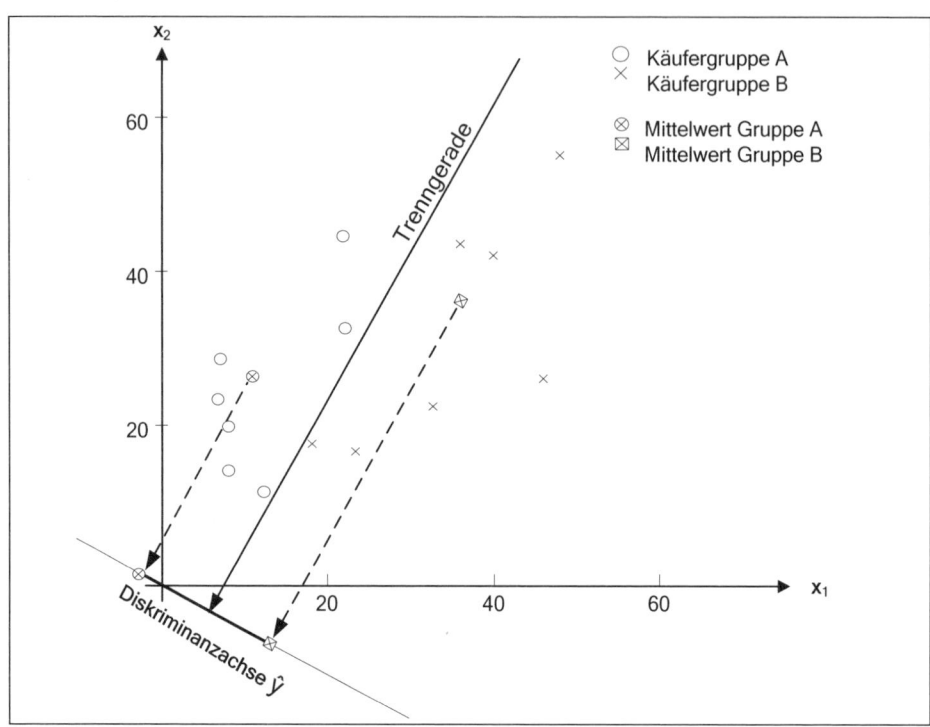

Abb. 2.89: Diskriminanzachse im 2-Gruppen-2-Variablen-Fall

Im Mehrgruppen bzw. Mehrvariablenfall reicht eine Diskriminanzfunktion zur Abbildung der Varianzen nicht aus: es sind also weitere, jeweils unkorrelierte Diskriminanzfunktionen zu berechnen, um die Restvarianz zu erfassen. Maximal können in Abhängigkeit von der Anzahl der betrachteten Gruppen G-1 Diskriminanzfunktionen berechnet werden. Die Berechnung erfolgt über die Maximierung des Diskriminanzkriteriums. Der Maximalwert wird als *Eigenwert* bezeichnet. Jede weitere Diskriminanzfunktion ist so zu bestimmen, dass sie ein Maximum der nach der Ermittlung der ersten Diskriminanzfunktion verbleibenden Restvarianz erklärt. Der Eigenwertanteil der l-ten Diskriminanzfunktion (l = 1, ..., L) wird dabei auf die Summe des durch alle Diskriminanzfunktionen erklärten Eigenwertes bezogen. Der Eigenwertanteil der Diskriminanzfunktionen nimmt dabei schnell ab. So reichen zumeist auch bei einer großen Anzahl von untersuchten Gruppen zwei Diskriminanzfunktionen aus (vgl. Backhaus et al. 2008, S. 200).

Bei der anschließenden Prüfung der Ergebnisse werden zunächst die Diskriminanzfunktionen und anschließend die einzelnen Unterscheidungsvariablen betrachtet. Das gängigste Gütemaß für die Diskriminanzfunktion ist das *Wilks' Lambda Λ* (vgl. Backhaus et al. 2008, S. 203 ff.). Wilks' Lambda entspricht dem Verhältnis der nicht erklärten Streuung zur Gesamtstreuung und ist ein inverses Maß: Je kleiner der Wert ist, umso besser ist die Anpassung. Die Diskriminanzkoeffizienten schließlich geben Aufschluss über den Einfluss der einzelnen Merkmalsvariablen auf die Unterschiedlichkeit der untersuchten Gruppen (vgl. Frenzen/Krafft 2008, S. 622).

Neben der Möglichkeit, mit Hilfe der Diskriminanzanalyse die Unterschiedlichkeit von Gruppen aufgrund von Merkmalsvariablen erklären zu können, lassen sich durch sie auch neue Elemente aufgrund der Ausprägung der Merkmalsvariablen den einzelnen Gruppen zuordnen. Dabei wird ein Element allgemein derjenigen Gruppe zugeordnet, der es aufgrund seines Diskriminanzwertes am nächsten liegt. Als Kriterium für die „Nähe" zu einer Gruppe wird der jeweilige Gruppenmittelwert (Zentroid) herangezogen. Für die Messung der Distanz wird üblicherweise die quadrierte Euklidische Distanz gewählt (vgl. Backhaus et al. 2008, S. 209 ff. sowie zur Euklidischen Distanz die Ausführungen in Abschn. 6.3.7).

Die Diskriminanzanalyse lässt sich sinnvollerweise mit der Clusteranalyse kombinieren. So ist die Anwendung des strukturentdeckenden Verfahrens der Clusteranalyse geeignet, um Gruppen zu identifizieren, die mit Hilfe der Diskriminanzanalyse näher untersucht werden können.

6.3.11 Conjoint Analyse

> Die Conjoint Analyse dient dazu, die Präferenzen bzw. Nutzenvorstellungen von Personen bezüglich alternativer Objekte (z. B. Produktkonzepte) zu analysieren. Es handelt sich dabei um ein Verfahren der indirekten Präferenzmessung, d. h. aus Globalurteilen bzgl. der zu bewertenden Objekte wird auf die relative Bedeutung von deren Eigenschaften und Präferenzen bzgl. einzelner Eigenschaftsausprägungen geschlossen.

Die Conjoint Analyse ist ein in der Marktforschung weit verbreitetes multivariates Verfahren zur Messung von Nachfragerpräferenzen (vgl. Hartmann/Sattler 2004, S. 3). Sie basiert auf der Annahme, dass ein Produkt (oder eine Dienstleistung) aus einem Bündel von Leistungsmerkmalen bzw. Eigenschaften besteht (z. B. Preis, Verpackung, Marke, Garantie), welche verschiedene Ausprägungen annehmen können (keine Garantie, 1 Jahr oder 2 Jahre Garantie usw.). Der vom Kunden empfundene Gesamtnutzen des Produktes setzt sich annahmegemäß aus den Nutzenwerten der einzelnen Merkmale zusammen. Je besser der Nachfrager die einzelnen Merkmale bewertet, desto höher ist auch seine Präferenz für das Produkt und damit auch sein persönlicher Nutzen sowie die Wahrscheinlichkeit, dass er dieses Produkt kauft.

Zentrales Ziel der Conjoint Analyse ist es, die Teilnutzen und damit letztlich die relative Wichtigkeit einzelner Eigenschaften und ihrer unterschiedlichen Ausprägungen für die Gesamtbewertung eines Produktes zu ermitteln. Ausgehend von Gesamturteilen über zu vergleichende Stimuli (ein *Stimulus* besteht jeweils aus einer Kombination von Eigenschaften mit den jeweiligen Eigenschaftsausprägungen), die sich hinsichtlich der Merkmalsausprägungen unterscheiden, wird auf den Nutzenbeitrag der einzelnen Ausprägungen zu diesem Gesamturteil geschlossen. Es handelt sich somit um ein *dekompositionelles Verfahren*, bei dem die unabhängigen Variablen die Ausprägungen der einzelnen Eigenschaften sind und die abhängige Variable die Präferenz der Auskunftspersonen hinsichtlich der zu bewertenden Produkte darstellt. Gegenüber *self-explicated Verfahren*, bei denen die Präferenz einzelner Produktkomponenten direkt abgefragt wird, besitzt die Conjoint Analyse damit den großen Vorteil, dass die Probanden „vollständige" Produkte beurteilen und dabei simultan positive und negative Eigenschaftsausprägungen gegeneinander abwägen müssen. Bei einem methodisch korrekten Versuchsaufbau erreicht die Conjoint Analyse dadurch vergleichsweise hohe Validitätswerte.

Typische Anwendungsfälle für die Conjoint Analyse bilden im Marketing Kosten-Nutzenbewertungen alternativer Produktkonzepte, Marktanteilsprognosen konkurrierender Produkte sowie nachfrageorientierte Preisbestimmungen und Marktsegmentierungen (vgl. Hüttner/Schwarting 2002, S. 339, Hensel-Börner/Sattler 2000, S. 706).

Um im Rahmen einer Conjoint Analyse die *Teilnutzenwerte* einzelner Eigenschaftsausprägungen eines Produktes ermitteln zu können, müssen in einem ersten Schritt zunächst die zu untersuchenden Produktmerkmale sowie deren mögliche Ausprägungen festgelegt werden. Dabei sind einige grundlegende *Voraussetzungen* an die Wahl der Eigenschaften geknüpft. So sollen ausschließlich Eigenschaften untersucht werden, von denen angenommen wird, dass sie für die Präferenzentscheidung relevant sind. Zudem müssen sie aus Sicht der Beurteilenden voneinander unabhängig sein, d. h. in ihrem beigemessenen Teilnutzen nicht von anderen Eigenschaften abhängig sein. Außerdem müssen sie vom Hersteller eines Produktes beeinflussbar sein und dürfen keine Ausschlusskriterien darstellen (vgl. Mengen/Simon 1996, S. 231). Aus Gründen der Komplexität müssen darüber hinaus die Anzahl der zu betrachtenden Eigenschaften sowie deren Ausprägungsalternativen auf einige wenige begrenzt sein. Zudem müssen die zu untersuchenden Eigenschaften in einer kompensatorischen Beziehung zueinander stehen, da im Grundmodell der Conjoint Analyse unterstellt wird, dass sich die zu ermittelnden Teilnutzen additiv zu einem Gesamtnutzen zusammensetzen.

Nachdem festgelegt wurde, welche Eigenschaften und welche Eigenschaftsausprägungen untersucht werden sollen, wird im nächsten Schritt das *Erhebungsdesign* festgelegt. Hierbei werden sowohl die von den Probanden zu vergleichenden Stimuli als auch die Präsentationsart für die Probanden festgelegt. Grundsätzlich können die Stimuli den Probanden entweder als vollständige Produktkonzepte unter Einbeziehung sämtlicher beurteilungsrelevanter Eigenschaften vorgelegt werden (*Profilmethode*), oder die zu vergleichenden Stimuli bestehen jeweils nur aus zwei Eigenschaften (Faktoren), die miteinander verglichen werden (*Zwei-Faktor-* bzw. *Trade-Off-Methode*).

Für die Profilmethode spricht, dass den Probanden vollständig beschriebene Stimuli vorgelegt werden, wodurch die Beurteilung stärker einer realen Präferenzentscheidung entspricht, was sich tendenziell positiv auf die Validität der Untersuchungsergebnisse auswirkt. Zudem ist die Anzahl der zu betrachtenden Stimuli in der Regel deutlich kleiner als bei der Zwei-Faktor-Methode. Nachteilig gegenüber der Zwei-Faktor-Methode ist jedoch, dass die an die Auskunftspersonen gestellte Bewertungsaufgabe deutlich anspruchsvoller und komplexer ist, weil der Nutzen von mehreren Eigenschaften gleichzeitig gegeneinander abgewogen werden muss. Empirisch wird auf Grund des simultanen Vergleichs zwischen den Ausprägungen aller relevanten Produkteigenschaften und der damit einhergehenden höheren Validität die Profilmethode zumeist bevorzugt.

Die Anzahl der zu vergleichenden Stimuli wird bereits bei relativ wenigen zu untersuchenden Eigenschaften und Eigenschaftsausprägungen sehr groß. So ergeben sich im Falle der Profilmethode bereits bei fünf zu untersuchenden Eigenschaften mit jeweils drei möglichen Eigenschaftsausprägungen $3^5 = 243$ einzelne Stimuli, welche im Rahmen einer empirischen Untersuchung kaum noch von den Testpersonen zu bewerten sein dürften. Daher werden den Probanden zumeist nicht sämtliche Stimuli zur Bewertung vorgelegt (*vollständiges Design*), sondern nur eine statistisch ausgewählte Teilmenge (*reduziertes Design*), welche die Grundgesamtheit der Stimuli möglichst gut abbildet.

Für die Bewertung der Stimuli werden Probanden gebeten, die Stimuli in eine Rangfolge zu bringen, welche die Präferenzen bzw. Nutzenvorstellungen der jeweiligen Testperson wiedergeben. Sollte die *Rangreihung* auf Grund zu vieler Stimuli mit zu vielen gleichzeitig abzuwägenden Eigenschaften für die Probanden zu komplex sein, lassen sich die Präferenzen auch indirekt mittels *Paarvergleichen* bzw. *Ratingskalen* ermitteln (vgl. Hüttner/Schwarting 2002, S. 345 f.).

Auf der Basis der empirischen Rangdaten werden im nächsten Schritt die Teilnutzenwerte für sämtliche Eigenschafsausprägungen ermittelt. Ziel ist es dabei, die Teilnutzenwerte dergestalt zu bestimmen, dass die resultierenden Gesamtnutzenwerte y_i „möglichst gut" den empirisch abgefragten Rangwerten entsprechen. Allgemein ergibt sich der Gesamtnutzen eines Stimulus i für das additive Modell der Conjoint Analyse aus der Addition der Teilnutzenwerte seiner einzelnen Eigenschaftsausprägungen:

$$y_i = \sum_{k=1}^{K} \sum_{m=1}^{M_k} \beta_{km} \cdot x_{km} \text{ mit}$$

y_i = geschätzter Gesamtnutzen für Stimulus i,
β_{km} = Teilnutzenwert für Ausprägung m der Eigenschaft k,
x_{km} = 1 falls bei Stimulus i die Eigenschaft k mit der Ausprägung m vorliegt, 0 sonst.

Zur konkreten Ermittlung der Teilnutzenwerte gibt es grundsätzlich zwei Rechenverfahren, die von den jeweiligen Skalenniveaus der erhobenen Rangwerte abhängen. Bei der *metrischen Schätzung* liegen metrisch skalierte Rangwerte vor, und es wird entweder eine *Dummy kodierte Regression* bzw. alternativ eine *metrische Varianzanalyse* vorgenommen. Bei der *nichtmetrischen Schätzung* dienen lediglich ordinale Rangwerte als Berechnungsgrundlage. In diesem Fall wird eine *monotone Varianzanalyse* mit einer *monotonen Regression* durchgeführt, um die Teilnutzenwerte zu schätzen (vgl. hierzu ausführlich Backhaus et al. 2008, S. 463 ff.).

Die Größe der Teilnutzenwerte gibt Auskunft über die Einflusshöhe einer Eigenschaftsausprägung auf den Gesamtnutzen eines Produktes. Sie lässt jedoch keinen direkten Schluss auf die relative Wichtigkeit einer Eigenschaft zur Präferenzveränderung zu. Die *Wichtigkeit* einer Eigenschaft ergibt sich aus der *Spannweite* bzw. Differenz zwischen dem höchsten und dem niedrigsten Teilnutzenwert der möglichen Eigenschaftsausprägungen. Ist die Spannweite sehr groß, so kann durch Ausprägungsvariation der betreffenden Eigenschaft eine starke Änderung des Gesamtnutzenwertes erreicht werden. Die *relative Wichtigkeit* erhält man, indem man die ermittelte Wichtigkeit der einzelnen Eigenschaften mit der Relevanz der übrigen Eigenschaften vergleicht (vgl. Teichert/Völckner/Sattler 2008, S. 664).

Die im Rahmen einer Conjoint Analyse ermittelten Teilnutzenwerte werden oftmals dazu genutzt, Marktanteile von (zukünftigen) Produkten zu prognostizieren. Diese werden mit Hilfe von sog. *Choice Simulatoren* geschätzt. Dabei werden alternative Kaufverhaltensannahmen getroffen. Bei dem *First-Choice-Konzept* wird unterstellt, dass sich Konsumenten grundsätzlich für dasjenige Produkt entscheiden, welchem sie den höchsten Gesamtnutzenwert zuordnen. Bei den *Probabilistic-Choice-Modellen*, wie *Bradley-Terry-Luce* oder *LOGIT*, wird hingegen angenommen, dass die Kaufwahrscheinlichkeit mit steigendem Präferenzwert zunimmt (vgl. Green/Srinivasan 1990, S. 14, Hartmann/Sattler 2004, S. 14).

Da Conjoint-Analysen bereits bei wenigen zu untersuchenden Eigenschaften sehr umfangreich und komplex werden, werden Conjoint-Experimente in der Praxis zumeist computergestützt durchgeführt. Einfachere Experimente lassen sich gelegentlich noch mit Hilfe einer dummy-kodierten Regressionsanalyse in MS Excel vornehmen (vgl. zur Regressionsanalyse mit MS Excel Poddig/ Dichtl/Petersmeier 2003). Eine häufig verwendete Software zum Design, zur Durchführung und zur Auswertung von sog. *Choice-based Conjoint-Analysen* stammt von Sawtooth Software (vgl. Sattler/Hartmann/Kröger 2003, S. 1). Hierbei werden nicht Präferenzurteile abgefragt, sondern tatsächliche Wahlentscheidungen zwischen einzelnen Stimuli erhoben. Auf diese Weise wird berücksichtigt, dass erfragte Präferenzen und tatsächliches Kauf- bzw. Entscheidungsverhalten von Konsumenten z. T. signifikante Unterscheide aufweisen. Die Choice Based Conjoint Analyse kommt damit ggü. der klassischen präferenzbasierten Conjoint Analyse zu einer deutlich höheren Prognosevalidität (Eggers 2008).

Wiederholungsfragen

1. Beschreiben Sie die Verfahren der Korrelations- und der linearen Regressionsanalyse. Wie hängen die Verfahren zusammen? Welche Anwendungsvoraussetzungen müssen beachtet werden, und welche Fragestellungen können damit untersucht werden?

2. Was wird mit Hilfe der Varianzanalyse untersucht? Erläutern Sie das Prinzip der Streuungszerlegung am Beispiel der einfaktoriellen Varianzanalyse.

3. Welcher Unterschied besteht zwischen Ähnlichkeits- und Distanzmaßen? Erläutern Sie am Beispiel des Simple-Matching-Koeffizienten und der Euklidischen Distanz.

4. Inwieweit unterscheiden sich die Fragestellungen der Clusteranalyse, Diskriminanzanalyse und Multidimensionale Skalierung als Verfahren zur Klassifikation von Objekten?

5. Erläutern Sie Grundprinzip und Anwendungsbereiche der Faktorenanalyse.

6. Skizzieren Sie das Grundprinzip der Conjoint Analyse. Welche Vorteile hat die Conjoint Analyse im Vergleich zur direkten Abfrage von Präferenzen?

6.4 Weiterführende Literatur

Bühl, A. (2010): SPSS 18, 12. Auflage, München 2010.

Diekmann, A. (2009): Empirische Sozialforschung. Grundlagen, Methoden, Anwendungen, 20. Auflage, Reinbek 2009.

Eggers, F. (2008): Präferenzmessung zur Prognose und Erklärung des Markterfolgs unter besonderer Berücksichtigung von Preis und Marke, Dissertation, Universität Hamburg.

Hair, J. F., Black, W. C., Babin, B. J., Anderson, R. E., Tatham, R. L. (2010): Multivariate Data Analysis, 7. Auflage, Upper Saddle River 2010.

Hildebrandt, L. (2000): Hypothesenbildung und empirische Überprüfung, in: Herrmann, A., Homburg, C. (Hrsg.): Marktforschung. Methoden, Anwendungen, Praxisbeispiele, 2. Auflage, Wiesbaden 2000, S. 33-57.

Homburg, C. (2007): Betriebswirtschaftslehre als empirische Wissenschaft – Bestandsaufnahme und Empfehlungen, in: Zeitschrift für betriebswirtschaftliche Forschung, 56. Jg. (2007), Nr. 7, S. 27-60.

Janssen, J., Laatz, W. (2010): Statistische Datenanalyse mit SPSS : eine anwendungsorientierte Einführung in das Basissystem und das Modul Exakte Tests, 7. Auflage, Berlin u. a. 2010.

Spieß, M. (2009): Missing-Data Techniken. Analyse von Daten mit fehlenden Werten, Münster 2009.

7. Interpretation und Präsentation der Ergebnisse

Lernziele

In diesem Kapitel erfahren Sie,
– welche Elemente ein Forschungsbericht enthalten sollte sowie
– welche Aspekte bei der Darstellung und Interpretation der Ergebnisse beachtet werden müssen.

Unabhängig davon, ob eine Untersuchung quantitativer oder qualitativer Natur ist, müssen nach der erfolgten Datenanalyse die Ergebnisse normalerweise zusammengestellt, interpretiert und dem internen/externen Auftraggeber vorgestellt werden. Hierfür werden üblicherweise ein schriftlicher Forschungsbericht erstellt und die Ergebnisse im Rahmen einer Präsentation erläutert.

Ein *Forschungsbericht* sollte übersichtlich und logisch aufgebaut sein. Typischerweise ist der Aufbau eines Forschungsberichts wie folgt:
- Titelblatt,
- Inhaltsverzeichnis,
- Executive Summary, d. h. eine thesenartige Zusammenfassung der Ergebnisse und der daraus abzuleitenden Schlussfolgerungen,
- Einführung mit Angabe des konkreten Entscheidungs- und Forschungsproblems,
- Methodisches Vorgehen (Untersuchungsdesign, Stichprobenplan, angewandte Verfahren zur Datensammlung und Datenauswertung),
- detaillierte und geordnete Darstellung der Forschungsergebnisse, ggf. auf unterschiedlichem Aggregationsniveau,
- Grenzen der Ergebnisse (z. B. Bindung an bestimmten Prämissen, Nonresponse-Problem, methodische Einschränkungen usw.),
- Schlussfolgerungen aus den Forschungsergebnissen und Empfehlungen für das Management.

Die erhebungstechnischen Details (z. B. Fragebogen, Intervieweranweisungen, Codeplan usw.) sollten in einem Anhang dokumentiert werden. Ein Verzeichnis der Quellen schließt den Berichtsband.

Bei der Erstellung des Forschungsberichts sind zunächst die Ergebnisse in geeigneter Weise zu visualisieren. Dies geschieht bei quantitativen Daten in Form von Tabellen und Diagrammen, bei qualitativen Daten als grafische Darstellungen wie z. B. Flussdiagramme, Netzwerkgraphiken u. ä. Die Wahl der geeigneten Darstellungsform aus der Vielfalt der möglichen Alternativen hängt natürlich vom jeweiligen Einzelfall ab. Es gibt aber bei der Gestaltung ein paar grundlegende Dinge zu beachten (vgl. Malhotra 2007, S. 698 ff.): Tabellen und Diagramme sollten stets nummeriert und mit einer aussagekräftigen Überschrift versehen werden. Zudem sollte im Text des Forschungsberichtes darauf Bezug genommen werden. Die Angaben in den Tabellen bzw. Abbildungen sollten in geeigneter Weise, z. B. nach der Jahreszahl oder der Größe, geordnet werden. Darüber hinaus sollte die Maßeinheit quantitativer Werte angegeben sein (z. B. „in 1.000 EUR"). Bei Sekundärdaten soll die Quelle ersichtlich sein. Ergänzungen und Kommentare sollten hierbei als Fußnoten erscheinen. Die optische Gestaltung sollte stets die Kriterien der Zweckmäßigkeit, Aussagefähigkeit und Übersichtlichkeit erfüllen. Auf die Vielzahl möglicher Diagramme (z. B. Säulendiagramme, Flächendiagramme, Kreisdiagramme usw.) kann an dieser Stelle nicht näher eingegangen werden; ein ausführlicher Überblick über die verschiedenen Formen findet sich z. B. bei Pepels 1995, S. 375 ff.

Die Interpretation der Ergebnisse kann durch eine ausreichende Visualisierung erheblich erleichtert werden. Manipulative Verzerrungen oder Darstellungen wie z. B. Stauchung/Streckung von Skalen u. ä. sind dabei jedoch zu vermeiden. Gerade weil manche Ergebnisse Spielräume für eine subjektive Interpretation lassen, sollte sich ein Forscher bei der Formulierung der Ergebnisse um eine möglichst große Objektivität bemühen. Bereits der gewählte Wortlaut kann suggestiv wirken. Weiterhin sollte bei der Berichterstattung darauf geachtet werden, dass ein allzu technischer Jargon vermieden wird, d. h. die Formulierung sollte sprachlich dem Leser angepasst werden. Lassen sich Fachbegriffe nicht vermeiden, so sollten sie in einem Anhang kurz erläutert werden. Die Formulierungen sollten darüber hinaus kurz und prägnant sein, überflüssige bzw. redundante Aussagen sind zu vermeiden.

Das Erscheinungsbild des Berichts sollte ansprechend sein und einen professionellen Eindruck erwecken. Dazu gehört neben einer guten Papier- und Druckqualität auch eine großzügige Raumaufteilung auf den Seiten.

Nach der Erstellung des Forschungsberichts erfolgt zumeist eine *mündliche Präsentation* der Analyseergebnisse beim Auftraggeber (vgl. Malhotra 2007, S. 708 f.; Pepels 1995, S. 382 ff.). Präsentationen erfolgen in der Regel unter Zuhilfenahme standardisierter Präsentationssoftware wie z. B. MS PowerPoint. Ergänzt werden kann die Bildschirmpräsentation durch Flip Charts, Videos und andere Medien. Auch die mündliche Präsentation sollte einen professionellen Eindruck hinterlassen (vgl. zur Gestaltung von Präsentationen z. B. Kusch 2001).

Wiederholungsfragen

1. In welcher Weise ist ein Marktforschungsbericht aufzubauen?

2. Was ist bei der Darstellung und Interpretation der Ergebnisse zu beachten?

---

3. Teil: Besonderheiten qualitativer Marktforschung

1. Erhebungsmethoden qualitativer Marktforschung

1.1 Qualitative Befragung

Lernziele

In diesem Kapitel erfahren Sie,
- in welcher Weise Befragungen für qualitative Erhebungen eingesetzt werden können,
- welche Methoden qualitativer Befragungen in der Marktforschung gebräuchlich sind und
- welche Vor- und Nachteile sie jeweils aufweisen.

Nach Bearbeitung des Kapitels sind Sie in der Lage, für ausgewählte Fragestellungen des Marketing geeignete qualitative Befragungsdesigns zu entwerfen und zu bewerten.

1.1.1 Methoden qualitativer Befragung

Bei qualitativen Befragungsmethoden handelt es sich um Formen der persönlichen (Face-to-face)-Befragung; in der Regel sind sie nicht bzw. nur teilweise standardisiert und erfolgen bei einer relativ kleinen Anzahl an Probanden. Anders als quantitative Befragungen, welche unabhängig vom Medium eine vergleichsweise einheitliche Struktur aufweisen, handelt es sich bei qualitativen Befragungen um eine Vielzahl heterogener Formen, welche aus unterschiedlichen Forschungsrichtungen entstanden sind. Eingesetzt werden qualitative Befragungen insb. dort, wo durch Interaktion der Probanden mit einem Interviewer (bzw. untereinander) Einblicke in zu Grunde liegende psychische bzw. soziale Prozesse gewonnen werden sollen. Ziel ist eine umfassende Sammlung von Informationen zu dem interessierenden Untersuchungsgegenstand, die nicht vorherbestimmt sind und möglichst sämtliche relevanten Facetten abdecken sollen (vgl. Kepper 2008, S. 180). Qualitative Befragungen können nach der *Art der Auskunftsperson* in Expertenbefragung und Konsumentenbefragung unterteilt werden; nach der *Anzahl der Befragten* unterscheidet man in Einzel- oder Gruppeninterviews. Abb. 3.1 zeigt die verschiedenen Methoden qualitativer Befragung im Überblick.

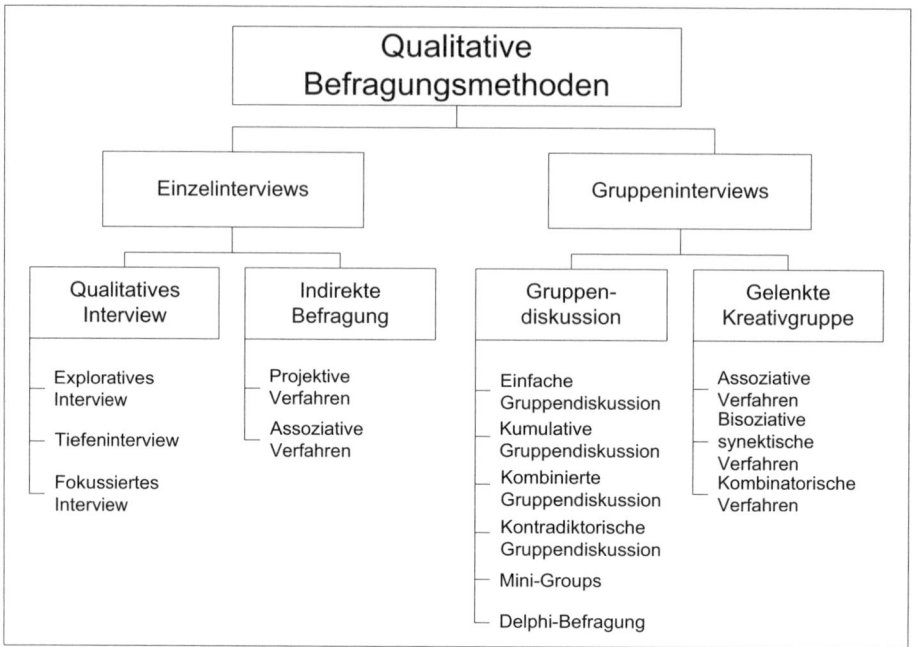

Abb. 3.1: Methoden qualitativer Befragung

Einzelinterviews

Wesentliche Formen des Einzelinterviews sind zum einen das qualitative Interview, zum anderen Techniken der indirekten Befragung. Befragt wird pro Interview jeweils eine Auskunftsperson.

Das *qualitative Interview* gehört zu den gängigsten Verfahren qualitativer Marktforschung und basiert auf einer möglichst offenen Gesprächsführung. Dies ermöglicht es den Befragten, eigene Schwerpunkte zu setzen und diese mit eigenen Worten zu äußern. Gewählt werden offene Fragen ohne Vorgabe einer festen Reihenfolge; aufgezeichnet werden die Gespräche i. d. R. mit Tonband- oder Videoaufzeichnungsgeräten. Die Dauer eines qualitativen Interviews kann dabei durchaus mehrere Stunden umfassen. Grundlegende Varianten im Rahmen qualitativer Marktforschung sind:
– das explorative Interview,
– das Tiefeninterview und
– das fokussierte Interview.

Explorative Interviews sind offene und weitgehend nichtstandardisierte Befragungsgespräche, im Rahmen derer der Interviewer den Ablauf des Gesprächs mitgestaltet. Aufgabe explorativer Interviews ist die Ermittlung subjektiv relevanter Informationen der Befragten (z. B. Wissen, Erfahrungen, Einstellungen) zu einem Untersuchungsgegenstand und nicht die Analyse tiefliegender Bewusstseinsstrukturen (vgl. Kepper 2008, S. 182). Der Interviewer nimmt dabei die Rolle eines „interessierten Zuhörers" ein und sorgt so dafür, dass er eine möglichst umfassende und vollständige Sammlung von Informationen erhält. Im Rahmen explorativer Interviews können auch komplexe Fragestellungen analysiert werden. Die offene Art der Gesprächsführung erlaubt es, die Erlebniswelt des Probanden in seiner gesamten Breite zu erfassen. Häufig werden explorative Interviews im Rahmen von Expertenbefragungen eingesetzt.

Eine typische Anwendung explorativer Interviews ist die *Strukturierung des Untersuchungsfeldes* bei relativ neuen und unbekannten Forschungsproblemen. Auf diese Weise können relevante Dimensionen des Forschungsgegenstands identifiziert und wichtige Einflussfaktoren erfasst werden. Geeignet sind explorative Interviews auch für Prognosezwecke, insb. in Form von Expertenbefragungen.

Das psychologische *Tiefeninterview* stellt die bekannteste Form qualitativer Interviews dar. Es handelt sich um ein relativ langes Interviewgespräch mit dem Ziel, unbewusste, verborgene bzw. nur schwer erfassbare Motive und Einstellungen des Befragten zu erheben (vgl. Salcher 1995, S. 34). Geführt werden Tiefeninterviews von geschulten Psychologen, die das Gespräch nach eigenem Ermessen so steuern, dass sie möglichst tiefe Einblicke in die verborgenen Bereiche der Denkstruktur der Befragten gewinnen. Die aufgedeckten Zusammenhänge werden nachträglich vor dem Hintergrund bestimmter Theorien interpretiert.

Ein typisches Anwendungsgebiet von Tiefeninterviews ist die *Ursachenforschung.* Insbesondere bei neuartigen oder sensiblen Untersuchungsgegenständen können die Ursachen für bestimmte Verhaltensweisen, Motive und Einstellungen ergründet werden. Als Beispiel kann die Entwicklung von markenspezifischen Kundenprofilen genannt werden, welche auf der Grundlage von psychologischen Interviews von Kernverwendern einzelner Marken bzgl. ihrer Werte und Lebenseinstellungen erstellt werden können (vgl. Kaiser 2004, S. 6).

Beim *fokussierten Interview* erfolgt eine qualitative Befragung in Verbindung mit der Präsentation bestimmter Stimuli mit dem Ziel, das Gespräch auf bestimmte Aspekte oder Problembereiche zu beschränken (vgl. hierzu Merton/Fiske/Kendall 1990). Als Stimuli können Zeitungsausschnitte, Filme bzw. Filmausschnitte, Werbemittel und Ähnliches dienen. Im Anschluss an die Stimulusdarbietung erfolgt ein qualitatives Interview, das vom Interviewer jedoch im

Vergleich zu den explorativen und Tiefeninterviews stärker gelenkt und auf bestimmte Aspekte fokussiert wird. Ziel ist die Analyse der Reaktion der Befragten auf den Stimulus. Im Marketing finden sich fokussierte Interviews u. a. im Rahmen der Werbewirkungsforschung, z. B. im Rahmen von Konzepttests (vgl. die Ausführungen in Kap. 2 des vierten Teils). Von den projektiven und assoziativen Techniken, die ebenfalls mit Stimuli arbeiten, unterscheidet sich das fokussierte Interview durch die direkte Fragestellung und die typische Gesprächssituation.

Nützlich sind fokussierte Interviews für die *Strukturierung* eines Untersuchungsproblems; aus den von den Befragten gewählten Inhalten, der Reihenfolge und der Art und Weise der Darstellung können relevante Beurteilungsdimensionen für die präsentierten Stimuli erfasst werden. Darüber hinaus können im Gespräch die *Ursachen* für die Reaktionen der Probanden erkundet werden (vgl. Kepper 2008, S. 185).

Nachfolgendes Beispiel verdeutlicht die Nutzungsmöglichkeiten qualitativer Interviews.

Beispiel 3.1:

Im Rahmen einer qualitativen Forschungsstudie sollte analysiert werden, nach welchen Kriterien erfolgreiche australische Unternehmen ihr internationales Engagement auswählen und ob sich bei der Marktselektion ein bestimmter Prozess identifizieren lässt. Zu diesem Zweck wurden insgesamt 12 Entscheidungsträger in international tätigen australischen Unternehmen in einer Serie von qualitativen Interviews befragt. Die Unternehmen wurden bewusst aus unterschiedlichen Branchen und Größenklassen ausgewählt. Das erste Interview war vor allem explorativer Natur, um einen Gesamtüberblick zu erlangen; die anschließenden Interviews erfolgten durch die Gesprächstechnik des „*Laddering*", wodurch die Auskunftspersonen dazu angeregt wurden, den Prozess der Marktselektion und die entscheidenden Faktoren zum Ausdruck zu bringen.

Ergebnis der Untersuchung war, dass für fast alle Unternehmen der erste Schritt auf ausländische Märkte eher ungeplanter Natur war (z. B. bedingt durch ausländische Kundenanfragen oder eine Übernahme durch ausländische Investoren). Nur wenige Unternehmen waren auf das ausländische Engagement durch ein systematisches Auswahlverfahren adäquat vorbereitet; ein solches wurde meist erst mit zunehmender Erfahrung im internationalen Wettbewerb von den Unternehmen entwickelt.

Ein weiteres Ergebnis der Studie war die Erkenntnis, dass sich der Marktselektionsprozess in zwei verschiedenen Stufen vollzieht. Zunächst wird die Marktgröße anhand relevanter Variablen beurteilt, erst dann werden weitere Aspekte einbezogen. Es zeigte sich auf der Basis der qualitativen Interviews, dass vor allem Märkte, die in ihrer Struktur zu der Unternehmensphilosophie bezüglich Wachstums- und Risikoaspekten passten, für ausländische Engagements ausgewählt wurden.

Quelle: Rahman 2003, S. 119 ff.

Qualitative Interviews bieten eine ganze Reihe von Vorteilen (vgl. Chrzanowska 2002):

– Sie erlauben tiefe Einblicke in die Denkkategorien der Teilnehmer und lassen ihre Einstellungen, Meinungen und Wünsche erkennbar werden.

- Auch die nonverbalen Reaktionen der Probanden (Gestik, Mimik) können wichtige Informationen liefern.
- Es entsteht eine Vertrauensbasis zwischen Befragtem und Interviewer, die ein intensives Nachfragen und das Ansprechen auch sensibler Themenbereiche möglich macht.

Demgegenüber sind jedoch auch einige Nachteile zu erwähnen (vgl. Salcher 1995, S. 29; Desai 2002, S. 3 f.):
- Qualitative Interviews sind nicht in der Lage, unbewusste Inhalte systematisch zu erfassen.
- Viele Verhaltensweisen sind automatisiert oder tief im Unterbewusstsein verankert, wodurch sie vom Befragten nicht verbalisiert werden können.
- In der Interviewsituation kann es zur ungewollter Beeinflussung des Befragten durch den Interviewer kommen.
- Qualitative Interviews sind im Verhältnis zu anderen Erhebungsmethoden relativ teuer und zeitaufwändig.

Techniken der *indirekten Befragung* versuchen, den interessierenden Sachverhalt mittels ablenkender Fragestellungen zu erfassen; dadurch sollen der wahre Zweck der Fragen verschleiert werden und die Auskunftsperson zu einer wahrheitsgemäßen Beantwortung der Fragen verleitet werden. Diese Techniken sind überwiegend fest definiert und strukturiert. Typischerweise ist die Befragung teilweise standardisiert, um eine Vergleichbarkeit der Ergebnisse bei verschiedenen Probanden zu ermöglichen; die Frageform kann sowohl offen als auch geschlossen sein.

Indirekte Befragungstechniken werden auch in quantitativen Untersuchungen eingesetzt. Aufgrund ihres primär qualitativen, auf die Erkundung psychologischer Sachverhalte ausgerichteten methodischen Ansatzes werden sie jedoch an dieser Stelle behandelt. Bei indirekten Befragungstechniken handelt es sich durchweg um psychologische Tests; dazu gehören
- projektive Verfahren und
- assoziative Verfahren.

Projektive Verfahren beruhen darauf, dass Menschen eigene unangenehme und widerspruchsvolle Regungen oder aber affektgeladene, innere Wahrnehmungen nach außen bzw. auf andere Personen projizieren, um sich selbst zu entlasten (vgl. Salcher 1995, S. 56; Schub von Bossiatzky 1992, S. 102). Die Probanden werden vor bestimmte Aufgaben gestellt, im Rahmen derer mehrdeutige Stimuli präsentiert werden. Die Stimuli sind zum einen durch eine gewisse Unbestimmtheit charakterisiert, z. B. werden unklare Situationen dargestellt, die die Befragten auf der Grundlage ihrer eigenen Erfahrungen, Einstellungen und

Wertvorstellungen interpretieren müssen. Zum anderen enthält die Aufgabe i. d. R. eine neuartige, spielerische Komponente, wodurch der Befragte motiviert aber gleichzeitig vom eigentlichen Zwecke der Befragung abgelenkt wird (vgl. Kepper 2008, S. 197). Aus der Art und Weise, wie die Auskunftspersonen mit der Aufgabe umgehen, können Rückschlüsse auf ihre Überzeugungen, Motive usw. gewonnen werden. Geeignet sind projektive Verfahren vor allem dann, wenn zu erwarten ist, dass die Auskunftspersonen nicht in der Lage oder nicht Willens sind, zu bestimmten Fragestellungen unmittelbar Stellung zu nehmen. Innerhalb der projektiven Verfahren lassen sich

– Ergänzungstechniken,

– Konstruktionstechniken und

– expressive Verfahren unterscheiden.

Abb. 3.2: Beispiel für einen Satzergänzungstest

Im Rahmen von *Ergänzungstechniken* werden die Auskunftspersonen gebeten, Anfänge von Sätzen oder auch Geschichten möglichst spontan und ohne bewusste Abwägung zu vervollständigen. Dadurch projiziert der Befragte eigene Meinungen und Einstellungen in die Sätze bzw. Geschichten, ohne dass er das Gefühl haben muss, sich selbst bloßzustellen. Ein Beispiel für einen Satzergänzungstest zeigt Abb. 3.2. Aus der Art der Ergänzung lässt sich auf die Einstellung des Probanden zum betreffenden Produkt schließen. Anwendungsbeispiele von Satzergänzungstests finden sich insb. in der Motiv- und Imageforschung sowie in der Produkt- und Werbeforschung.

Konstruktionstechniken beruhen darauf, dass bei Vorlage bestimmter – meist bildlicher – Stimuli die Testpersonen eine Aussage formulieren oder eine ganze Geschichte konstruieren sollen. Der Befragte ist dabei bzgl. Inhalt und Wortwahl völlig frei. Eine erste Gruppe innerhalb der Konstruktionstechniken bilden die sog. *Drittpersonentechniken.* Sie basieren darauf, dass einem Objekt bzw. einer Person bestimmte Eigenschaften zugeschrieben werden. Beliebt ist hierbei die sog. *Personifizierung:* Der Befragte wird gebeten, sich das betreffende Produkt bzw. die Marke als Person vorzustellen. Anschließend wird er gebeten, diese Person zu beschreiben. („Ist die Marke männlich oder weiblich?" „Jung oder alt"? etc.). Weitere gängige Techniken finden sich z. B. bei Salcher 1995, S. 71 ff.; Gröppel-Klein/Königstorfer 2009, S. 541; Kirchmair 2007, S. 333 ff.

Beispiel 3.2:

Ein Beispiel für eine Produktpersonifizierung findet sich im Zusammenhang mit der Ermittlung des Markenkerns. Eine methodische Möglichkeit, die sog. „Core Values" einer Marke zu erheben, stellt dabei die Technik der *Grabrede* dar. In Kreativgruppen werden die Teilnehmer dazu aufgefordert, eine Grabrede für die „verstorbene" Marke zu verfassen mit dem Ziel, Aussagen über und Begründungen für die Aktualität der Marke und den Grad der Kundenbindung zu gewinnen. Bei Anwendung dieser Technik können die positiven Aspekte, die mit einer Marke in Verbindung gebracht werden, besonders gut erhoben werden, wobei für die Analyse auch Aussagen über die Qualität des Lebens mit der Marke, Ausdrücke der Zuneigung, Vorstellungen über das Leben ohne die Marke und vor allem der Grad an Überraschung über den Tod von besonderer Wichtigkeit sind. Die nachfolgende Abbildung zeigt Beispiele für Grabreden eines Markenverwenders und eines ehemaligen Verwenders.

Die hier analysierte Marke ist eine Submarke einer großen etablierten und positiv belegten Marke, deren Submarken sich klar in Form und Nutzen unterscheiden. Die betreffende Submarke ist seit 15 Jahren auf dem Markt, besetzt eine Marktnische und wird wenig beworben. Kurz vor der Untersuchung gab es eine innovative Markenausweitung mit einem Produkt, dessen Nutzen teilweise ähnlich erlebt wird. Dieses scheint sich sowohl bei den Verwendern als auch bei den ehemaligen Verwendern besonders auszudrücken. Während bei den Verwendern durchaus Trauer über den „Tod" der Marke zum Ausdruckt gebracht wird, welches von einer emotionalen Bindung zur Marke zeugt, fällt auch ihnen der Abschied verhältnismäßig leicht, da Ersatz in Sicht ist („XXX ist tot, es lebe XXX"). Für die ehemaligen Verwender kommt der Tod nicht verwunderlich; eine Auffassung von ungenügender „Performance" der Marke und Aussagen über eine mangelnde Marktakzeptanz aufgrund von Schwächen in der Persönlichkeit sind zu erkennen. Auch hier kommt der Aspekt, dass Ersatz in Sicht ist, zum Ausdruck („Wir hoffen nun, dass sie in ihrer Tochter XXX weiterlebt und gesellschaftlich anerkannt wird.").

Grabrede eines Markenverwenders	Grabrede eines ehemaligen Verwenders
Grabrede ✝ **Für** ▬▬▬ ▬▬▬ ist tot. Es lebe ▬▬▬ Wir danken Dir für viele Stunden, die wir durch Dich glücklich verleben durften.	**Grabrede** ✝ **Für** ▬▬▬ Nach langem unerfüllten Leben/Dasein und dahin röchelnder Krankheit, ist nun endlich unser Sorgenkind ▬▬▬ von uns gegangen. Wir haben alles versucht, um sie am Leben zu halten, aber es ist uns leider nicht gelungen, da sie geblättert nicht akzeptiert wurde. Wir hoffen nun, dass sie in ihrer Todes▬ weiterlebt und erfolgreich + gewünscht anerkannt wird.

Es hat sich im Rahmen der gesamten Untersuchung gezeigt, dass der zentrale Produktvorteil der Marke zwar geschätzt wird, jedoch keine tiefe Markenbindung mehr besteht, da die Konkurrenz auf funktionaler Ebene zu merklichem Loyalitätsschwund geführt hat. Um dem entgegenzuwirken, müssten verstärkt werbliche Maßnahmen durchgeführt werden, die die Verbraucher wieder an das Produkt und seine Vorteile erinnern. Aus Mangel an Aktualisierungsmaßnahmen hat die Marke ihre ehemals ausgeprägte Modernität eingebüßt und wird inzwischen als „alt" erlebt. An diesem Aspekt könnte z. B. durch eine Modernisierung der Verpackungsgestaltung gearbeitet werden.

Quelle: Wegener Marktforschung 2004.

Der *Ballontest* (Cartoon-Test, Comic-Strip-Test) als zweite Variante innerhalb der Konstruktionstechniken geht auf den Picture-Frustration-Test zurück. Dem Probanden wird eine Situation in Form eines Cartoons vorgestellt, in welchem eine leere Sprech- oder Gedankenblase vorhanden ist (vgl. Abb. 3.3). Die Szene kann dabei eine testobjektbezogene Konfliktsituation darstellen (etwa mangelnde Produktleistung). Der Befragte wird gebeten, sich in die präsentierte Situation hineinzuversetzen und die leere Sprechblase auszufüllen. Dabei wird vermutet, dass sich der Befragte mit der abgebildeten Person identifiziert und seine Antwort daher seine eigene Disposition widerspiegelt (vgl. Kepper 2008, S. 199). Anwendung findet der Ballontest vor allem dort, wo Persönlichkeitsmerkmale oder Verhaltenspositionen erfasst werden sollen, z. B. bei der Erstellung von Konsumententypologien.

Als dritte Konstruktionstechnik ist schließlich der *Bildererzähltest* zu nennen, der auf dem Thematischen Apperzeptionstest (TAT) basiert. Der Testperson werden Bilder vorgelegt, die eine Situation um den Untersuchungsgegenstand darstellen, z. B. bestimmte Kauf- oder Konsumsituationen. Der Befragte hat die Aufgabe, zu den Bildern eine passende Geschichte zu erzählen bzw. die auf den Bildern dargestellte Situation zu erläutern (vgl. Gröppel-Klein/Königstorfer 2009, S. 542 f.). Dabei wird davon ausgegangen, dass durch die Charakterisierung der handelnden Personen und Ereignisse eigene Einstellungen, Werte und Verhaltensmuster einfließen. Aus der Geschichte, die der Proband entwickelt, wird die Rolle des Produkts dann analysiert. Anwendung findet der Bildererzähltest u. a. im Bereich der Produkt- und Werbemittelforschung.

Abb. 3.3: Beispiel für einen Ballontest

Expressive Verfahren unterscheiden sich von den Konstruktionstechniken dadurch, dass neben verbalen auch nonverbale Ausdrucksformen erfasst werden. Darüber hinaus liegt das Interesse des Forschers nicht nur im Ergebnis selbst, sondern auch in der Art und Weise, *wie* das Ergebnis erzielt wurde. Wie bei den Konstruktionstechniken besteht die Aufgabe des Probanden darin, komplexe Sachverhalte selbstständig zu entwickeln und darzustellen (vgl. Kepper 1996, S. 106 f.).

Im Rahmen expressiver Verfahren werden häufig *Rollenspiele* eingesetzt (vgl. hierzu Haimerl/Roleff 2001, S. 111). Der Befragte wird gebeten, eine bestimmte Rolle zu übernehmen und nach kurzer Vorbereitungszeit eine oder mehrere Szenen zu spielen (*Psychodramatechnik*). Es wird dabei wiederum davon ausgegangen, dass die Probanden eigene Dispositionen und Verhaltensmuster in ihre Rolle einfließen lassen, sodass wesentliche Persönlichkeits- und Verhaltensmerkmale erfasst werden können.

Beispiel 3.3:

Auf der Basis von Erkenntnissen aus der Psychodramatechnik versuchte das Unternehmen Tetra-Pak ein „Reframing" seines Markenimages durchzuführen. Das Ergebnis zeigte, dass Tetra-Pak als moderne und „conveniente" Verpackung gilt, ihr vom Verbraucher aber nicht die gleiche hohe Wertigkeitswahrnehmung entgegengebracht wie z. B. Glas oder PET-Verpackungen. Aus diesem Grund betont Tetra-Pak heutzutage vor allem den Schutz des Vitamingehalts durch die Kartonverpackungen gegenüber den durchsichtigen Behältnissen der Konkurrenz.

Quelle: Haimerl/Lebok 2004, S. 53 ff.

Insgesamt betrachtet eignen sich projektive Techniken, um verborgene Meinungen und Einstellungen sichtbar zu machen, mögliche Antwortwiderstände (z. B. bei sensiblen Themen) zu umgehen und um schwer verbalisierbare Sachverhalte zu erfassen (vgl. Kepper 2008, S. 202 f.). Dadurch können sie einen erheblichen Beitrag zur *Strukturierung des Untersuchungsfelds* leisten, indem bisher unbekannte Dimensionen des Forschungsfelds zum Vorschein kommen. Auch kann die subjektive Bedeutung bestimmter Aspekte des Untersuchungsproblems zu Tage gefördert werden. Des Weiteren sind projektive Techniken in der Lage, auch komplexe, schwer erfassbare und sensible Themen ganzheitlich zu erfassen.

Dadurch, dass projektive Verfahren Kontrollmechanismen des Probanden umgehen und auch unter- bzw. unbewusste Motive identifizieren können, eignen sie sich im besonderen Maße zur *Ursachenforschung*. Durch sie ist es möglich, selbst Motive, Einstellungen oder Erwartungen aufzudecken, welche die Ursache für bestimmte Verhaltensweisen darstellen, aber der Proband nicht artikulieren kann oder will. Problematisch ist, dass solche Techniken – insb. die expressiven Verfahren – hohe Anforderungen an den Probanden stellen und auf gewisse Hemmschwellen stoßen können (vgl. Kepper 1996, S. 108).

Indirekte Befragungen können auch mit Hilfe *assoziativer Techniken* durchgeführt werden. Unter einer *Assoziation* versteht man spontane, ungelenkte Verknüpfungen einzelner Gedächtnis- und Gefühlsinhalte (vgl. Salcher 1995, S. 70 ff.). Die Aufgabe assoziativer Verfahren besteht darin, spontane Reaktionen auf bestimmte Stimuli zu fördern und dadurch gedankliche Verknüpfungen, die der Proband möglicherweise nicht verbalisieren kann oder will, offenzulegen. Bekanntestes assoziatives Verfahren ist der sog. *Wortassoziationstest* (vgl. Daymon/Holloway 2002, S. 223). Dem Probanden wird dabei eine Liste untersuchungsrelevanter Reizwörter vorgelegt, wobei die Liste üblicherweise auch neutrale Reizwörter enthält, um den Untersuchungszweck zu verschleiern. Der Proband muss auf jedes Reizwort spontan mit einer Assoziation reagieren. In der Marktforschung wird dieses Verfahren beispielsweise eingesetzt, um bei Produktnamens- und Werbebotschaftsentwicklungen festzustellen, was potenzielle Kunden mit bestimmten Wörtern verbinden.

Bei der Anwendung von Assoziationstechniken ist zwischen freier und gelenkter Assoziation zu unterscheiden (vgl. Kirchmair 2007, S. 329). Während im Rahmen einer *freien Assoziation* der Untersuchungsgegenstand nicht eingeschränkt wird und der Befragte Assoziationen zu allen möglichen Aspekten bilden kann, wird im Rahmen einer *gelenkten Assoziation* der Untersuchungsgegenstand eingeschränkt, sodass der Proband nur zu bestimmten interessierenden Aspekten Verknüpfungen herstellen muss. Ein Beispiel wäre „Gesundheit" als ungelenktes Reizwort und „kalorienreduzierte Ernährung" als gelenktes Reizwort.

Assoziative Techniken sind flexibel und unkompliziert einsetzbar. Sie können insb. zur *Strukturierung eines Untersuchungsgegenstandes* beitragen, da die von Probanden geäußerten Verknüpfungen ein Bild über relevante Dimensionen des Untersuchungsobjekts schaffen können. Zu anderen Zwecken – z. B. Ursachenforschung – sind sie hingegen weniger geeignet.

Beispiel 3.4:

Das ZDF hat u. a. mit Hilfe von Assoziationsketten versucht, den Informationsaufbau ihrer Websites zu überprüfen und die Assoziationen der Nutzer zu bestimmten Begriffen abgefragt und analysiert. Durch Assoziationen zu übergeordneten Kategorien konnten die Erwartungen der Testpersonen an die Website aufgenommen werden. Über die Assoziationen zu untergeordneten Kategorien konnte festgestellt werden, ob die Begriffe auch so verstanden wurden, wie sie gemeint waren, oder ob eine Umbenennung zweckmäßig wäre und zu mehr Klarheit führen würde. Auf der Basis dieser Ergebnisse konnten die Informationsarchitektur der Website entscheidend verbessert und die Komplexität im Aufbau der Navigation reduziert werden.

Quelle: Frees/Bosenick 2004, S. 79 ff.

Gruppeninterviews

Gruppeninterviews sind dadurch gekennzeichnet, dass mehrere Personen gleichzeitig an einer Befragung teilnehmen. In der Marktforschung werden sie eingesetzt, wenn aus der Interaktion der Gruppenmitglieder untereinander besondere Erkenntnisse erwartet werden. Als wichtige Unterformen können die Gruppendiskussion sowie die gelenkte Kreativgruppe unterschieden werden.

Im Rahmen einer *Gruppendiskussion (Focus Group)* wird eine Kleingruppe (meist 6 bis 10 Personen) eingeladen, die ein Forschungsproblem unter Leitung eines geschulten Moderators diskutiert. In der Regel werden für eine Gruppendiskussion 1 bis 1 ½ Stunden angesetzt. Die Zusammensetzung der Gruppe sollte möglichst ausgewogen sein, um Positions- und Machtkämpfe zu vermeiden. Eine besondere Bedeutung kommt dabei dem Moderator zu (vgl. ausführlich Blank 2007, S. 290 ff.). Seine Aufgabe besteht darin, Wortbeiträge zu stimulieren und möglichst alle Beteiligten zu Äußerungen anzuregen; er steuert die Diskussion im Hinblick auf die konkrete Problemstellung, ohne aber den spontanen Gesprächsverlauf zu hemmen. Ein Leitfaden gewährleistet eine gewisse Strukturierung des Diskussionsverlaufs.

Die Aufzeichnung erfolgt in Form von Gesprächsprotokollen, Tonband- und Videoaufnahmen. Bei der anschließenden Analyse der Aufzeichnungen kann der Forscher Rückschlüsse auf verborgene Kaufmotive, Einstellungen u. Ä. ziehen; weitere Erkenntnisse können aus dem Meinungsbildungsprozess, den Diskussionsschwerpunkten und den nonverbalen Reaktionen der Teilnehmer gewonnen werden (vgl. Berekoven/Eckert/Ellenrieder 2009, S. 91). Mittlerweile werden Gruppendiskussionen auch online durchgeführt, sodass sich die Teilnehmer nicht am selben Ort aufhalten müssen. Neben der hier dargestellten Grundform einer Gruppendiskussion sind zahlreiche Varianten gebräuchlich (vgl. z. B. Salcher 1995, S. 51 ff. sowie Kepper 2008, S. 189 ff.).

Eine besondere Rolle innerhalb von Gruppendiskussionen nimmt die *Delphi-Befragung* ein. Hierbei handelt es sich um eine mehrmalige, schriftliche Expertenbefragung auf der Grundlage eines standardisierten Fragebogens zu einem bestimmten Sachverhalt – häufig technologische Prognosen oder im Rahmen der Trendforschung. Die Aussagen der Experten werden statistisch ausgewertet, i. d. R. mit Hilfe des Medians und des Quartilabstands. Ziel ist es, eine Konvergenz zwischen den Expertenmeinungen zu erzielen.

Gruppendiskussionen sind zur *Strukturierung eines Untersuchungsfelds* besonders geeignet, da durch die gegenseitige Stimulation der Teilnehmer viele relevante Strukturen und Dimensionen offengelegt werden. Zur Erstellung *qualitativer Prognosen* eignet sich insb. die Delphi-Befragung. Zur *Generierung und zum Screening von Ideen* sind Gruppendiskussionen grundsätzlich ebenfalls geeignet (vgl. Kepper 2008, S. 191 f.). In der Marketing-Praxis finden Gruppendiskussionen verstärkt in der Einstellungsforschung, der Neuproduktentwicklung sowie bei Werbe- und Packungstests Anwendung.

Gruppendiskussionen weisen im Vergleich zu Einzelinterviews eine ganze Reihe von Vorteilen (vgl. Blank 2007, S. 299 f.; Berekoven/Eckert/Ellenrieder 2009, S. 91) auf:

– Während der Diskussion werden Hemmungen der Teilnehmer abgebaut, sodass sich die Teilnehmer gegenseitig zu Äußerungen anregen. Hierdurch wird ein breites Spektrum von Meinungen generiert.

– Die Diskussion erlaubt Einblicke in Meinungen, Verhaltensweisen, Einstellungen und Motive der Teilnehmer („Consumer Insights") im Rahmen einer alltagsnahen Situation.

– Der Forscher kann Einblicke in die Beeinflussungsmechanismen sowie in die verbalen und non-verbalen Ausdrucksweisen innerhalb der Gruppe gewinnen.

Demgegenüber stehen jedoch auch einige Nachteile (vgl. Blank 2007, S. 285):

– Es besteht die Gefahr, dass der Einzelne seine Meinung an die Gruppennorm oder an einem Meinungsführer orientiert, sodass abweichende Einschätzungen, die für das Problem relevant sein könnten, unterdrückt werden.

– Der Erfolg einer Gruppendiskussion ist sehr stark von der Qualität der Moderation abhängig.

– Wenig geeignet sind Gruppendiskussionen bei sehr intimen oder tabuisierten Phänomenen und Sachverhalten.

Beispiel 3.5:

Das Marktforschungsinstitut Naether Marktforschung aus Hamburg erstellte im Jahr 2001 die Studie „Young Parents", eine qualitative Studie, die sich mit den Werten und Einstellungen jungen Eltern befasste und welche das durch den neuen Lebensabschnitt gekennzeichnete Konsumverhalten sowie die Markenwahrnehmung unter die Lupe nahm. Im Rahmen von sechs Gruppendiskussionen mit jungen Eltern wurden dabei folgende Ergebnisse ermittelt: Auf dem Weg zum Elterndasein verändert sich das Konsumverhalten signifikant; ein Prozess vom unbedarften hin zum bewussten und aufgeklärten Konsumenten konnte festgestellt werden. Dabei spielt vor allem die Nutzung neuer Produktkategorien (Windeln, Babynahrung) eine Rolle. In allen Lebensbereichen konnte eine klare Tendenz zu Marken festgestellt werden, die von den jungen Eltern als besonders verlässlich und traditionell wahrgenommen werden und für Produkte mit guter Qualität stehen (Volkswagen, Daimler-Chrysler, Volvo). In diesem Zusammenhang wurden vor allem Marken genannt, die sich im internationalen Vergleich gegenüber kurzfristigen Trends profiliert haben und mit den eigenen Eltern in Verbindung gebracht wurden. Auch Aspekte wie Kinderfreundlichkeit und Kostengünstigkeit spielten bei der Markenwahrnehmung eine gesteigerte Rolle (IKEA, McDonald's). Nach einer Phase des sehr kritischen Umgangs mit Marken und Produkten kommt es dann wieder zu einem Einstellungswandel in Richtung pragmatischer Lösungen, wobei vor allem Lebensmitteldiscounter wie ALDI und Lidl von diesem Trend profitieren können. Negativ wurden insb. Unternehmen wahrgenommen, deren Produkte als ungesund gelten (Marlboro) oder Unternehmen wie Microsoft, die als Inbegriff für den negativ belegten amerikanischen Kapitalismus stehen und deren Produkte als überteuert gelten.

Quelle: Naether Marktforschung 2001a und 2001b.

Eine Sonderform des Gruppeninterviews ist die sog. *gelenkte Kreativgruppe*. Hierbei werden im Rahmen einer Gruppendiskussion gezielt Kreativitätstechniken integriert. Die Gruppenmitglieder werden mit der Anwendung der einzelnen Kreativitätstechniken vertraut gemacht. Je nachdem, wie anspruchsvoll die jeweilige Technik ist, reicht dies von einer einfachen Anleitung bis hin zu einer vollständigen Schulung. Kreativitätstechniken werden eingesetzt, um neue Problemlösungen zu finden. Deren Anwendung beruht auf der Erkenntnis, dass innovative Lösungen besonderer – bewusster oder unbewusster – Denkoperationen bedürfen; durch Stimulierung und Lenkung des kreativen Potenzials der Teilnehmer erhöht sich die Fähigkeit der Befragten, strukturiert und fokussiert innovative Problemlösungen zu erbringen. Die gelenkte Kreativgruppe unterscheidet sich von der herkömmlichen Gruppendiskussion durch folgende Merkmale (vgl. Kepper 2008, S. 190):

– Es wird bewusst darauf verzichtet, eine alltagsnahe Gesprächssituation mit dem ihr innewohnenden spontanen Gesprächsverlauf zu erzeugen. Hingegen wird der Gesprächsverlauf stärker moderiert und fokussiert.
– Die Erfassung des Prozesses der Meinungsbildung und Meinungsbeeinflussung – ein weiteres Merkmal der klassischen Gruppendiskussion – erfolgt im Rahmen einer gelenkten Kreativgruppe nicht.
– Durch den systematischen Einsatz strukturierter Techniken fallen die Befragten aus ihrer Rolle als „normale" Konsumenten und werden in die Position von Kritikern mit Expertenwissen versetzt. Dies kann zu einer Verhaltensverzerrung führen.

Wesentliche Aufgaben von Kreativitätstechniken sind (vgl. den Überblick bei Schlicksupp 1995):
– Verstärkung des kreativen Potenzials der Befragten,
– Überwindung von Denkblockaden und
– Erzielung von Synergieeffekten aus der Teamarbeit.

Die verschiedenen Kreativitätstechniken lassen sich in drei *Gruppen* unterteilen:
– assoziative Verfahren,
– bisoziative (synektische) Verfahren und
– kombinatorische Verfahren.

Assoziative Verfahren beruhen darauf, dass aufgrund einer schriftlich, bildlich oder verbal dargestellten Reizsituation die Teilnehmer zu Assoziationen angeregt werden. Es handelt sich um vergleichsweise einfache Methoden, die dazu geeignet sind, latente Problemlösungsansätze sichtbar zu machen; echte innovative Lösungen sind allerdings selten. Bekanntestes Verfahren ist hierbei das *Brainstorming* (vgl. hierzu Osborn 1953).

Eine Brainstorming-Gruppe setzt sich typischerweise aus vier bis sieben Personen aus unterschiedlichen Bereichen, jedoch aus derselben Hierarchiestufe zusammen. Das Team hat die Aufgabe, während einer festgelegten Zeitspanne (i. A. 15 bis 60 Minuten) möglichst viele Ideen zu produzieren. Zu beachten sind dabei folgende *Grundregeln*:

– Jegliche sachliche und persönliche Wertungen sollen unterbleiben, um den Ideenfluss nicht zu hemmen.
– Alle Teilnehmer sind aufgefordert, die Ideen anderer aufzugreifen und weiter zu entwickeln.
– Auch auf den ersten Blick abwegig erscheinende Ideen sollen geäußert werden, da sie möglicherweise Anregungen für brauchbare Lösungsvorschläge liefern.
– Es sollen möglichst viele Ideen entwickelt werden, um die Wahrscheinlichkeit zu erhöhen, dass sich darunter brauchbare, innovative Vorschläge befinden.

Bisoziative oder synektische Verfahren beruhen darauf, dass Wissens- bzw. Erfahrungselemente von einem Gebiet auf ein anderes, nicht artverwandtes übertragen werden. Die Teilnehmer sollen sich vom ursprünglichen Problem entfernen (Verfremdung) und dadurch zu neuen Ideen angeregt werden. Solche Techniken sind deutlich aufwändiger als assoziative Techniken und erfordern i. d. R. eine gezielte Schulung. Bekanntestes Verfahren ist die Synektik (vgl. hierzu Gordon 1961).

Die Grundidee der *Synektik* besteht darin, den normalerweise unbewusst verlaufenden kreativen Prozess bewusst zu stimulieren. Eine Synektik-Gruppe besteht i. d. R. aus fünf bis sieben Teilnehmern, welche besonders geschult sind und häufig ein festes Team bilden. Eine Synektik-Sitzung kann bis zu drei Stunden dauern. Abb. 3.4 zeigt den grundlegenden Ablauf einer Synektik-Sitzung. Entscheidend ist dabei die Verfremdung vom Problem: Durch systematische Analogienbildung entfernt man sich zunächst immer weiter vom ursprünglichen Problem; im Anschluss an den Verfremdungsprozess soll sich die Synektikgruppe dann wieder auf das ursprüngliche Problem zurückbesinnen und so neuartige Lösungsansätze entwickeln.

Beispiel 3.6: Anwendungsbeispiel für eine Synektik-Sitzung

1) Problemanalyse und -definition: Gesucht ist eine ökologische Verpackung für Milch

2) Spontane Lösungen: Flasche, Kanister...

3) Neuformulierung: Es soll eine Behälterform zur Aufbewahrung von Flüssigkeiten entwickelt werden, die wieder aufgefüllt werden kann, ohne dass sie zwischendrin gereinigt werden muss.

4) Direkte Analogien aus der Natur: Kakteen; Blatt, an dem Regenwasser abperlt

5) Persönliche Analogien: „Wie fühlen Sie sich als Blatt?" „Als Blatt bin ich glatt und nachgiebig, werde brüchig, wenn ich trocken bin."

6) Symbolische Analogien zu „glatt": Weicher Widerstand

7) Direkte Analogie aus der Technik für „weicher Widerstand": Klappe, Ventil

8) Analyse: Die verschiedenen Analogien werden anschließend analysiert

9) Force-Fit: Was kann ein Blatt (Ventil, Klappe) mit einer Milchverpackung zu tun haben?

10) Mögliche Problemlösung: Schlauch aus einem Material, an dem sich Fettpartikel der Milch nicht ansetzen

Phasen des kreativen Prozesses	Ablauf der Methode „Synektik"
Intensive Beschäftigung mit dem Problem – Strukturierung – Informationssuche – Problemverständnis erhöhen – Bemühen um Lösungen	1. Problemanalyse und -definition 2. Spontane Lösungen 3. Neuformulierung des Problems
Entfernung vom Problem – Örtliche und zeitliche Verfremdung – Wechsel der Tätigkeiten – Körperliche Entspannung	4. Bildung direkter Analogien, z. B. aus der Natur 5. Persönliche Analogien, „Identifikationen" 6. Symbolische Analogien, „Kontradiktionen" 7. Direkte Analogien, z. B. aus der Technik
Herstellung von Denkverbindungen – unterbewusste, ungehemmte Denkprozesse – Assoziationen – Strukturübertragungen	8. Analyse der direkten Analogien 9. Übertragen auf das Problem – „Force-Fit"
Spontane Lösungsideen – Illuminationen – Geistesblitz Verifikation – Überprüfung und Ausgestaltung der Idee	10. Entwicklung von Lösungsansätzen

Quelle: Schlicksupp 1995, Sp. 1300.
Abb. 3.4: Ablaufschritte der Synektik

Kombinatorische Verfahren beruhen darauf, dass ein Objekt systematisch analysiert wird. Es wird versucht, die Elemente eines Objekts zu neuartigen Kombinationen zusammenzufügen. Diese Verfahren eigenen sich insb. zur Verbesserung und Weiterentwicklung bereits existierender Objekte (z. B. Produkte), weniger zur Entwicklung echter innovativer Problemlösungen.

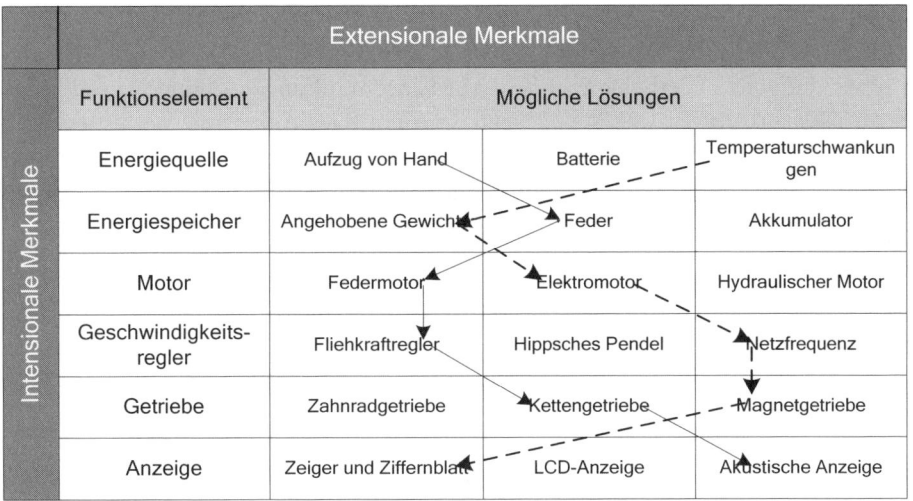

Extensionale Merkmale			
Funktionselement	**Mögliche Lösungen**		
Energiequelle	Aufzug von Hand	Batterie	Temperaturschwankungen
Energiespeicher	Angehobene Gewicht	Feder	Akkumulator
Motor	Federmotor	Elektromotor	Hydraulischer Motor
Geschwindigkeits-regler	Fliehkraftregler	Hippsches Pendel	Netzfrequenz
Getriebe	Zahnradgetriebe	Kettengetriebe	Magnetgetriebe
Anzeige	Zeiger und Ziffernblatt	LCD-Anzeige	Akustische Anzeige

Quelle: In Anlehnung an Nieschlag/Dichtl/Hörschgen 2002, S. 699.
Abb. 3.5: Morphologischer Kasten für eine Uhr

Bekanntestes kombinatorisches Verfahren ist die *Morphologische Methode* (vgl. hierzu Zwicky 1966). Das Verfahren beruht auf einer systematischen Zerlegung des Problems in seine Elemente; diese werden anschließend zu neuen Problemlösungen zusammengefügt. Abb. 3.5 zeigt ein Beispiel für einen morphologischen Kasten.

Die Morphologische Methode vollzieht sich in folgenden Schritten:
– *Umschreibung und Verallgemeinerung des Problems:* Das Problem wird so allgemein wie möglich definiert, um das Spektrum möglicher Lösungen nicht unnötig einzuschränken.
– *Bestimmung der Parameter:* Das Problem wird in seine Elemente zerlegt (z. B. Produktbestandteile). Für die einzelnen Bestandteile (z. B. Energiequelle) werden alle denkbaren alternativen Ausprägungen gesucht (z. B. manuell, Batterie, Temperaturschwankungen).
– *Aufstellung des morphologischen Kastens:* Parameter und Ausprägungen werden in Matrixform angeordnet; die Problemlösungen entstehen durch Verbindung je einer Ausprägung pro Parameter mittels Linienzügen (z. B. von Hand aufzuziehende Uhr mit Federmechanik etc).
– *Analyse und Bewertung der Lösungsmöglichkeiten:* Die resultierenden Lösungen werden auf ihre Realisierbarkeit hin überprüft und einer Bewertung unterzogen.
– *Auswahl der weiter zu verfolgenden Lösungen:* Die vielversprechendsten Alternativen werden identifiziert.

Gelenkte Kreativgruppen finden ihren Einsatz vor allem im Bereich der *Ideen-generierung*. Typische Anwendungsfelder sind Produktinnovationen oder die Entwicklung von Werbekampagnen. Mit Einschränkungen können sie auch für ein *Screening* (Grobauswahl) eingesetzt werden, da die meisten Verfahren eine anschließende Beurteilung der entwickelten Ideen vorsehen. Allerdings ist zu beachten, dass die Teilnehmer eher eine Expertenperspektive und weniger die gewünschte Konsumentenperspektive vertreten (vgl. Kepper 2008, S. 192).

Gelenkte Kreativgruppen können auch zur *Strukturierung* eines Problems bei-tragen. Insbesondere bei komplexen, neuartigen Problemen können wichtige Problemelemente und mögliche Ausprägungen identifiziert werden. Schließlich können Kreativgruppen auch zur Vorbereitung oder Strukturierung *qualitativer Prognosen* eingesetzt werden.

1.1.2 Gestaltung qualitativer Befragungen

Die Vielzahl an Methoden qualitativer Befragungen geht mit einer besonderen Vielfalt an unterschiedlichen Anwendungstechniken einher; im Folgenden werden daher exemplarisch die wichtigsten Befragungstechniken bei qualitati-ven Erhebungen vorgestellt.

Techniken für explorative Interviews

Im Rahmen explorativer Interviews werden das narrative und das problemzen-trierte Interview unterschieden. Das *narrative Interview* dient dazu, Wissen, Ein-stellungen oder Erfahrungen, die eine Auskunftsperson mit bestimmten Ob-jekten (z. B. Produkten) verbindet, zu erfahren (vgl. Lamnek 2005, S. 71 ff.). Die Auskunftsperson soll zur vorgegebenen Themenstellung ihre Gedanken frei äußern. Dabei ist Zurückhaltung seitens des Interviewers gefordert, um den Erzähler nicht zu hemmen. Die Rolle des Interviewers beschränkt sich da-durch im Wesentlichen darauf, den Erzählfluss der Auskunftsperson in Gang zu halten; ein Leitfaden wird nicht erstellt. Meist erfolgt eine Audio- oder Vi-deoaufzeichnung des Interviews.

Im Unterschied zum narrativen Interview steht beim *problemzentrierten Interview* ei-ne stärkere Problemorientierung im Vordergrund. Durch eine entsprechend provozierende Kommunikationsstrategie wird eine intensivere Thematisierung kritischer Inhalte erreicht. Der Interviewer nimmt hier eine aktive Haltung ein und versucht, durch eine offensive Kommunikationsstrategie Begründungen, Erklärungen, Urteile und Meinungen explizit zu provozieren (vgl. Kepper 1996, S. 45). Aus diesem Grunde ist es erforderlich, dass sich der Forscher im Vorfeld umfassende Informationen über den Forschungsgegenstand aneignet, um einen

Leitfaden für die Erhebungsphase zu erstellen. Um die Auswertung zu erleichtern, sollte das Interview nach Möglichkeit per Video aufgezeichnet werden, um auch die nonverbalen Reaktionen des Probanden festzuhalten.

Techniken für fokussierte Interviews

Beim fokussierten Interview wird der Auskunftsperson ein Stimulus präsentiert, z. B. eine Werbeanzeige. Der Forscher beobachtet dabei die Reaktionen des Probanden. Aufgrund der Beobachtungsergebnisse in Verbindung mit den Strukturen und Elementen der Stimuli bildet der Forscher Hypothesen und einen Leitfaden für das sich anschließende Interview (vgl. Kepper 1996, S. 52 f.).

Die aus der Verknüpfung von Beobachtung und Interview entstehende Komplexität erfordert spezifische *Anweisungen* an den Interviewer (vgl. Merton/Kendall 1979, S. 186 ff.):

– *Nichtbeeinflussung:* Der Interviewer ist gehalten, die Auskunftsperson in keiner Weise zu beeinflussen; insb. dürfen die zu Grunde gelegten Forschungshypothesen nicht erwähnt werden.

– *Spezifikation:* Die Reaktionen auf den dargebotenen Stimulus sollen nicht nur erfasst, sondern auch interpretiert und miteinander in Verbindung gebracht werden (Explikation).

– *Tiefgründigkeit der Interviewführung:* Der Interviewer darf sich nicht mit dem Offenkundigen zufrieden geben, sondern muss in der Lage sein, durch gezielte Fragen auch verdeckte Strukturen und Bedeutungen offenzulegen (z. B. durch den Einsatz von Schlüsselwörtern).

In der modernen qualitativen Marktforschung wird diese Interviewtechnik in Form des sog. *Biotischen Erhebungsverfahrens* angewandt (vgl. Weller/Grimmer 2004, S. 63 f.). In einer ersten Stufe *(Shadowing)* wird der Proband einer Alltagssituation ausgesetzt, z. B. Surfen auf einer Webseite oder Anschauen einer Werbesendung. Dabei wird er von einem geschulten Psychologen beobachtet, wobei dieser in das Geschehen aktiv eingreift. In der nachfolgenden Phase des „lauten Denkens" beschreibt die Testperson, womit sie sich gerade beschäftigt und was sie dabei denkt. Anschließend werden im Rahmen eines vertiefenden Interviews ergänzende Hintergrundinformationen eingeholt.

Techniken für Tiefeninterviews

Im Rahmen eines Tiefeninterviews hat der Forscher die Aufgabe, in einem zwanglosen Gespräch unbewusste, verborgene bzw. nur schwer erfassbare Motive und Einstellungen zu Tage zu fördern. Der Aufbau des Gesprächs und die Auswahl der Fragen liegen dabei im Ermessen des Interviewers. Im Hinblick auf die Strukturierung des Interviews können verschiedene Techniken zur Anwendung kommen (vgl. z. B. Salcher 1995, S. 37 ff.; Kepper 1996, S. 47 ff.).

Im Rahmen der *nicht-direktiven Technik* wird auf einen Leitfaden verzichtet, d. h. die Vorgehensweise ist völlig unstrukturiert. Diese Methode bietet sich dann an, wenn ein sehr breites Spektrum von Motiven und Einstellungen erfasst werden soll. Allerdings stellt sie an Testperson und Interviewer sehr hohe Anforderungen und erschwert die Vergleichbarkeit und Interpretation der Ergebnisse. Aus diesem Grunde wird in der Marktforschung überwiegend auf die *semi-direktive Interviewtechnik* zurückgegriffen, bei welcher ein Leitfaden für die Interviews erstellt wird. Dadurch wird der Interviewer eher angehalten, richtungweisend einzugreifen, wenn die Auskunftsperson vom eigentlichen Befragungsthema abweicht. Auf diese Weise wird zumeist eine gewisse Vergleichbarkeit erreicht.

Der psychologische Hintergrund dieser Interviewform lässt erkennen, dass psychologisch geschulte Fachleute für die Durchführung eines Tiefeninterviews notwendig sind. Sollen im Rahmen des Interviews verschiedene Themen erforscht werden, stellt sich die Frage nach der *Anordnung der Themen* (vgl. Kepper 1996, S. 158 f.). Im Allgemeinen bieten sich sog. *Trichterfragen* an, d. h. zu Beginn der Erhebung wird auf eher allgemeine Themen eingegangen, die dann im weiteren Verlauf vertieft werden. Wird bei der Auskunftsperson eher ein geringes Involvement angenommen, bietet sich hingegen eine umgekehrte Trichterfrage bzw. *Tunnelfrage* an, d. h. vom Speziellen zum Allgemeinen. Dadurch fällt es dem Probanden leichter, seine Standpunkte, Einstellungen und Erkenntnisse über bestimmte Zusammenhänge zu artikulieren. Die gewonnen Daten werden mit Hilfe der Inhaltsanalyse ausgewertet (vgl. Abschn. 4.2).

Eine spezielle Form des Tiefeninterviews ist das *Laddering-Verfahren*. Sein Ziel ist die Ermittlung von *Mittel-Ziel-Beziehungen* (*Means-End-Ketten*) zwischen Produkteigenschaften und Werten des Konsumenten (vgl. z. B. Baker 2000; Olson/Reynolds 1983). Ausgangspunkt der Mittel-Ziel-Beziehungen ist das Produktwissen des Konsumenten; dabei bilden die Eigenschaften des Produkts und dessen Konsequenzen (Nutzen) die Mittel (Means), welche zur Erreichung von Werten (Ends) beitragen. Durch gezielte Fragen versucht der Interviewer schrittweise von der Nennung der Produkteigenschaften über die Konsequenzen zu den jeweiligen Werten vorzustoßen. Im Kern handelt es sich um eine Sequenz von „Warum?"-Fragen, d. h. „Warum ist Ihnen diese Eigenschaft wichtig?" bzw. „Warum ist dieser Nutzen für Sie wünschenswert?". Die Befragung wird solange fortgeführt, bis der Befragte keine weiterführenden Aspekte mehr hervorbringt. Ein Beispiel findet sich in Abb. 3.6.

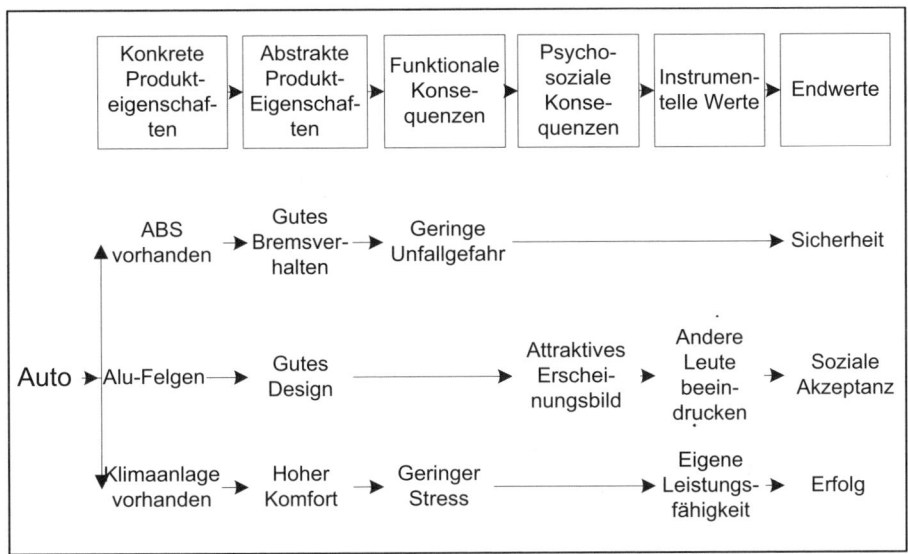

Quelle: Kuß/Tomczak 2007, S. 62.

Abb. 3.6: Anwendungsbeispiel für Means-End-Ketten

Die Aufzeichnung erfolgt meist schriftlich, es können aber auch technische Geräte verwendet werden. Ausgewertet werden die Aufzeichnungsprotokolle mit Hilfe der Inhaltsanalyse (vgl. Abschn. 4.2). Anwendung findet das Ladderingverfahren z. B. zur Bewertung von Produkten und Marken, zur Marktsegmentierung sowie zur Bewertung von Werbemaßnahmen.

Techniken für Gruppendiskussionen

Gruppendiskussionen werden von einem Moderator geleitet, dessen Aufgabe es ist, für einen reibungslosen und zielgerichteten Diskussionsverlauf zu sorgen (vgl. Lamnek 2005, S. 408 ff.).

Gruppendiskussionen beginnen mit einer *Eröffnungsphase*, in welcher der Moderator die Aufgabe hat, anfängliche Hemmungen abzubauen und eine angenehme Gesprächsatmosphäre zu erzeugen. Hierzu gehören die individuelle Begrüßung, das gegenseitige Vorstellen der Diskussionsteilnehmer sowie die Aufklärung über den Zweck der Untersuchung. Wichtig ist in diesem Zusammenhang auch, dass der Moderator die Teilnehmer zum ernsthaften Arbeiten motiviert, um eine „Kaffeeklatsch-Atmosphäre" zu verhindern. Auch kann der

Einstieg in die Diskussion durch das Beantworten einfacher Fragen, z. B. zu den Erfahrungen mit dem Produkt, erleichtert werden.

Die sich anschließende Diskussionsphase erfordert seitens des Interviewers einen nur noch begleitenden Einsatz. Während der Diskussion hat er lediglich die Aufgabe, die Diskussion in Gang zu halten und möglichst viele Teilnehmer zu Aussagen zu animieren. Hierzu bedient er sich verschiedener *Techniken* (vgl. Lamnek 2005, S. 433 ff.):

- *Einfaches Nachfragen:* Dadurch wird der Teilnehmer angehalten, seine Äußerung zu präzisieren und Unklarheiten zu beseitigen.
- *Paraphrase:* Eine bestimmte Aussage wird mit anderen Worten wiederholt, wodurch die Aussage verständlicher wird. Durch Übertreibung, Überspitzung oder Verschärfung kann die Aussage darüber hinaus provokativ formuliert werden und zu Gegenäußerungen animieren.
- *Konfrontation:* Der Moderator kann die Gruppe zu weiterem Nachdenken anregen, indem er gegensätzliche Meinungen gegenüberstellt oder die Gruppe mit den Auswirkungen einer Aussage konfrontiert.

Eine weitere Aufgabe des Moderators besteht darin, zu verhindern, dass sich bestimmte Rollen in der Gruppenstruktur bilden bzw. verfestigen (vgl. Kepper 1996, S. 70). Das gilt insb. für die Rolle des „Schweigers" und die des „Meinungsführers". So kann der Moderator einerseits Wortmeldungen des Meinungsführers skeptisch gegenübertreten, andererseits einen Schweiger gezielt in die Diskussionsrunde integrieren.

Wiederholungsfragen

1. Was unterscheidet eine qualitative von einer quantitativen Befragung?

2. Was versteht man unter einem qualitativen Interview? Charakterisieren Sie die unterschiedlichen Formen qualitativer Interviews.

3. Grenzen Sie projektive und assoziative Techniken voneinander ab. Charakterisieren Sie die einzelnen Verfahren und nehmen Sie dazu kritisch Stellung.

4. Welche Rolle spielen Gruppendiskussionen für die qualitative Marktforschung? Charakterisieren Sie Gruppendiskussionen allgemein und zeigen Sie geeignete Anwendungsgebiete auf.

5. Erläutern Sie die Synektik als Technik zur Gewinnung von Problemlösungen! Welche Vor- und Nachteile weist diese Technik im Vergleich zum Brainstorming auf?

6. Als Marketingleiter stehen Sie vor dem Problem, dass trotz vorheriger positiver Tests Ihr neues Produkt keinen ausreichenden Absatz erwirtschaftet. Wie können Sie mit Hilfe einer qualitativen Befragung die Gründe hierfür feststellen?

1.2 Qualitative Beobachtung

In diesem Kapitel erfahren Sie,
– welche Rolle Beobachtungen in der qualitativen Marktforschung spielen,
– welche Methoden qualitativer Beobachtung in der Marktforschung gebräuchlich sind und
– mit welchen Vor- und Nachteilen sie jeweils verbunden sind.

Nach Bearbeitung des Kapitels sind Sie in der Lage, für ausgewählte Fragestellungen des Marketing geeignete qualitative Beobachtungsdesigns vorzuschlagen und kritisch zu hinterfragen.

Wie bei den verschiedenen Formen der Befragung können auch Beobachtungen entweder auf einem quantitativen oder einem qualitativen methodischen Ansatz beruhen; die Trennung ist allerdings weniger eindeutig als bei Befragungen, da eine Beobachtung in vielen Fällen „per se" einige typische Merkmale qualitativer Studien enthält, etwa kleine Stichproben oder die subjektive Interpretation des Beobachtungsgeschehens seitens des Beobachters. Während quantitative Beobachtungen insb. im Rahmen von Zählungen und Bestandsaufnahmen zum Einsatz kommen, finden qualitative Beobachtungen typischerweise im Rahmen der Erhebung psychischer Zustände Anwendung, bei der also die „Qualität" des Verhaltens eine Rolle spielt (vgl. Ruso 2009, S. 527). Neben der „klassischen" Verhaltensbeobachtung sind folgende weitere Verfahren der qualitativen Beobachtung verbreitet:
– *Methode des lauten Denkens* (vgl. Buber 2009): Die Probanden werden mit einer Aufgabe konfrontiert, z. B. der Verwendung eines Produkts. Dabei sollen sie sämtliche in diesem Zusammenhang auftretenden Gedanken in Worte fassen und laut kommunizieren. Auf diese Weise können Erklärungen für bestimmte Verhaltensweisen und mögliche Probleme gewonnen werden.
– *Ethnographische Forschung* (vgl. Mangold/Kunert 2007, S. 344): Hier wird nicht nur die kognitiv-verbale Verhaltensebene der Probanden erfasst, sondern auch sein Lebensraum und Konsumumfeld. Hierdurch werden wertvolle ergänzende Informationen über die Persönlichkeit von Probanden gewonnen.

– *Weblogs* und *Brand Communities* (vgl. Hoffmann 2009, Schroiff 2009): Durch das Führen unternehmensinterner Blogs oder eigener Brand Communities können das Such- und Kommunikationsverhalten der Nutzer registriert werden, z. B. Kommentare, Diskussionsbeiträge, Empfehlungen. Dieses Monitoring liefert wertvolle Hinweise für das Marketing.

Die wesentlichen *Unterschiede* zwischen quantitativen und qualitativen Beobachtungstechniken lassen sich durch die Ausprägungen der einzelnen Klassifikationsmerkmale einer Beobachtung aufzeigen (vgl. Abb. 3.7).

Merkmale	Quantitative Beobachtung	Qualitative Beobachtung
Strukturierungsgrad der Untersuchung	Vorwiegend standardisiert	Unstandardisiert
Beobachtungsumfeld	Laborbeobachtung bevorzugt	Feldbeobachtung
Partizipationsgrad des Beobachters	Sowohl teilnehmend als auch nichtteilnehmend	Sowohl teilnehmend als auch nichtteilnehmend
Durchschaubarkeit der Erhebungssituation	Sowohl offen als auch verdeckt	Sowohl offen als auch verdeckt
Form der Datensammlung	Sowohl persönlich als auch apparativ	Persönlich

Abb. 3.7: Merkmale quantitativer und qualitativer Beobachtung

Betrachtet man den *Strukturierungsgrad der Untersuchung*, gilt, dass im Rahmen quantitativer Marktforschung die standardisierte, vorstrukturierte Beobachtung bevorzugt eingesetzt wird, da diese im Hinblick auf die Kodierung und Auswertung Vorteile aufweist. Im Rahmen qualitativer Beobachtungen findet ausschließlich die *unstandardisierte*, nichtstrukturierte Form Anwendung (vgl. Kepper 2008, S. 204). Es wird auf vorab bestimmte Kategorien verzichtet, um die Beobachtung möglichst umfassend, flexibel und situationsadäquat zu halten. Der Beobachter entscheidet damit de facto selbst, welche Beobachtungen für die Untersuchung relevant sind, was das Problem der nichtkontrollierbaren Informationsselektion aufwirft. Das Problem der Informationsselektion ist allerdings auch bei der strukturierten, quantitativen Beobachtung gegeben: Die Informationsselektion wird hier der eigentlichen Beobachtung vorgelagert, indem von vornherein die relevanten Beobachtungskategorien vorgegeben werden. Geeignete Beobachtungskategorien können jedoch nur dann vorgegeben werden, wenn ein entsprechendes Vorwissen besteht, welche Sachverhalte relevant sind. Die Wahl geeigneter Kategorien stellt daher hohe Ansprüche an den Forscher. Andererseits stellt die unstrukturierte Beobachtung ebenfalls hohe Anforderungen an den Beobachter, da dieser über die Relevanz der einzelnen Vorgänge zu entscheiden hat. Um dieses Problem zu mindern, werden bei einer unstrukturierten Beobachtung üblicherweise *Beobachtungsleitfäden* erstellt, welche die verschiedenen jeweils relevanten Dimensionen einer Beobachtungssituation enthalten.

Im Hinblick auf das *Beobachtungsumfeld* gilt, dass quantitative Beobachtungen bevorzugt als Laborbeobachtungen vorgenommen werden, um die Vorteile von Repräsentativität und Kontrollierbarkeit der interessierenden Faktoren in Anspruch nehmen zu können, wohingegen qualitative Studien oftmals eine Feldbeobachtung vorziehen. Der Grund ist darin zu sehen, dass qualitative Untersuchungen stets um die Beibehaltung möglichst alltagsnaher Kommunikationssituationen bemüht sind und das in Laborsituationen ggf. erzeugte atypische Verhalten (Beobachtungseffekt) zu verhindern suchen (vgl. Kepper 2008, S. 204).

Beim *Partizipationsgrad* des Forschers sind auch bei der qualitativen Beobachtung grundsätzlich sowohl die teilnehmende als auch die nichtteilnehmende Beobachtung möglich. Ob der Beobachter aktiv am Beobachtungsgeschehen teilnimmt, ist weniger eine Frage des methodischen Forschungsansatzes, als vielmehr des konkreten Untersuchungsproblems.

Ähnliches gilt für die *Durchschaubarkeit der Erhebungssituation*: Sowohl quantitative als auch qualitative Analysen können grundsätzlich als offene oder verdeckte Beobachtung stattfinden. Bei quantitativen Studien, die auf der Grundlage einer Laborsituation durchgeführt werden, ist es allerdings einfacher, eine verdeckte Erhebungssituation zu erzeugen als bei qualitativen Beobachtungen, die fast immer als Felduntersuchungen stattfinden.

Unterschiede weisen die beiden Forschungsansätze dagegen bezüglich der *Form der Datensammlung* auf: Bei quantitativen Beobachtungen kommen sowohl die persönliche Datenerhebung durch den Beobachter als auch die Nutzung apparativer Verfahren zur Anwendung, die für Zählungen oder zur Messung psychophysiologischer Verhaltensindikatoren eingesetzt werden. Die Verwendung apparativer Hilfsmittel ist dabei typisch für Laborsituationen. Häufig werden diese technischen Hilfsmittel eingesetzt, um bestimmte Stimuli gezielt zu präsentieren bzw. die Reaktionen der Probanden auf die Stimuli zu erfassen. Qualitative Studien sind hingegen bemüht, möglichst wenig in die Realität einzugreifen; aus diesem Grunde erfolgt die Aufzeichnung bei einer qualitativen Beobachtung stets persönlich durch den Beobachter (vgl. Kepper 2008, S.

204). Eingesetzt werden dabei i. d. R. lediglich allgemeine Aufzeichnungsgeräte wie Tonband oder Video. Dies schließt jedoch nicht aus, dass die Auswertung der Beobachtung (z. B. der Videosequenzen) softwaregestützt erfolgt, bspw. mit INTERACT, einer speziellen Software zur Analyse sowohl quantitativer als auch qualitativer Beobachtungen.

Der besondere Nutzen qualitativer Beobachtungsmethoden für die Marktforschung liegt in der Möglichkeit, tatsächliches Verhalten aufzunehmen und als Basis für Interpretationen zu nutzen (vgl. Nolte 2004, S. 41 f.). Durch die verschiedenen Formen der Beobachtung kann vor allem auch in durch soziale Normen geprägten Bereichen, wie z. B. persönliche Hygiene oder Ernährung, bzw. bei schwer verbalisierbaren Themen, die sich durch „Low Involvement"-Prozesse und automatisierte Aktionen kennzeichnen, ein tatsächliches Verhalten ermittelt werden. Da bei den meisten Beobachtungsmethoden nicht zwingend die Auskunftsbereitschaft und Auskunftsfähigkeit bestimmter Teilnehmer verlangt wird, können durch diese Methode auch sog. „hard-to-reach" Zielgruppen, wie verschiedene Jugendsegmente und spezielle „Leading Edge"-Konsumenten, erreicht werden, die gerade für die Trendforschung von besonderer Wichtigkeit sind (vgl. Desai 2002, S. 12 ff.).

Es gibt einige klassische Einsatzfelder für qualitative Beobachtungsmethoden. Sie eignen sich im besonderen Maße für die Strukturierung von Untersuchungsproblemen, da durch das wenig standardisierte Vorgehen die Möglichkeit besteht, relevante Informationen zur Aufdeckung wichtiger Untersuchungsdimensionen zu ermitteln (vgl. Kepper 2008, S. 209). Beobachtungsmethoden werden dabei oftmals in einem Methodenmix mit Befragungsmethoden gekoppelt, um tatsächliches Nutzungsverhalten von Produkten („In-Home Interviewing") oder Konsumverhalten („Accompanied Shopping") in realitätsnahen Situationen zu erfassen.

Methoden der qualitativen Beobachtung werden jedoch durch einige negative Aspekte begrenzt. Um aus dem beobachteten Verhalten Schlüsse auf die zu Grunde liegenden Einstellungen und Motivationen zu ziehen, bedarf es einer eingehenden Interpretation. Dabei besteht jedoch das Problem, dass der Forscher aufgrund der nicht kontrollierbaren Informationsselektion zu einer sehr subjektiv gefärbten Analyse der beobachteten Sachverhalte kommt. Mangelnde Distanz zum Beobachteten erschwert darüber hinaus die Interpretation im wesentlichen Maße, genauso wie eine Überidentifikation mit den zu beobachteten Personen. Bei verdeckten Beobachtungen ergeben sich zudem ethische und rechtliche Probleme durch den Eingriff in die Persönlichkeitsrechte der Teilnehmer. Nicht zu unterschätzen ist schließlich auch, wie zeitintensiv die Vorbereitung, Erhebung und Analyse von Beobachtungsdaten ist (vgl. Daymon/Holloway 2002, S. 214 f.).

Einige Beispiele aus der Forschungspraxis sollen die Bedeutung qualitativer Beobachtungsmethoden im Rahmen von Forschungsstudien illustrieren.

Beispiel 3.7:

– Der Spielwarenhersteller Fisher Price betreibt in den USA eine Vorschule, um mögliche neue Produkte einem Feldtest zu unterziehen. Da Kleinkinder für andere Methoden der Marktforschung nicht zugänglich sind, bietet die Beobachtung hier die einzige Möglichkeit, wichtige Erkenntnisse zu gewinnen.

– In einer Forschungsstudie vom Institut für Marktpsychologie, Mannheim, sollte das Kaufverhalten bei Haarpflegeprodukten am Point-of-Sale mittels Videoanalyse untersucht werden. Bei einer Stichprobe von 200 Beobachtungen zeigte sich, dass die Käufer in den meisten Fällen ein ganz bestimmtes Produkt suchen und nur ein geringer Anteil der Produktentscheidungen direkt am Kaufregal getroffen wird. Für die Hersteller hat dieser Aspekt zur Konsequenz, dass Präferenzen für bestimmte Produkte bereits vor dem Kontakt am Point-of-Sale aufgebaut werden müssen und bei der Produktgestaltung die Marke und die jeweilige Sorte eindeutig und prägnant identifizierbar sein müssen.

– In einer anderen Studie konnte durch Beobachtungen festgestellt werden, dass Besucher von Videotheken zuerst den Film aussuchen und erst später auf dem Weg zur Kasse an Snacks und Getränken interessiert sind. Für die Betreiber ist es also zweckmäßig, ihre Videothek so einzurichten, dass zuerst die Filme präsentiert werden und Snacks und Getränke am Ende, z. B. an der Kasse, angeboten werden, um sich den Kaufgewohnheiten der Konsumenten anzupassen.

Quellen: Aaker/Kumar/Day 2007, S. 103; Naderer 2000; Desai 2002, S. 19 f.

> ## Wiederholungsfragen
>
> 1. Was versteht man unter einer qualitativen Beobachtung? Wie lässt sie sich von einer quantitativen Beobachtung abgrenzen?
>
> 2. Skizzieren Sie die wichtigsten Formen qualitativer Beobachtungen.
>
> 3. Erläutern Sie geeignete Anwendungsgebiete qualitativer Beobachtungen in der Marktforschung.
>
> 4. Beurteilen Sie qualitative Beobachtungen kritisch.

1.3 Weiterführende Literatur

Becker, W. (1973): Beobachtungsverfahren in der demoskopischen Marktforschung, Stuttgart 1973.

Buber, R., Holzmüller, H. (Hrsg.) (2009): Qualitative Marktforschung, 2. Aufl., Wiesbaden 2009.

Kepper, G. (1996): Qualitative Marktforschung: Methoden, Einsatzmöglichkeiten und Beurteilungskriterien, 2. Aufl., Wiesbaden 1996.

Salcher, E. F. (1995): Psychologische Marktforschung, 2. Aufl., Berlin u. a. 1995.

Sarris, V. (1992): Methodologische Grundlagen der Experimentalpsychologie. Bd. 2: Versuchsplanung und Stadien des psychologischen Experiments, München 1992.

Schub von Bossiatzky, G. (1992): Psychologische Marktforschung. Qualitative Methoden und ihre Anwendung in der Markt-, Produkt- und Kommunikationsforschung, München 1992.

2. Anforderungen an qualitative Messmethoden

Lernziele

In diesem Kapitel erfahren Sie,
– in welcher Weise qualitative Erhebungen die Anforderungen an Objektivität, Reliabilität und Validität erfüllen können und
– unter welchen Bedingungen qualitative Messmethoden verallgemeinerbare Ergebnisse liefern können.

Der offene Charakter qualitativer Forschungsmethoden und der weitgehende Verzicht auf eine Standardisierung der Methodik bedingen, dass diese vielfach als subjektiv gelten. Auch die Durchführung traditioneller Reliabilitäts- und Validitätsüberprüfungen stellt sich eher schwierig dar. Dennoch werden auch an qualitative Forschungen Forderungen nach Objektivität, Reliabilität und Validität gestellt. Eine reine Adaption des traditionellen, quantitativ geprägten Gütebegriffs kommt dabei für die qualitative Marktforschung allerdings nicht in Frage, weil dessen Prüfungen im Wesentlichen den Zielsetzungen der qualitativen Forschung widersprechen (vgl. Nolte 2004, S. 50).

Nichtsdestotrotz sollten auch qualitative Forscher bemüht sein, zuverlässige, gültige und generalisierbare Ergebnisse zu erzielen; aufgrund der weichen Datenstruktur und des offenen Charakters von Erhebung und Auswertung müssen hier jedoch teilweise andere Maßstäbe angesetzt werden.

Objektivität im qualitativen Sinne bedeutet, dass die Durchführung der Erhebung sowie die Auswertung und Interpretation der Ergebnisse seitens des Forschers *wertfrei* und ohne subjektive Beeinflussung der Erhebungseinheiten zu erfolgen haben.

Des Weiteren wird sowohl bei der Datenerhebung als auch bei der Datenauswertung und Interpretation *Transparenz* gefordert. Dies bedeutet, dass der Untersuchungsablauf sowie die Bedingungen von Aufbau und Ablauf der Erhebung explizit aufgezeichnet werden sollen. Die *Objektivität* der Ergebnisse lässt sich am Grad der Nachvollziehbarkeit durch Offenlegung der Analyseschritte und

Transparenz der Interpretationsschritte erkennen. Auch ein multipersonaler Diskurs mehrerer Forscher oder eine voneinander unabhängige Auswertung und Interpretation können die Objektivität fördern (vgl. Kepper 1996, S. 203 f.).

Als Kriterium der Objektivität wird darüber hinaus die *Umfassendheit der Inhalte* vorgeschlagen (vgl. Kepper 1995, S. 60). Ziel der qualitativen Vorgehensweise ist es u. a., das Spektrum an verschiedenen Problemdimensionen möglichst vollständig und ohne subjektive Prädetermination des Forschers zu erheben. Somit spiegelt sich die Objektivität einer Untersuchung auch im Grad der Umfassendheit der erhobenen relevanten Inhalte wider.

Reliabilität betrifft die Genauigkeit der Messungen bei wiederholter Erhebung. Abb. 3.8 zeigt gebräuchliche Reliabilitätskriterien bei qualitativen Untersuchungen. Aufgrund des offenen Charakters qualitativer Erhebungen lässt sich eine Messung meist nicht exakt wiederholen. Aus diesem Grunde lassen sich hierbei die quantitativen Prüfmethoden (Test-Retest, Parallel-Test, Split half) i. d. R. nicht anwenden, wenngleich sich gewisse Parallelen finden lassen. Gebräuchliche Prüfmethoden bei qualitativen Untersuchungen sind:
- *Interkoderreliabilität* (prozentuale Übereinstimmung der Kodierungen zweier parallel arbeitender Kodierer)
- *Intrakoderreliabilität* (prozentuale Übereinstimmung der Kodierungen eines einzigen Forschers zu zwei unterschiedlichen Zeitpunkten).

Stabilität	Die mehrmalige Anwendung eines Verfahrens führt zum selben Ergebnis.
Reproduzierbarkeit	Die Vorgehensbeschreibung einer Methode ist so exakt, dass ein anderer Forscher zu einem ähnlichen Ergebnis gelangen würde.
Exaktheit	Angabe, inwieweit eine Analyse einem bestimmten funktionellen Standard entspricht.
Stimmigkeit	Ziele und Methoden einer Forschungsarbeit müssen miteinander vereinbar sein.

Abb. 3.8: Reliabilitätskriterien qualitativer Erhebungen

Validität betrifft die Genauigkeit, mit der ein Erhebungsinstrument das misst, was es zu messen vorgibt. Generell können qualitative Methoden als valide eingestuft werden, da sie – durch den Verzicht auf Standardisierung und Vorstrukturierung – die Kommunikationsmöglichkeiten eines Probanden nicht beschneiden. Dadurch kann die Erhebungsphase grundsätzlich als valide gelten. In der Auswertungsphase qualitativer Studien finden hingegen systematisierende, aggregierende und interpretierende Vorgänge statt, sodass eine Überprüfung der Validität in dieser Phase zweckmäßig ist. Abb. 3.9 zeigt gängige Kriterien zur Überprüfung der Validität qualitativer Erhebungen (vgl. z. B. Mayring 2008, S. 110 ff.; Cropley 2008, S. 119).

Semantische Validität	Der Forscher interpretiert die Aussagen der Probanden richtig. Zur Überprüfung kann der Forscher z. B. Rücksprache mit den Probanden halten.
Expertenvalidität	Es werden verschiedene Forscher herangezogen, die die Gültigkeit der Vorgänge überprüfen.
Korrelative Validität	Die Ergebnisse werden mit den Resultaten ähnlicher Forschungen verglichen.
Vorhersagevalidität	Aus dem Datenmaterial lassen sich Prognosen für ähnliche Situationen ableiten.
Konstruktvalidität	• Die Methode wurde bereits erfolgreich angewendet. • Es handelt sich um bewährte Theorien und Modelle. • Mit dem Untersuchungsgegenstand bestehen bereits ausreichende Erfahrungen.

Abb. 3.9: Validitätskriterien qualitativer Erhebungen

Ziel empirischer Erhebungen ist grundsätzlich die Gewinnung von Informationen über eine Gesamtheit von Erhebungseinheiten. Insofern kommt der *Repräsentativität* eine zentrale Rolle zu. Bei quantitativen Erhebungen wird Repräsentativität durch entsprechende Auswahlverfahren gewährleistet (vgl. Abschn. 3.2.3 im 2. Teil). Statistische Repräsentativität beinhaltet, dass von einer Stichprobe ein Rückschluss auf die Grundgesamtheit möglich ist, wobei der Fehler quantifizierbar ist.

Eine Repräsentativität im Sinne der mathematischen Statistik ist bei qualitativen Untersuchungen nicht möglich; versteht man Repräsentativität jedoch im Sinne von *Generalisierbarkeit der Ergebnisse*, so ist auch qualitative Forschung um verallgemeinbare Ergebnisse bemüht. Das geschieht beispielsweise durch (vgl. Müller 2000, S. 146):

− Sicherung der Generalisierbarkeit durch rekonstruktive Verfahren und durch Anwendung etablierter Theorien und Methoden,

– fortlaufende Erweiterung des Samples gemäß der für die Theoriebildung wichtigen Überlegungen,

– typische Auswahl, d. h. Suche nach typischen Vertretern einer bestimmten Kategorie von Untersuchungseinheiten,

– Auffinden des Allgemeinen im Besonderen,

– exemplarische Verallgemeinerung durch Abstraktion (Trennung von Wesentlichem und Unwesentlichem).

Als Kriterium für das Vorliegen von Generalisierbarkeit i. S. externer Validität können Glaubwürdigkeit (d. h. die Befunde sind von einem Fachpublikum nachvollziehbar) und Nützlichkeit (die Befunde lassen sich praktisch einsetzen) angeführt werden (vgl. Cropley 2008, S. 119).

Wiederholungsfragen

1. Wie können qualitative Erhebungen den Anforderungen an Objektivität, Reliabilität und Validität genügen?

2. Erzeugen qualitative Untersuchungen repräsentative Ergebnisse? Begründen Sie Ihre Ansicht.

---

3. Stichprobenbildung bei qualitativen Erhebungen

Lernziele

In diesem Kapitel erfahren Sie,

– in welcher Weise für qualitative Erhebungen Stichproben gebildet werden können und

– welchen Anforderungen qualitative Stichproben genügen müssen.

Nach Bearbeitung des Kapitels sind Sie in der Lage, für ausgewählte Fragestellungen des Marketing geeignete Verfahren der qualitativen Stichprobenbildung vorzuschlagen.

Wie bereits im den vorangegangenen Abschnitt erläutert wurde, steht bei qualitativen Erhebungen die statistische Repräsentativität nicht im Vordergrund. Aus diesem Grunde spielt die Zufallsauswahl hier kaum eine Rolle, die qualitative Forschung bedient sich i. d. R. einer gezielten Stichprobenziehung i. S. einer *bewussten Auswahl* (vgl. auch Abschn. 3.2.2 im 2. Teil). Ziel ist nicht die statistische Verallgemeinbarkeit der Stichprobe, sondern die inhaltliche Verallgemeinbarkeit (vgl. Schreier 2007, S. 235). Die Stichprobe hat die Aufgabe, eine tiefergehende Analyse des zu untersuchenden Phänomens zu ermöglichen. Zentral ist daher nicht die Zahl der einbezogenen Fälle, sondern deren Eignung zur Beschreibung des Phänomens (vgl. im Einzelnen Johnson 1990).

Qualitative Stichproben lassen sich unterscheiden in
– homogene oder heterogene Stichproben sowie
– daten- und theoriegesteuerte Stichproben.

Datengesteuerte Verfahren	Theoriegesteuerte Verfahren
• „Theoretical Sampling" • bestätigende Fallauswahl • kontrastierende Fallauswahl	• qualitative Stichprobenpläne • gezielte Falltypenauswahl

Abb. 3.10: Verfahren der qualitativen Stichprobenbildung

Während *homogene Stichproben* aus ähnlichen Fällen bestehen (z. B. Intensivverwender eines Produkts), versuchen *heterogene Stichproben* die gesamte Bandbreite eines Phänomens abzubilden (wodurch auch Nichtverwender in die Stichprobe gelangen würden). Die Unterscheidung zwischen daten- und theoriegesteuerten Verfahren resultiert hingegen aus dem Vorwissen über ein Phänomen. In beiden Fällen soll die Stichprobe so ausgewählt werden, dass Merkmale, die sich auf den Untersuchungsgegenstand auswirken, in der Stichprobe auch vertreten sind. *Datengesteuerte Verfahren* liefern dabei Wissen darüber, welche Merkmale für die Informationsgewinnung relevant sind; bei *theoriegesteuerten Verfahren* sind die erhebungsrelevanten Merkmale dagegen bereits bekannt. Abb. 3.10 zeigt die gängigen Verfahren qualitativer Stichprobenbildung im Überblick.

Unter dem irreführenden Begriff des *Theoretical Sampling* – tatsächlich handelt es sich um ein datengestütztes Verfahren – versteht man eine Methode, welche auf dem „Constant Comparison"-Prinzip beruht (vgl. Schreier 2007, S. 237 f.). Auf der Grundlage einer ersten Vermutung, welche Gruppe von Personen von einem Phänomen besonders betroffen sein könnte (z. B. junge Alleinerziehende mit geringerem Einkommen als Nachfragerinnen von Mutter-und-Kind-Kuren), wird ein erster Fall erhoben und ausgewertet. Nach dem Prinzip der maximalen Ähnlichkeit wählt man anschließend einen weiteren Probanden aus derselben Personengruppe. Bestätigt das zweite Interview die ursprüngliche Vermutung, so wird in einem weiteren Schritt eine Person ausgewählt, die dem ersten Typus möglichst unähnlich ist (in der Erwartung, diese sei vom zu untersuchenden Phänomen weniger oder gar nicht betroffen). Durch wiederholte Anwendung der Prinzipien der maximalen und minimalen Ähnlichkeit lassen sich im Wege eines Trial and Error-Prozesses sukzessive diejenigen Merkmale identifizieren, die im Zusammenhang mit dem interessierenden Phänomen stehen.

Im Rahmen einer *bestätigenden Fallauswahl* (Confirmatory Sampling) wird nur das Prinzip der maximalen Ähnlichkeit zu Grunde gelegt: Es kommen gezielt solche Fälle in die Stichprobe, von denen erwartet wird, dass sie mit den bisherigen Ergebnissen in Einklang stehen (vgl. Kepper 1996, S. 234), wodurch eine homogene Stichprobe entsteht. Hingegen werden im Rahmen einer *Fallkontrastierung* bewusst Fälle einbezogen, welche gerade eine gegenteilige Evidenz produzieren, d. h. es werden hier besonders unterschiedliche Fälle einander gegenübergestellt, sodass eine heterogene Stichprobe resultiert (vgl. Kelle/Kluge 1999, S. 40 ff.). Im Vergleich zum Theoretical Sampling sind die beiden letztgenannten Verfahren einfacher zu handhaben.

Qualitative Stichprobenpläne ähneln einer Quotenstichprobe bei quantitativen Erhebungen und erfordern die folgenden Schritte (vgl. Kelle/Kluge 1999, S. 46 ff.):
– Festlegung des Geltungsbereichs der Untersuchung,
– Identifikation der untersuchungsrelevanten Merkmale,
– Festlegung der Merkmalskombinationen des Plans (Zellen),
– Festlegung der zu erhebenden Zahl der Fälle pro Zelle,
– Fallauswahl.

	Erwerbstätig		Nicht erwerbstätig	
	Stadt	Land	Stadt	Land
Volks- und Hauptschule	2	1	4	2
Realschule und Gymnasium	2	1	3	1

Abb. 3.11: Beispiel für einen qualitativen Stichprobenplan

Abb. 3.11 zeigt ein Beispiel für einen qualitativen Stichprobenplan für Alleinerziehende mit den Merkmalen „Schulbildung", „Erwerbstätigkeit" und „Wohnort". Die Zahl der Fälle spiegelt dabei nicht eine wie auch immer geartete Merkmalsverteilung in der Grundgesamtheit wider, sondern soll eher der (vermuteten) Relevanz bestimmter Untergruppen für das zu untersuchende Phänomen entsprechen.

Ein gewisses Vorwissen ist auch bei der *gezielten Falltypenauswahl* erforderlich (kriterienorientiertes Sampling). Es werden hier gezielt Fälle ausgewählt, welche bestimmte Kriterien erfüllen, z. B. (vgl. Schreier 2007, S. 241 f.; Kepper 1996, S. 233 f.):

– *Intensive Case Sampling:* Auswahl von Probanden, die eine Eigenschaft in ausgeprägter Form aufweisen, z. B. häufige Nutzer eines bestimmten Produkts;

– *Extreme Case Sampling:* Auswahl von Probanden mit Extremausprägungen, z. B. Intensivverwender, aber auch Nichtverwender;

– *Typical Case Sampling:* Auswahl von Probanden, die besonders prägnant die Mehrheit der Untersuchungssubjekte repräsentieren;

– *Critical Case Sampling:* Auswahl von Probanden, die eine besonders problematische Untergruppe repräsentieren.

Unabhängig von der Art der Stichprobenbildung können homogene Stichproben im Wege des Schneeballverfahrens gewonnen werden (vgl. Abschn. 3.2.4 im 2. Teil).

Wiederholungsfragen

1. Was versteht man unter homogenen und heterogenen Stichproben im Zusammenhang mit qualitativen Erhebungen? Bei welchen Forschungsfragen sind sie Ihrer Meinung nach geeignet?

2. Was unterscheidet datengesteuerte von theoriegesteuerten Verfahren der qualitativen Stichprobenbildung? Geben Sie einen Überblick über die einzelnen Verfahren.

3. Schlagen Sie ein geeignetes Verfahren zur Stichprobenbildung vor, um das Verhalten von Meinungsführern im Zusammenhang mit einer Neuprodukteinführung zu analysieren! Begründen Sie Ihre Ansicht!

---

4. Aufbereitung und Auswertung qualitativer Daten

4.1 Aufbereitung qualitativer Daten

Lernziele

In diesem Kapitel erfahren Sie,
– in welcher Weise qualitative Daten kodiert werden können und
– welche Aspekte bei der Bildung von Kategorien beachtet werden müssen.

Bei qualitativen Studien, in denen offene Fragen verwendet werden, oder im Rahmen qualitativer Beobachtungsverfahren, bei welchen das Verhalten der

Probanden aufgezeichnet wird, existieren keine vorgegebenen Antwortkategorien, diese müssen vielmehr erst entwickelt werden. In manchen Fällen kann sich der Forscher auf vorhandenen Studien oder theoretischen Überlegungen stützen. Ist dies nicht möglich, erfolgt die Kategorienbildung nachträglich. Vor der eigentlichen Kodierung hat dabei in vielen Fällen zunächst eine *Transkription* zu erfolgen. Während der Transkription werden Interviewer- bzw. Beobachtungsprotokolle in eine schriftliche Form gebracht. Hierbei werden zusätzliche Informationen mit berücksichtigt. Dazu gehören biographische Daten, wie soziales Umfeld und Bildungsniveau, sowie nonverbale Kommunikationsinhalte (Gestik, Mimik, etc.). Die Transkription kommunikativer Inhalte ist vergleichsweise aufwändig und anspruchsvoll und sollte daher von geschultem Personal durchgeführt werden (vgl. Lamnek 2005, S. 403). Die Bildung von Kategorien erfolgt anschließend durch Sichtung des transkribierten Datenmaterials. Die eigentliche Verschlüsselung erfolgt durch Zuordnung der Aussagen bzw. der transkribierten Verhaltensweisen zu den gebildeten Kategorien; auch hier sind geschulte Mitarbeiter erforderlich, um Falschzuordnungen zu vermeiden Mayring/Brunner 2009, Kuckartz 2009.

Unabhängig von der Erhebungsmethode sollten bei der *Bildung von Kategorien* folgende Aspekte beachtet werden (vgl. Luyens 1995):
- Die Kategorien sollten das gesamte Spektrum der Ausprägungen beschreiben. Zu diesem Zweck empfiehlt es sich oft, selten genannte Fälle in eine Kategorie „Sonstiges" unterzubringen wie auch eine Kategorie „keine Angabe" vorzusehen.
- Die Kategorien sollten sich gegenseitig ausschließen. Dies ist dann der Fall, wenn jede mögliche Antwort eindeutig einer Kategorie zugeordnet werden kann.
- Für kritische Sachverhalte sollten auch dann Kategorien vorgesehen werden, wenn kein einziger Befragter sie genannt hat, da auch diese Information von Bedeutung sein kann.

Beispiel 3.8:
Auf Grund hoher Mitarbeiterfluktuation in den letzten 3 Jahren soll im Rahmen einer qualitativen Erhebung auf der Grundlage von Tiefeninterviews die Zufriedenheit mit dem Arbeitsplatz in einem bestimmten Unternehmen erhoben werden. In die Kategorie „äußerst hohe Zufriedenheit" fällt keine einzige Antwort. Dies legt für das Management einen dringenden Handlungsbedarf nahe.

Bei der Kodierung sollten die Daten in möglichst detaillierter Form verschlüsselt werden. Eine Klassenbildung und Aggregation sollte der Forscher erst im Rahmen der Datenanalyse vornehmen, da ansonsten wertvolle Einzelinformationen verloren gehen.

Wiederholungsfragen

1. Was versteht man unter einer Transkription? Aus welchen Gründen kann sie bei qualitativen Erhebungen erforderlich sein?

2. Welche Aspekte sind bei der Bildung von Antwort- bzw. Beobachtungskategorien zu beachten?

4.2 Qualitative Inhaltsanalyse

4.2.1 Grundgedanke der qualitativen Inhaltsanalyse

Lernziele

In diesem Kapitel erfahren Sie,
- was unter einer qualitativen Inhaltsanalyse verstanden wird und
- in welcher Weise eine qualitative Inhaltsanalyse durchgeführt werden kann.

Nach Bearbeitung des Kapitels sind Sie in der Lage, qualitative Daten aufzubereiten und methodisch korrekt auszuwerten.

Qualitative Erhebungen produzieren vergleichsweise weiche Daten, welche sich i. A. nicht mit Hilfe quantitativer Verfahren auswerten lassen. Gelegentlich lassen sich die Ergebnisse sofort aus den Aufzeichnungen bzw. dem Gespräch ableiten; dies ist z. B. bei der Ideengenerierung im Rahmen einer Gruppendiskussion zur Produktentwicklung möglich. In den meisten Fällen erhält man jedoch aus einer qualitativen Erhebung eine Fülle an audiovisuellem und textlichem Material, welches transkribiert, geordnet und ausgewertet werden muss.

Nach der Transkription des Datenmaterials liegen die Ergebnisse in schriftlicher Form vor. Zur Analyse von Textmaterial sind verschiedene Ansätze entwickelt worden:
- der quantitativ-statistische,
- der interpretativ-reduktive und
- der interpretativ-explikative Ansatz (vgl. Lamnek 2005, S. 269 ff.).

Anfänglich wurde der Inhaltsanalyse ein quantitatives Methodenverständnis zu Grunde gelegt. Mit Hilfe von Häufigkeits-(Frequenz-) oder Kontingenzanalysen wurde Textmaterial quantitativ untersucht (vgl. Mayring 2008, S. 14 ff.). Hintergrund dieser Auffassung war, dass eine empirische Methode systematisch und intersubjektiv nachvollziehbar sein müsse, um als wissenschaftlich zu gelten. Es zeigte sich jedoch, dass quantitative Techniken für sozialwissenschaftliche Probleme nur eine begrenzte Aussagefähigkeit haben (vgl. Kepper 1996, S. 57). Mittlerweile besteht in der Sozialforschung die Tendenz, qualitative Daten interpretativ auszuwerten. Im Folgenden wird hierzu die *qualitative Inhaltsanalyse* als zentrale Methode für die Auswertung qualitativer Daten erläutert.

> Gegenstand der qualitativen Inhaltsanalyse kann jede Art von aufgezeichneten Kommunikationsvorgängen sein (Dokumente, Audio- und Videobänder, Gesprächsprotokolle usw.). Dabei werden nicht nur der Inhalt, sondern auch die formalen Aspekte des Materials analysiert.

Die qualitative Inhaltsanalyse stellt einen Ansatz empirischer, methodisch kontrollierter Auswertung auch größerer Textmengen dar. Die Auswertung erfolgt systematisch und nach festen Regeln mit dem Ziel, die Methodik nachvollziehbar und die Ergebnisse verallgemeinbar zu machen (vgl. Mayring 2000, o. S.).

Die Inhaltsanalyse stellt einen interdisziplinären Ansatz dar, welcher Elemente verschiedener Forschungsbereiche enthält (vgl. Mayring 2008, S. 24 ff.):
– *Kommunikationswissenschaften* (Content Analysis). Hierbei handelt es sich grundsätzlich um einen quantitativen Ansatz; einige Aspekte lassen sich jedoch auf qualitative Inhaltsanalysen übertragen, etwa die systematische Vorgehensweise, die Einbettung des Materials in ein Kommunikationsmodell, die Anwendung eines Kategoriensystems sowie die intersubjektive Nachprüfbarkeit.
– *Hermeneutik:* Ziel der Hermeneutik ist es, eine Kunstlehre des Auslegens bzw. des Interpretierens nicht nur von Texten, sondern der sinnlich wahrnehmbaren Realität überhaupt zu entwickeln. Für die Entwicklung einer qualitativen Analyse sind hier die genaue Quellenkunde, die explizite Darstellung des Vorverständnisses (Fragestellung, theoretischer Hintergrund etc.) sowie die Suche nach latenten Sinngehalten hinter den sichtbaren Strukturen relevant.
– *Qualitative Sozialforschung:* Als typische Elemente qualitativer Sozialforschung, welche sich auf die qualitative Inhaltsanalyse übertragen lassen, gelten die wissenschaftliche Orientierung an Alltagssituationen, die Übernahme der Perspektive des Untersuchungssubjekts sowie die Möglichkeit der Re-Interpretation qualitativen Materials.
– *Literaturwissenschaft* als Theorie und Methodik systematischer Textanalyse: Wesentliche daraus abzuleitende Anforderungen an eine qualitative Inhaltsanalyse sind die Übernahme semiotischer Grundbegriffe in das zu Grunde liegende Kommunikationsmodell, die Nutzung von Interpretationsregeln für die Textanalyse sowie die Zuordnung bestimmter Bedeutungsinhalte zu Begriffen nach vorgegebenen Regeln.
– *Psychologie der Textverarbeitung:* Sie hat das Ziel, die psychischen Prozesse beim Verstehen, d. h. bei der Verarbeitung von Texten empirisch zu untersuchen. Für die qualitative Inhaltsanalyse lässt sich daraus ableiten, dass das kognitive Schema des Textverständnisses offengelegt wird und dass das sprachliche Material systematisch zusammengefasst, d. h. nach bestimmten Regeln reduziert wird.

Allgemein sind folgende *Elemente* typisch für eine qualitative Inhaltsanalyse:
– *Einordnung in ein Kommunikationsmodell:* Hierzu gehören die Festlegung des Analyseziels, Merkmale des Textproduzenten (wie Erfahrungen, Einstellungen, Gefühle), Entstehungssituation des Materials, soziokultureller Hintergrund, Wirkung des Textes.

– *Regelgeleitetheit*: Dies beinhaltet die Zerlegung des Materials in Analyseeinheiten und dessen schrittweise Bearbeitung nach einem genau definierten inhaltsanalytischen Ablaufmodell.

– *Kategorisierung*: Die einzelnen Analysedimensionen bzw. Variablen werden in Kategorien zusammengefasst, die präzise zu begründen und im Laufe der Auswertung zu überprüfen und ggf. zu überarbeiten sind.

– *Erfüllung von Gütekriterien*: Das Verfahren soll intersubjektiv nachprüfbar sein, die Ergebnisse sollen vergleichbar gemacht und Reliabilitätsprüfungen sollen eingebaut werden (vgl. Mayring 2000, o. S.).

Der allgemeine *Ablauf einer qualitativen Inhaltsanalyse* besteht aus vier Phasen (vgl. Lamnek 2005, S. 358 ff.):

– Transkription,

– Einzelanalyse,

– generalisierende Analyse und

– Kontrolle.

Die *Transkription* beinhaltet die Übertragung von Aufzeichnungen jeglicher Art in geschriebene Texte und wurde bereits im Zusammenhang mit der Datenaufbereitung skizziert (vgl. Abschn. 2 in diesem Teil). Entscheidend ist dabei, dass eine Transkription sowohl die Äußerungen des Interviewers bzw. des Moderators aber auch deren unmittelbaren Eindrücke enthält, da diese wertvolle Hinweise für die Interpretation der Aussagen der Auskunftspersonen liefern (vgl. Naderer 2007, S. 369). Zudem ist zu berücksichtigen, dass auch bei qualitativen Interviews eine Fülle nonverbaler Daten anfällt (z. B. Körpersprache, Gestik, Mimik), welche ebenfalls dokumentiert werden müssen.

Im Rahmen der *Einzelanalyse* werden die individuellen Fälle (Interviews, Beobachtungsprotokolle) im Detail untersucht. Hierzu kommen bestimmte Techniken zur Anwendung (Strukturierung, Explikation und Zusammenfassung), welche im nachfolgenden Abschn. 4.2.2 beschrieben werden. Ziel ist es, den Text zu strukturieren und bestimmten Kategorien zuzuordnen. Im Mittelpunkt der Einzelanalyse steht dabei die *Bildung von Kategorien*. Hierbei werden folgende Ansatzpunkte gewählt (vgl. Mayring 2000):

– induktive Kategorienentwicklung und

– deduktive Kategorienanwendung.

Induktive Kategorienentwicklung bedeutet, dass die Kategorien direkt aus dem Material im Rahmen eines Verallgemeinerungsprozesses abgeleitet werden. Aus der Fragestellung der Studie wird ein Definitionskriterium festgelegt, welches bestimmt, welche Aspekte des Materials berücksichtigt werden sollen. Darauf aufbauend wird das Material schrittweise durchgearbeitet, um Kategorien zu bilden. Nach der Zuordnung des Materials zu den Kategorien kann die eigentliche Auswertung erfolgen. Abb. 3.12 zeigt den Ablauf einer induktiven Kategorienbildung.

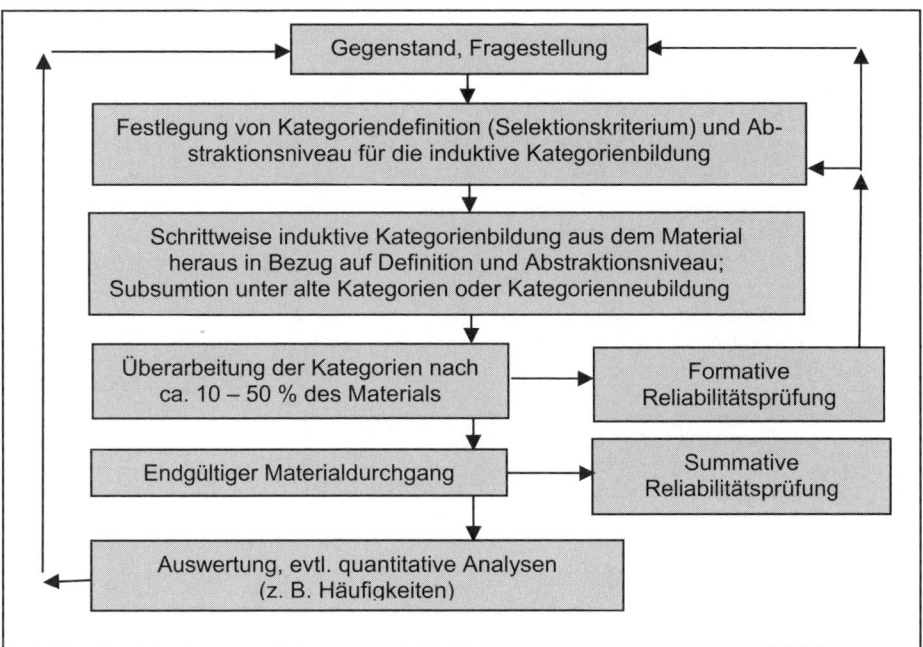

Quelle: Mayring 2000, o. S.
Abb. 3.12: Ablaufmodell induktiver Kategorienbildung

Im Rahmen der *deduktiven Kategorienanwendung* werden vorab festgelegte, theoretisch begründete Strukturierungsdimensionen (Kategorien) gebildet, welche zur Kategorisierung des Materials zu Grunde zu legen sind. Der qualitative Analyseschritt besteht darin, die deduktiv gewonnenen Kategorien methodisch abgesichert den Textstellen zuzuordnen. Das Ablaufmodell ist in Abb. 3.13 enthalten. Zentrales Element ist hier die genaue Definition der anzuwendenden Kategorien und die Festlegung präziser inhaltsanalytischer Regeln, wann eine Textstelle einer bestimmten Kategorie zuzuordnen ist. Zu diesem Zweck empfiehlt sich die Anwendung eines Kodierleitfadens, in welchem explizite Definitionen, Ankerbeispiele und Kodierregeln formuliert werden. Steht das Kategoriensystem fest, wird das Einzelmaterial danach geordnet und strukturiert.

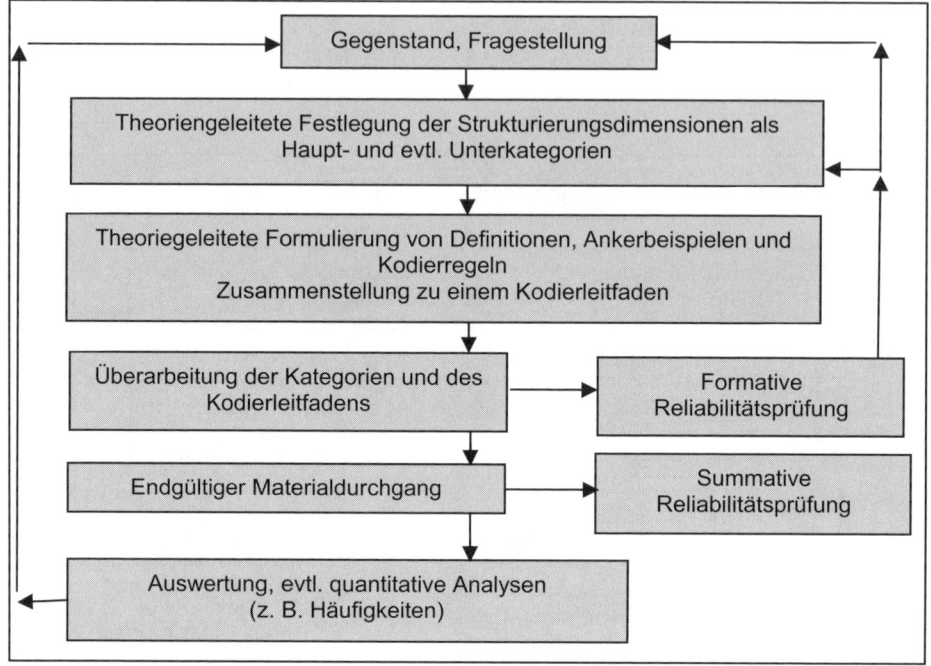

Quelle: Mayring 2000, o. S.
Abb. 3.13: Ablaufmodell deduktiver Kategorienanwendung

Die Ergebnisse der Einzelanalyse bilden die Grundlage für die *generalisierende Analyse*. In dieser Phase werden Gemeinsamkeiten und Unterschiede zwischen den einzelnen Fällen herausgearbeitet. Gemeinsamkeiten können Grundtendenzen enthalten, welche für die Befragten als typisch angesehen werden können; andererseits zeigen die Unterschiede inhaltliche Differenzen auf, welche ebenso Ansätze zur Verhaltenserklärung bieten können. Auf dieser Stufe ist ein kreativer Prozess seitens des Forschers erforderlich. Dieser soll typische Muster erkennen und sie mit theoretischen Erkenntnissen in Verbindung bringen. Der Fokus liegt hier auf dem Aufzeigen von Interdependenzen zwischen den Einzelergebnissen und auf der Reflexion vor dem Hintergrund anerkannter theoretischer Zusammenhänge (vgl. Carson et al. 2001, S. 176 f.). Dies erlaubt die Erklärung der Phänomene im Zusammenhang mit der jeweiligen Fragestellung.

Die letzte Phase ist die *Kontrollphase*. Aufgrund des interpretativen Ansatzes sind Fehlinterpretationen nicht ausgeschlossen, sodass es empfehlenswert ist, die Ergebnisse noch einmal explizit zu überprüfen. Dies kann durch Selbst- oder Fremdkontrolle geschehen. Im Falle von Widersprüchen oder Unschlüssigkeiten sollte der Bezug zum Original wieder hergestellt werden, um die Interpretation anhand des originären Datenmaterials zu kontrollieren. Erfolgt die Auswertung in Gruppenarbeit, bietet es sich an, die Ergebnisse in der Gruppe zu diskutieren. Eine Kontrolle ist unerlässlich, damit die qualitative Inhaltsanalyse den Anforderungen an Objektivität, Reliabilität und Validität genügt (vgl. hierzu die Ausführungen in Abschn. 2).

4.2.2 Techniken der qualitativen Inhaltsanalyse

Die Grundtechniken qualitativer Inhaltsanalysen umfassen die Zusammenfassung, die Explikation und die Strukturierung. Die *Zusammenfassung* zielt darauf ab, aus dem häufig umfangreichen Grundmaterial eine reduzierte, überschaubare Form herzustellen, die dennoch ein ausreichend exaktes Abbild des Grundmaterials darstellt (vgl. ausführlich Mayring 2008, S. 59 ff.). Die Aufzeichnungen werden durchgesehen, irrelevante sowie redundante Textpassagen werden gestrichen. Irrelevante Passagen sind beispielsweise Füllwörter wie „Wissen Sie", „meine ich" u. Ä. Wiederholungen können zwar darauf hinweisen, dass der Proband einem bestimmten Aspekt eine besondere Bedeutung beimisst, sie sind jedoch entbehrlich, da sie zu keinen neuen Erkenntnissen führen (vgl. Cropley 2008, S. 128). Anschließend wird der Text in eine einheitliche Sprache umgewandelt, und die Sätze werden in eine grammatikalische Kurzform gebracht (*Paraphrasierung*).

Beispiel 3.9:

„Alles in allem kann ich nicht behaupten, dass dieses Produkt eine echte Verbesserung gegenüber der alten Variante darstellt", wird zu: „keine echte Verbesserung".

Das aus der Paraphrasierung entstandene Material wird danach verallgemeinert, indem die einzelnen Aussagen durch Umformulierung auf eine einheitliche Abstraktionsebene gebracht werden. Dadurch können inhaltsgleiche Paraphrasen, d. h. vergleichbare Aussagemuster identifiziert werden, die anschließend einer *Reduktion* unterzogen werden können. Im Rahmen einer Reduktion werden aussagegleiche Paraphrasen gestrichen; lediglich die zentrale Aussage wird übernommen. In Einzelfällen sind weitere Reduktionsschritte erforderlich.

Beispiel 3.10:

Die Aussage: „Die am ursprünglichen Produkt vorgenommenen Änderungen sind nur teilweise gelungen" kann zu „nur teilweise gelungen" paraphrasiert werden. Diese Paraphrase kann als aussagegleich wie die aus Beispiel 3.9 angesehen und damit im Zuge der Reduktion gestrichen werden.

Die zentralen Aussagen bilden die Grundlage für eine fallübergreifende Sammlung bzw. Kategorisierung der Daten (vgl. den vorangegangenen Abschn. 4.2.1). Das entstandene Kategoriensystem wird abschließend anhand des Ausgangsmaterials überprüft.

Die zweite Grundtechnik, die *Explikation*, wird insb. auf unverständliche Textpassagen angewandt, deren Bedeutung nicht unmittelbar erschließbar ist (vgl. Mayring 2008, S. 77 ff.). Solche Textstellen müssen weitergehend interpretiert werden, was zusätzliche Informationen erfordert. Mögliche Informationsquellen sind der engere Kontext, das umliegende Textfeld und der weitere Kontext. Häufig müssen Informationen jedoch auch aus Quellen außerhalb des reinen Textes gewonnen werden. Beispielweise kann es erforderlich sein, dass einige Textpassagen vor dem sozialen Hintergrund des Probanden ausgelegt werden müssen.

Von besonderer Bedeutung sind auch nonverbale Signale wie Tonfall, Lautstärke, Mimik und Gestik. Diese können die Ergebnisse der Interpretation präzisieren und z. B. Gefühle und Beziehungsaspekte verdeutlichen. Der durch die Explikation erweiterte Text kann anschließend durch Zusammenfassung erneut bearbeitet werden.

Die Technik der *Strukturierung* eignet sich vor allem bei großen Textmengen. Durch diese Technik werden inhaltliche Aspekte nach bestimmten Ordnungskriterien herausgefiltert und systematisiert. Dadurch entsteht ein Kodierleitfaden, der eine entsprechende Strukturierung und Systematisierung der relevanten Textstellen verspricht; hierzu muss das Kategoriensystem jedoch vorab festgelegt worden sein (vgl. den vorangegangenen Abschn. 4.2.1). Die Strukturdimensionen werden aus der untersuchungsspezifischen Fragestellung und theoretischen Vorüberlegungen abgeleitet. Nach der ersten Materialsichtung kann es erforderlich sein, das Kategoriensystem zu überarbeiten. Steht das Kategoriensystem schließlich fest, werden einzelnen Textstellen prototypische Funktionen zugeordnet, d. h. sie dienen als Ankerbeispiele für bestimmte Kategorien. Auch die Strukturierung dient dazu, das vorhandene Material so zu ändern, dass es die Grundlage für fallübergreifende Vergleichsmöglichkeiten bietet.

Abb. 3.14 zeigt ein Beispiel für einen Kodierleitfaden. Bei den Ankerbeispielen sind in Klammern die Nummer des Probanden und die jeweilige Textstelle angegeben. Auf der Grundlage des Kodierleitfadens können dann die Aussagen der verschiedenen Probanden eindeutig einer Kategorie zugeordnet werden (in Abb. 3.1.4 niedriges, mittleres und hohes Selbstvertrauen).

Kategorie	Definition	Ankerbeispiele	Kodierregeln
K1: hohes Selbstvertrauen	Hohe subjektive Gewissheit, mit der Anforderung gut fertig geworden zu sein, d. h. – Klarheit über die Art der Anforderung und deren Bewältigung, – Positives, hoffnungsvolles Gefühl beim Umfang mit der Anforderung, – Überzeugung, die Bewältigung der Anforderung selbst in der Hand gehabt zu haben.	„Sicher hat's mal ein Problemchen gegeben, aber das wurde dann halt ausgeräumt, entweder von mir die Einsicht, oder vom Schüler, je nachdem, wer den Fehler gemacht hat. Fehler macht ja ein jeder." (17, 23) „Ja klar, Probleme gab's natürlich, aber zum Schluss hatten wir ein sehr gutes Verhältnis, hatten wir uns zusammengerauft." (27,33)	Alle drei Aspekte der Definition müssen in Richtung „hoch" weisen, es soll kein Aspekt auf nur mittleres Selbstvertrauen schließen lassen. Sonst Kodierung „mittleres Selbstvertrauen".
K2: mittleres Selbstvertrauen	Nur teilweise oder schwankende Gewissheit, mit der Anforderung gut fertig geworden zu sein.	„Ich hab mich da einigermaßen durchlaviert, aber es war oft eine Gratwanderung." (3, 55) „Mit der Zeit ist es etwas besser geworden, aber ob das an mir oder an den Umständen lag, weiß ich nicht." (77, 20)	Wenn nicht alle drei Definitionsaspekte auf „hoch" oder „niedrig" schließen lassen
K3: niedriges Selbstvertrauen	Überzeugung, mit der Anforderung schlecht fertig geworden zu sein, d. h. – wenig Klarheit über die Art der Anforderung, – negatives, pessimistisches Gefühl beim Umgang mit der Anforderung, – Überzeugung, den Umgang mit der Anforderung nicht selbst in der Hand gehabt zu haben.	„Das hat mein Selbstvertrauen getroffen; da hab ich gemeint, ich bin eine Null – oder ein Minus." (5, 34)	Alle drei Aspekte deuten auf ein niedriges Selbstvertrauen, auch keine Schwankungen erkennbar

Quelle: Mayring 2000, o. S.

Abb. 3.14: Beispiel für einen Kodierleitfaden

4.2.3 Beurteilung der qualitativen Inhaltsanalyse

Die qualitative Inhaltsanalyse erlaubt die Auswertung von in der Sozialforschung häufig vorkommenden „weichen" Daten; gleichzeitig genügt sie den Standards eines methodisch kontrollierten Vorgehens, sodass die Ergebnisse der Analyse spezifischen Gütekriterien genügen (vgl. die Ausführungen in Abschn. 2).

Mit Hilfe qualitativer Inhaltsanalysen lassen sich auch größere Textmengen untersuchen. Unterstützt wird die Analyse mittlerweile durch eine ganze Reihe von Softwareprogrammen, welche Hilfestellung bei der qualitativen Arbeit mit Texten bieten (vgl. ausführlich Mayring 2008, S. 100 ff.). Zu nennen sind z. B. ATLAS/ti (www.atlasti.de) und MAXqda (www.maxqda.de).

Grenzen der qualitativen Inhaltsanalyse finden sich vor allem dort, wo der Untersuchungscharakter rein explorativ ist und die mit der qualitativen Inhaltsanalyse verbundene systematische, regelgeleitete Vorgehensweise nicht angemessen erscheint. Insbesondere bei schlecht strukturierten, offenen Untersuchungsgegenständen kann die Bildung und Nutzung fester Kategorien als einschränkend empfunden werden.

Wiederholungsfragen

1. In welchen Phasen vollzieht sich eine qualitative Inhaltsanalyse? Erläutern Sie die einzelnen Phasen.

2. Welche Ansatzpunkte können bei der Bildung von Kategorien zu Grunde gelegt werden?

3. Erläutern Sie die Techniken der Zusammenfassung, Strukturierung und Explikation zur Durchführung einer qualitativen Inhaltsanalyse.

4. Erläutern Sie die Vor- und Nachteile einer qualitativen Inhaltsanalyse.

4.3 Analyse nonverbaler Daten

Lernziele

In diesem Kapitel erfahren Sie,
– welche Rolle nonverbale Daten bei qualitativen Erhebungen spielen und
– in welcher Weise eine qualitative Inhaltsanalyse durch die Analyse nonverbaler Daten ergänzt werden kann.

Nonverbale Daten begleiten zum einen die Erhebung verbaler Daten im Rahmen qualitativer Interviews. Zum anderen entstehen sie im Zusammenhang qualitativer Beobachtungen. Bei der Erhebung verbaler Daten liefern Körpersprache, Gestik oder Mimik wertvolle Kontextinformationen für die Analyse und Interpretation der Aussagen der Probanden. Voraussetzung ist dafür allerdings, dass die nonverbalen Signale vom Probanden auch beabsichtigt sind (vgl. Naderer 2007, S. 386). Aufschlussreich sind nonverbale Äußerungen aber auch dann, wenn sie im Widerspruch zu verbalen Aussagen stehen, da sie letztere relativieren können. Beispielsweise können eine verkrampfte Körperhaltung oder das Abwenden des Blickes eine vorgetragene Überzeugung durchaus abschwächen.

Auch Beobachtungen können mit Hilfe der qualitativen Inhaltsanalyse ausgewertet werden. Die Analyse bezieht sich meist auf die beobachteten Personen und deren Verhaltensweisen. Soziale Beziehungen können nicht nur direkt, sondern auch mit Hilfe sog. *Artefakte* beobachtet werden, d. h. Spuren oder Gebrauchsgegenstände, denen die Probanden eine bestimmte Bedeutung zuordnen (vgl. Lueger 2000, S. 141 f.). Die Artefakteanalyse kann – zusätzlich zur Inhaltsanalyse – Aufschluss über soziale Zusammenhänge geben. Dabei wird angenommen, dass Artefakten aufgrund ihrer Integration in den Handlungskontext ein Sinn zugeordnet wird (vgl. Sayre 2001, S. 195). Artefakte können so oftmals einen zentralen Untersuchungsgegenstand darstellen.

Ziel der Artefakteanalyse ist die Ermittlung des Wirkungszusammenhangs zwischen Kontext und Artefakt. Dieser beinhaltet zwei Richtungen: Zum einen die Wirkung des Kontextes auf das Artefakt, zum anderen die Wirkung des Artefakts auf den Kontext. Die Bedeutung des Artefakts und damit die Sinnstrukturen, die hinter der Verwendung stehen, müssen im Detail analysiert werden. Dabei ist die menschliche Vorstellungskraft entscheidend, da Artefakte erst zu Artefakten werden, wenn ihnen eine Bedeutung im sozialen Kontext zugeordnet worden ist. Oftmals ist die Bedeutung schon eindeutig vorgegeben (vgl. Lueger 2000, S. 147), z. B. bei Werkzeugen. Andere Gegenstände können unterschiedliche Bedeutungen haben: Beispielsweise ist ein Auto für einige ein Gebrauchsgegenstand, für andere ein Statussymbol.

Wichtige Artefakte für die Marktforschung sind u. a. Gebrauchsgegenstände, Werkzeuge oder Statussymbole; auch Einrichtungsstile können wichtige Auskünfte über die Untersuchungseinheiten geben (vgl. Sayre 2001, S. 195). Aus diesem Grunde werden Teilnehmer an qualitativen Untersuchungen unabhängig vom Untersuchungsstandort oftmals zunächst in ihrer häuslichen Umgebung fotografiert. Zur besseren Dokumentation solcher visuellen Daten werden meist apparative Hilfsmittel eingesetzt (vgl. Naderer 2007, S. 387). Die Auswertung nonverbaler Daten kann dabei softweregestützt erfolgen. Gängige Softwarepakete wie z. B. INTERACT unterstützen den Forscher bei der Kodierung, führen eine Datenanalyse durch (z. B. Sequenzanalyse), berechnen die Beobachterübereinstimmung und exportieren die Daten in andere Systeme.

Wiederholungsfragen

1. Was versteht man unter nonverbalen Daten? Welche Rolle spielen sie bei der Auswertung qualitativer Studien?

2. Welche Bedeutung haben Artefakte für die Analyse sozialer Phänomene?

4.4 Weiterführende Literatur

Calteral, M., Maclaran, P. (1998): Using Computer Software for the Analysis of Qualitative Market Research, in: Journal of the Market Research Society, Vol. 40 (1998), No. 3, S. 207-222.

Collins, M., Kalian, G. (1980): Coding Verbatim Answers to Open Questions, in: Journal of the Market Research Society, Vol. 22 (Oct. 1980), S. 239-247.

Gubrium, J. F., Holstein, J. (2001): Handbook on Interview Research: Context and Method, Thousand Oaks 2001.

Höld, R. (2009): Zur Transkription von Audiodateien, in: Buber, R., Holzmüller, H. H. (Hrsg.): Qualitative Marktforschung. Konzepte – Methoden – Analysen, Wiesbaden 2009, S. 655-668.

Miles, M. B., Huberman, A. M. (1994): Qualitative Data Analysis: An Expanded Sourcebook, 2nd ed., Thousand Oaks 1994.

Strauss, A., Corbin, J. (1990): Basics of Qualitative Research: Grounded Theory Procedures and Techniques, Newbury Park 1990.

4. Teil: Ausgewählte Anwendungen der Marktforschung

1. Produktforschung

> **Lernziele**
>
> In diesem Kapitel erfahren Sie,
> - in welcher Weise die Marktforschung das Produktmanagement unterstützen kann und
> - welche verschiedenen Gestaltungsformen von Produkt- und Markttests zur Anwendung kommen können.
>
> Nach der Bearbeitung des Kapitels sind Sie in der Lage, für die verschiedenen Phasen des Produktentwicklungsprozesses wie auch für die Evaluation bestehender Produkte und Marken geeignete Testdesigns vorzuschlagen.

1.1 Gegenstand der Produktforschung

In Anbetracht der hohen Flopraten bei Produktneueinführungen – im Konsumgüterbereich bis zu 80 % – kommt der Produktforschung eine zentrale Rolle zu. Eine große Bedeutung hat die Produktforschung im Bereich der *Produktentwicklung*. So lassen sich durch geeignete Verfahren Ideen für Produktinnovationen oder -variationen generieren, welche möglichst gut den Konsumentenbedürfnissen entsprechen.

Die Produktforschung ist auch für *Produktbewertungen* sehr hilfreich. Im Rahmen von Produktinnovationen kann sie dazu beitragen,
- die beste Alternative aus einer Vielzahl von Produktvorschlägen zu identifizieren,
- die optimale Gestaltung einzelner Produktelemente (Name, Design etc.) herauszufinden,
- ein Produktkonzept in seiner Gesamtheit zu überprüfen, um dessen Marktchancen beurteilen zu können.

Auch bereits auf dem Markt etablierte Produkte erfordern eine regelmäßige Überprüfung. Typische Zielsetzungen sind hier (vgl. Berekoven/Eckert/Ellenrieder 2009, S. 152):
- Überprüfung von Produkteigenschaften und Produktimage im Vergleich zu Konkurrenzprodukten,

- Ursachenanalyse bei unerwarteten Marktanteilsverlusten,
- Überprüfung der Anmutung und der Marktchancen eines Produkts bei Veränderung einer oder mehrerer Produkteigenschaften.

Je nachdem, ob die Produktleistung oder die Durchsetzungsfähigkeit des Produkts am Markt bewertet werden, wird zwischen Produkttests (Abschn. 1.3) und Testmarktuntersuchungen (Abschn. 1.4) unterschieden.

1.2 Produktentwicklung

Die Entwicklung neuer Produkte oder Produktvarianten kann in vielfältiger Weise durch Marktforschungsaktivitäten unterstützt werden. Hierbei werden oftmals auch die – aktuellen oder potenziellen – Kunden in den Innovationsprozess eingebunden. Auf sämtliche Aspekte der Innovationsmarktforschung kann an dieser Stelle nicht eingegangen werden. Im Folgenden werden daher nur die folgenden Ansatzpunkte skizziert:

- Kreativitätstechniken,
- Gruppendiskussionen,
- Conjoint Analyse sowie
- Online-Produktforschung.

Der Einsatz von *Kreativitätstechniken* gehört zu den traditionellen Verfahren der Innovationsforschung. Es existiert ein breites Spektrum an Methoden, welche zur Generierung von Produktideen geeignet sind, beispielsweise Brainstorming, Brainwriting, Synektik als intuitiv-kreative Techniken sowie die Morphologische Methode, die Progressive Abstraktion und das Attribute Listing als kombinatorische Verfahren (vgl. die Ausführungen in Abschn. 1.1 im 3. Teil sowie bei Schlicksupp/Dagneaud 2007). Generell gilt, dass Kreativitätstechniken durch gruppendynamische Effekte und anregende Rahmenbedingungen Blockaden abbauen und innovative Verknüpfungen fördern sollen, wodurch der kreative Prozess unterstützt wird. Die unterschiedlichen Techniken erzielen dabei unterschiedliche Ergebnisqualitäten: Während die Morphologische Methode eher neue Kombinationen bekannter Merkmale erzeugt und damit insb. für Produktvariationen geeignet ist, liefert die Synektik ungewöhnliche, innovative Ansatzpunkte.

Im Rahmen von *Gruppendiskussionen* (vgl. Abschn. 1.1 im 3. Teil) werden Kunden am Produktentwicklungsprozess beteiligt, indem sie im Rahmen einer Diskussion ihre Bedürfnisse und Produktanforderungen artikulieren. Auf diese Weise können Anregungen für neue Produkte oder für Verbesserungen bestehender Produkte gewonnen werden.

Mit Hilfe der *Conjoint Analyse* werden die Präferenzen bzw. Nutzenvorstellungen von Personen bezüglich alternativer Produktkonzepte untersucht (vgl. Abschn. 6.3.11 in Teil 2). Es handelt sich dabei um ein Verfahren der indirekten Präferenzmessung, d. h. aus Globalurteilen bzgl. der zu bewertenden Produkte wird auf die relative Bedeutung von deren Eigenschaften und Präferenzen bzgl. einzelner Eigenschaftsausprägungen geschlossen. Zudem lässt sich der Preis als Produkteigenschaft ebenfalls einbeziehen, sodass die Methode auch Informationen über die Zahlungsbereitschaft für alternative Produktkonzepte liefert.

Neuere Ansatzpunkte für die Produktentwicklung bietet die Online-Marktforschung. Unter den Stichworten „Co-Creation", „Open Innovation" und „User Generated Content" werden verschiedene Ansatzpunkte zur Integration des Kunden in den Innovationsprozess diskutiert (vgl. z. B. Sincovicz/Penz/Castillo 2009; Schroiff 2009; Gable 2010). Die Grundidee besteht darin, das kreative Potenzial der Internetnutzer für den Innovationsprozess zu nutzen. Im Rahmen der sog. *Netnography* erfolgt eine systematische Analyse von Online-Communities. Die gewonnenen Erkenntnisse werden dann gemeinsam mit Produktentwicklern und Designern in neue Produktkonzepte umgesetzt. Beispielsweise greift Nivea im Bereich Selbstbräunung auf Diskussionsforen im Web zum Thema Bräunung zurück. Dort haben sich insb. Bodybuilder als Lead User herausgestellt (vgl. Bartl 2010, S. 24 f.). Mittels *Crowdsourcing* wird gezielt das kreative Potenzial der Massen mobilisiert, indem Unternehmen im Internet eine Plattform schaffen, auf welcher sich Nutzer austauschen und an einer festgelegten Aufgabenstellung zusammen arbeiten können. Die Ideen werden von der Community bewertet und in vielen Fällen auch vergütet. Die Zahl der Crowdsourcing-Plattformen steigt exponentiell; prominente Beispiele sind Osram, Tchibo und Dell. Schließlich beinhaltet *Co-Creation* die Möglichkeit, aktiv an der Produktgestaltung mitzuwirken, wie z. B. die Adidas-Plattform miadidas (www.miadidas.com), in welcher individuell gestaltete Sportschuhe kreiert werden können, oder Spreadshirt (www.spreadshirt.de) zur Gestaltung und Vermarktung von T-Shirts.

Beispiel 4.1:

Tchibo Ideas wurde Mitte 2008 ins Leben gerufen und soll die Problemstellungen potenzieller Kunden mit den Lösungsvorschlägen von Designern und Erfindern zusammenführen. [...] Durch die Integration der Kunden sollen Produkte entwickelt werden, die kundenrelevant sind, d. h. die an den Bedürfnissen der Kunden ausgerichtet sind. Darüber hinaus soll durch die aktive Teilnahme die Kundenbindung erhöht werden.

Potenzielle Kunden bzw. Mitglieder können eigene Beiträge (Aufgaben) auf die Plattform einstellen oder andere Beiträge weiterentwickeln und kommentieren. Designer oder Erfinder erarbeiten dann Lösungen für diese Aufgabenstellungen oder entwickeln davon unabhängige Ideen und veröffentlichen sie auf der Plattform. Sowohl die Aufgaben als auch die Ideen werden von der Community bewertet, und für die besten Votings gibt es Geldpreise. Das Voting findet in einem mehrstufigen Prozess statt, bei dem aus den zehn Monatsbesten drei Sieger bei den Lösungen und ein Sieger bei den Aufgaben durch die Community gewählt wird.

Tchibo agiert zwischen Aufgabenstellern und Lösungsentwicklern nur als Moderator und Betreiber und kontrolliert mit Hilfe eines Moderationsteams die Aktivitäten und Atmosphäre auf der Plattform.

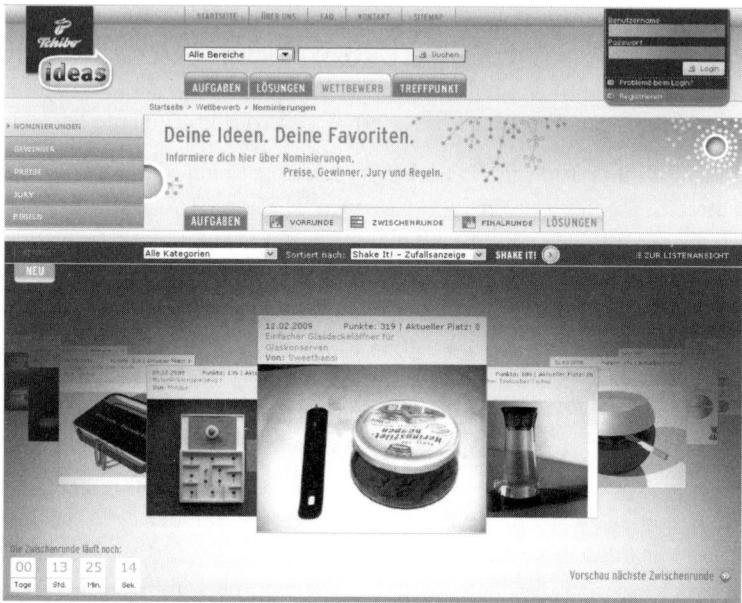

Quellen: Aßmann/Böpple/Riedel 2009; www.tchibo-ideas.de.

1.3 Produkttests

1.3.1 Arten von Produkttests

Produkttests werden zur Überprüfung der Produktleistung herangezogen und lassen sich nach verschiedenen Kriterien unterscheiden (vgl. Abb. 4.1):

– Testumfang,

– Form der Darbietung,

– Testdauer,

– Testort,

– Zahl der Testprodukte sowie

– Testinhalt.

Allgemein kann ein Produkt als ein Bündel von Eigenschaften charakterisiert werden, welche geeignet sind, eines oder mehrere Bedürfnisse von Konsumenten zu befriedigen. Solche Merkmale umfassen neben der Grundfunktion des

Produkts weitere Eigenschaften wie Design, Verpackung, Marke, Preis, Handling usw. Der *Testumfang* bezeichnet das Ausmaß, in welchem Produkteigenschaften getestet werden. Wird das Produkt in seiner Gesamtheit getestet, spricht man von einem *Volltest*, anderenfalls von einem *Partialtest* (z. B. Verpackungstest, Namenstest).

Kriterium	Varianten
Testumfang	• Volltest • Partialtest
Form der Darbietung	• Blindtest • identifizierter Test • teilneutralisierter Test
Testdauer	• Kurzzeittest • Langzeittest
Testort	• Home-Use-Test (Feldtest) • Studiotest (Labortest)
Zahl der Testprodukte	• monadischer Test • nichtmonadischer Test
Testinhalt	• Eindruckstest • Präferenztest • Diskriminanztest • Deskriptionstest • Evaluationstest • Akzeptanztest

Abb. 4.1: Arten von Produkttests

Nach der *Form der Darbietung* wird zwischen Blindtest und identifiziertem Test unterschieden. Im Rahmen eines *Blindtests* werden von den Produkten möglichst alle visuellen Elemente (z. B. Markenname, Markenlogo, typische Farben oder Formen) entfernt. Dadurch erhofft man sich eine weitgehend objektive Meinung bzgl. der zu testenden Eigenschaften. Blindtests werden im Rahmen der sensorischen Produktforschung eingesetzt, insb. für Nahrungsmittel, Alkoholika, Zigaretten u. a. Im Rahmen eines *identifizierten Tests* werden einer Testperson die Produkte hingegen bewusst in ihrer markenüblichen Verpackung unter Offenlegung von Markennamen und Markenlogo vorgelegt. Nicht selten weichen die Ergebnisse eines identifizierten Tests von denen eines Blindtests ab. Daraus wird die Bedeutung des Markenimage für die Produktbeurteilung deutlich.

Neben den beiden Testvarianten gibt es noch zahlreiche weitere Versuchsanordnungen, welche zwischen dem Blindtest und dem identifizierten Test anzusiedeln sind. Bei diesen sog. *teilneutralisierten Tests* werden nicht alle, sondern nur einige wenige äußere Merkmale entfernt, um deren Wirkung im Hinblick auf Produktwahrnehmung und -beurteilung zu überprüfen. Darüber hinaus kann unterschieden werden in:

– Substitutionstest und

– Eliminationstest.

Beim *Substitutionstest* werden einzelne Produktmerkmale sukzessive gegeneinander ausgetauscht, um die Kundenreaktionen auf die einzelnen Merkmale zu überprüfen. Hingegen werden beim *Eliminationstest* die verschiedenen Produktmerkmale nacheinander verdeckt. Das Produkt wird zunächst im Rahmen eines Volltests überprüft; anschließend werden sukzessive einzelne Produktkomponenten wie Marke, Packung, Preis etc. eliminiert, bis schließlich nur noch das anonymisierte Produkt mit dem ausschließlichen Grundnutzen verbleibt, d. h. der Test geht in einen Blindtest über. Erhält ein Produkt zu Beginn des Volltests z. B. noch 70% Zustimmung und später ohne Angabe der Marke 50%, so wird die Bedeutung des Markennamens und des Markenimages für die Produktbeurteilung deutlich.

Nach der *Testdauer* kann zwischen Kurzzeit- und Langzeittests unterschieden werden. *Kurzzeittests* versuchen, durch eine sehr kurze Konfrontation mit einem Produkt beim Probanden erste Eindrücke zu ermitteln. In der Regel werden Kurzzeittests in einem Studio durchgeführt. Hingegen werden die Testpersonen im Rahmen eines *Langzeittests* über einen längeren Zeitraum mit dem Produkt konfrontiert. Ziel ist hier nicht die Ermittlung erster spontaner Eindrücke, sondern die Produktbeurteilung nach wiederholtem Ge- bzw. Verbrauch. Aus diesem Grunde erfolgen Langzeittests typischerweise als Home-Use-Test. Gelegentlich werden Kurz- und Langzeittests im Rahmen sog. *Doppeltests* kombiniert (vgl. Berekoven/Eckert/Ellenrieder 2009, S. 153).

Nach dem *Testort* wird zwischen Studiotest und Home-Use-Test unterschieden. Bei einem *Studiotest* handelt es sich um eine Laboruntersuchung; die Probanden werden i. d. R. auf der Straße angesprochen und zur Mitarbeit eingeladen. Beliebte Testorte sind zentral gelegene Restaurants, Ausstellungsstände oder eigens dafür ausgestattete Fahrzeuge (Caravan-Test). Typischerweise erfolgt der Test in Form einer mündlichen Befragung oder aber als apparativ gestützte Beobachtung (z. B. Schnellgreifbühne; vgl. die Ausführungen in Abschn. 1.3.2 des 2. Teils). Bei einem *Home-Use-Test* handelt es sich um einen Feldtest. Die Testpersonen nehmen das Testprodukt mit nach Hause (bzw. das Produkt wird ihnen per Post zugeschickt) und können es dort in gewohnter häuslicher Atmosphäre verwenden und bewerten. Die Erhebung erfolgt typischerweise auf der Grundlage eines schriftlichen Fragebogens, welcher den Testpersonen zusammen mit dem Produkt zugesendet wird. Nach Ablauf des Tests schicken die Testpersonen den Fragebogen an das Marktforschungsinstitut zurück.

Gegenüber dem Studiotest mit einer künstlichen und häufig starren Atmosphäre stellt die häusliche Umgebung beim Home-Use-Test einen entscheidenden Vorteil dar, da die Testergebnisse aufgrund der Feldsituation realitätsnäher ist. Hinzu kommt die hohe Rücklaufquote, die bis zu 90% betragen kann. Nachteilig ist an dieser Testmethode die Tatsache, dass hinsichtlich des Testablaufs wie auch bezüglich des Ausfüllens des Fragebogens keinerlei Kontrollmöglichkeiten gegeben sind. So kann z. B. der Einfluss von Familienmitgliedern auf das Urteil des Probanden nicht kontrolliert werden; darüber hinaus ist nicht gewährleistet, dass der Fragebogen tatsächlich von der Testperson selbst ausgefüllt wird. Hinzu kommt, dass der Forscher nicht nachvollziehen kann, auf Grund welcher Erlebnisse mit dem Produkt die Testpersonen zu ihren Urteilen gekommen sind. Bei einem Studiotest ist die Situation hingegen kontrollierbar; zudem ist der Zeitaufwand geringer. Abb. 4.2 zeigt zusammenfassend die Vor- und Nachteile des Home-Use-Tests im Vergleich zum Studiotest.

Vorteile	Nachteile
• höhere Realitätsnähe auf Grund der Feldsituation • Stichprobenauswahl i. d. R. repräsentativ auf der Grundlage eines umfangreichen Adressenpools • hohe Rücklaufquote	• zeitaufwändig • keine Kontrolle des Testablaufs • keine Kontrolle der Fragebogenausfüllung • Ge- bzw. Verbrauch des Produkts nicht beobachtbar

Abb. 4.2: Vor und Nachteile des Home-Use-Tests im Vergleich zum Studiotest

Nach der *Zahl der einbezogenen Testprodukte* wird zwischen monadischem und nichtmonadischem Test unterschieden. Beim *monadischen Test* (Einzeltest, Solotest) wird der Testperson ein einziges Produkt (bzw. eine einzige Produktvariante) vorgelegt (vgl. Bauer 1981, S. 29). Der Test kann sowohl als Voll- als auch als Partialtest durchgeführt werden. Dabei hat der Proband keine Vergleichsmöglichkeiten zu anderen Produkten, sondern kann das Testobjekt lediglich anhand seiner Kenntnisse und Erfahrungen beurteilen.

Der Einzeltest wird immer dann verwendet, wenn es sich um eine absolute Marktneuheit handelt und somit ein Vergleich mit Konkurrenzprodukten nicht vorgenommen werden kann. Gerade bei innovativen und technisch komplexen

Gütern ist tatsächlich oftmals zunächst auch nur eine Variante der Produktneuheit verfügbar, sodass eine vergleichende Testanordnung von vornherein ausgeschlossen ist (vgl. Koppelmann 2001, S. 483).

Im Rahmen eines *nichtmonadischen Tests* (Mehrfachtest, Vergleichstest) werden den Testpersonen mindestens zwei Produkte vorgelegt. Es kann sich dabei entweder um unterschiedliche Varianten desselben Produkts handeln, um festzustellen, welche Eigenschaften bzw. Eigenschaftsausprägungen von den Probanden präferiert werden, oder aber es wird das eigene Produkt gegenüber Konkurrenzprodukten getestet. Der Vergleich kann dabei simultan *(paralleler Vergleichstest)* oder aber unmittelbar nacheinander *(sukzessiver Vergleichstest)* erfolgen. Eine Variante stellt der sog. *triadische Test* dar, bei welchem drei Produkte (zwei davon identisch) im Blindtest getestet werden. Hierdurch kann ermittelt werden, ob sich das eigene Produkt eindeutig von den anderen abhebt.

Nach dem *Testinhalt* wird unterschieden in
– Eindruckstest,
– Präferenztest,
– Diskriminanztest,
– Deskriptionstest,
– Evaluationstest und
– Akzeptanztest.

Diese werden ausführlich in Abschn. 1.3.3 erläutert. Im Folgenden werden ausgewählte Testanordnungen der Produktforschung dargestellt:
– Konzepttests,
– Produkttests i. e. S. sowie
– Partialtests.

1.3.2 Konzepttest

Ein Konzepttest (auch: Konzeptionstest) wird zur Überprüfung eines Neuprodukts bzw. einer neuen Produktvariante vor der Realisierung eingesetzt.

Bei diesem Testverfahren kommt es darauf an, noch vor der eigentlichen Produktentwicklung zu testen, ob die geplante Gestaltung des Produkts die in sie gesetzten Ziele erfüllt (vgl. Koppelmann 2001, S. 472). Den Testpersonen werden hier nicht konkrete Produkte, sondern Produktideen bzw. Produktentwürfe vorgelegt.

Grundlage für Konzepttests sind verbale Umschreibungen eines Produkts, Reinzeichnungen (Layouts), computergestützte Abbildungen oder Modelle.

Gerade im Internet lassen sich Produkttests auch ohne Vorhandensein eines Prototyps vornehmen, da eine realitätsnahe Darstellung sämtlicher visuell wahrnehmbarer Produkteigenschaften möglich ist. Darüber hinaus kann das Produkt aus sämtlichen Blickwinkeln inkl. einer Innenansicht betrachtet werden, was bei vielen realen Produkten ohne eine Produktzerstörung nicht möglich wäre (zu Produkttests im Internet vgl. ausführlich Arndt 2003). Ein weiterer Vorteil computergestützter Tests liegt in der Möglichkeit, innerhalb kürzester Zeit mehrere Konzeptvarianten und Entwürfe zu überprüfen. Eine Korrektur möglicher Konzeptmängel ist z. T. noch während der Erhebung möglich; ein verbessertes Konzept kann unverzüglich wieder am Bildschirm präsentiert und erneut überprüft werden. Je realitätsnäher und umfassender die Computerdarstellung ist, umso näher rückt ein Konzepttest an den Produkttest i. e. S. (vgl. Abschn. 1.3.3).

Es empfiehlt sich, eine Überprüfung von Produktkonzepten nicht nur mit potenziellen Käufern, sondern auch mit Absatzhelfern oder Händlern durchzuführen. Dadurch können verschiedene Sichtweisen berücksichtigt und realistischere Einschätzungen über die Marktchancen generiert werden. Die Erhebung erfolgt in Form einer schriftlichen oder mündlichen Befragung, oft auch als Gruppendiskussion. Gerade für Neuproduktideen sind *Fokusgruppen* eine wichtige Quelle von Verbesserungsvorschlägen (vgl. Abschn. 1.1 im 3.Teil).

Aufgrund des frühzeitigen Kundenfeedbacks können so Fehlentwicklungen schon vor Beginn der eigentlichen Produktentwicklung korrigiert werden, was hilft, spätere kostenintensive Produktmodifikationen zu vermeiden. Allerdings erlaubt ein Konzepttest noch keinerlei Rückschlüsse auf das spätere Produkterlebnis, d. h. die Ergebnisse sind lediglich vorläufiger Natur. In späteren Phasen des Produktentwicklungsprozesses sind daher zusätzlich zumeist Produkttests i. e. S. erforderlich, um realistische Aussagen bzgl. der Akzeptanz eines Produkts erhalten zu können.

Beispiel 4.1: Cute I Concept Test (Schaefer Marktforschung GmbH)

Der Cute I Concept Test zielt auf die Ermittlung der Attraktivität und der denkbaren Probierneigung bzw. Erstkaufbereitschaft sowie der Erwartungen an Produkteigenschaften und Benefits bei Neuproduktideen ab. Die Testpersonen werden in erster Linie schriftlich aus einem 45.000 Haushalte umfassenden Produkttest-Panels (PTP) rekrutiert. Darüber hinaus unterhält das Institut seit 2001 auch ein Online-Panel (SPOT) mit rd. 25.000 Teilnehmern, um Konzepttests auch interaktiv via Internet durchführen zu können.

Die Testteilnehmer erhalten das Konzeptblatt entweder per Post zugesandt, oder das Konzept wird auf der SPOT-Homepage vorgestellt. Begleitend erhalten die Testpersonen einen Fragebogen, um die vorgestellte Produktidee zu bewerten. Das Konzeptblatt kann ein einfaches Verbalkonzept, ein Verbalkonzept plus Abbildung oder ein Anzeigen ähnliches Sujet sein. Typische Fragestellungen sind:

– Likes & Dislikes,
– Bewertung der Kommunikationsleistung bzgl. relevanter Produkteigenschaften und Benefits,
– Bewertung der Glaubwürdigkeit, Überzeugungskraft und Verständlichkeit (u. U. auch emotionale Ansprache),
– Uniqueness des Produkts,
– denkbare Verwendungsanlässe,
– Kaufbereitschaft und Preisvorstellung.

Als methodische Alternative werden Conjoint Analysen eingesetzt, um die Erfolgschancen verschiedener, systematisch variierter Konzeptalternativen zu erforschen.
Quelle: Schaefer Marktforschung GmbH 2003, S. 6 ff.

Andere Konzepttestverfahren gehen weiter und optimieren nicht nur das Produktkonzept, sondern simulieren auch alternative Preis- und Marketingstrategien, wie z. B. der GfK Optimizer. Hierbei wird der Tatsache Rechnung getragen, dass der Erfolg einer Produktinnovation nicht nur vom Produkt selbst, sondern auch vom begleitenden Marketingmix abhängt.

Beispiel 4.2: Der GfK Optimizer am Beispiel eines Fahrradherstellers
Bei der Optimierung des Produktangebots sollte durch höherwertige Komponenten die Aufwertung eines Fahrrades erzielt werden. Folgende Fragestellungen standen hierbei im Vordergrund:
– Welche Ausstattung wünschen sich die Kunden?
– Wie groß ist die Zahlungsbereitschaft für zusätzliche Funktionen oder mehr Komfort?
– Wie sieht das ideale Angebot aus?

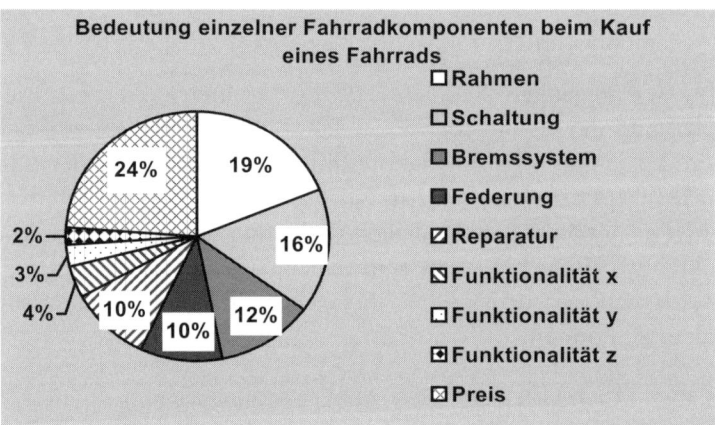

Der GfK Optimizer beruht auf einer Conjoint Analyse. Die Untersuchung am Beispiel Fahrrad führte zu folgenden Empfehlungen für die Produktpolitik:
– Konzentration auf Komfortmerkmale, die auf den ersten Blick einen Vorteil erkennen lassen.
– Verzicht auf technische Spielereien, die keinen klaren Kundennutzen transportieren.
– Zusatzfunktionen müssen so gestaltet sein, dass sie eine eigenständige Reparatur ermöglichen.
– Je nach Fahrradtyp des Kunden ist ein zielgruppenspezifisches Angebot erforderlich.
– Für wichtige Komfortmerkmale können auf den Grundpreis 30% aufgeschlagen werden.

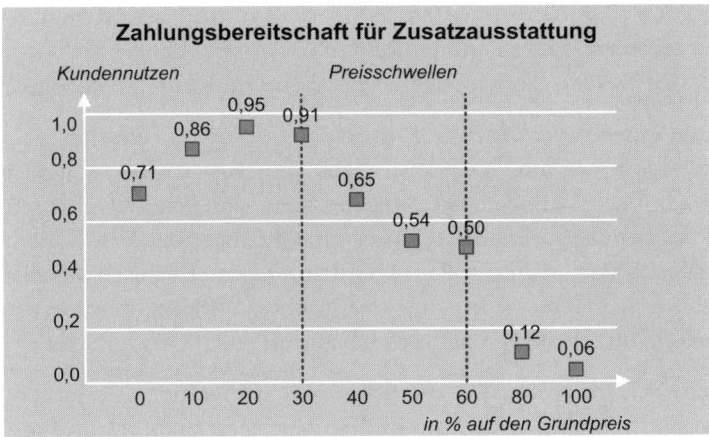

Quelle: GfK o. J. a, S. 6.

1.3.3 Produkttest i. e. S.

> Ein Produkttest i. e. S. kann als eine experimentelle Untersuchung bezeichnet werden, bei der eine nach bestimmten Kriterien ausgewählte Gruppe von Testpersonen kostenlos zur Verfügung gestellte Produkte ge- oder verbraucht, um anschließend das Produkt als Ganzes bzw. dessen Eigenschaften zu bewerten.

Beim Produkttest wird die Produktleistung eines bereits entwickelten Produkts untersucht. Das Produkt muss hier zumindest als Prototyp vorliegen. Bei Marktneuheiten kann mit Hilfe eines Produkttests von den bei den Testpersonen ermittelten Einstellungen, Präferenzen, Kaufabsichten und Produktwahlverhalten auf den vermutlichen Markterfolg geschlossen werden. Bei bereits etablierten Produkten kann hingegen im Rahmen eines Produkttests geprüft werden, ob z. B. ein möglicher Absatzrückgang auf mangelhafte Produkteigenschaften oder auf veränderte Marktbedingungen zurückzuführen ist. Im Anschluss an die Analyse kann daraufhin das Produkt ggf. markt- und verbrauchergerecht umgestaltet werden.

Im Idealfall bieten sich Produkttests als Präventivmaßnahme bereits dann an, wenn sich das Konkurrenzverhalten gravierend geändert hat, jedoch noch keine Absatzeinbußen eingetreten sind.

Abzugrenzen ist der Produkttest vom *Warentest*, bei welchem lediglich objektive Produkteigenschaften bereits am Markt befindlicher Produkte überprüft werden. Bei Warentests geht es also nicht um die subjektive Wahrnehmung seitens potenzieller Konsumenten, sondern um eine vergleichende Untersuchung alternativer Marken im Hinblick auf verschiedene Qualitätsmerkmale. Im Folgenden werden die wichtigsten Formen von Produkttests dargestellt.

Im Rahmen des *Eindruckstests* (Soforttest) soll der erste Eindruck von Testpersonen registriert werden, nachdem ihnen ein Testprodukt vorgelegt wurde. Der Test kann sehr aufschlussreich sein, wenn das Produkt über Stimuli verfügt, welche beim potenziellen Käufer eine Aktivierung bzw. eine Aufforderung zum Kauf hervorrufen sollen. Hier kann getestet werden, ob diese Stimuli tatsächlich in der Lage sind, die gewünschte Wirkung hervorzurufen (vgl. Koppelmann 2001, S. 484). Eindruckstests sind stets Kurzzeittests.

Im Allgemeinen werden bei Kurzzeittests apparative Verfahren wie ein Tachistoskop bzw. eine Schnellgreifbühne herangezogen (vgl. Abschn. 1.3.2 im 2. Teil). Beim *Tachistoskop* wird das Produkt für eine sehr kurze Zeit sichtbar gemacht (bis 1/1000 s). Aufgrund der sehr kurzen Konfrontation mit dem Testobjekt können Rückschlüsse auf die bei einer Testperson entstandenen Eindrücke und ihre unbewussten Reaktionen gewonnen werden. Bei der *Schnellgreifbühne* wird vom Probanden eine konkrete Entscheidung zwischen mehreren Testobjekten gefordert, welche für eine kurze Zeit (ca. 5 s) dem Probanden sichtbar gemacht werden. Auch hier können Rückschlüsse auf die Anmutung eines Produkts als Ganzes bzw. bestimmter Eigenschaften (z. B. Verpackung) gezogen werden.

Im Gegensatz zum Eindruckstest handelt es sich bei den im Folgenden dargestellten Verfahren um *Erfahrungstests*, bei welchen den Testpersonen das Produkt zum probeweisen Ge- oder Verbrauch überlassen wird. Im Rahmen des *Präferenztests* soll eine Testperson nach der Verwendung eines Produkts entscheiden, ob sie das Produkt gegenüber einem oder mehreren Vergleichsprodukten vorziehen würde. Zum Vergleich werden entweder alternative Produkte im Test selbst berücksichtigt, oder der Proband soll sich auf das Produkt beziehen, das er üblicherweise kauft. Zur Erfassung von Präferenzen können auch die Multidimensionale Skalierung sowie die Conjoint Analyse eingesetzt werden (vgl. die Ausführungen in 6.3.7 und 6.3.11 im 2. Teil).

Beim *Diskriminanztest* (Diskriminationstest, Unterscheidungstest) wird erhoben, ob Testpersonen in der Lage sind, zwischen zwei oder mehreren Vergleichsprodukten zu differenzieren. Dies kann wiederum das Produkt als Ganzes oder bestimmte Eigenschaften betreffen. Üblicherweise erfolgt der Test dabei als Blindtest. Wie schon beim Präferenztest kann die Testanordnung gerichtet oder ungerichtet sein. Ziel ist die Feststellung, ob eine Testperson objektiv vorhandene Unterschiede zwischen den Testobjekten subjektiv wahrnimmt.

Im Rahmen eines *Deskriptionstests* wird erfasst, welche Produkteigenschaften in welcher Ausprägung bzw. Intensität von den Probanden wahrgenommen werden. Zusätzlich kann nach der Wichtigkeit einzelner Produktmerkmale oder nach der Idealvorstellung bzgl. ausgewählter Merkmale gefragt werden. Beim *Deskriptionsratingtest* sollen die Testpersonen die Produkte hingegen bzgl. der Ausprägung bestimmter vorgegebener Merkmale in eine Rangfolge bringen (vgl. Bauer 1981, S. 168).

Evaluationstests haben den Zweck festzustellen, wie ein Testprodukt als Ganzes oder bzgl. bestimmter relevanter Merkmale von den Probanden bewertet wird, bzw. welche Preisvorstellungen ein Proband mit dem Testprodukt verbindet. Bei einem *qualitätsbezogenen Evaluationstests* wird die subjektive Bewertung des Produkts bzw. einzelner Produkteigenschaften untersucht; dabei wird das Testprodukt ggf. mit einem Idealprodukt verglichen. Auch hier kann die Testanordnung gewichtet oder ungewichtet sein. Beim *preisbezogenen Evaluationstest* werden die Probanden entweder im Rahmen eines Preisschätzungstests dazu aufgefordert, dem Testprodukt einen ihrer Meinung nach angemessenen Preis zuzuordnen, oder sie sollen im Rahmen eines Preisreaktionstests einen vorgegebenen Preis als günstig, angemessen oder teuer beurteilen (zu den verschiedenen Formen von Preistests vgl. ausführlich Kap. 3 in diesem Teil).

Anhand sog. *Akzeptanztests* wird ermittelt, ob bei Probanden bei Vorlage des Testprodukts eine potenzielle oder sogar eine aktuelle Kaufabsicht besteht (vgl. Sander 2004, S. 385). Zusätzlich zur Produktleistung können im Rahmen von Akzeptanztests also erste Rückschlüsse auf künftige Absatzzahlen gewonnen werden. Wie beim Evaluationstest wird auch hier zwischen qualitätsbezogenen und preisbezogenen Akzeptanztests unterschieden.

Neben dem isolierten Einsatz der einzelnen Produkttestarten besteht die Möglichkeit der Verknüpfung mehrerer Produkttests zu einer Kette von Testanordnungen. Ein Beispiel ist der sog. *Doppeltest*. Hierbei wird an die Durchführung eines Kurzzeittests ein Langzeittest gekoppelt. Diese Testfolge wählt man bei der Überprüfung völliger Marktneuheiten, wenn befürchtet wird, dass die ersten Eindrücke bei einem Probanden von seinen späteren ausführlicheren Erfahrungen mit dem Produkt deutlich abweichen könnten.

Beispiel 4.3: Optima (TNS Infratest) am Beispiel Haushaltsreiniger

Das Modell Optima von TNS Infratest stellt einen integrativen Ansatz zur Positionierung von Marken, zur Quantifizierung der Auswirkungen bei Umpositionierung bzw. zur Potenzialschätzung bei Neuprodukten oder Brand Extensions dar. Damit lässt sich der Ansatz sowohl für etablierte Produkte als auch für Neuproduktentwicklungen einsetzen. Das Modul *Optima Volume* zur Optimierung von Neuproduktentwicklungen vollzieht sich in folgenden Schritten:

1. Schritt: Placement-Interview mit Rangplatzierung existierender Marken seitens der Testpersonen. Anschließend Konzeptvorstellung und Einordnung des Konzepts sowie Aushändigung des Neuprodukts. Auf dieser Grundlage werden Stärken und Schwächen des Neuprodukts im Vergleich zu den Konkurrenzmarken ermittelt; darüber hinaus erfolgt eine Volumenschätzung.

2. Schritt: Home-Use-Test des Neuprodukts.

Akzeptanz und Ablehnung des Neuprodukts vor und nach der Probierphase

Pre Trial	Akzeptanz Frisch	Ablehnung Frisch
	59 %	39 %
Post Trial	Akzeptanz Frisch	Ablehnung Frisch
	41 %	61 %

3. Schritt: Folgeinterview mit Einordnung des Neuprodukts im Präferenzranking und Ermittlung von Kaufmotiven. Nach dem Home-Use-Test wird die (Wieder-)Kaufbereitschaft für das Neuprodukt erhoben. Am Beispiel zeigt sich, dass das Neuprodukt „Frisch" nach der Probierphase bei vielen ursprünglich Kaufbereiten auf Ablehnung stößt.

Volumenschätzung „Frisch"

	Aktuelle Marktanteile	Volumen-schätzung	Absoluter Verlust an Neuprodukt	Relativer Verlust an Neuprodukt in %	Abweichung vom erwarteten Verlust
Marke A	19,3	17,5	1,8	42,2	24,7
Marke B	48,5	47,6	0,9	21,3	-26,3
Marke C	4,8	4,1	0,7	16,4	12,3
Marke D	3,7	3,1	0,6	13,8	10,7
Andere Marken	23,7	23,4	0,3	6,3	-17,1
Neuprodukt		**4,3**			4,3
Total	100,0	100,0		100,0	

Annahmen: 30 % Bekanntheit; 8 % Sampling; 100 % Distribution

Käuferreichweite* „Frisch" (Penetration in %)

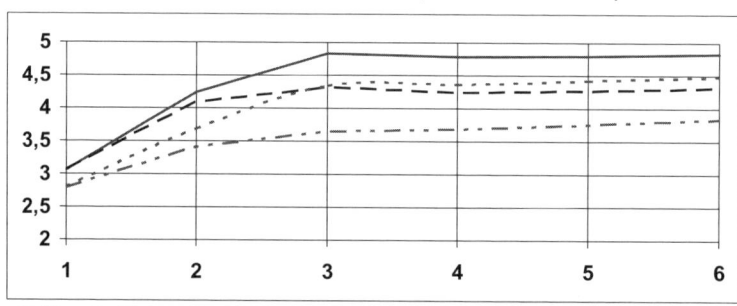

*6-Monats-Penetration nach Launch bei unterschiedlichen Szenarien

Die Befragungsdaten werden anschließend exogen (z. B. über Paneldaten) oder intern validiert. Auf der Grundlage der Befragungsergebnisse erfolgt eine Prognose des Kaufvolumens und des Marktanteils. Dabei werden unterschiedliche Szenarien zu Grunde gelegt (z. B. bzgl. des Bekanntheitsgrads des Neuprodukts).

Quelle: TNS Infratest 2001, S. 65 ff.

1.3.4 Partialtest

> Im Rahmen von Partialtests wird nicht nur die qualitativ-technische Produkt-
> leistung überprüft, sondern es werden auch sekundäre Eigenschaften wie Äs-
> thetik, Verpackung, Markenname oder Handling getestet.

Gebräuchliche Varianten von Partialtests sind:
– Geschmacks- bzw. Dufttest,
– Namenstest,
– Packungstest,
– Klangtest und
– Handlingtest.

Preistests als weitere Form von Partialtests werden hier nicht dargestellt, da sie
ausführlich in Kap. 3 in diesem Teil des Buches behandelt werden.

In der Lebensmittel- und der Tabakindustrie sind der Geschmacks- und der
Dufttest gebräuchlich. Der *Geschmackstest* befasst sich nicht nur mit dem eigentlichen Geschmack, sondern auch mit Aspekten wie dem Gefühl auf der Zunge
und in der Mundhöhle beim Zerbeißen und Herunterschlucken von Esswaren,
der Konsistenz von Lebensmitteln und Getränken usw. Der *Dufttest* findet insb.
bei Parfüms, Kosmetika, Lufterfrischern und Tabakwaren statt. Die Problematik
von Geschmacks- und Dufttests liegt üblicherweise in der Schwierigkeit, den
empfundenen Geschmack oder Duft verbal zum Ausdruck zu bringen.

Der Produkt- oder Markenname ist für das Branding von großer Bedeutung.
Aus diesem Grund empfiehlt es sich, einen anvisierten Markennamen vorab im
Rahmen eines *Namenstests* zu untersuchen. Untersucht werden dabei insb. Aspekte wie Merkfähigkeit und Assoziationsleistungen. Die *Merkfähigkeit* wird z.
B. dadurch überprüft, dass den Testpersonen im Rahmen eines Folder-Tests
eine Mappe mit Produktnamen und Produktbeschreibungen zur Durchsicht
ausgehändigt wird. In einer anschließenden Befragung wird überprüft, wie häufig unterschiedliche Produktnamen erinnert werden. Bei *Tests der Assoziations-
leistung* werden die Testpersonen gebeten, anzugeben, welche Assoziationen sie
mit dem zu testenden Namen verbinden. Eine weitere Variante des Namenstests besteht darin, die Testpersonen zu bitten, passende Namen für das vorgelegte Produkt zu nennen.

Beispiel 4.4: Internationaler Namenstest NameScan

Aufgrund der Tatsache, dass sich Medikamentennamen häufig sehr ähneln, kam es in der Vergangenheit wegen der Verwechslung der Namen zum Teil zu einer Verschreibung von falschen
Arzneimitteln durch Ärzte oder einer nicht korrekten Aushändigung von Medikamenten durch

Apotheker. Um dieses Risiko zu verringern, wurde im Rahmen der Medikamentenverordnung eine Richtlinie herausgegeben, die festlegt, dass jeder Medikamentenname zunächst auf seine internationale Geeignetheit hin geprüft werden muss. Dies geschieht mit internationalen Namenstests wie z. B. NameScan. Mit diesem Testverfahren soll sichergestellt werden, dass Medikamente erst dann auf den Markt gelangen, nachdem Namen gefunden wurden, die hinsichtlich der Unverwechselbarkeit empirisch überprüft worden sind. Das methodische Vorgehen dieser internationalen Namenstests ist angelehnt am sog. FDA-Standard (Federal Drug Association).

Zunächst werden mehrere Namensvorschläge erarbeitet, die in einem strengen Bezug zum Wirkstoff oder dem Indikationsgebiet stehen. Im Anschluss daran werden die Namen durch eine Gruppe von Versuchspersonen hinsichtlich einer bestimmten Anzahl von relevanten Kriterien bewertet und im Rahmen des sog. NameScan-Index in eine Rangreihung gebracht. Zur Einordnung der Ergebnisse werden insgesamt vier Klassen gebildet; Erfahrungswerte markieren dabei eine Akzeptanzgrenze, ab welcher Medikamentennamen die Kriterien gut genug erfüllt haben:

0	–	200	sehr gut
201	–	400	gut
401	–	500	befriedigend
501	–	1000	mangelhaft

Die Klassifizierung der Namen wird sowohl für den nationalen Raum, als auch für den internationalen Einsatz durchgeführt. Eine risikobezogene Gewichtung bestimmter Kriterien sowie die sog. Benchmark-Analyse stellen zudem sicher, dass nur Namen für Medikamente vergeben werden, die die geforderten Kriterien erfüllten.

Quelle: Produkt + Markt 2002; Westphal 2004, S. 30.

Während beim Verpackungstest vornehmlich technische Aspekte wie z. B. Haltbarkeit oder Stapelfähigkeit getestet werden, wird beim *Packungstest* insb. die Präsentationsfunktion bzw. die kommunikative Funktion getestet. Konkret wird beim Packungstest überprüft, ob die Packung beim Kunden die beabsichtigte Assoziation zum Produkt weckt, ob sie Kaufanreize setzt und ob sich die Packung gegenüber den Packungen von Konkurrenzprodukten durchsetzen kann. Gebräuchlich sind dabei Store-Tests bzw. der Einsatz apparativer Testverfahren wie z. B. die Schnellgreifbühne (vgl. die Ausführungen in Abschn. 1.3.2 im 2. Teil.).

Beispiel 4.5:

Das Marktforschungsinstitut MWResearch GmbH führt Packungstests mit Hilfe zweier verschiedener Testanordnungen durch:

Regaltest:

Es wird ein Einkaufsregal simuliert, in welchem den Probanden verschiedene Produktpackungen vorgestellt werden (inkl. der zu testenden Packung). Die Probanden müssen sich für eine Packung entscheiden. Im Rahmen einer anschließenden Befragung werden die Gründe erhoben, warum sich die Käufer für oder gegen das Testprodukt entschieden haben.

Cares for Packages:

Im Rahmen einer Conjoint Analyse wird der Beitrag der einzelnen Gestaltungsmerkmale am Gesamtbild der Packung erhoben. Dies erfolgt dadurch, dass den Testpersonen verschiedene Packungskonzepte am PC zur Bewertung vorgelegt werden. Auf der Basis der Gesamtbewertung wird auf den Nutzen der verschiedenen Merkmalsausprägungen geschlossen.

Quelle: Westphal 2004, S. 34 f.

Wie der Geschmacks- und der Dufttest gehört auch der *Klangtest* zur sog. *sensorischen Produktforschung*. In der Automobilindustrie hat er schon eine lange Tradition – etwa um den „richtigen" Klang beim Schließvorgang von Autotüren oder den erwünschten Sound von Motor und Auspuffanlage zu finden. In der Lebensmittelindustrie wird er hingegen bisher eher selten eingesetzt.

Beispiel 4.6:
Die Firma Bahlsen hat eigens für die Entwicklung und Überprüfung von Süßgebäck wie z. B. „Leibnitz Butterkekse" und „Russisch Brot" einen Test entwickelt, um zu untersuchen, ob das Knackgeräusch des Gebäcks dieselben Qualitätsanforderungen wie Design oder Geschmack erfüllen kann. Insbesondere soll das Geräusch Frische signalisieren und zum Verzehr animieren. Zu diesem Zweck verfügt Bahlsen über ein Entwicklungsteam, das Klangtests in einer hauseigenen Testküche in Hannover durchführt.
Quelle: Hötinghof 2004, S. 88.

Im Rahmen eines *Handlingtests* wird die Handhabung eines Produkts überprüft, d. h. das Produkt wird beim Ge- und Verbrauch getestet, um herauszufinden, ob die Handhabung den Anforderungen entspricht (z. B. ob es leicht zu öffnen oder leicht zu dosieren ist, ob die Packung wieder verschließbar ist oder ob die Oberflächenbeschaffenheit, Festigkeit, Gewicht, Gewichtsverteilung etc. den Vorstellungen der Kunden entsprechen).

Neuere Ansätze für die Produktforschung (wie auch für die Marketingforschung allgemein) gehen vom sog. *Neuromarketing* aus. Das Problem der traditionellen Marktforschung liegt darin, dass sie nur den bewussten Teil der Willensbildung von Konsumenten erfassen kann. Dieser macht jedoch nur einen Bruchteil der tatsächlichen Entscheidungsfindung aus; bereits seit längerem ist bekannt, dass selbst vermeintlich rationale Entscheidungen in einem hohen Maße von unbewusst ablaufenden Gefühlen beeinflusst werden. Mit Hilfe des Neuromarketing wird versucht, auch diesen unbewusst ablaufenden Teil des Entscheidungsfindungsprozesses zu beleuchten. Ziel ist es, dadurch ein tieferes Verständnis für das menschliche Konsumverhalten zu erlangen (vgl. Hubert/Kenning 2008).

Zur Analyse werden insb. medizinische Untersuchungsmethoden wie die Elektroenzephalografie (EEG) oder die funktionelle Magnetresonanztomographie (fMRT) eingesetzt. Mit ihrer Hilfe ist es möglich, neuronale Gehirnaktivitäten zu messen und bildlich darzustellen. Daraus wird abgeleitet, welche Hirnregionen welche Aufgaben und Funktionen besitzen. So kann mit Hilfe der bildgebenden Verfahren beobachtet werden, welche Bereiche des Gehirns aktiv sind, wenn ein Proband beispielsweise eine Kaufentscheidung trifft. Von besonderem Interesse ist es nachvollziehen zu können, warum Menschen in bestimmten Situationen nicht rational entscheiden, anders reagieren als erwartet und oft sogar entgegen ihren eigenen, in Befragungen erhobenen Absichten handeln. In der Vergangenheit konnten Marktforscher zwar bestimmte Stimuli variieren (z. B. den Preis für ein Produkt) und die daraus folgenden Reaktionen von Probanden beobachten (z. B. deren Kaufentscheidungen); die zuvor abgelaufenen kognitiven und affektiven Entscheidungsprozesse konnten jedoch lediglich (re-)konstruiert werden. Mit Hilfe der neurowissenschaftlichen Methoden versuchen die Forscher inzwischen, diese ursprünglich rein hypothetischen Konstrukte aus der „Black Box" des Gehirns empirisch nachzuweisen, um auf diese Weise neue Einsichten in das Konsumentenverhalten zu erlangen. Die Mehrzahl der empirischen Studien zum Neuromarketing fokussiert sich dabei auf Aspekte der Marken-, Kommunikations- und Kaufverhaltensforschung (vgl. Camerer/Loewenstein/Prelec 2004; Kenning/Plassmann/Ahlert 2007, S. 57 f.).

Beispiel 4.7: Pepsi vs. Coca Cola: Der Einfluss einer Marke auf den Geschmack

1975 führte das Unternehmen Pepsi zu Marketingzwecken seinen inzwischen als Standardbeispiel für die Wirkung von Marken bekannten „Pepsi-Test" durch. Darin verglichen weltweit Hunderte von Konsumenten den Geschmack von Pepsi Cola und Coca Cola. Hierzu mussten sie beide Getränke aus zwei identisch aussehenden, neutralen Bechern trinken und angeben, welche Cola ihnen besser schmeckte. Das Ergebnis des Blindtests war, dass die überwiegende Mehrzahl der Probanden Pepsi Cola gegenüber Coca Cola vorzog. Interessanterweise verkauft sich Coca Cola aber bis heute deutlich besser als Pepsi Cola.

Um diesen Widerspruch aufzuklären, wurde der Pepsi-Test im Jahr 2003 noch einmal wiederholt, wobei zusätzlich die Gehirnaktivitäten der Probanden mit Hilfe der funktionalen Magnetresonanztomographie gemessen wurden. Auch dieses Mal schmeckte den Testpersonen mehrheitlich die Pepsi Cola besser, und auch die Gehirnmessungen ergaben beim Trinken von Pepsi deutlich höhere Aktivitäten in den sog. ventralen Putamen, eine Gehirnregion, die stimuliert wird, wenn Menschen etwas schmeckt. Als das Experiment jedoch abgewandelt wurde, und die Teilnehmer von Anfang an wussten, welche Cola-Marke sie tranken, ergab sich, dass rund Dreiviertel Coca Cola geschmacklich präferierten. In der Magnetresonanztomographie zeigte sich, dass nun nicht mehr nur das ventrale Putamen, sondern zusätzlich auch der Bereich des medialen präfronteralen Kortex, ein Bereich im Gehirn, der u. a. für das emotionale Entscheidungsverhalten zuständig ist, aktiv war. Anschaulich ausgedrückt „stritten" damit ein rationaler und ein emotionaler Gehirnbereich darüber, welche Cola die bessere sei, wobei die rationale Bevorzugung des Pepsi-Geschmacks den emotionalen Assoziationen mit der Marke Coca Cola unterlegen war.

Quelle: Montague et al. 2004.

1.4 Testmarktuntersuchungen

Im Rahmen von Testmarktuntersuchungen werden nicht die eigentlichen Produkteigenschaften, sondern die Durchsetzungsfähigkeit der Produkte am Markt getestet.

Die wichtigsten Varianten sind dabei:
– Regionaler Markttest,

– Testmarktsimulation,
– kontrollierter Markttest (Store-Test) und
– elektronischer Testmarkt.

1.4.1 Regionaler Markttest

Im Rahmen eines regionalen Markttests wird das Produkt unter realen Bedingungen in einen regional abgegrenzten Markt unter Einsatz ausgewählter oder sämtlicher Marketinginstrumente getestet.

Damit handelt es sich um ein Feldexperiment. Der regionale Markttest erlaubt es, die gesamte Marketingkonzeption zu testen, da neben dem Produkt als solches auch die übrigen Marketinginstrumente überprüft werden können. Angewendet wird ein regionaler Markttest insb. im Vorfeld einer Neuprodukteinführung. Voraussetzung für die Aussagefähigkeit der Testmarktergebnisse ist allerdings, dass der Testmarkt für den Gesamtmarkt repräsentativ ist. Darüber hinaus sollte der Testmarkt vor allem im Hinblick auf den gezielten Einsatz der Marketinginstrumente isolierbar sein.

Inzwischen ist die Bedeutung regionaler Markttests stark zurückgegangen. Hierfür sind u. a. folgende Gründe zu nennen (vgl. Hüttner/Schwarting 2002, S. 392 f.; Erichson 2007, S. 410 f.):

– Die Durchführung einer regionalen Testmarktuntersuchung ist sehr teuer und zeitaufwändig (mindestens 10 Monate).
– Eine Geheimhaltung ist nicht möglich, sodass das Produkt bereits während der Testphase von der Konkurrenz imitiert werden kann.
– Eine häufige Nutzung ein und desselben Gebiets führt zu Testeffekten bei den beteiligten Verbrauchern und Händlern (vgl. Abschn. 1.5.2 im 2. Teil).
– Eine repräsentative Zufallsauswahl der Testmärkte ist nicht möglich.
– Der Handel ist oftmals nicht oder nur gegen Vergütung bereit, das neue Produkt regional zu listen.
– Die Überregionalität der Medien macht eine gezielte Werbestreuung im Testmarkt oftmals unmöglich.
– Die teilweise noch gravierenden Unterschiede zwischen Ost- und Westdeutschland erfordern zumindest zwei regionale Testmärkte.
– Die Validität der Testmarktergebnisse kann durch Störmaßnahmen der Konkurrenz beeinträchtigt werden.

Aus den genannten Gründen haben die Marktforschungsinstitute eine Reihe sog. *Testmarkt-Ersatzverfahren* entwickelt, welche im Folgenden dargestellt werden.

1.4.2 Testmarktsimulation

> Verfahren der Testmarktsimulation finden als Studio-Tests statt, d. h. unter Laborbedingungen. Kombiniert wird der Studio-Test mit einem Home-Use-Test.

Das erste deutsche Testmarktsimulationsverfahren wurde von der GfK im Jahre 1980 entwickelt (TESI). Mittlerweile sind eine Vielzahl von Verfahren auf dem Markt, wie z. B. QUARTZ von Nielsen oder BASES von TNS Infratest.

Das grundlegende Vorgehen bei einer Testmarktsimulation ist wie folgt:
– Anwerben der Testpersonen,
– Durchführung der Simulation und
– Hochrechnung der Testergebnisse auf den Gesamtmarkt.

Im Rahmen der *Simulation* erfolgt zunächst eine *Vorbefragung*, um den relevanten Markt abzubilden (vgl. Gaul/Baier/Apergis 1996, S. 206). Bei dem hier dargestellten TESI-Verfahren der GfK werden im Rahmen der Vorbefragung u. a. das Relevant Set (die in Frage kommenden Marken), der Letztkauf und die Stammmarke ermittelt. Hingegen erfolgt bei QUARTZ von Nielsen ein Konzepttest, bei dem zunächst das Produkt und das Konzeptboard den Probanden zur Beurteilung vorgelegt werden und anschließend deren Kaufbereitschaft erfragt wird (vgl. GfK o. J. b, Nielsen o. J. a).

Im Anschluss an die Vorbefragung werden die Testpersonen mit Werbemaßnahmen für das Testprodukt und die wichtigsten Konkurrenzprodukte konfrontiert. Die Testpersonen haben anschließend die Aufgabe, aus einem im Studio aufgebauten Regal ein Produkt ihrer Wahl einzukaufen. Im Anschluss an den Studiotest erfolgt ein Home-Use-Test, d. h. das Testprodukt und das bevorzugte Produkt werden in häuslicher Umgebung erprobt. Anschließend werden Nachkaufinterviews geführt, um die Verwendungserfahrungen festzustellen. Abschließend wird eine zweite Testmarktsimulation durchgeführt, um die Wiederkaufrate zu bestimmen.

Prognostiziert werden Erstkauf, Wiederkauf und Marktanteil des Produkts für die ersten 24 Monate nach Produkteinführung. Im Vergleich zu regionalen Testmarktuntersuchungen sind Testmarktsimulationen deutlich günstiger – zwischen 35.000 Euro (BASES) und ca. 65.000 Euro (TESI). Die Zeitdauer ist begrenzt (ca. 8-12 Wochen). Ein weiterer Vorteil ist die Möglichkeit der Geheimhaltung. Als nachteilig erweist sich insb. die geringe externe Validität aufgrund der Laborsituation.

Neue Impulse erhält die Testmarktsimulation durch den Einsatz sog. *virtueller Läden*. Hierbei handelt es sich um 3D-Darstellungen simulierter Geschäfte mittels spezieller Software, die eine wirklichkeitsgetreue Einkaufstour am PC ermöglichen. Wesentliche Vorteile sind (vgl. Burke 1996, S. 111):

- Realistischeres Nachempfinden des vielfältigen Angebots eines echten Supermarkts als bei anderen Labortechniken,
- Möglichkeit zur schnellen Änderung von Testparametern wie Sortiment, Produktverpackungen, Verkaufsförderungsmaßnahmen, Regalgestaltung usw.,
- schnelle und fehlerfreie Datenerfassung, da die kaufgesteuerten Informationen vom Computer automatisch tabelliert und gespeichert werden,
- niedrigere Produktionskosten, da die Warenpräsentation lediglich elektronisch simuliert werden muss,
- hohes Maß an Flexibilität, da sich die Simulation sowohl zum Testen neuer Marketingkonzepte als auch zur Feinabstimmung bestehender Programme verwenden lässt,
- Elimination eines Großteils der in Feldversuchen auftretenden Störfaktoren und
- Möglichkeit zum Test neuer Konzepte, ohne zunächst überhaupt Herstellungs- oder Werbekosten zu verursachen.

1.4.3 Kontrollierter Markttest

> Im Rahmen eines kontrollierten Markttests (*Store-Test*) werden Produkte unter kontrollierten Bedingungen in ausgewählten Einzelhandelsgeschäften getestet.

Das beauftragte Marktforschungsinstitut übernimmt für die Dauer des Tests die Lieferung, die Bestandskontrolle, die Preisgestaltung und die Abrechnung für das betreffende Testprodukt. Angeboten werden Store-Tests u. a. von der GfK und Nielsen (vgl. GfK o. J. d und Nielsen o. J. b, S. 13).

Das Testmodell des Nielsen Kontrollierter Markttest umfasst 20-30 Testgeschäfte auf der Einzelhandelsstufe. Die Testzeit beträgt je nach Testart und Umschlaggeschwindigkeit des Testprodukts zwischen vier Wochen und sechs Monaten. Für den Test stehen alle wesentlichen Vertriebsschienen des Einzelhandels zur Verfügung.

Auch Store-Tests weisen im Hinblick auf Testdauer, Testkosten und Geheimhaltung gegenüber regionalen Markttests Vorteile auf. Darüber hinaus ist im Vergleich zu Labortests die Validität höher, da sie unter Feldbedingungen erfolgen. Als nachteilig erweisen sich insb. die folgenden Punkte:

- Es wird lediglich die Kaufsituation im Laden betrachtet, d. h. es liegen keine Informationen über die individuellen Kaufentscheidungen der einzelnen Verbraucher oder über die Wirkung von Werbemaßnahmen vor.

– Die gemessene Nachfrage nach dem Testprodukt kann nicht wie bei der Testmarktsimulation nach Erst- und Wiederholungskäufen differenziert werden, worunter die prognostische Qualität des Verfahrens leidet.

1.4.4 Elektronischer Testmarkt

> Elektronische Testmärkte kombinieren einen regionalen Testmarkt mit einem elektronischen Panel.

In Deutschland befindet sich nach der Einstellung von Nielsen Telerim lediglich der 1985 eingeführte GfK BehaviorScan auf dem Markt (vgl. GfK o. J. c). Testmarkt bei BehaviorScan ist die Stadt Haßloch in der Pfalz. Dort waren bereits 1985 über 90% der Haushalte kabelfähig (mittlerweile 100%), da die Stadt im Einzugsgebiet des Kabelpilotprojekts Ludwigshafen lag. Durch Kooperationsvereinbarungen mit dem lokalen Handel konnte ein Einzelhandelspanel mit – je nach Warengruppe – bis zu 95% Marktabdeckung (*Coverage*) gewonnen werden.

Die Stichprobe besteht aus 2.000 repräsentativen Testhaushalten mit Kabelanschluss und GfK-Box, welche individuell angesteuert werden können, und einer Kontrollgruppe aus 1.000 Haushalten ohne GfK-Box. Die Testhaushalte werden gezielt mit präparierten Medien konfrontiert (TV-Sender, Printmedien, Plakate etc.). Die Werbemittel enthalten dabei das zu testende Produkt. In den Testgeschäften werden die Einkäufe der Probanden elektronisch per Scannerkasse erfasst, wobei sich die Teilnehmer mittels einer Identifikationskarte ausweisen müssen. Abb. 4.3 zeigt die Struktur des GfK BehaviorScan im Überblick. Auf diese Weise können auf experimentellem Wege die Wirkungen alternativer Marketingmaßnahmen (z. B. Werbemittel, Preis) auf ökonomische Zielgrößen wie Absatz oder Umsatz des zu testenden Produkts ermittelt werden.

Der wesentliche Vorteil von BehaviorScan besteht im Einsatz von *Targetable TV*. Bei den Haushalten der Testgruppe werden bestimmte reguläre Werbespots durch Testwerbespots gleicher Länge überblendet, ohne dass diese es merken. Dadurch wird die Werbewirkung isolierbar. Ein weiterer Vorteil liegt in der Konzeption als Panelerhebung, wodurch sowohl Erst- als auch Wiederholungskäufe erfasst werden können und eine Prognose nach dem Parfitt-Collins-Modell möglich ist (vgl. Abschn. 4.3 in Teil 5).

Problematisch sind zum einen die z. T. nicht unerheblichen Kosten. Darüber hinaus ist eine Geheimhaltung nur eingeschränkt möglich. Aufgrund der Beschränkung auf vergleichsweise kleine Testgebiete stellt sich zudem die Frage nach der Repräsentativität für den Gesamtmarkt. Zudem besteht die Gefahr der Überlastung des Testgebiets. Im Hinblick auf die Eignung von Produkten als Testobjekte im Testmarkt sind darüber hinaus folgende Restriktionen zu berücksichtigen (vgl. Berekoven/Eckert/Ellenrieder 2009, S. 163 f.):

– Die Zahl der potenziellen Käufer darf nicht zu gering sein, um aussagekräftige und projizierbare Ergebnisse zu erlangen.

– Die Länge des Kaufzyklus darf nicht so groß sein, dass in einem angemessenen Zeitraum nicht mit einer Stabilisierung der Wiederkaufrate zu rechnen ist.

– Es darf sich nicht um regionale Marken oder Spezialitäten handeln.

– Der Umsatz der Warengruppe darf nicht zu einem übermäßigen Teil über solche Distributionskanäle abgewickelt werden, in denen er für den Testmarkt nicht zu erfassen ist (z. B. Wochenmärkte).

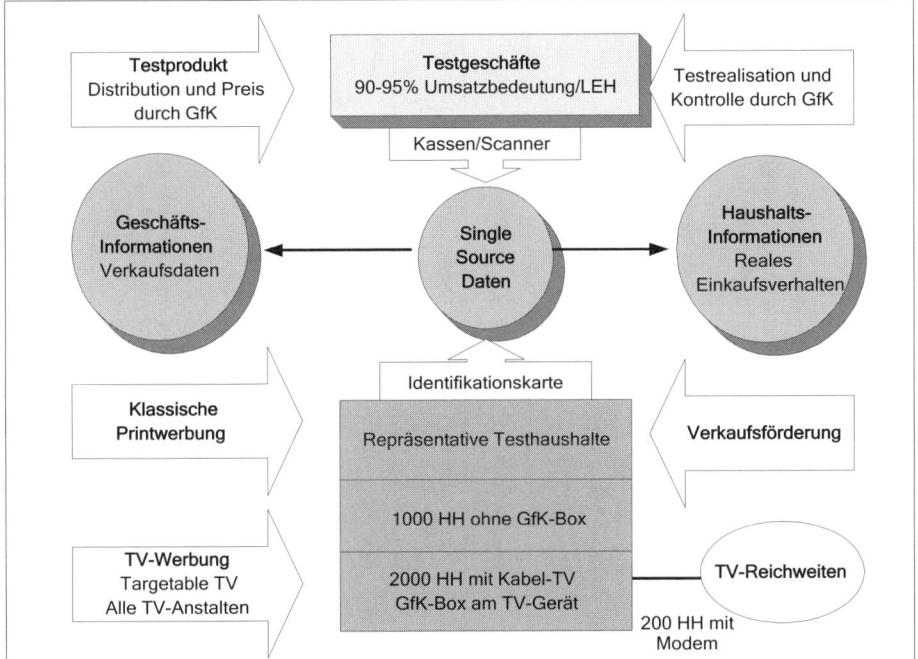

Quelle: GfK o. J. c, S. 5.
Abb. 4.3: Die Struktur des GfK BehaviorScan

Abb. 4.4 zeigt zusammenfassend die wichtigsten Vor- und Nachteile der dargestellten Testmarktalternativen im Vergleich. Nach Abschluss einer Testmarktuntersuchung sind die Testergebnisse auf den Gesamtmarkt hochzurechnen. Abb. 4.5 zeigt die gebräuchlichsten Projektionsverfahren für Testmarktdaten im Überblick.

Testverfahren	Regionaler Testmarkt	Kontrollierter Markttest	Testmarktsimulation	Elektronischer Testmarkt
Kennzeichnung	• Feldexperiment • Probeweiser Verkauf von Produkten unter kontrollierten Bedingungen in einem räumlich abgegrenzten Markt bei Einsatz ausgewählter oder aller Marketinginstrumente	• Feldexperiment • Probeweiser Verkauf von Produkten unter kontrollierten Bedingungen in ausgewählten Handelsgeschäften	• Laborexperiment • nach Vorführung von Werbemaßnahmen werden Käufe der Testpersonen in einem künstlich aufgebauten Supermarkt registriert • i. d. R. anschließend Nachkaufinterviews	• Feldexperiment • Kombination aus regionaler Testmarktuntersuchung und elektronischem Panel • Test- u. Kontrollgruppe erhalten unterschiedliche Werbemaßnahmen • Käufe per Scannerkasse erfasst
Testdauer	10-16 Monate	1-6 Monate	8-12 Wochen	ca. 6 Monate
Kosten	relativ hoch	relativ gering	gering	relativ gering
Kontroll-möglichkeiten	gering; Gefahr von Störeinflüssen hoch	relativ gering; Gefahr von Störeinflüssen hoch	sehr gut; kaum Störeinflüsse	gut; geringe Störeinflüsse
Möglichkeit der Geheimhaltung	nicht gegeben	in Grenzen gegeben	uneingeschränkt gegeben	i. d. R. gegeben
Prognose-möglichkeiten	• i. d. R. hohe Repräsentativität und große Realitätsnähe • Erst- und Wiederholungskäufe erfassbar	• Realitätsnähe hoch, Repräsentativität aufgrund der Zahl an Testgeschäften gering • Erst- und Wiederholungskäufe nicht erfassbar	• eingeschränkte Realitätsnähe • Repräsentativität hängt v. Auswahlverfahren ab • Erst- und Wiederholungskäufe erfassbar	• hohe Realitätsnähe, aber ggf. Testeffekt • mittlere bis hohe Repräsentativität • Erst- und Wiederholungskäufe erfassbar
Isolierbarkeit einzelner Maßnahmen	gering	gering	hoch	hoch

Quelle: In Anlehnung an Fantapié Altobelli 1998, S. 241.
Abb. 4.4: Testmarktalternativen im Vergleich

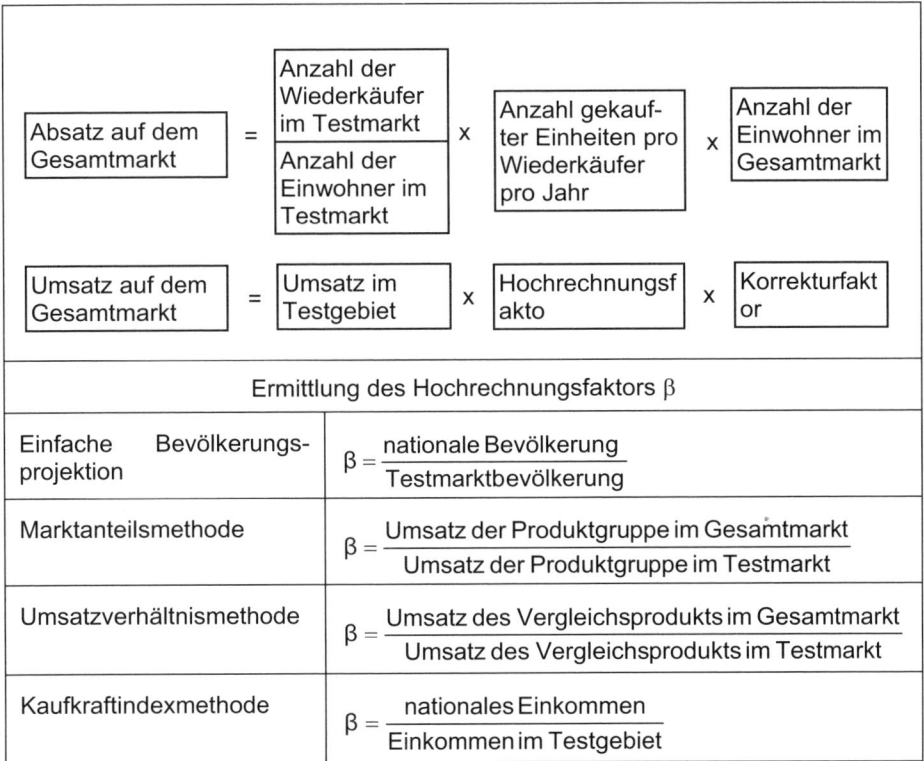

Quelle: In Anlehnung an Sander 2004, S. 388.

Abb. 4.5: Projektionsverfahren für Testmarktdaten

Wiederholungsfragen

1. Skizzieren Sie die wesentlichen Anwendungsgebiete der Produktforschung.

2. In welcher Weise kann die Marktforschung die Entwicklung neuer Produkte unterstützen?

3. Welche Ansatzpunkte gibt es, Kunden in den Produktinnovationsprozess zu integrieren?

4. Was ist unter einem Konzepttest zu verstehen? Wann wird er im Marketing angewendet?

5. Charakterisieren Sie ausführlich die Ihnen bekannten Formen von Produkttests i. e. S. und nehmen Sie dazu jeweils kritisch Stellung.

6. Grenzen Sie Testmarktuntersuchungen von Produkttests ab. Welche Formen von Testmarktuntersuchungen sind gebräuchlich? Beurteilen Sie die einzelnen Varianten kritisch.

1.5 Weiterführende Literatur

Arndt, R. (2003): Konzept- und Produkttests im Internet, in: Theobald, A.; Dreyer, M.; Starsetski, T. (Hrsg.): Online Marktforschung. Theoretische Grundlagen und praktische Erfahrungen, 2. Aufl., Wiesbaden 2003, S. 271-280.

Gaul, W., Baier, D., Apergis, A. (1996): Verfahren der Testmarktsimulation in Deutschland. Eine vergleichende Analyse, in: Marketing ZfP, 18. Jg. (1996), Nr. 3, S. 203-218.

Höfner, K. (1996): Der Markttest für Konsumgüter in Deutschland, Stuttgart 1996.

Hubert, M., Kenning, P. (2008): A Current Overview of Consumer Neuroscience, in: Journal of Consumer Behaviour, Vol. 7 (2008), No. 4/5, S. 272-292.

Urban, G., Katz, G. (1983): Pretest Market Models, in: Journal of Marketing Research, Vol. 20 (1983), No. 3, S. 221-234.

2. Werbeforschung

Lernziele

In diesem Kapitel erfahren Sie,
- was unter Werbeträger- und Werbemittelforschung zu verstehen ist,
- welche verschiedenen Kennziffern zur Beurteilung von Werbeträgern herangezogen werden können,
- welcher Unterschied zwischen Werbemittelpretests und -posttests besteht.

Nach der Bearbeitung des Kapitels kennen Sie die verschiedenen Ansatzpunkte der Werbeträger- und Werbemittelforschung und können für ausgewählte Fragestellungen der Werbeforschung geeignete Analysemethoden vorschlagen.

2.1 Gegenstand der Werbeforschung

Die Werbeforschung ist ein weites Gebiet mit einer Vielzahl an Methoden und Testdesigns. In Abhängigkeit des Objekts der Werbeforschung wird in Werbeträger- und Werbemittelforschung unterschieden. Während die *Werbeträgerforschung* primär auf die Messung der Reichweite einzelner Medien zielt, befasst sich die *Werbemittelforschung* schwerpunktmäßig mit der Wirkung von Werbemitteln auf psychologische und ökonomische Zielgrößen.

Die Verwendung der Begriffe „Werbewirkung" und „Werbeerfolg" ist bis heute uneinheitlich. Grundsätzlich bezeichnet die Werbewirkung den Beziehungszusammenhang zwischen den werblichen Stimuli und der Reaktion der Rezipienten. Dabei wird unterschieden zwischen *ökonomischer Werbewirkung* (Wirkung auf ökonomische Werbeziele wie Absatzmenge, Umsatz, Gewinn, Marktanteil), *psychologischer Werbewirkung* (z. B. Wahrnehmung, Markenbekanntheit, Erinnerung, Kaufabsicht) und *streutechnischer Werbewirkung* (z. B. Reichweite, Kontakte). Die Werbewirkung bzgl. ökonomischer Zielvariablen wird auch als *Werbeerfolg* bezeichnet

Die Ermittlung der Werbewirkung bei ökonomischen Zielen erfordert eine Isolierung der Werbung als Beeinflussungsfaktor. Hierzu ist es erforderlich, Zielerreichungsgrade der Branche bzw. der Konkurrenten als Vergleichsgrößen heranzuziehen, um allgemeine Einflussfaktoren, die eine Branche als Ganzes betreffen, herauszufiltern. In der Praxis ist eine Isolierung der ökonomischen Werbewirkung jedoch äußerst schwierig. Leichter zu erheben und unmittelbar auf Werbemaßnahmen zurückzuführen ist die Ermittlung der psychologischen Werbewirkung. Im Prinzip können hierfür sämtliche Verfahren der Marktforschung Anwendung finden; gängige Messgrößen sind die Erinnerung (*Recall-Test*) und die Wiedererkennung (*Recognition-Test*). Des Weiteren sind Verfahren zur Einstellungsmessung sowie explorative und projektive Verfahren gebräuchlich. Die streutechnische Werbewirkung lässt sich auf der Grundlage von *Mediaanalysen* bewerten. Erfolgt die Überprüfung der Zielgrößen am Markt kontinuierlich, so spricht man von *Werbetracking*.

Sogenannte *Stufenmodelle der Werbewirkung* unterstellen eine Abfolge der verschiedenen Wirkungskategorien, die im Allgemeinen mit der Wahrnehmung der Werbung beginnt und mit der konkreten Kaufhandlung endet; dazwischen werden verschiedene psychologische Stufen nacheinander durchlaufen. Eine Messung der Werbewirkung kann dabei prinzipiell auf jeder Stufe des Werbewirkungsprozesses erfolgen. Bekanntestes Stufenmodell der Werbewirkung ist die *AIDA-Regel*. Diese besagt, dass ein Werbeadressat beim Kontakt mit einer Werbebotschaft nacheinander die Wirkungsstufen Attention (Aufmerksamkeit), Interest (Interesse), Desire (Kaufabsicht) und Action (Kaufhandlung) durchläuft; eine Kaufhandlung findet also erst statt, wenn der Rezipient die vorangegangenen psychologischen Prozesse durchlaufen hat. Phasenabgrenzung und -abfolge sind jedoch umstritten.

2.2 Werbeträgerforschung

2.2.1 Ansatzpunkte der Werbeträgerforschung

> Ziel der Werbeträgerforschung (*Mediaforschung*) ist die Analyse der verschiedenen Werbeträger im Hinblick auf deren Beitrag zur Erreichung von Werbezielen.

Kern der Mediaforschung ist die *Mediaanalyse*. Diese basiert auf primärstatistischen Erhebungen von Kontaktmenge und Kontaktqualität der einzelnen Werbeträger und ermittelt eine Vielzahl von Kennzahlen der Werbeplanung. Ergänzend werden demographische und psychographische Merkmale wie auch das Medien- und Konsumverhalten der Nutzerschaft erhoben. Die Ergebnisse der Mediaforschung liefern wichtige Hinweise für die Werbestreuplanung. Zu den bekanntesten Mediaanalysen in Deutschland zählen die Mediaanalyse der Arbeitsgemeinschaft Media-Analyse sowie die Allensbacher Werbeträger-Analyse.

– Die *Allensbacher Werbeträger-Analyse (AWA)* ist eine jährlich veröffentlichte Dokumentation der Mediaforschung des Instituts für Demoskopie Allensbach. Die AWA enthält zum einen Daten über die Reichweite von Zeitschriften, Zeitungen, Hörfunk, Fernsehen, Kino und Außenwerbung, zum anderen auch Angaben über die soziodemographische und psychographische Struktur der Mediennutzer sowie über das Verbraucherverhalten der Zielgruppen.

– Die *Arbeitsgemeinschaft Media-Analyse e. V. (AG.MA)* ist ein Zusammenschluss von Werbeträgern, Werbeagenturen und Werbetreibenden zu Zwecken der Mediaforschung. Die Ergebnisse werden jährlich in der „Media-Analyse" publiziert.

Gegenstand der Werbeträgerforschung sind in Deutschland insb. die Fernsehzuschauerforschung, welche von der GfK Nürnberg durchgeführt wird, sowie die Printforschung (Leseranalyse). Darüber hinaus werden regelmäßige Analysen auch für andere Mediengattungen durchgeführt, z. B. die Struktur der Internetnutzer durch das Hamburger Marktforschungsinstitut W3B.

Die *Zuschauerforschung* ist der Teilbereich der Mediaforschung, der sich mit der Analyse der Struktur und Nutzungsgewohnheiten – insb. Einschaltquoten – der TV-Zuschauer befasst. Die Erhebung erfolgt mittels automatischer Erfassungsgeräte bei Panel-Haushalten oder durch Befragungen. Erhoben werden u. a. folgende Kennzahlen:

– Seher pro halbe Stunde,

– Seher pro Tag,

– Zuschauer je Werbeblock.

Die Ergebnisse der Zuschauerforschung bilden die Grundlage zur Ermittlung von Zuschauermarktanteilen und liefern wichtige Hinweise für die Mediaplanung (für Einzelheiten zur Fernsehforschung s. ausführlich Abschn. 1.4.1.4 im 2. Teil).

Bei einer *Leseranalyse* handelt es sich um eine repräsentative Erhebung zur Feststellung der Reichweiten von Printmedien, der Leserstruktur sowie der Lesegewohnheiten. Sie liefert die Grundlage zur Berechnung einer ganzen Reihe von Kennzahlen wie z. B. Leser pro Nummer, Leser pro Ausgabe, Leser pro Exemplar. Darüber hinaus kann die *Kontaktwahrscheinlichkeit* (Kontaktchance) ermittelt werden, d. h. die Wahrscheinlichkeit, dass eine durchschnittliche Ausgabe eines Mediums genutzt wird. Sie ergibt sich als Durchschnitt aller individuellen Kontaktwahrscheinlichkeiten der befragten Stichprobenmitglieder und ist eine Kennziffer für die durchschnittliche Reichweite eines Titels. Die Ergebnisse der Leseranalyse liefern wichtige Hinweise für den Einsatz von Printmedien in der Werbung.

Zu den *Lesegewohnheiten* werden erhoben:
– Lesedauer (Gesamtzeit über alle Lesevorgänge, in der eine Person eine Ausgabe eines Printmediums nutzt);
– Lesehäufigkeit (Anzahl der Ausgaben eines Printmediums, die eine Person innerhalb eines bestimmten Zeitraums liest);
– Leseintensität (Nutzungsintensität eines Printmediums);
– Lesemuster (Leseverhalten, das sich anhand der Kriterien Lesehäufigkeit, Leseort und Anzahl der Lesetage beschreiben lässt).

Neue Impulse für die Leseranalyse gehen von der RFID-Technologie aus (vgl. Abschn. 1.3.2 im 2. Teil). So können ausgewählte Abonnenten Zeitschriftenexemplare erhalten, die mit einem RFID-Chip ausgestattet sind. Die Zeitschrift wird in eine besondere Vorrichtung, den Magazine Reader, eingespannt. Dadurch kann das Leseverhalten genau aufgezeichnet werden. Die Methode wurde in einem Pilotprojekt vom Magazin „Focus" getestet (vgl. Karle 2008).

2.2.2 Kennziffern der Werbeträgerforschung

Kennziffern der Werbeträgerforschung werden im Rahmen der Mediaforschung ermittelt und stellen wichtige Maßzahlen zur Beurteilung von Medien bzw. Mediaplänen dar. Abb. 4.6 zeigt wichtige Kennziffern der Werbeträgerforschung im Überblick. Eine ausführliche Beschreibung sämtlicher Kennziffern der Mediaplanung wie auch grundsätzlicher Begriffe der Werbeforschung findet sich insb. bei Koschnik 2003.

Affinität	Kennzahl zur Bewertung der Kontaktqualität. Sie gibt an, in welchem Ausmaß die Nutzer eines Werbeträgers den Zielgruppen der Werbung entsprechen und kann als Prozentsatz oder als Indexwert angegeben werden. Als Prozentsatz berechnet sich die Affinität als $$\frac{\text{absolute Reichweite in der Zielgruppe}}{\text{absolute Reichweite in der Gesamtbevölkerung}} \times 100.$$ Den Indexwert erhält man, indem der o. a. Prozentsatz durch den Anteil der Zielgruppe an der Gesamtbevölkerung dividiert wird. Ein Indexwert >1 (<1) bedeutet, dass die Zielgruppe in der Nutzerschaft des Mediums über-(unter-) repräsentiert ist.
Durchschnitts-Kontakt	Durchschnittliche Anzahl der Kontakte mit einem Werbeträger, bezogen auf alle Personen, welche vom Werbeträger erreicht wurden, also (mindestens einen) Kontakt mit dem Werbeträger hatten.
Einschaltquote	Kennziffer, welche von der GfK im Auftrag der sieben größten Fernsehsender ermittelt wird. Die Einschaltquote besagt, wieviel Prozent der Fernsehhaushalte in Deutschland eine bestimmte Sendung über die gesamte Sendezeit gesehen haben.
Gross Rating Points (GRP)	Addierte Zahl der Kontakte (ohne Überschneidungen), ausgedrückt als Prozentwert einer Zielgruppe. Die Kennziffer dient der Bewertung des relativen Werbedrucks.
Kontakthäufig-keit (Kontakt-frequenz)	Durchschnittliche Anzahl der Kontakte der Zielpersonen bzw. Zielgruppen mit einem oder mehreren Werbträgern oder Werbemitteln.
Leser pro Ausgabe (LPA)	Rechnerisch ermittelte Zahl der Leser einer durchschnittlichen Ausgabe eines Printmediums. Für ein bestimmtes Erscheinungsintervall resultiert der LPA-Wert als Quotient aus der Summe der Leser-pro-Nummer-Werte der in diesem Zeitraum erschienenen Exemplare und der Anzahl der erschienenen Exemplare.
Leser pro Exemplar (LPE)	Zahl der Personen, die ein Exemplar eines Printmediums lesen. Der LPE-Wert wird nicht direkt erhoben, sondern resultiert als Quotient aus Leser im Erscheinungsintervall und verbreiteter Auflage im Erscheinungsintervall.
Leser pro Nummer (LPN)	Zahl der Personen, die eine bestimmte Ausgabe eines Printmediums genutzt haben und damit einen Werbeträgerkontakt hatten. Die Ermittlung erfolgt durch Feststellung des letzten Lesevorgangs.
Leser-Blatt-Bindung	Intensität der Bindung eines Lesers an einen bestimmten Titel. Die Messung erfolgt meist auf der Grundlage von Statements, welche Wertschätzung, empfundene Verzichtbarkeit u. Ä. seitens des Lesers zum Ausdruck bringen. Die Ermittlung der Leser-Blatt-Bindung beruht auf der Vermutung, dass diese die Intensität des Werbemittelkontakts beeinflusst.
Leserstruktur	Folgende Variablen werden erhoben: (1) Weitester Leserkreis (Personen, die in den letzten 12 Erscheinungsintervallen mindestens eine Ausgabe eines Printmediums genutzt haben); (2) Fluktuation der Leserschaft (personenmäßige Veränderung im Leserkreis eines Printmediums bei gleichbleibender Gesamtzahl der Leser); (3) Leser pro Ausgabe;

	(4) Leser pro Nummer; (5) Leser pro Exemplar; (6) Leser pro Seite (Zahl der Kontakte einer oder mehrerer Personen mit einer bestimmten Seite eines Printmediums als Indikator für die Wahrscheinlichkeit eines Werbemittelkontakts).
Medienakzeptanz	Qualitatives Kriterium der Medienbewertung. Einflussfaktoren der Medienakzeptanz sind u. a. Glaubwürdigkeit, Informationswert, Unterhaltungswert, Nutzerbindung.
Medien-Kontakt-Einheit (MKE)	Maßeinheit der Mediaforschung mit der Aufgabe, die Kontakte verschiedener Werbeträger vergleichbar zu machen. Die MKE bildet die Grundlage für die Berechnung der Nutzungswahrscheinlichkeit von Werbeträgern. Bei Printmedien beträgt die MKE eine Ausgabe, beim Hörfunk eine Stunde, beim Fernsehen 30 Minuten und beim Kino eine Woche.
Nutzungswahrscheinlichkeit	Die Nutzungswahrscheinlichkeit ermittelt sich als Quotient aus der Nutzerschaft pro Ausgabe (bzw. pro Sendetag) und dem weitesten Nutzerkreis (Personen, die im Referenzzeitraum mindestens eine Ausgabe des Mediums genutzt haben); sie gibt die Wahrscheinlichkeit an, dass ein Mediennutzer Kontakt mit einer durchschnittlichen Ausgabe eines Mediums hat.
Reichweite	Zentrale Kennzahl der Werbeplanung. Sie beschreibt das Ausmaß, in welchem die Werbeadressaten erreicht werden. Reichweiten können nach verschiedenen Kriterien klassifiziert werden: (1) *Bruttoreichweite* (Zahl der erzielten Kontakte mit einem Werbeträger oder einem Werbemittel, unabhängig von der Zahl der erreichten Personen) und *Nettoreichweite* (Zahl der erreichten Personen, die mindestens einen Kontakt hatten); (2) *Werbeträgerreichweite* (Zahl der erzielten Werbeträgerkontakte bzw. der durch einen Werbeträger erreichten Personen) und *Werbemittelreichweite* (Zahl der durch ein Werbemittel erreichten Personen bzw. erzielten Werbemittelkontakte); (3) *Quantitative Reichweite* (Zahl der insgesamt erreichten Personen) und *qualitative Reichweite* (Anzahl der erreichten Personen der Zielgruppe).

Quelle: In Anlehnung an Fantapié Altobelli 2011b.
Abb. 4.6: Kennziffern der Mediaforschung

2.3 Werbemittelforschung

2.3.1 Ansatzpunkte der Werbemittelforschung

> Die Werbemittelforschung befasst sich mit der Überprüfung der Wirksamkeit eines Werbemittels.

Untersucht wird demnach das Ausmaß der Erfüllung festgelegter Werbeziele durch das zu testende Werbemittel. Abb. 4.7 enthält einen Überblick über die Systematisierungskriterien von Werbemitteltests.

Kriterium	Varianten
Zeitpunkt der Durchführung	– Pretest – Posttest
Ort der Durchführung	– Labortest – Feldtest
Zu testende Variable	Test zur Messung von – momentanen Reaktionen – dauerhaften Gedächtnisreaktionen – finalen Verhaltensreaktionen
Wissensstand der Testpersonen	– Versteckte Versuchsanordnung – Offene Versuchsanordnung
Zu testendes Werbemittel	– Anzeigentest – Plakattest – Spot-Test – Website-Test etc.
Stadium der Erstellung eines Werbemittels	– Konzepttest – Gestaltungstest

Abb. 4.7: Systematik von Werbemitteltests

Nach dem *Zeitpunkt der Durchführung* wird zwischen Pretests und Posttests unterschieden. Bei einem *Pretest* handelt es sich um einen Werbetest, der vor Schaltung einer Werbemaßnahme durchgeführt wird. Ein Pretest bildet die Grundlage für die Bewertung und Auswahl eines Werbemittels im Hinblick auf die erreichbare Werbewirkung, d. h. er dient der Werbewirkungsprognose. Hingegen ist ein *Posttest* ein Werbetest zur nachträglichen Bewertung der Wirksamkeit einer Werbekampagne, d. h. zur Werbeerfolgskontrolle. Ein Posttest ermöglicht somit die Ermittlung der Zielerreichung einer Werbekampagne und liefert Anhaltspunkte für künftige Werbemaßnahmen. Gebräuchliche Posttest-Verfahren sind der Recall-Test, der Recognition-Test, der Copy-Test und der Impact-Test.

Das Kriterium der *zu testenden Variable* beinhaltet eine Unterscheidung in Messung momentaner Reaktionen, Messung dauerhafter Gedächtnisreaktionen und Messung finaler Verhaltenswirkungen (vgl. hierzu Steffenhagen 1999). *Momentane Reaktionen* sind Vorgänge, welche sich im unmittelbaren Anschluss an den Werbemittelkontakt beim Rezipienten abspielen. Dazu gehören z. B. Aktivierung, Aufmerksamkeit, Wahrnehmung, Anmutungen (zu den einzelnen psychologischen Zielgrößen vgl. ausführlich z. B. Trommsdorff 2008; Kroeber-Riel/Weinberg/Gröppel-Klein 2008, S. 51 ff.). *Dauerhafte Gedächtnisreaktionen* sind Inhalte des Langzeitgedächtnisses, welche auf Grund des Kontakts mit einem Werbemittel geprägt bzw. verändert werden. Dazu gehören Variablen wie Wissen, Interesse, Einstellung, Kaufabsicht. Schließlich beinhalten *finale Verhaltensreaktionen* das Informations-, Kauf- und Verwendungsverhalten.

Nach dem *Wissensstand der Testpersonen* wird zwischen offenen und verdeckten Versuchsanordnungen unterschieden. Während bei einer *offenen Versuchsanordnung* den Testpersonen die Untersuchungssituation bewusst ist, wird im Rahmen einer *verdeckten Versuchsanordnung* die Untersuchungssituation verschleiert, sodass ein Beobachtungseffekt vermieden wird (vgl. hierzu auch die Ausführungen in Abschn. 1.3.1 im 2. Teil).

Nach dem *zu testenden Werbemittel* wird z. B. zwischen Anzeigentest, TV-Spot-Test, Plakattest usw. unterschieden. Die Unterscheidung ist insofern bedeutsam, als die Versuchsanordnungen je nach Gegenstand des Tests z. T. modifiziert werden müssen. Schließlich beinhaltet das Kriterium des *Stadiums der Erstellung eines Werbemittels* eine Unterscheidung in Konzepttest und Gestaltungstest. Während *Konzepttests* in einem frühen Stadium der Werbemittelentwicklung auf der Grundlage von Layouts oder Storyboards erfolgen, werden *Gestaltungstests* auf der Basis fertig gestellter Werbemittel durchgeführt. Im Allgemeinen bieten Marktforschungsinstitute den Auftraggebern ein Gesamtportfolio an Verfahren an, sodass ein Werbemittel von der ersten Konzeption bis zum Posttest evaluiert werden kann. Abb. 4.8 zeigt das Werbemitteltest-Spektrum von TNS Infratest.

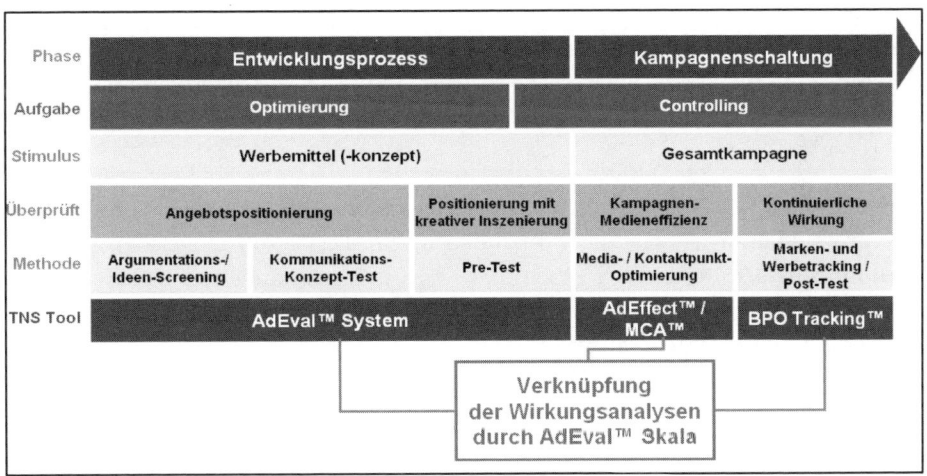

Quelle: TNS Infratest 2010.
Abb. 4.8: Das Werbemitteltest-Portfolio von TNS Infratest

2.3.2 Werbemittelpretests

Werbemittelpretests (auch als Copy-Tests bezeichnet) werden vor dem Einsatz eines Werbemittels durchgeführt. Damit handelt es sich durchweg um Labortests. Sie umfassen Konzept- und Gestaltungstests und können sowohl mit offener als auch mit versteckter Versuchsanordnung durchgeführt werden.

Konzepttests werden nicht mit fertigen Werbemitteln, sondern mit Entwürfen durchgeführt. Nach Vorlage des Entwurfs werden die Probanden befragt, ob z. B. die Besonderheiten des Produkts klar, prägnant und überzeugend kommuniziert werden. *Gestaltungstests* werden hingegen mit fertigen Werbemitteln durchgeführt.

Beispiel 4.8: GfK AD*CREATOR Konzepttest

AD*CREATOR ist ein Pretest zum Check der Werbewirkung bereits in der Konzept- und ersten Umsetzungsphase von Werbespots. Der Test liefert Antworten auf die folgenden Fragen:
- Verständnis: Wird die Story verstanden und richtig wiedergegeben?
- Kommunikationsleistung: Vermittelt der Film die intendierten Kommunikationsinhalte? Wird die Kommunikationsstrategie unterstützt?
- Likeability: Gefällt das Konzept? Oder weist der Film ein kontraproduktives Reibungspotenzial auf?
- Involvement: Weckt der Film ausreichend starkes Interesse? Identifiziert sich die Zielgruppe mit der Story?
- Gedächtnisverankerung: Ist die Darbietung eigenständig und der Marke eindeutig zuordenbar? Wird sich der künftige Film im Gedächtnis der Zielgruppe verankern?
- Produktbewertung: Welcher Einfluss ist auf das Produktimage zu erwarten?
- Storyboardanalyse: Welchen Wirkungsbeitrag haben die einzelnen Szenen? Gibt es Schwächen im Ablauf der Story? Welches sind die wichtigsten Szenen?

Zur besseren Beurteilung des Spots unter Low-Involvement-Bedingungen wird neben der ganzheitlichen Beurteilung des Werbefilms auch das rein visuelle Potenzial isoliert bewertet, d. h. ohne Text bzw. Ton.

Quelle: GfK o. J. e.

Grundsätzlich werden in Pretests unterschiedliche Aspekte eines Werbemittels überprüft. Hierzu werden die Probanden in ein Teststudio eingeladen, und es wird ihnen das zu testende Werbemittel – ggf. in Verbindung mit weiteren Werbemitteln – dargeboten. Am Beispiel eines Anzeigentests werden üblicherweise folgende Werte ermittelt:

- Anzeigenerinnerung: Anteil der Leser, die sich an eine Werbeanzeige erinnern;
- Produkterinnerung: Anteil der Leser, die sich an ein bestimmtes Produkt erinnern;
- Markenerinnerung: Anteil der Leser, die sich an die Marke des beworbenen Produkts erinnern;
- Bilderinnerung: Anteil der Leser, die sich an das (die) Bildelement(e) der Anzeige erinnern;

– Texterinnerung: Anteil der Leser, die sich an den Anzeigentext erinnern.

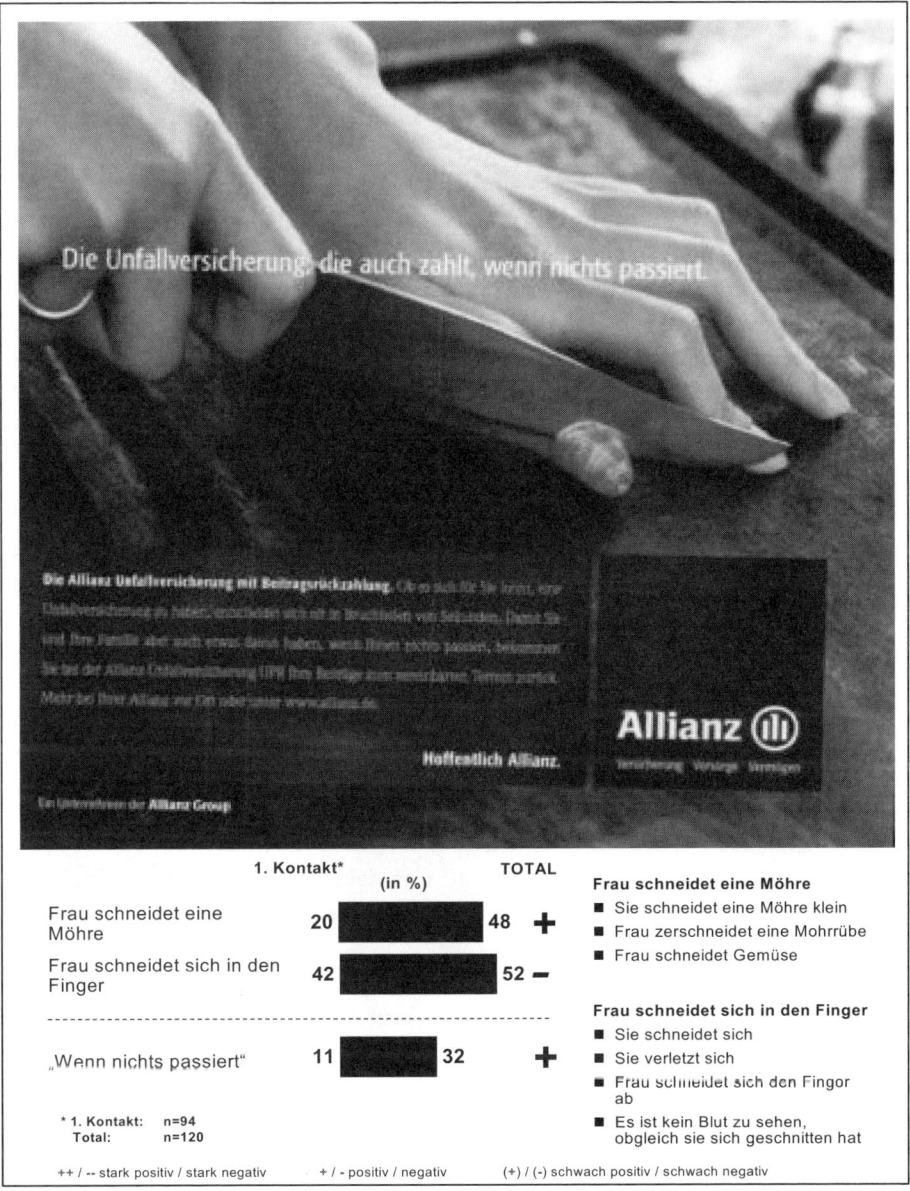

Quelle: TNS Infratest o. J., o. S.
Abb. 4.9: Ergebnisse eines fiktiven Anzeigentests nach AdEval

Darüber hinaus erfolgen eine allgemeine Beurteilung der Anzeige anhand einer Notenskala wie auch die Erstellung eines Anzeigenprofils mit Hilfe eines Polaritätenprofils. In analoger Weise können auch Werbespots getestet werden.

Abb. 4.9 zeigt ein Beispiel für einen (fiktiven) Anzeigentest (AdEval von TNS Infratest). Beispielsweise zeigt sich, dass bei einer kurzzeitigen Darbietung der Anzeige knapp die Hälfte der Befragten der Meinung ist, dass die Frau sich in den Finger schneidet. Dies lenkt von einer überzeugenden Motivwirkung ab. Wenn hingegen das Bild korrekt verstanden wird, ist ein positiver Effekt auf die Gesamtleistung der Anzeige zu verzeichnen. Auch der Claim „Wenn nichts passiert" wird nur selten nach dem Erstkontakt erkannt, trägt aber zur positiven Anzeigenwirkung bei (vgl. TNS Infratest o. J., o. S.). Insgesamt zeigt sich, dass die Anzeige Anlass für Missverständnisse gibt, wenn sie – wie es in der Realität oftmals der Fall ist – nur kurz betrachtet wird.

Im Rahmen von *Gestaltungstests* werden Verfahren der explorativen Analyse (mit offener Versuchsanordnung) und Verfahren mit verdeckter Versuchsanordnung unterschieden. Bei *explorativen Testverfahren* werden die einzelnen Elemente des Werbemittels detailliert analysiert. Typischerweise wird das Werbemittel den Probanden zunächst kurzzeitig vorgelegt, um erste spontane Eindrücke und Anmerkungen zu erfahren. Anschließend wird das Werbemittel erneut auf Dauer vorgelegt; die Probanden werden detailliert nach den einzelnen Elementen des Werbemittels gefragt, nach dem Verständnis der Werbebotschaft, den ausgelösten Emotionen und Assoziationen usw. Unterstützt werden explorative Testanordnungen häufig durch apparative Verfahren. Gebräuchliche technische Hilfsmittel sind Tachistoskop, Hautwiderstandsmessung und Blickaufzeichnung (vgl. ausführlich die Darstellung in Abschn. 1.3.3 im 2. Teil).

Ein *Tachistoskop* ist ein Projektionsgerät, mit dem es möglich ist, im Rahmen eines Werbemitteltests die Darbietungszeit von Werbemitteln auf bis zu 0,0001 Sekunden zu verkürzen. Durch stufenweise Verlängerung der Darbietungszeit und anschließende Befragung der Testpersonen kann festgestellt werden, welche Elemente des Werbemittels jeweils wahrgenommen werden (vgl. ausführlich Dabic/Schweiger/Ebner 2008). Dies erlaubt Rückschlüsse auf die ersten Anmutungen eines Werbemittels bei der in der Realität häufig anzutreffenden sehr kurzen Betrachtungsdauer von Werbemitteln (bei einer Anzeige durchschnittlich 2 s).

Beispiel 4.9: Ergebnisse einer tachistoskopischen Untersuchung

Anzeigen, die bei längerer Betrachtungsdauer positive Anmutungen hervorrufen, können bei sehr kurzer Darbietungszeit gegenteilige Wirkungen hervorrufen. Während beispielsweise eine tachistoskopische Untersuchung der abgebildeten anonymisierten Zigarettenanzeige ergab, dass immerhin 50 % der Probanden schon bei kurzer Darbietungszeit die Anzeige korrekt der Marke Marlboro zuordneten, waren die ersten Eindrücke bei der Lancôme-Anzeige eher verwirrend. Beispielsweise wurde das Lippenmotiv von 20 % der Probanden fälschlicherweise als Schlange erkannt, was für die Marke eher schädlich sein dürfte.

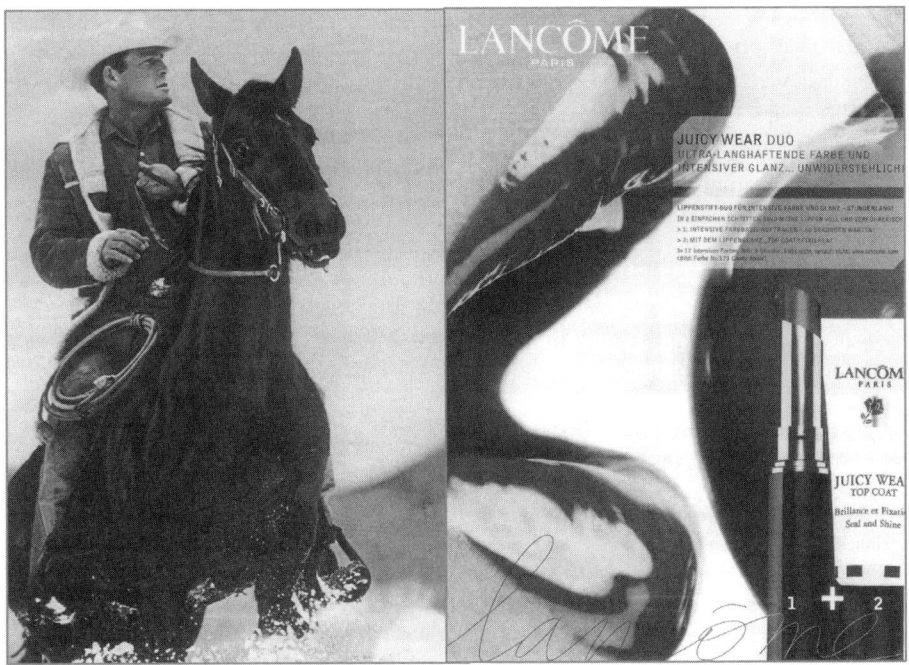

Quelle: Dabic/Schweiger/Ebner 2008.

Die *Hautwiderstandsmessung* (elektrodermale Reaktion) ist ein Verfahren zur Messung der Aktivierung. Das Verfahren beruht darauf, dass auf bestimmte Reize (z. B. der Kontakt mit einem Werbemittel) die Schweißdrüsen von Händen und Fußsohlen reagieren, was zu einer Veränderung des Hautwiderstands führt. Erfasst wird die Spannungsverschiebung mittels angebrachter Elektroden. Die zu testenden Werbematerialien können dadurch in Abhängigkeit von der ausgelösten Aktivierungswirkung im Hinblick auf Anregungswirkung, Aufnahmebereitschaft und Verarbeitung von Informationen erfasst werden (vgl. ifuma 2004a, o. S.).

Bei der *Blickaufzeichnung* bzw. *Blickregistrierung* handelt es sich um ein apparatives Testverfahren zur Feststellung des Blickverlaufs bei der Betrachtung eines Werbemittels. Hierdurch kann ermittelt werden, welche Elemente wie lange und in welcher Reihenfolge betrachtet werden. Die Blickaufzeichnung erfolgt mit Hilfe einer Spezialbrille, welche den Blickverlauf anhand der Pupillenbewegungen registriert, oder mit Hilfe einer versteckten Kamera. Darüber hinaus besteht die

Möglichkeit, eine Kamera in einem PC-Bildschirm zu integrieren, sodass die Augenbewegungen beim Betrachten eines Spots, einer Anzeige oder einer Website exakt, aber für den Probanden völlig unauffällig erfasst werden können. Die Intensität der Betrachtung wird i. d. R. mittels sog. *Heat Maps* visualisiert, bei denen besonders intensiv (z. B. > 200 ms) betrachtete Bereiche eines Werbemittels rot dargestellt werden. Die Blickregistrierung wird zunehmend im Rahmen der sog. Usability-Forschung im Internet verwendet. In Abb. 4.10 wird z. B. deutlich, dass von vielen Teilnehmern der Filter im linken Bereich nicht einmal gesehen wurde (vgl. usability.de 2010).

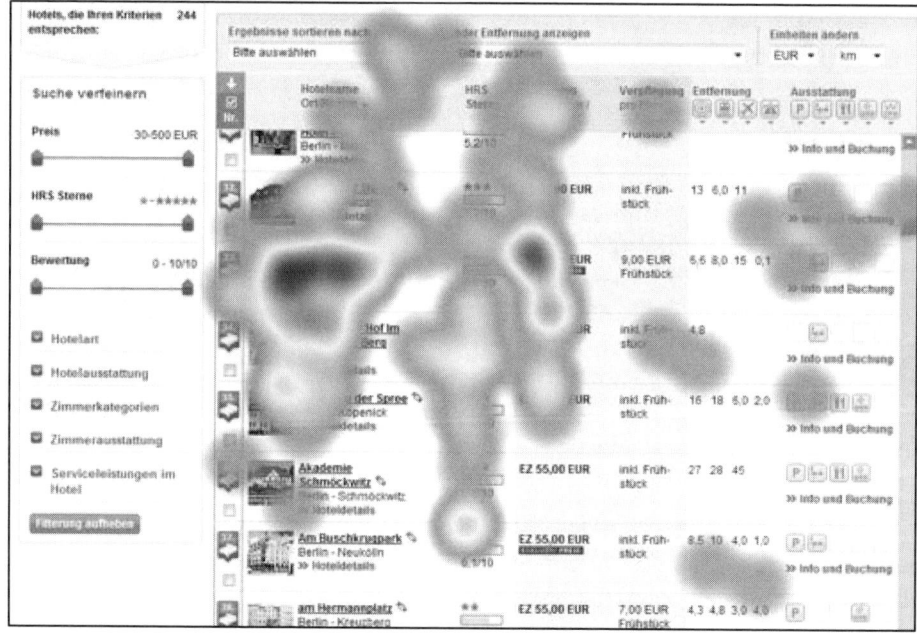

Quelle: usability.de 2010.
Abb. 4.10: Beispiel für eine Heat Map.

Neben der Reihenfolge und Intensität wird auch erfasst, welche Anteile der Probanden welche Anzeigenelemente wahrgenommen haben. Abb. 4.11 zeigt am Beispiel der AOL-Website Folgendes (vgl. AOL o. J., S. 6):

– Probanden, die durch den Werbeträger AOL gesurft sind, haben die Opel-
  Werbung zu 87 % wahrgenommen.
– Die Opel-Werbung bei AOL wurde durchschnittlich 4,1 Sekunden lang betrachtet (im Vergleich hierzu werden 1/1-4C-Print-Werbungen durchschnittlich ca. 2 Sekunden lang betrachtet).

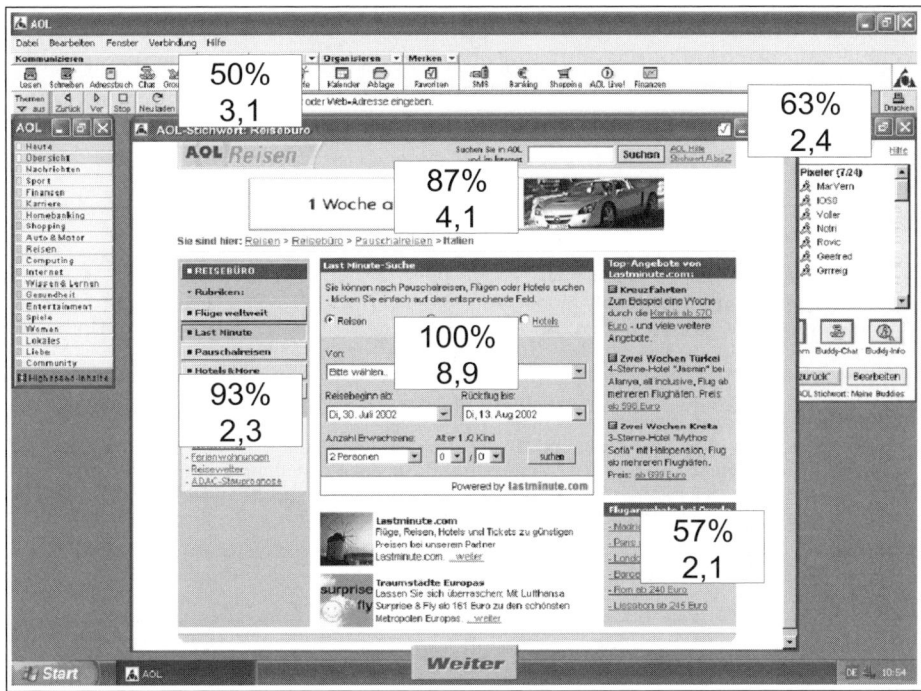

Quelle: AOL o. J., S. 6.

Abb. 4.11: Blickaufzeichnung beim Betrachten einer Website

Verdeckte Versuchsanordnungen der Werbemittelforschung umfassen quasi-biotische und biotische Designs und beinhalten insb. Verfahren wie Foldertest, Illustriertenversandtest und Wartezimmertest. Im Rahmen eines *Foldertests* wird dem Probanden eine Mappe mit ca. 15 – 20 Anzeigen vorgelegt, in welcher auch die zu testende Anzeige enthalten ist. Im Anschluss daran werden insb. Anzeigen- und Markenerinnerung erfragt. Bei einem *Illustriertenversandtest* werden den Testpersonen präparierte Exemplare einer Zeitschrift geschickt, in welchen die zu testende Anzeige enthalten ist. Die anschließende Befragung erfolgt analog. Schließlich erfolgt im Rahmen eines *Wartezimmertests* eine verdeckte Leseverhaltensbeobachtung (Compagnon-Verfahren). Die Testperson wird mit Hilfe einer versteckten Kamera beim Lesen einer Zeitschrift beobachtet. Die Kamera erfasst die Zeitschrift, die auf einem Glastisch liegt, und das Gesicht der Testperson, die eine bestimmte Anzeige betrachtet und sich in der Tischplatte spiegelt. Im Anschluss daran kann im Rahmen eines Recall-Tests die Erinnerung der Testperson an die Anzeige überprüft werden (vgl. Bruhn 2009, S. 495).

Weitere Verfahren mit – zumindest teilweise – verdeckter Versuchsanordnung versuchen, im Studio die Situation beim Fernsehen zu simulieren, um die Wirksamkeit von Werbespots zu überprüfen. Diese werden in ein redaktionelles Umfeld eingebunden, um die Testsituation zu verschleiern. Ein Beispiel ist der Werbemitteltest AD*VANTAGE von der GfK.

Beispiel 4.10: GfK AD*VANTAGE Werbemitteltest

Bei AD*VANTAGE handelt es sich um einen Studiotest in Form eines Einzelinterviews. Unter Einsatz moderner Computertechnologie wird jeder Testperson ein 1 ½-stündiges Fernsehprogramm dargeboten. Dieses enthält Moderation, Programmteile, Werbeblöcke einschließlich des Testspots sowie eine Reihe von Fragen, die der Moderator stellt und welche vom Probanden auf einem Formular beantwortet werden müssen. Die Stichprobe beträgt üblicherweise n = 125 Testpersonen. Zentrale Kerndimensionen für die Bewertung eines Werbespots sind dabei:
– Visibility: Wird die Werbung wahrgenommen?
– Branding: Wer wurde beworben?
– Communication: Welche Visuals und Botschaften werden erinnert?
– Brand Enhancement: Gelingt der Aufbau einer positiven Einstellung gegenüber der Marke?
– Persuasion: Löst der Film ausreichend hohes Probierinteresse bei Neukäufern aus? Führt der Werbefilm zu einer Intensivierung bei bestehenden Käufern?

Darüber hinaus erfolgt im Rahmen einer sog. Scene-to-Scene-Analyse eine Identifizierung von Stärken und Schwächen einzelner Bilder hinsichtlich relevanter Werbedimensionen.

Quelle: GfK o. J. f.

2.3.3 Werbemittelposttests

Werbemittelposttests werden zur Erfolgskontrolle von Werbekampagnen eingesetzt. Sie erfolgen üblicherweise als Feldtests.

Die Werbewirkung wird anhand verschiedener Kriterien gemessen, z. B.:
– Erinnerung an das Werbemittel,
– Markenerinnerung bzw. Markenbekanntheit,
– Einstellung zum Produkt,
– Kaufabsicht.

Am gebräuchlichsten ist die Messung der Erinnerungswirkungen eines Werbemittels. Hierbei kommen Recall- und Recognition-Tests zur Anwendung (vgl. Schweiger/Schrattenecker 2009, S. 367 f.). Ein *Recall-Test* ist ein Verfahren zur Feststellung der Erinnerung der Werbeadressaten an eine Werbemaßnahme. Beim *Unaided Recall* (ungestützt) werden die Testpersonen danach gefragt, an welche Werbemittel (z. B. Anzeigen im zuletzt genutzten Exemplar einer Zeitschrift) sie sich spontan erinnern; beim *Aided Recall* (gestützt) erfolgt eine Abfrage z. B. durch Vorlage der Marken, die im Werbeträger beworben wurden. Zur Überprüfung von Fernsehspots wird häufig der sog. *Day-After-Recall* eingesetzt, im Rahmen dessen die Testpersonen am Tag nach der Ausstrahlung danach befragt werden, ob sie sich an den Spot erinnern und ggf. an welche Elemente.

Eine Sonderform des ungestützten Recall-Tests ist der *Impact-Test*. Beim Impact-Test handelt es sich um einen Werbetest zur Messung des Werbeeindrucks (Stärke und Intensität) beim Rezipienten. Folgende Fragestellungen sind Gegenstand eines Impact-Tests:

– Werbeobjekte, die in einem Werbeträger beworben wurden,

– Beschreibung der bei der Testperson erinnerten Werbemittel,

– Eindrücke der vermittelten Werbebotschaft.

Anders als bei Recall-Tests sind *Recognition-Tests* Verfahren zur Messung der Wiedererkennung eines Werbemittels insb. im Printbereich. Einer Testperson wird ein Werbemittel mit der Frage vorgelegt, ob sie es schon einmal wahrgenommen hat. Beim kontrollierten Recognition-Test werden in einem Folder sowohl publizierte als auch nicht publizierte Anzeigen vorgelegt, um die Täuschungsquote aufzudecken.

Zur Messung der Einstellung können die verschiedenen, in Abschn. 2.2.2 des 2. Teils dargestellten Skalierungsverfahren herangezogen werden. Die Messung der Kaufabsicht kann ebenfalls durch Befragung ermittelt werden.

Relevante Kennziffern der Werbeerfolgskontrolle sind darüber hinaus der Share of Mind und der Share of Voice (vgl. Bruhn 2009, S. 319):

– Der *Share of Mind* bezeichnet den Anteil der vom eigenen Streuplan erzielten Kontakte pro Zielperson an den von den Streuplänen der Mitbewerber erzielten Kontakten pro Zielperson. Diese Kennziffer misst die Effizienz des eigenen Streuplans im Vergleich zur Konkurrenz.

– Der *Share of Voice* ist ebenfalls eine Kennziffer für die Effizienz der eigenen Werbemaßnahmen. Er errechnet sich als erreichte Zielgruppenkontakte der eigenen Marke in Relation zu den Gesamtkontakten der Branche für die betreffende Produktkategorie.

Wird die Werbewirkung laufend erhoben und den Werbeaufwendungen gegenübergestellt, liegt ein *Werbetracking* vor. Als Beispiel seien hier der IVE Werbemonitor sowie GfK ATS* genannt (vgl. GfK o. J. g).

Beispiel 4.11: GfK ATS* Werbetracking

ATS* ist ein Tracking-Instrument zur Abbildung dynamischer Werbeeffekte. Die Erhebung erfolgt in Form einer Wellenerhebung in regelmäßigen – i. d. R. monatlichen – Abständen. Die Stichprobe wird nach dem Quotenverfahren gebildet, empfohlen wird eine Stichprobe von 300 Probanden pro Erhebungswelle. Gemessen werden folgende Zielgrößen:

– Awareness: Spontane und gestützte Messung von Marken-, Kommunikations- und Werbewahrnehmung;

- Kaufkriterien: Relevantes Markenset, Markenablehnung, Präferenzen;
- Kommunikationsleistung: Recall der Werbeinhalte, wahrgenommene (Haupt-)Botschaften, Prägnanz, Interesse;
- Markenimage: detaillierte Bewertung von ausgewählten Markenbestandteilen.

Die Erhebung erfolgt in Form computerunterstützter persönlicher (CAPI) oder telefonischer (CATI) Interviews (vgl. Abschn. 1.2.1 in Teil 2).

Quelle: GfK o. J. g.

Wiederholungsfragen

1. Welche Ziele verfolgt die Werbeträgerforschung?

2. Charakterisieren Sie Reichweite, Gross Rating Points, Kontakthäufigkeit und Affinität als zentrale Kennziffern der Werbeträgerforschung.

3. Charakterisieren Sie Pretests als zentrale Methoden der Werbeerfolgsprognose. Skizzieren Sie die Ihnen bekannten Verfahren, und beurteilen Sie diese kritisch.

4. Was versteht man unter Werbetracking? Zu welchem Zweck wird es durchgeführt?

5. Charakterisieren Sie die Blickaufzeichnung und die Hautwiderstandsmessung als wichtige experimentelle Verfahren der Werbemittelforschung. Wie ist die Validität der Verfahren zu beurteilen?

6. Grenzen Sie Recall- und Recognition-Tests voneinander ab.

7. Was versteht man unter den Begriffen „Share of Mind" bzw. „Share of Voice"?

2.4 Weiterführende Literatur

Dabic, M., Schweiger G., Ebner, U. (2008): Printwerbung: Der erste Eindruck zählt! Werbeforschung mit dem Tachistoskop, in: transfer, 2008, Nr. 1, S. 26-35.

Erichson, B., Maretzki, J. (1993): Werbeerfolgskontrolle, in: Berndt, R., Hermanns, A. (Hrsg.): Handbuch Marketing-Kommunikation, Wiesbaden 1993, S. 521-560.

Keitz, B. v. (1997): Kommunikations-Tests mit apparativer Unterstützung. The State of the Art, in: planung & analyse, 1997, Nr. 2, S. 40-45.

Pepels, W. (1996): Werbeeffizienzmessung, Stuttgart 1996.

Trommsdorff, V. (2003): Werbepretests – Praxis und Erfolgsfaktoren, Hamburg 2003.

3. Preisforschung

Lernziele

In diesem Kapitel erfahren Sie,
- welche zentralen Fragestellungen die Preisforschung beinhaltet,
- welche Methoden zur Ermittlung angemessener Preise herangezogen werden können und
- in welcher Weise Preiselastizitäten und Preisabsatzfunktionen ermittelt werden können.

Nach der Bearbeitung des Kapitels kennen Sie die verschiedenen methodischen Ansatzpunkte zur empirischen Erhebung von Zahlungsbereitschaften und sind in der Lage, für konkrete Anlässe der Preisforschung geeignete Methoden vorzuschlagen und zu erläutern.

3.1 Gegenstand der Preisforschung

Preisforschung beinhaltet die systematische Sammlung, Aufbereitung und Interpretation von Informationen als Grundlage für Preisentscheidungen.

Im Mittelpunkt der Preisforschung stehen Preiswahrnehmungen und Reaktionen von Kunden auf Preisänderungen. Zentrale Fragestellungen in der Preisforschung sind (vgl. Wildner 2003, S. 5):
- Ermittlung angemessener Preise (für ein gegebenes Produkt),
- Ermittlung von Preiselastizitäten und Preisabsatzfunktionen (für ein gegebenes Produkt) und
- Ermittlung der Preisbereitschaft für alternative Produktausstattungen.

Methodisch steht der Preisforschung das gesamte Spektrum der Marktforschung zur Verfügung: Befragung, Beobachtung, Panelerhebungen, Experimente. Im Folgenden werden für die einzelnen Fragestellungen der Preisforschung ausgewählte methodische Ansätze vorgestellt.

3.2 Ermittlung angemessener Preise

Die erste Fragestellung der Preisforschung besteht in der Ermittlung akzeptabler Preise für ein gegebenes Produkt, d. h. von Preishöhen, welche von einer Mehrheit der (potenziellen) Konsumenten als angemessen betrachtet werden. Üblicherweise erfolgt die Ermittlung akzeptabler Preise auf der Grundlage von Befragungen. Hierbei wird unterschieden zwischen (vgl. Lange 1972, S. 128 ff.):

– Preisbereitschaftstest,

– Preisschätzungstest,

– Preisklassentest und

– Preisreaktionstest.

Anwendung finden diese Verfahren häufig im Rahmen der Preisfindung für Neuprodukte.

Ziel eines *Preisbereitschaftstests* (auch: preisbezogener Akzeptanztest) ist die Ermittlung der Bereitschaft von Probanden, das Produkt zu einem vorgegebenen Preis zu kaufen. Da die dokumentierte Kaufbereitschaft und die tatsächliche Kaufhandlung häufig abweichen, wird im Rahmen der Befragung ein zeitlicher Bezug der Kaufentscheidung durch Fragezusätze wie z. B. „in nächster Zeit" hergestellt, um eine realitätsnähere Abbildung zu gewährleisten (vgl. Lange 1972, S. 121). Die Realitätsnähe kann zusätzlich gesteigert werden, indem die Probanden in eine tatsächliche Kaufentscheidungssituation versetzt werden. Den Probanden wird in diesem Fall das Testprodukt probeweise überlassen; anschließend wird im Rahmen eines Labortests ermittelt, ob und ggf. in welcher Stückzahl das Produkt zu einem vorgegebenen Preis von den Testpersonen erworben wird (vgl. Bauer 1981, S. 207 ff.). Abb. 4.14 zeigt exemplarisch ein mögliches Ergebnis eines Preisbereitschaftstests.

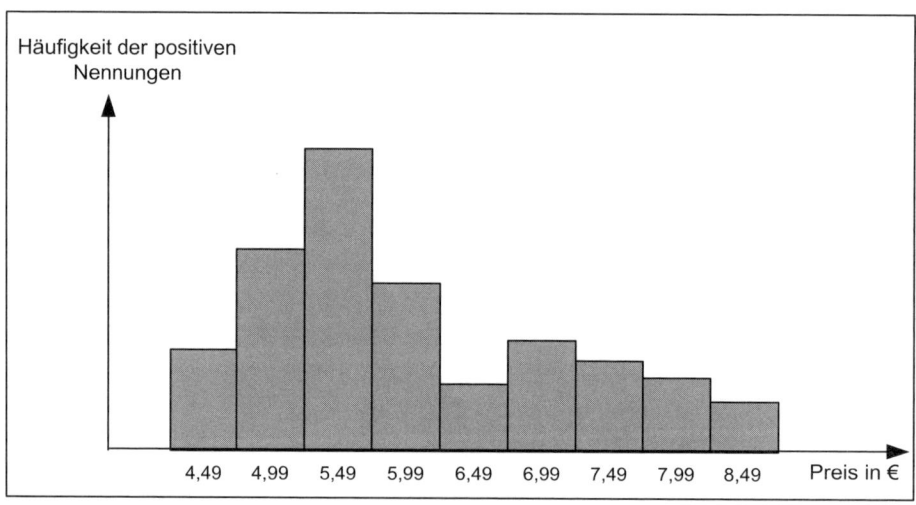

Quelle: In Anlehnung an Lange 1972, S. 121.

Abb. 4.12: Ergebnis eines Preisbereitschaftstests

Ziel eines *Preisschätzungstests* ist die Ermittlung der subjektiven Preisvorstellungen und -kenntnisse von Konsumenten. Den Befragten wird zunächst das Produkt vorgelegt – je nach Phase des Produktentwicklungsprozesses entweder das fertiges Produkt, die Verpackung oder eine Zeichnung (ggf. am Computerbildschirm). Anschließend werden die Konsumenten nach ihren Preisvorstellungen gefragt. Die Preisvorstellungen werden schließlich mit den realen bzw. anvisierten Preisen verglichen. Schätzen die Probanden z. B. den Preis höher ein, als er tatsächlich verlangt wird, ist dies ein Hinweis auf unausgeschöpfte Preisspielräume.

Im Rahmen eines *Preisklassentests* wird das Produkt den Testpersonen probeweise überlassen. Anschließend werden die Probanden danach gefragt,

– welchen Preis sie höchstens für das Produkt zu zahlen bereit wären, und

– welcher Preis zumindest zu fordern ist, damit die Probanden nicht an der Qualität des Produkts zweifeln.

Auf diese Weise resultiert für jeden Probanden eine Preisspanne, innerhalb derer er bereit ist, das Produkt zu kaufen. Der angemessene Preisbereich für den Gesamtmarkt resultiert durch Aggregation der individuellen Preisspannen. Abb. 4.13 zeigt mögliche Ergebnisse eines (fiktiven) Preisklassentests.

Preis	Personen, für die der Preis von € ... den höchsten annehmbaren Preis darstellt		Personen, für die der Preis von € ... den niedrigsten noch annehmbaren Preis darstellt		Anteil der potenziellen Käufer
in €	%	% kumul.	%	% kumul.	%
4,49	0	0	4	4	4
4,99	0	0	26	30	30
5,49	3	3	45	75	75
5,99	21	24	15	90	87
6,49	45	69	7	97	73
6,99	28	97	3	100	31
7,49	3	100	0	100	3

Abb. 4.13: Beispiel für einen Preisklassentest

Bei einem Preis von 6,49 € sind 97 % der Käufer der Meinung, der Preis sei nicht zu niedrig; allerdings ist dieser Preis für 24 % der Käufer zu hoch. Die Differenz der beiden Werte (73 %) gibt den Anteil der Auskunftspersonen an, welche das Produkt zu diesem Preis kaufen würden. Im Beispiel hat der Preis von 5,99 € die höchste Akzeptanz, da 87 % der Käufer diesen Preis zahlen würden.

Im Rahmen von *Preisreaktionstests* hat sich insb. die Analyse nach *Westendorp* (1976) bewährt (vgl. Wildner 2003, S. 6 ff.). Das Produkt wird zunächst den Probanden vorgestellt. Anschließend werden die Befragten gebeten, die folgenden vier Preise zu nennen:

– Preis, der gerade noch als günstig wahrgenommen wird;

– Preis, der als relativ hoch, aber noch vertretbar bewertet wird;

– Betrag, ab dem der Preis zu hoch wird;

– Betrag, ab dem der Preis so niedrig ist, dass Zweifel an der Qualität entstehen.

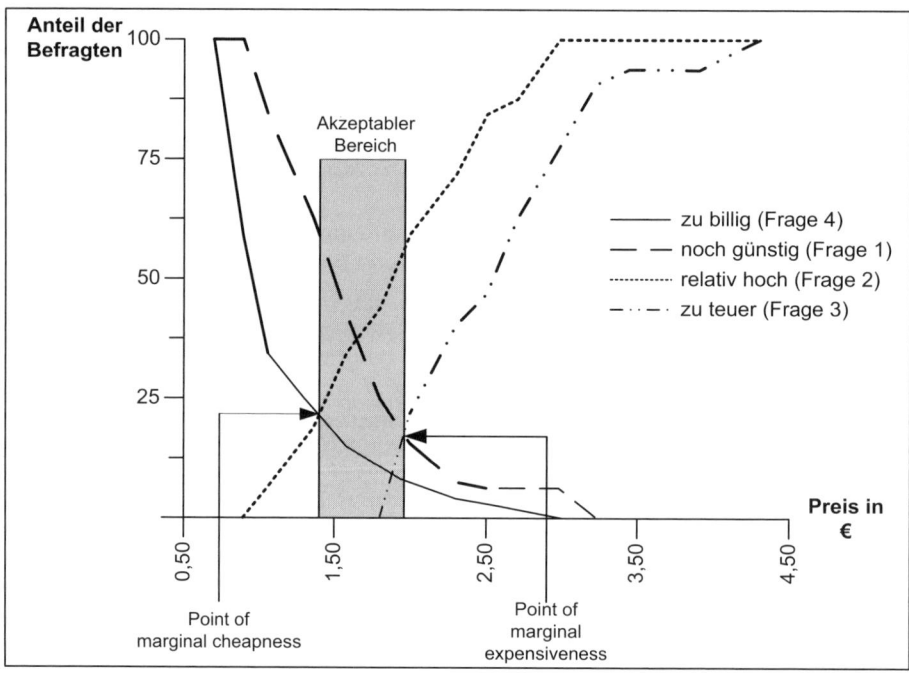

Quelle: In Anlehnung an Wildner 2003, S. 7.
Abb. 4.14: Ergebnis eines Preisreaktionstests

Die Auswertung erfolgt in kumulierter Form (vgl. Abb. 4.14). Der Preisreaktionstest führt zu folgenden Ergebnissen:

– *Preisuntergrenze (Point of Marginal Cheapness):*

Sie resultiert als Schnittpunkt der Kurven „zu billig" und „relativ hoch". Eine Preissenkung unterhalb dieses Preises ist zu vermeiden, da der Anteil der Probanden, die das Angebot als zu billig beurteilen, über den Anteil derjenigen steigt, welche den Preis als zu hoch empfinden.

– *Preisobergrenze (Point of Marginal Expensiveness):*
Die Preisobergrenze resultiert als Schnittpunkt der Kurven „noch günstig" und „zu teuer". Eine Preiserhöhung über diesen Punkt hinaus hat zur Folge, dass der Anteil derjenigen, welche das Produkt für zu teuer halten, über den Anteil derjenigen steigt, die es als noch günstig erachten.

– *Akzeptabler Bereich:*
Der akzeptable Bereich liegt zwischen der Preisober- und der -untergrenze. Preise innerhalb dieses Bereichs werden von einer breiten Mehrheit der Probanden akzeptiert.

An den hier dargestellten Verfahren wird vor allem kritisiert, dass sich der Proband in einer künstlichen Entscheidungssituation befindet; häufig besteht dabei eine hohe Diskrepanz zwischen angegebener Zahlungsbereitschaft und tatsächlichem Kaufverhalten. Darüber hinaus sind diese Tests meist *monadisch* angelegt, wodurch Vergleichsmöglichkeiten mit z. B. Konkurrenzprodukten fehlen. Schließlich erlauben die Verfahren lediglich Aussagen darüber, ob bestimmte Preise durchsetzungsfähig sind. Die absatz- oder umsatzmäßigen Auswirkungen auf Preisveränderungen (Preiselastizitäten) können durch solche Verfahren nicht ermittelt werden.

3.3 Ermittlung von Preiselastizitäten und Preisabsatzfunktionen

> Verfahren zur Ermittlung von Preiselastizitäten und Preisabsatzfunktionen haben die Prognose von Absatzwirkungen durch Preisänderungen zum Ziel.

Der Zusammenhang zwischen Absatzmenge und Preishöhe wird mathematisch mit Hilfe sog. *Preisabsatzfunktionen* ausgedrückt. Für den einfachsten Fall einer linearen Preisabsatzfunktion lautet die Formel:

$$x(p) = a - b \cdot p \text{ mit}$$

$$
\begin{aligned}
x &= \text{Absatzmenge,} \\
p &= \text{Preis,} \\
a{>}0 &= \text{maximale Absatzmenge bei einem Preis von 0,} \\
b &= \text{Steigung der Preisabsatzfunktion.}
\end{aligned}
$$

Inhaltlich gibt die Steigung der Preisabsatzfunktion b an, wie groß die Absatzänderung bei einer Preisänderung um ein Prozent ist (das Minuszeichen spiegelt die übliche Annahme wider, dass eine Preiserhöhung (-senkung) zu einem Absatzrückgang (-zuwachs) führt). Sie entspricht damit der sog. *Preiselastizität.*

Diese entspricht dem Verhältnis der prozentualen Absatzänderung aufgrund einer prozentualen Preisänderung und ist eine dimensionslose Größe, wodurch sie sich für Vergleichszwecke sehr gut eignet. Die Formel der Preiselastizität lautet allgemein:

$$E = dx/dp \cdot p/x$$

Der Term dx/dp entspricht dabei der ersten Ableitung der Preisabsatzfunktion (vgl. Simon/Fassnacht 2009, S. 94 ff.).

Grundlage für die empirische Ermittlung von Preisabsatzfunktionen sind die individuellen Zahlungsbereitschaften der Konsumenten. Eine Preisabsatzfunktion erhält man durch die Aggregation der individuellen Zahlungsbereitschaften (vgl. ausführlich Adler 2003, S. 27 ff.). Hierzu stehen folgende Verfahren zur Verfügung (vgl. Abb. 4.15):

– Schätzung auf der Grundlage von Kaufdaten,

– Schätzung auf der Grundlage von Befragungen und

– Schätzung auf der Grundlage von Kaufangeboten.

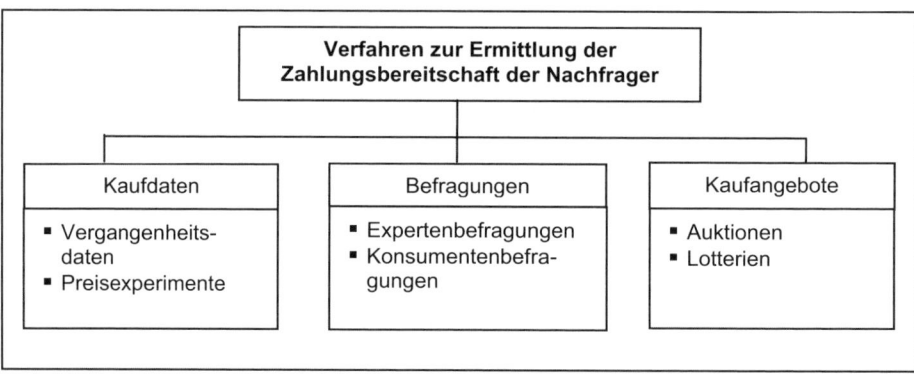

Abb. 4.15: Verfahren zur Ermittlung individueller Zahlungsbereitschaften

3.3.1 Ermittlung auf der Grundlage von Kaufdaten

Kaufdaten (revealed preference data) bilden die Datenbasis für die Modellierung des Zusammenhangs zwischen Preishöhe und Absatzwirkung. Ist dies erfolgt, kann für jede Preisänderung im untersuchten Preisbereich ihre Wirkung auf die Absatzmenge prognostiziert werden. Die erforderliche Datenbasis kann einerseits durch Vergangenheitsdaten (i. d. R. Scannerdaten) geliefert werden, andererseits durch eigens durchgeführte Preisexperimente.

Bei *Vergangenheitsdaten* handelt es sich üblicherweise um Paneldaten, welche kontinuierlich von Marktforschungsinstituten erhoben werden (vgl. zu Panels ausführlich Abschn. 1.4.1 im 2. Teil). Die in der Vergangenheit geforderten Preise und die zugehörigen Absatzmengen lassen sich in ein Preis-Mengen-Diagramm eintragen. Durch die resultierende Punktewolke kann mit Hilfe der Regressionsanalyse (vgl. Abschn. 6.3.3 im 2. Teil) eine Regressionsgerade angepasst werden (vgl. Abb. 4.16).

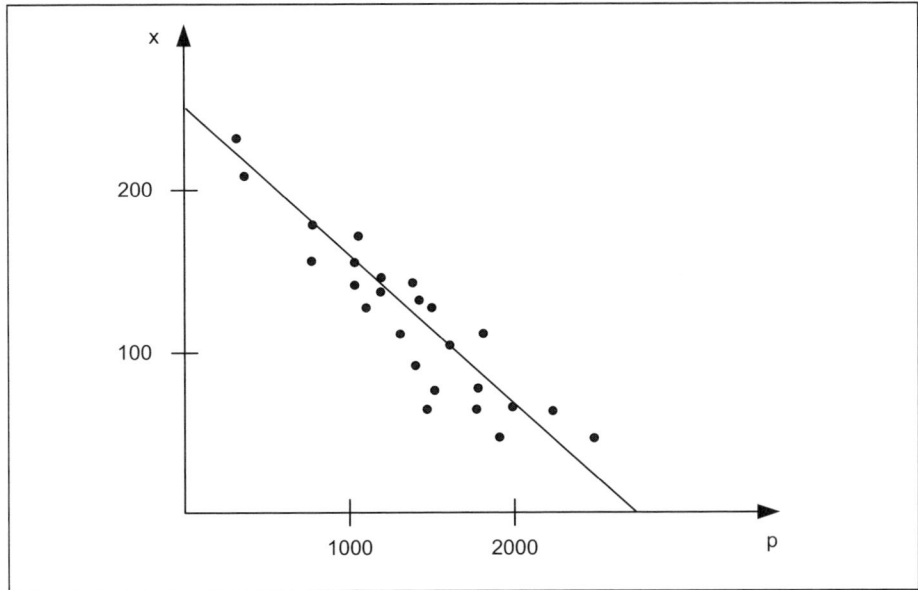

Abb. 4.16: Preisabsatzfunktion auf der Basis von empirischen Daten der Vergangenheit

Vorteilhaft an dieser Methode sind die hohe externe Validität, die Schnelligkeit der Auswertung (ca. 4 Wochen) sowie die niedrigen Kosten (ca. 20.000 € zzgl. Datenbezug). Nachteilig sind die i. d. R. geringe Variationsbreite des Preises sowie die Beschränkung auf Produkte, für die regelmäßig Paneldaten erhoben werden (dies sind vor allem Konsumgüter des täglichen Bedarfs).

Alternativ werden die Auswirkungen von Preisänderungen auf die Absatzmenge mit Hilfe von *Preisexperimenten* untersucht. Häufig erfolgen Preisexperimente im Rahmen von Store-Tests, wobei zwischen Längsschnittanalysen und Querschnittanalysen unterschieden werden kann (vgl. hierzu allg. Abschn. 1.4 in Teil 2). Im Rahmen von Längsschnittanalysen wird der Preis im Zeitablauf (z B. in einem Supermarkt) systematisch variiert, und es werden die resultierenden Absatzmengen erfasst. Hingegen werden im Rahmen von Querschnittanalysen in verschiedenen Testgeschäften zum selben Zeitpunkt unterschiedliche Preise getestet. Die daraus resultierenden Preis-Mengen-Daten können wie Vergangenheitsdaten regressionsanalytisch ausgewertet werden.

Als vorteilhaft ist hier zum einen die reale Feldsituation zu nennen; darüber hinaus lässt sich i. A. eine größere Bandbreite an Preisen untersuchen als bei Vorliegen von Vergangenheitsdaten. Allerdings wird die Variationsbreite der zu testenden Preise i. d. R. durch die einbezogenen Handelsunternehmen begrenzt; insb. der Test von Preiserhöhungen scheitert an der mangelnden Kooperationsbereitschaft des Handels, da er negative Auswirkungen auf das Image bei seinen Kunden fürchtet. Aus diesem Grunde wurden alternative Verfahren entwickelt, welche (teilweise) als *Laboruntersuchungen* stattfinden. Dazu gehört beispielsweise der PriceChallenger von der GfK.

Beispiel 4.12: Der GfK PriceChallenger

Eine PriceChallenger-Studie vollzieht sich in folgenden Schritten:
- Datenerhebung,
- Modellbildung mit Befragungsdaten,
- Korrektur des auf den Befragungsdaten basierenden Modells mit den Ergebnissen einer Scanneranalyse,
- Auswertung mit Hilfe eines Simulationsprogramms.

Die Kosten belaufen sich bei einer Stichprobe von 400 Probanden auf ca. 35.000 €.

Die *Datenerhebung* erfolgt grundsätzlich durch persönliche computergestützte Interviews. Zunächst wird für jeden Befragten bei der betreffenden Produktkategorie das Relevant Set ermittelt, d. h. die Produkte, die für einen Kauf grundsätzlich in Frage kommen. Mit den Produkten des Relevant Set erfolgt anschließend eine Preissimulation, d. h. für unterschiedlich kombinierte Preisstufen der ausgewählten Produkte muss der Befragte angeben, welches bzw. welche Produkte er in dieser Situation kaufen würde. Auf der Grundlage der Befragungsdaten werden Preiselastizitäten errechnet.

Da der Preis bei der Befragung im Mittelpunkt steht, wird die Preiselastizität – teilweise deutlich – überschätzt. Aus diesem Grunde werden Scannerdaten von 200 Geschäften, welche die betreffenden Produkte zu Marktpreisen verkaufen, ergänzend herangezogen. Aus diesen Daten werden zunächst die durchschnittlichen Preiselastizitäten zum Marktpreis errechnet. Dabei werden folgende Faktoren zusätzlich berücksichtigt:
- Promotionmaßnahmen für die Marke bzw. das Produkt,
- Zahl der geführten Konkurrenzprodukte,
- Zahl der Promotions für die Konkurrenzprodukte,
- durchschnittliche Konkurrenzpreise.

Diese Daten bilden den Input für ein neuronales Netz, mit welchem der Zusammenhang zwischen Marketing-Mix und Marktanteil geschätzt wird. Anschließend wird die Preiselastizität aus den Befragungsdaten anhand der Preiselastizität aus den Scannerdaten korrigiert.

Die *Auswertung* der Daten kann auf vielfältige Weise erfolgen. Die im Rahmen der Befragung erhobenen soziodemographischen Merkmale können zur Zielgruppenbildung herangezogen werden. Auch können beliebige Preissimulationen durchgeführt und ihre Auswirkungen auf die Marktanteile ermittelt werden.

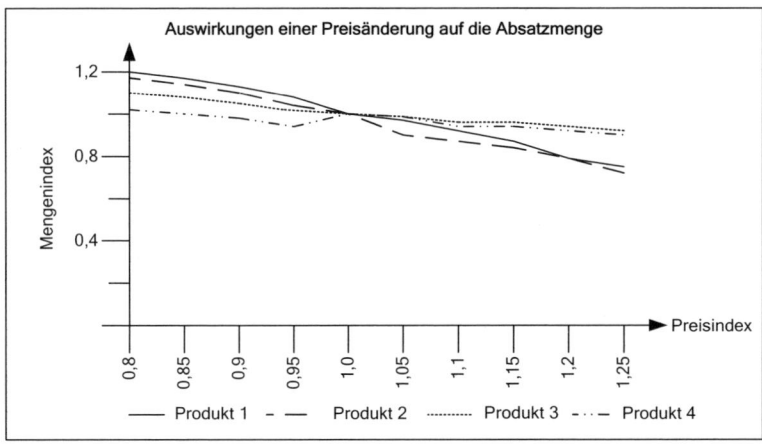

Beispielsweise wurden für vier Produkte verschiedene Preiserhöhungen simuliert. Bei der Analyse der nachgefragten Menge der vier Hauptprodukte zeigen sich deutliche Parallelen zwischen den Produkten 1 und 2 sowie 3 und 4. Interessant ist eine Preisanhebung bis auf 10%. Während bereits geringe Preiserhöhungen (bis 5%) bei Produkt 2 drastische Marktreaktionen zeigen, liegt bei Produkt 1 die Preisschwelle erst bei über 5%. Somit könnte der Preis für Produkt 1 bis zu 5% angehoben werden, ohne dass der Verbraucher mit einer deutlichen Nachfragereduktion reagiert. Wird der Preis der Produkte 1 und 2 um bis zu knapp 20% gesenkt, ergeben sich nahezu proportionale Mengensteigerungen um ebenfalls etwa 20%. Die gleiche relative Preisänderung bei den Produkten 3 und 4 zeigt dagegen einen flacheren Reaktionsverlauf. Eine paarweise gleiche Entwicklung lässt sich auch bei Preissteigerungen von über 10% beobachten.

Um die Auswirkungen einer Preiserhöhung bei Produkt 1 auf den Marktanteil zu testen, wurden 2 Szenarien (A: Preiserhöhung etwas über 5%; B: Preiserhöhung deutlich über 5%) durchgespielt. Im Ergebnis zeigt sich, dass der Preis für Produkt 1 bedenkenlos um 5% erhöht werden kann, ohne dass die Wettbewerber wesentlich von dieser Preiserhöhung profitieren.

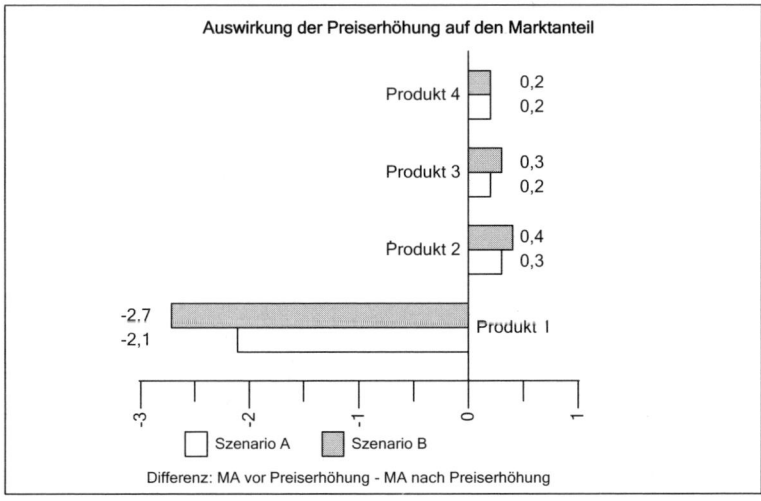

Quellen: GfK o. J. h; Wildner/Graf 1998.

3.3.2 Ermittlung auf der Grundlage von Befragungen

Befragungen zur Ermittlung von Preisabsatzfunktionen umfassen zum einen Konsumentenbefragungen, zum anderen Expertenbefragungen. Im Rahmen von *Konsumentenbefragungen* werden direkte und indirekte Preisbefragungen unterschieden. Bei *direkten Befragungen* geben die Probanden an, wieviel sie bereit sind, für ein bestimmtes Produkt zu zahlen. Typische Fragen sind beispielsweise (vgl. Adler 2003, S. 6):

– „Wieviel wären Sie bereit, für dieses Produkt maximal zu zahlen?" oder,
– „Bei welchem Geldbetrag wäre es Ihnen gleichgültig, ob Sie das Produkt kaufen oder das Geld behalten?"

Vorteilhaft sind an dieser Methode die Einfachheit und Schnelligkeit ihrer Durchführung. Als nachteilig erweisen sich die hohen Verweigerungsraten bei der Beantwortung wie auch die Tatsache, dass die Frage nach dem Maximalpreis in aller Regel zu einem strategischen Antwortverhalten der Befragten führt. Ein Beispiel aus der Praxis ist der BASES Price Advisor von Nielsen.

Beispiel 4.13: BASES Price Advisor von Nielsen

Im Rahmen von BASES Price Advisor werden den Probanden typische Produktkonzepte ohne Preisangabe präsentiert. Im Anschluss daran werden die Befragten gefragt, welcher Preis für das betreffende Produkt von ihnen als „sehr günstig", „durchschnittlich" und „teuer" angesehen wird. Des Weiteren werden Variablen wie Kaufabsicht, Kaufvolumen und Kaufhäufigkeit zu jedem der von ihnen genannten Preise erhoben. Auf dieser Grundlage erhält man die individuelle Nachfragemenge pro Preis. Durch Aggregation kann anschließend eine Preisabsatzfunktion ermittelt werden.

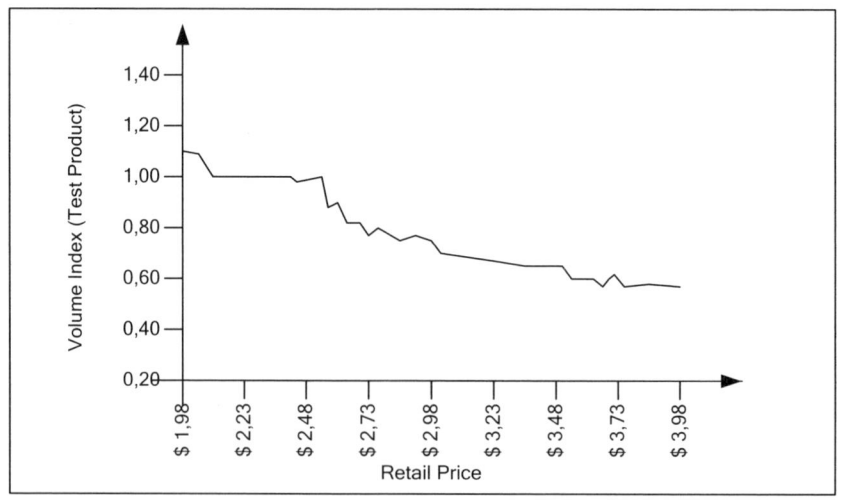

Quelle: Nielsen 2005.

Im Rahmen *indirekter Preisbefragungen* kommt insb. die Conjoint Analyse zur Anwendung (vgl. Abschn. 6.3.11 des 2. Teils). Hier wird der Preis im Zusammenhang mit den übrigen Produkteigenschaften evaluiert. Da die Conjoint Analyse typischerweise zur Ermittlung der Preisbereitschaft für alternative Produktausstattungen eingesetzt wird, wird sie in Abschn. 3.4 in diesem Teil skizziert.

Preisabsatzfunktionen lassen sich schließlich auch mittels einmaliger oder mehrstufiger *Expertenbefragungen* ermitteln. Abb. 4.17 zeigt exemplarisch eine auf der Basis einer Expertenschätzung gewonnene Preisabsatzfunktion. Eine Expertenbefragung bietet sich insb. dann an, wenn das Produkt derart neuartig und komplex ist, dass eine Preisbeurteilung seitens der Konsumenten nicht sinnvoll erscheint, oder aber wenn eine Konsumentenbefragung z. B. aus Geheimhaltungsgründen nicht möglich ist.

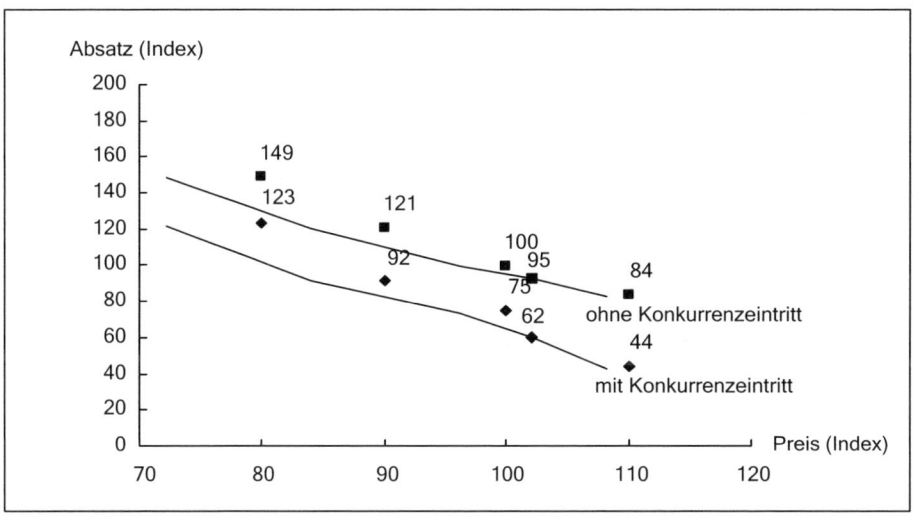

Quelle: Simon/Kucher 1988, S. 177.
Abb. 4.17: Preisabsatzfunktionen auf der Basis einer Expertenschätzung

3.3.3 Ermittlung auf der Grundlage von Kaufangeboten

Diese Gruppe von Verfahren beruht darauf, dass Probanden konkrete Kaufangebote präsentiert werden; die Zahlungsbereitschaft resultiert aus der Annahme bzw. Ablehnung der Kaufangebote. Solche Kaufangebote umfassen
– Auktionen und
– Lotterien.

Im Rahmen einer *Auktion* werden Güter im öffentlichen Bietverfahren an den Höchstbietenden veräußert. Der wesentliche Vorteil von Auktionen im Vergleich zum Setzen fester Preise oder zu Preisverhandlungen liegt darin, dass eine Anpassung der Nachfrage an das Angebot kostengünstig und zeitnah erfolgen kann. Während bei klassischen Transaktionen der Käufer bei gegebenem Preis über die Menge entscheiden kann, bestimmt der Käufer im Rahmen einer Auktion bei gegebener Menge den von ihm maximal zu zahlenden Preis. Insofern handelt es sich bei Auktionen um eine – durch ein Regelsystem geordnete – Form der Preisindividualisierung (vgl. Diller 2000, S. 300). Es werden dabei nur Gebote abgegeben, die höchstens dem Reservationspreis entsprechen, da der Käufer ansonsten eine negative Konsumentenrente erzielen würde.

Je nachdem, in welcher Weise Gebote abgegeben werden und wie der Preis bestimmt wird, lassen sich verschiedene *Auktionsformen* unterscheiden (vgl. Skiera/Spann 2003, S. 628 f.):
– Englische Auktion,
– Holländische Auktion,
– Höchstpreisauktion (First Price Sealed Bid Auction),
– Vickrey-Auktion (Second Price Sealed Bid Auction).

Die *Englische Auktion* ist der am häufigsten eingesetzte Auktionsmechanismus. Die Käufer geben in einem offenen Bieterwettbewerb steigende Angebote ab. Den Zuschlag erhält der Bieter mit dem höchsten Gebot. Bei einer *Holländischen Auktion* ist das Verfahren genau umgekehrt: Der Auktionator beginnt mit einem Höchstpreis und senkt ihn sukzessive, bis sich ein Bieter bereiterklärt, das Produkt zum gerade gültigen Preis zu kaufen. Bei einer *Höchstpreisauktion* (First Price Sealed Bid Auction) werden die Gebote einmalig und verdeckt abgegeben, d. h. die Mitbieter haben keine Informationen über die abgegebenen Gebote. Auch hier erhält derjenige Anbieter den Zuschlag, welcher das höchste Gebot abgibt. Eine *Vickrey-Auktion* (Second Price Sealed Bid Auction) funktioniert im Prinzip genau gleich wie eine Höchstpreisauktion mit dem Unterschied, dass der Höchstbieter den Zuschlag bekommt, jedoch nur den Preis des zweithöchsten Gebots bezahlen muss.

Die beiden letztgenannten Auktionstypen sind grundsätzlich besonders gut geeignet, maximale Zahlungsbereitschaften als Inputdaten für eine Preisabsatzfunktion zu generieren, da die Bieter ein Maximalgebot in Höhe der jeweils maximalen Zahlungsbereitschaft abgeben müssen:
– Bei einem Gebot unterhalb der maximalen Zahlungsbereitschaft besteht die Gefahr, dass sie den Zuschlag nicht erhalten, zumal sie sich nicht an den Geboten der Mitbieter orientieren können.

– Bei einem Gebot oberhalb der maximalen Zahlungsbereitschaft erzielen sie im Falle des Zuschlags eine negative Konsumentenrente.

Eine alternative Vorgehensweise zur Ermittlung von Zahlungsbereitschaften ist die individuelle Durchführung einer *Lotterie* (vgl. Wertenbroch/Skiera 2002, S. 230). Der Ablauf des Verfahrens ist in Abb. 4.18 skizziert.

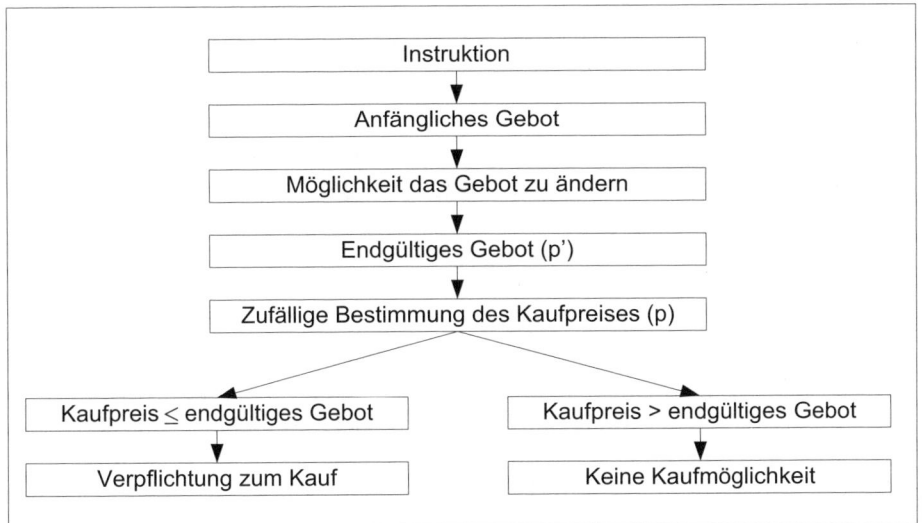

Quelle: In Anlehnung an Wertenbroch/Skiera 2002, S. 230.
Abb. 4.18: Ermittlung von Zahlungsbereitschaften mittels einer Lotterie

Zunächst wird per Zufallsprinzip eine Stichprobe von Teilnehmern gezogen. Die Teilnehmer werden gebeten, ein Gebot für das Produkt abzugeben. Anschließend erhalten sie die Möglichkeit, das anfängliche Gebot zu revidieren. Zu diesem Zweck wird den Probanden mitgeteilt, der Preis des Produkts p stehe noch nicht fest und werde erst durch einen Zufallsmechanismus bestimmt. Die Verteilung, welche diesem Zufallsmechanismus zu Grunde liegt, ist den Testpersonen jedoch unbekannt.

In einem weiteren Schritt werden die Teilnehmer gebeten, einen Preis p' zu nennen, der genau ihrer maximalen Zahlungsbereitschaft entspricht. Das Auftreten strategischen Verhaltens wird dabei durch folgenden Mechanismus verhindert:

– Nach Nennung des endgültigen Gebots p' zieht jeder Proband aus einer Urne eine Karte mit dem tatsächlichen Preis p.

– Ist dieser zufällig gezogene Preis höchstens so hoch wie das zuvor abgege-
bene Gebot, muss der Proband das Produkt zum Preis p kaufen. Damit erzielt der Proband in jedem Falle eine nicht negative Konsumentenrente.

– Liegt der gezogene Preis oberhalb des abgegebenen Maximalgebots, so darf
das Produkt nicht gekauft werden.

Dadurch wird gewährleistet, dass das Gebot eines Probanden tatsächlich seiner
maximalen Zahlungsbereitschaft entspricht, da eine höhere Gebotsabgabe zu
einer negativen Konsumentenrente führen würde, eine niedrigere ggf. dazu,
dass die Chance auf den Kauf des Produkts verpasst wird.

3.4 Ermittlung der Zahlungsbereitschaft bei unterschiedlicher Produktausstattung

Die bislang beschriebenen Verfahren zur Ermittlung der Zahlungsbereitschaft
gehen von einem gegebenen Produkt aus. In vielen Fällen – etwa im Rahmen
von Produktinnovation, -variation oder -differenzierung – steht die Produkt-
ausstattung jedoch noch nicht fest, d. h. bzgl. der einzelnen Produktmerkmale
und Merkmalsausprägungen bestehen erhebliche Freiheitsgrade (vgl. Wildner
2003, S. 21). Der Zusammenhang zwischen Zahlungsbereitschaft und Pro-
duktausstattung kann mit Hilfe der *Conjoint Analyse* ermittelt werden. Die
Conjoint Analyse ist eine Form der indirekten Preisbefragung, bei welcher individuelle Nutzenstrukturen geschätzt werden. Zur Ermittlung der Zahlungsbereitschaft wird dabei der Preis in alternativen Ausprägungen in das Untersuchungsdesign einbezogen (vgl. zur Conjoint Analyse ausführlich Abschn.
6.3.11 im 2. Teil).

Ausgangspunkt für die Ermittlung der Zahlungsbereitschaft ist die Überlegung,
dass der Nachfrager bei seiner Kaufentscheidung seinen Nutzen maximieren
will. Im Rahmen der Conjoint Analyse wird der subjektive Wert der Leistung,
der *Leistungsnutzen*, in Form einer individuellen Nutzengröße angegeben, welche als Summe der Teilnutzenwerte für die relevanten Ausprägungen der Produktmerkmale resultiert. Durch den *Reservationspreis* erfolgt eine monetäre Bewertung des Leistungsnutzens, d. h. der Nachfrager drückt durch den Reservationspreis aus, wie viele Geldeinheiten ihm die Leistung maximal wert ist. Da
im Rahmen einer Conjoint Analyse keine direkte Abfrage der (maximalen)
Zahlungsbereitschaft für alternative Produktentwürfe erfolgt, muss diese auf
indirektem Wege bestimmt werden (vgl. ausführlich Adler 2003, S. 14 ff.).

Sind die individuellen Zahlungsbereitschaften für alle Probanden erhoben, so
lässt sich eine Preisabsatzfunktion durch Aggregation der individuellen Zah-

lungsbereitschaften ermitteln (zu den Einzelheiten vgl. Green/Srinivasan 1990; Adler 2003, S. 30 ff.; Simon/Kucher 1988).

Vorteilhaft ist an der indirekten Preisbefragung mittels Conjoint Analyse – im Vergleich zu einer direkten Preisbefragung – die größere Ähnlichkeit zu einer realen Kaufentscheidung. Zudem wird die Bedeutung des Preises nicht überbetont. Allerdings konnten die Vorteile bislang nicht empirisch nachgewiesen werden. Insbesondere wurde bei Conjoint Analysen bereits mehrfach ein erheblicher *Hypothetical Bias* festgestellt, d. h. die erhobene (hypothetische) Zahlungsbereitschaft weicht von der realen Zahlungsbereitschaft erheblich ab (vgl. Sattler/Nitschke 2003, S. 376).

Wiederholungsfragen

1. Bei welchen Marketing-Fragestellungen setzt die Preisforschung methodisch an?

2. Charakterisieren Sie Preisschätzungstest, Preisbereitschaftstest, Preisklassentest und Preisreaktionstest als Verfahren zur Ermittlung angemessener Preise.

3. Erläutern Sie, in welcher Weise eine Preisabsatzfunktion auf der Grundlage von Kaufdaten ermittelt werden kann.

4. Was versteht man unter einer Auktion? In welcher Weise können Auktionen zur Ermittlung von Zahlungsbereitschaften herangezogen werden?

3.5 Weiterführende Literatur

Becker, G. M., DeGroot, M. H., Marschak, J. (1964): Measuring Utility by a Single-Response Sequential Method, in: Behavioral Science, Vol. 9 (1964), No. 3, S. 226-232.

Blamires, C. (1998): Pricing Research, in: McDonald, C.,Vangelder, P. (Hrsg.): ESOMAR Handbook of Market and Opinion Research, Amsterdam 1998, S. 739-773.

Green, P. E., Rao, V. R. (1971): Conjoint Analyse of Qualifying Judgemental Data, in: Journal of Marketing Research, Vol. 8 (1971), No. 3, S. 355-363.

Hoffmann, E., Menkhaus, D., Chakravarti, D., Field, R., Whipple, G. D. (1993): Using Laboratory Experimental Auctions in Marketing Research: A Case Study of New Packaging for Fresh Beef, in: Marketing Science, Vol. 12 (1993), No. 3, S. 318-338.

Sattler, H., Nitschke, T. (2003): Ein empirischer Vergleich von Instrumenten zur Erhebung von Zahlungsbereitschaften, in: Zeitschrift für betriebswirtschaftliche Forschung (ZfbF), 55. Jg. (2003), Nr. 4, S. 364-381.

Voeth, M., Hahn, C. (1998): Limit Conjoint-Analyse, in: Marketing ZfP, 20. Jg. (1998), Nr. 2, S. 119-132.

Westendorp, P. H. v. (1976): NSS Price Sensitivity Meter – A New Approach to the Study of Consumer Perception of Price, Proceedings of the 29th ESOMAR Congress, Amsterdam 1976.

5. Teil: Prognoseverfahren

Lernziele

In diesem Kapitel erfahren Sie,
– welche grundlegenden Prognoseverfahren im Marketing gebräuchlich sind,
– nach welchen Kriterien sich Prognoseverfahren klassifizieren lassen und
– in welchen Fällen welche Methoden geeignet sind.

Nach der Bearbeitung des Kapitels können Sie die wichtigsten Prognoseverfahren beschreiben, kritisch beurteilen und für ausgewählte Fragestellungen des Marketing anwenden.

1. Überblick

Marketingpolitische Entscheidungen sind zukunftsgerichtet. Neben der Erfassung des Status quo ist es daher erforderlich, Umwelt- und Marktentwicklungen zu prognostizieren. Unterschieden wird dabei zwischen
– Prognoseverfahren und
– Projektionsverfahren.

Prognosen sind Aussagen über künftige Ereignisse, welche auf einer bewussten bzw. unbewussten systematischen Verarbeitung von Vergangenheitsdaten, Erfahrungen oder subjektiven Urteilen beruhen.

Prognoseverfahren können nach verschiedenen Kriterien systematisiert werden (vgl. Abb. 5.1). Nach der *Art der unabhängigen Variablen* wird zwischen Entwicklungs- und Wirkungsprognosen unterschieden. Während bei Entwicklungsprognosen die Zeit die einzige unabhängige Variable ist, sind bei Wirkungsprognosen eine oder mehrere ökonomische Instrumentalvariablen als unabhängige Variablen gegeben (z. B. Preis, Werbeaufwendungen).

Im Hinblick auf die *Fristigkeit* kann zwischen kurz-, mittel- und langfristigen Prognosen unterschieden werden. Die Einordnung hängt hier vom konkreten Prognoseproblem ab: So sind bei der Vorhersage der Absatzmengenreaktion auf eine Sonderpreisaktion im Konsumgüterbereich zwei Monate bereits als langfristig anzusehen, wohingegen bei der Vorhersage gesellschaftlicher Trends 3 Jahre als eher kurzfristig gelten können.

Nach der *Art der Variablenverknüpfung* wird zwischen quantitativen und qualitativen Prognosen unterschieden. Während quantitative Verfahren auf mathematischen Lösungsalgorithmen beruhen, basieren qualitative Verfahren auf verbal-argumentativen Verknüpfungen (subjektive Einschätzungen bzw. Heuristiken). Schließlich führt das Kriterium der *Herkunft der Daten* zur Unterscheidung in Prognosen auf der Grundlage von Zeitreihen, Prognosen auf der Grundlage von Indikatoren und Prognosen auf der Grundlage von Primärerhebungen.

Im Folgenden wird ein Überblick über die gängigsten Verfahren gegeben. Ausführliche Darstellungen von Prognoseverfahren finden sich u. a. bei Hansmann 1983, Makridakis/Wheelwright 1989, Mertens/Rässler 2005, Scheer 1983.

Kriterium	Verfahren
Art der unabhängigen Variablen	• Entwicklungsprognosen: Unabhängige Variable ist die Zeit • Wirkungsprognose: Unabhängige Variablen sind ökonomische Instrumentalvariablen
Fristigkeit	• Kurzfristige Prognosen: Zeithorizont unter 1 Jahr • Mittelfristige Prognosen: Zeithorizont 1-3 Jahre • Langfristige Prognosen: Zeithorizont über 3 Jahre
Art der Variablenver-knüpfung	• Quantitative Prognosen: Verknüpfung mittels mathematischer Operationen • Qualitative Prognosen: verbal-argumentative Verknüpfung
Herkunft der Daten	• Prognosen auf der Grundlage von Zeitreihen • Prognosen auf der Grundlage von Indikatoren • Prognosen auf der Grundlage von Primärerhebungen

Abb. 5.1: Systematisierung von Prognoseverfahren

Projektionsverfahren unterscheiden sich von Prognoseverfahren dadurch, dass sie stärker von Vergangenheitsentwicklungen losgelöst sind.

Während Prognoseverfahren insbesondere zur Vorhersage von Marktentwicklungen geeignet sind, bieten sich *Projektionsverfahren* zur Vorhersage von (langfristigen) Entwicklungen der globalen Umwelt an. Hierzu gehören:

– Szenario-Analyse,

– Cross-Impact-Analyse sowie

– Früherkennungssysteme (vgl. Kap. 5 in diesem Teil).

2. Prognosen auf der Grundlage von Zeitreihen

Prognoseverfahren auf der Grundlage von Zeitreihen basieren auf Vergangenheitsdaten. Sie gehören zu den quantitativen Prognosen.

In Abhängigkeit vom Datenverlauf in der Vergangenheit wird unterschieden in:
– Prognosen bei konstantem Datenverlauf,
– Prognosen bei trendförmigem Datenverlauf sowie
– Prognosen bei saisonalen Schwankungen.

Charakteristisch für Prognosen auf der Grundlage von Zeitreihen ist die Annahme der *Zeitstabilität*, d. h. es wird davon ausgegangen, dass die Bedingungen für vergangene Entwicklungen in der Zukunft weiter bestehen werden. Strukturbrüche werden damit ausgeschlossen.

2.1 Prognoseverfahren bei konstantem Datenverlauf

> Prognoseverfahren bei konstantem Datenverlauf beruhen auf der Annahme, dass die Einzelwerte zufällig um einen konstanten Trend schwanken.

Hierzu gehören Verfahren zur Mittelwertbildung sowie die Exponentielle Glättung 1. Ordnung (vgl. Abb. 5.2). Mit deren Hilfe können Entwicklungsprognosen erstellt werden. Grundlage für die genannten Prognoseverfahren ist eine Zeitreihe von Vergangenheitsdaten (z. B. Umsatz- oder Absatzdaten):

$$x_{T-1}, x_{T-2}, x_{T-3}, \ldots, x_{T-n}.$$

Gesucht wird damit ein Prognosewert für die Periode T, x_T^*.

Beim *arithmetischen Mittel* errechnet sich der Prognosewert als

$$x_T^* = \frac{1}{n} \sum_{t=T-n}^{T-1} x_t.$$

Bei diesem Verfahren gehen sämtliche Vergangenheitswerte in die Prognose ein, und zwar mit demselben Gewicht von 1/n. Somit werden ältere Daten im gleichen Ausmaß wie jüngere Daten berücksichtigt. Dem liegt implizit die Annahme zu Grunde, dass sämtliche Vergangenheitsdaten dieselbe prognostische Relevanz besitzen. Da dies bei vielen Fragestellungen angezweifelt werden kann, werden stattdessen häufig *gleitende Durchschnitte* herangezogen, bei welchen ältere Werte nicht mehr berücksichtigt werden. Bei diesem Verfahren errechnet sich der Prognosewert für jede Periode als Durchschnitt der letzten m Vergangenheitswerte; einer Veralterung des Datenmaterials wird dadurch vorgebeugt. Damit resultiert der Prognosewert für die Periode T als:

$$x_T^* = \frac{1}{m} \sum_{t=T-m}^{T-1} x_t.$$

Methode	Berechnung	Charakterisierung	Beurteilung
Arithmetisches Mittel	$x_T^* = \dfrac{1}{n}\displaystyle\sum_{T-n}^{T-1} x_t$	Prognosewert = Mittelwert aller n Vergangenheitswerte	Auch veraltetes Datenmaterial geht (mit demselben Gewicht 1/n) in die Prognose ein
Gleitende Durch-schnitte	$x_T^* = \dfrac{1}{m}\displaystyle\sum_{T-m}^{T-1} x_t$	Prognosewert = Mittelwert der letzten m Vergangenheitswerte	Ausschaltung älteren Datenmaterials, jedoch nach wie vor gleiche Gewichtung der Vergangenheitswerte
Gewogene gleitende Durch-schnitte	$x_T^* = \displaystyle\sum_{T-m}^{T-1} g_t \cdot x_t$	Prognosewert = gewogener Mittelwert der letzten m Vergangenheitswerte	Jüngere Daten können stärker gewichtet werden
Exponentielle Glättung 1. Ordnung	$x_T^* = x_{T-1}^* + \alpha\left(x_{T-1} - x_{T-1}^*\right)$	Prognosewert setzt sich aus Prognosewert der Vorperiode und (mit α gewichtetem) Prognosefehler der Vorperiode zusammen	Jüngere Daten werden stärker gewichtet: Verfahren entspricht dem Verfahren "gewogene Durchschnitte" mit exponentiell abnehmenden Gewichten bei zunehmendem Alter der Daten

x_t = Beobachtungswert der Periode t
x_T^* = Prognosewert für die Periode T
g_t = Gewichtungsfaktor
α = Glättungsparameter

Abb. 5.2: Prognoseverfahren bei konstantem Datenverlauf

Will man jüngere Entwicklungen stärker berücksichtigen, so können die Vergangenheitswerte unterschiedlich gewichtet werden, z. B. indem jüngere Daten ein stärkeres Gewicht als ältere erhalten. Die auf diese Weise gewonnene Prognose auf der Basis *gewogener gleitender Durchschnitte* lautet formal:

$$x_T^* = \frac{1}{m}\sum_{t=T-m}^{T-1} g_t \cdot x_t,$$

wobei g_t (t = T − 1,..., T − m) den dem Vergangenheitswert x_t zugehörigen Gewichtungsfaktor darstellt. Abb. 5.3 zeigt anhand eines Beispiels, welche Prognosewerte bei unterschiedlichen Verfahren resultieren. Zusätzlich ist in der letzten Zeile die *mittlere absolute Abweichung* (MAD, Mean Absolute Deviation) als Maß für die Prognosegüte angegeben:

$$MAD = \frac{1}{n}\left|x_T^* - x_T\right|.$$

t	x_t (Umsatz in Mio. €)	Prognosewerte x_T^*		
		Arithmetisches Mittel	Gleitende Durchschnitte (m = 3)	Gewogene gleitende Durchschnitte (m = 3; g_{T-1} = 0,6; g_{T-2}= 0,3; g_{T-3} = 0,1)
1	10,00	–	–	–
2	11,50	10,00	–	–
3	12,00	10,75	–	–
4	9,00	11,17	11,17	11,65
5	10,50	10,63	10,83	10,15
6	8,50	10,60	10,50	10,20
7	9,50	10,25	9,33	9,15
8	10,50	10,14	9,50	9,30
9	11,00	10,19	9,50	10,00
10	9,50	10,28	10,33	10,70
MAD		1,094	1,143	1,207

Abb. 5.3: Beispiel für Prognoseverfahren im Vergleich

Im Rahmen der exponentiellen Glättung 1. Ordnung resultiert der Prognosewert für die Periode T als gewichtete Summe des Prognosewerts der Vorperiode und des Prognosefehlers der Vorperiode.

$$x_T^* = x_{T-1}^* + \alpha\left(x_{T-1} - x_{T-1}^*\right).$$

Der Prognosewert der Vorperiode wird somit um einen bestimmten Anteil α des Prognosefehlers nach oben oder nach unten korrigiert. Dadurch wird versucht, jüngere Entwicklungen stärker zu berücksichtigen, wobei das Ausmaß der Berücksichtigung des Prognosefehlers von der Höhe des Glättungsfaktors α abhängt. Der Wert von α liegt im Intervall [0; 1]; übliche Glättungsfaktoren liegen in der Praxis dabei zwischen 0,1 und 0,3.

Berücksichtigt man, dass

$$x_{T-1}^* = x_{T-2}^* + \alpha\left(x_{T-2} - x_{T-2}^*\right),$$
$$x_{T-2}^* = x_{T-3}^* + \alpha\left(x_{T-3} - x_{T-3}^*\right) \ldots,$$

erhält man durch rekursives Einsetzen in die Ausgangsformel für x_T^* folgenden Ausdruck:

$$x_T^* = \alpha\, x_{T-1} + \alpha\left(1-\alpha\right)\cdot x_{T-2} + \alpha\left(1-\alpha\right)^2 \cdot x_{T-3} + \ldots$$
$$= \alpha \sum_{t=0}^{\infty}\left(1-\alpha\right)^t \cdot x_{T-1-t}.$$

Daraus wird deutlich, dass das Verfahren der exponentiellen Glättung 1. Ordnung dem Verfahren „gewogene Durchschnitte" mit exponentiell abnehmenden Gewichten entspricht. Für die konkrete Berechnung der Prognosewerte wird als Ausgangspunkt für x_{T-1}^* i. A. der tatsächliche Wert x_{T-1} eingesetzt. Ein Beispiel findet sich in Abb. 5.4.

t	X_t (Umsatz in Mio. €)	Prognosewerte	
		$\alpha = 0{,}2$	$\alpha = 0{,}3$
1	10,00	–	–
2	11,50	10,00	10,00
3	12,00	10,30	10,45
4	9,00	10,64	10,92
5	10,50	10,32	10,35
6	8,50	10,36	10,40
7	9,50	9,99	9,83
8	10,50	9,90	9,74
9	11,00	10,02	9,97
10	9,50	10,22	10,28
MAD		1,074	1,102

Abb. 5.4: Beispiel für die exponentielle Glättung 1. Ordnung mit alternativen α-Werten

2.2 Prognoseverfahren bei trendförmigem Datenverlauf

Bei *trendförmigem Datenverlauf* können zur Prognose die exponentielle Glättung 2. Ordnung sowie die Trendextrapolation herangezogen werden. Im Folgenden wird das Verfahren der Trendextrapolation beschrieben; für die exponentielle Glättung 2. Ordnung vgl. z. B. Schröder 2005, S. 29 ff.

Verfahren der *Trendextrapolation* schreiben die bisherige Entwicklung im Zeitablauf fort. Sie kommen zum Einsatz, wenn kein konstanter, nur von Zufallsschwankungen beeinflusster Verlauf einer Zeitreihe aus der Vergangenheit vorliegt und der langfristig zu erwartende Datenverlauf interessiert.

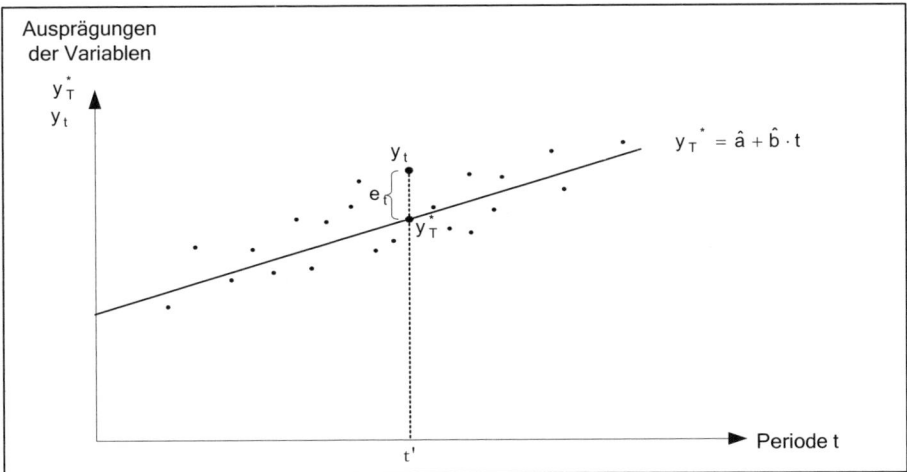

Abb. 5.5: Graphische Darstellung der Trendextrapolation

Bei der *linearen Trendextrapolation* wird der bisherige Datenverlauf mit Hilfe einer linearen Funktion abgebildet, deren Verlauf auch für die Zukunft fortgeschrieben wird. Die Trendgerade

$$x_t^* = \hat{a} + \hat{b} \cdot t$$

wird so bestimmt, dass die Summe der quadrierten Abweichungen zwischen den Beobachtungswerten und den Werten der Trendgeraden minimiert wird. Zu minimieren ist die Zielfunktion

$$Z = \sum_{t=1}^{n} e_t^2 = \sum_{t=1}^{n} (x_t - x_t^*)^2 = \sum_{t=1}^{n} (x_t - \hat{a} - \hat{b} \cdot t)^2 \rightarrow \text{Min!}$$

Bildlich gesprochen ist die Trendgerade so zu legen, dass sie die Punktwolke der Vergangenheitsdaten möglichst genau wiedergibt (vgl. Abb. 5.5). Statistisch handelt es sich damit um eine lineare Regressionsanalyse (vgl. hierzu Abschn. 6.3.3 in Teil 2).

Partielles Ableiten der Zielfunktion nach $\hat{a}$ und $\hat{b}$ und Nullsetzen der Ableitungen führt nach einigen Umformungen zu:

$$\hat{a} = \bar{x} - \hat{b} \cdot \bar{t} \text{ und}$$

$$\hat{b} = \frac{\frac{1}{n} \cdot \sum_t t \cdot x_t - \overline{x} \cdot \overline{t}}{\frac{1}{n} \cdot \sum_t t^2 - (\overline{t})^2}.$$

Beispiel 5.1:

Ein Unternehmen möchte die langfristige Umsatzentwicklung auf der Grundlage der Umsatzdaten der letzten 10 Perioden prognostizieren. Die Berechnung der Parameter der Trendgeraden kann anhand nachfolgender Tabelle erfolgen.

Periode t	x_t	$t \cdot x_t$	t^2
1	10,00	10,00	1
2	10,50	21,00	4
3	11,50	34,50	9
4	11,00	44,00	16
5	12,50	62,50	25
6	12,10	72,60	36
7	13,40	93,80	49
8	14,10	112,80	64
9	14,50	130,50	81
10	15,50	155,00	100
$\Sigma = 55$ $\overline{t} = 5,5$	$\Sigma = 125,10$ $\overline{x} = 12,51$	$\Sigma = 736,70$	$\Sigma = 385$

Damit errechnen sich die Parameterwerte wie folgt:

$$\hat{b} = \frac{\frac{1}{10} \cdot 736,70 - 12,51 \cdot 5,5}{\frac{1}{10} \cdot 385 - (5,5)^2} = \frac{4,865}{9,25} = 0,59$$

$$\hat{a} = 12,51 - 0,59 \cdot 5,5 = 9,27.$$

Die gesuchte Trendgerade lautet somit:

$$x_t^* = 9,27 + 0,59 \cdot t.$$

Die nachfolgende Abbildung zeigt die Zusammenhänge grafisch.

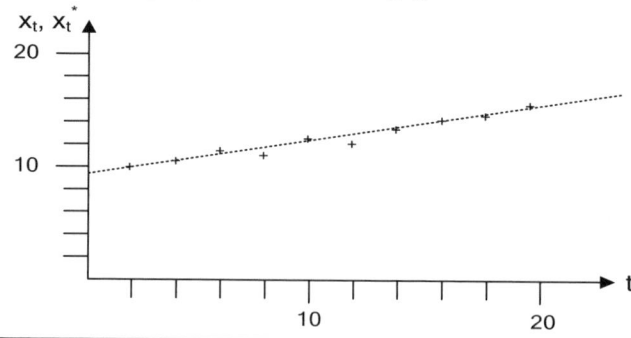

3.   Prognosen auf der Grundlage von Indikatoren

> Indikatoren sind beobachtbare Größen, welche vorzeitig Hinweise auf den eigentlich interessierenden Sachverhalt liefern.

Das Verfahren der Indikatorprognose versucht, zeitliche Strukturen im Sinne von Lead-Lag-Beziehungen zwischen ökonomischen Variablen aufzudecken und mittels statistischer Methoden eine Vorhersage der zukünftigen Entwicklung der interessierenden Variablen abzuleiten. Somit gilt:

$$y_t^* = f(x_{t-k}) \text{ mit}$$

y_t^* = Prognosewert der interessierenden Variable in Periode t,

x_{t-k} = Wert der Indikatorvariable, welche mit einem Vorlauf k eintritt.

Eine Indikatorprognose vollzieht sich in folgenden *Schritten*:
- Wahl einer geeigneten Indikatorvariable;
- Bestimmung der Vorlauflänge (Time-Lag) zwischen der Indikatorvariable und der abhängigen Variable;
- Ermittlung der Prognosefunktion, welche den funktionalen Zusammenhang zwischen den Variablen beschreibt.

Bei der *Wahl geeigneter Indikatoren* ist darauf zu achten, dass diese in einem sachlich sinnvollen Zusammenhang zur Prognosevariable stehen. Darüber hinaus müssen die Indikatoren im zeitlichen Vorlauf zur interessierenden Variable stehen (vgl. Abb. 5.6). Auf diese Weise lässt sich von der Ausprägung des Indikators auf die zu einem späteren Zeitpunkt zu erwartende Ausprägung der interessierenden Variable schließen. Typische Indikatoren sind:
- gesamtwirtschaftliche Indikatoren wie z. B. BIP, Geschäftsklimaindex u. Ä.,
- Indikatoren aus anderen Produkten und Märkten (z. B. Besitz bestimmter Güter),
- demographische Indikatoren (Bevölkerungsstruktur, Haushaltsgröße etc.),
- gesellschaftliche Indikatoren wie Freizeitverhalten oder Wertetrends.

Die Bestimmung der Vorlauflänge kann mittels sog. *Lag-Korrelationskoeffizienten* erfolgen, welche die Stärke des Zusammenhangs zwischen Indikator und Prognosevariable messen. Für alternative Vorlauflängen k ist der Lag-Korrelationskoeffizient definiert als (vgl. Niederhübner 2005, S. 207):

$$r_{xy}(k) = \frac{\frac{1}{n-k}\sum_{i=1}^{n-k}(x_i - \overline{x})(y_{i+k} - \overline{y})}{\sqrt{\frac{1}{n-k}\sum_{i=1}^{n-k}(x_i - \overline{x})^2 \cdot \frac{1}{n-k}\sum_{i=1}^{n-k}(y_{i+k} - \overline{y})^2}} \text{ mit}$$

$$\overline{x} = \frac{1}{n-k} \sum_{i=1}^{n-k} x_i \text{ und } \overline{y} = \frac{1}{n-k} \sum_{i=1}^{n-k} y_{i+k} .$$

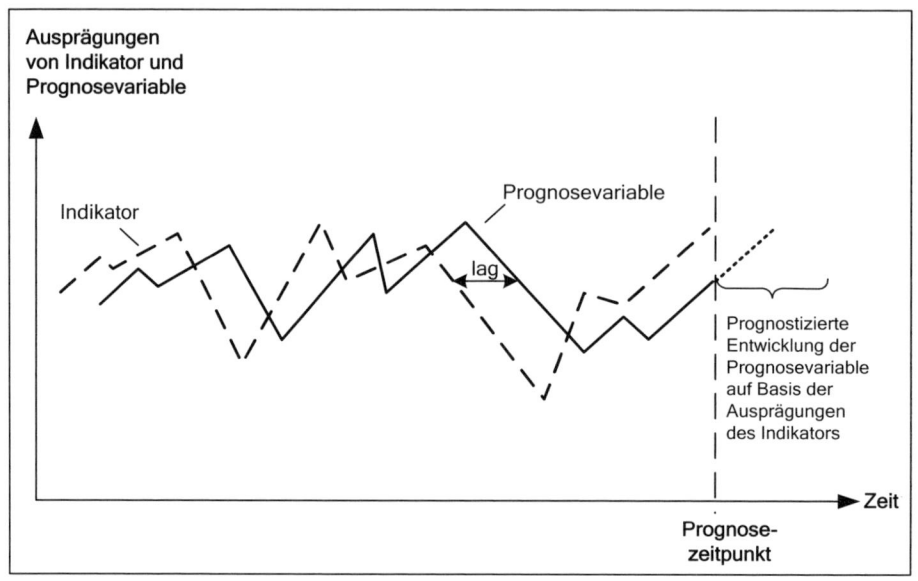

Abb. 5.6: Grundschema von Indikatorprognosen

Jene Vorlauflänge k ist für die Indikatorprognose heranzuziehen, für die der Lag-Korrelationskoeffizient den maximalen Wert annimmt. Gleichzeitig erlaubt der Lag-Korrelationskoeffizient, die Qualität des Indikators zu beurteilen. Ab einem Wert von 0,8 gilt der herangezogene Indikator als sehr gut; unter einem Wert von 0,4 gilt der Indikator als schlecht (vgl. Dormayer/Lindbauer 1984).

Die Ermittlung der *Prognosefunktion* erfolgt i. A. mit Hilfe der Regressionsanalyse (vgl. Abschn. 6.3.3 im 2. Teil). Bei j = 1,…, m Indikatoren und gleicher Vorlaufstruktur für alle Indikatoren ergibt sich die Regressionsgleichung beispielsweise als

$$y_t = \hat{a} + \hat{b}_1 \cdot x_{t-k}^1 + \ldots + \hat{b}_m x_{t-k}^m + u_t \text{ mit}$$

y_t = Wert der Prognosevariable in t,

$\hat{a}, \hat{b}_j$ = Regressionskoeffizienten,

x_{t-k}^j = Wert der Indikatorvariable j mit einem Vorlauf von k Perioden,

u_t = Störvariable.

Die Beurteilung der ermittelten Regressionsfunktion kann mittels der üblichen statistischen Maße (z. B. Bestimmtheitsmaß) bzw. mittels Signifikanztests (F-Test, t-Test) erfolgen.

4. Prognosen auf der Grundlage von Primärerhebungen

> Prognosen auf der Grundlage von Primärerhebungen beruhen auf eigens durchgeführten empirischen Untersuchungen. Untersuchungseinheiten sind dabei solche, von denen qualifizierte Aufschlüsse über den Prognosegegenstand zu erwarten sind (Konsumenten, Absatzmittler und Absatzhelfer, Buying-Center-Mitglieder und Experten im weitesten Sinn).

Zu den Verfahren gehören im Einzelnen:
– Prognosen auf der Grundlage von Befragungen,
– Prognosen auf der Grundlage von Testmarktuntersuchungen,
– Prognosen auf der Grundlage von Panel-Erhebungen.

4.1 Prognosen auf der Grundlage von Befragungen

> Prognosen auf der Grundlage von Befragungen werden nicht anhand von objektivem Zahlenmaterial aus der Vergangenheit erstellt, sondern beruhen auf Erfahrungen, Intuition und subjektiven Einschätzungen der Befragten.

Aus diesem Grund sind sie zumeist den qualitativen Prognoseverfahren zuzuordnen, wenn auch die Befragung als solche durchaus quantitativ angelegt sein kann (zu qualitativen vs. quantitativen Befragungstechniken vgl. die Ausführungen in Kap. 1 im 3. Teil). Nach der Art der Untersuchungseinheiten wird dabei zwischen Konsumentenbefragungen und Expertenbefragungen unterschieden.

> *Konsumentenbefragungen* werden i. A. durchgeführt, um Absatzprognosen im Konsumgüter- und Dienstleistungsbereich zu erstellen.

Dabei kann es sich sowohl um Entwicklungsprognosen, z. B. Kaufabsicht bzgl. eines neu einzuführenden Produkts, als auch um Wirkungsprognosen, z. B. Kaufabsicht bei alternativen Preishöhen, handeln. Des Weiteren lassen sich Konsumentenbefragungen in direkte und indirekte Befragungen unterscheiden.

Im Rahmen einer *direkten Konsumentenbefragung* wird unmittelbar nach dem interessierenden Sachverhalt gefragt. Im Rahmen der Produktgestaltung können beispielsweise den Konsumenten verschiedene Produktentwürfe vorgelegt werden mit der Bitte, die Kaufbereitschaft auf einer Skala von 1 („würde ich bestimmt nicht kaufen") bis 5 („würde ich ganz bestimmt kaufen") anzugeben. Aus den Ergebnissen der Befragung kann eine Prognose über die Absatzchancen der verschiedenen Produktentwürfe erstellt werden. Weitere Anwendungsgebiete direkter Konsumentenbefragungen sind die Ermittlung von Zahlungsbereitschaften sowie Werbepretests (vgl. hierzu die Ausführungen im 4. Teil).

Beispiel 5.2:

Im Rahmen einer Erhebung über die Gestaltung von Internetauftritten verschiedener Branchen wurde versucht zu ermitteln, welche Komponenten einer Homepage für die Nutzer von Bedeutung sind. Die Befragten wurden gebeten, auf einer Skala zwischen 1 (unwichtig) bis 6 (sehr wichtig) ihre Präferenzen bzgl. einzelner (vorgegebener) Komponenten anzugeben. Für die Branche „Hausgeräte" sind die Ergebnisse der Erhebung (Mittelwerte) in nachfolgender Tabelle enthalten.

Komponente	Bewertung	Rang
Detailinformationen zu den Produkten	5,6	1.
Bildliche und textliche Übersicht über die Geräte	5,1	2.
Online-Problemhilfe	5,0	3.
Ratschläge für umweltgerechte Nutzung	4,9	4.
Interaktive Produktberatung	4,9	5.
Interaktives Kundendienstverzeichnis	4,5	6.
Ratschläge für Waschen, Trocknen etc.	4,5	7.
Online-Bestellmöglichkeit von Prospekten	4,5	8.
Interaktive Online-Betriebsanleitung	4,4	9.
Interaktives Händlerverzeichnis	4,3	10.
Hintergrundinformationen zu den Produkten	4,2	11.
Online-Kochbuch	3,8	12.
Forum für Erfahrungstipps	3,8	13.
Unternehmensinformationen	3,5	14.
Online-Wettbewerb für Hausmittel	3,4	15.
Haushaltsgewinnspiel	3,0	16.
Online-Messe-/Event-/Promotionskalender	2,9	17.

Aus den Ergebnissen kann beispielsweise geschlossen werden, dass Werbeauftritte von Anbietern mit detaillierten Informationen und Online-Beratung präferiert werden.

Quelle: Fantapié Altobelli/Hoffmann 1997, S. 30 ff.

Die Prognosequalität direkter Konsumentenbefragungen ist jedoch kritisch zu hinterfragen. Im Rahmen von Präferenzmessungen besteht beispielsweise die Tendenz, alle Eigenschaften als vergleichsweise wichtig zu bewerten. Des Weiteren kann das Verfahren zu bewussten Falschantworten führen, etwa sozial erwünschte Antworten. Darüber hinaus gilt, dass in einer realen Kaufsituation i. A. ein Abwägen zwischen mehreren Eigenschaften stattfindet, z. B. zwischen Produktqualität und Produktpreis. Die Validität von Konsumentenbefragungen kann erhöht werden, wenn die Befragung *indirekt* erfolgt (z. B. mit Hilfe einer Conjoint Analyse, vgl. die Ausführungen in Abschn. 6.3.11 im 2. Teil). Im Rahmen der Conjoint Analyse wird nicht direkt nach der Präferenz für einzelne Produkteigenschaften bzw. deren Ausprägungen gefragt, sondern es erfolgt eine Gesamtbewertung der Untersuchungsobjekte. Die Probanden werden gebeten, die Untersuchungsobjekte (meist Produkte) zu bewerten und in eine Rangfolge zu bringen. Aus der Rangfolge der Objekte kann mittels mathematischer Algorithmen auf die Bedeutung der einzelnen Produkteigenschaften bzw. ihrer Ausprägungen geschlossen werden („Teilnutzenwerte").

Beispiel 5.3:

Im Rahmen der in Beispiel 5.2 beschriebenen Untersuchung zu den Präferenzen bzgl. der Komponenten von Internetauftritten wurden in einer zweiten Erhebungswelle die bei jeder Branche gemäß der direkten Befragung wichtigsten Komponenten als Grundlage für eine Conjoint Analyse herangezogen. Die Globalurteile wurden im Wege von Paarvergleichen erhoben. Für die Branche „Hausgeräte" werden die Komponenten mit den Rangplätzen 1– 8 zu Grunde gelegt. Die Ergebnisse sind in nachfolgender Abbildung enthalten.

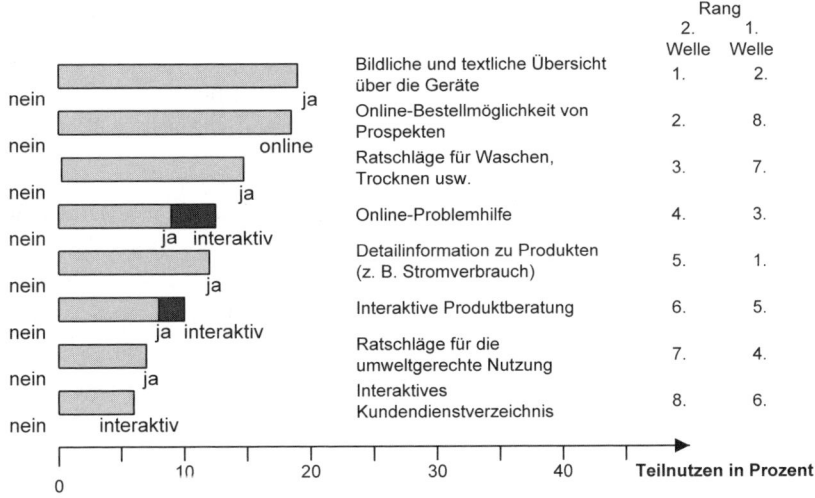

Die Conjoint Analyse führt zu deutlich unterschiedlichen Bewertungen im Vergleich zur direkten Befragung. Dieses Verfahren ordnet bspw. den Detailinformationen über Produkte einen geringeren Nutzeneinfluss zu als bei der ersten Befragungswelle: Mit 12 % rangieren diese nur auf Platz 5 der Prioritätenskala. Bildliche und textliche Gerätebeschreibungen stehen mit knapp 19 % Beitrag zum Gesamtnutzen an erster Stelle. Mit fast dem gleichen Wert folgt die Online-Bestellmöglichkeit von Prospekten, der zuvor nur eine untergeordnete Bedeutung zukam. Große Relevanz wurde auch hier der Online-Problemhilfe beigemessen. Allerdings scheinen sich die Internetnutzer mit der Angabe einer Hotline, die sie beim Auftreten eines Problems anrufen können, zu begnügen. Der Nutzen einer interaktiven Problemhilfe übersteigt den Nutzen der Telefonnummern-Angabe nicht wesentlich. Ähnliches gilt für eine interaktive Produktberatung im Vergleich zu einer nicht-interaktiven Produktübersicht. Etwas abgeschlagen in den Nutzerpräferenzen sind die Optionen „Ratschläge für umweltfreundliche Nutzung" und „interaktives Kundendienst-Verzeichnis".

Quelle: Fantapié Altobelli/Hoffmann 1997, S. 72.

Vorteilhaft an der Conjoint Analyse ist die bessere Abbildung des realen Kaufverhaltens durch die Abgabe von Globalurteilen über die Untersuchungsobjekte. Die Ergebnisse einer Conjoint Analyse sind daher von höherer Validität als die einer direkten Befragung und geben wertvolle Hinweise auf die Akzeptanz von Produkten, aber auch auf Ansatzpunkte zur Produktverbesserung. Wird der Preis als Produkteigenschaft in die Untersuchung mit einbezogen, so lassen sich darüber hinaus für unterschiedliche Preise die jeweils zugehörigen Teilnutzenwerte ermitteln. Die auf dieser Grundlage gewonnenen individuellen Preisabsatzfunktionen können anschließend aggregiert werden, um eine Preisabsatzfunktion für den Gesamtmarkt zu erhalten.

Expertenbefragungen werden i. d. R. für komplexe, neuartige und schlecht strukturierbare Prognoseprobleme herangezogen.

Wer für eine bestimmte Fragestellung als Experte betrachtet werden kann, ist stark situationsabhängig. Beispiele für Expertenbefragungen sind Absatzprognosen für neue Produkte, für die naturgemäß noch keine Marktinformationen vorhanden sind, oder langfristige Prognosen insb. im technologischen Bereich sowie in der Trendforschung.

Im Rahmen von Expertenbefragungen hat sich insb. die *Delphi-Methode* durchgesetzt (vgl. z. B. Becker 1974; Gisholt 1976; Häder/Häder 1994). Wesentliche Einsatzgebiete von Delphi-Prognosen sind
– technologisch orientierte Entwicklungsprognosen („Bis zu welchem Jahr erwarten Sie eine breite Durchsetzung der Brennstoffzelle?"),
– Trendforschung („Bis zu welchem Jahr wird ein Drittel der Führungspositionen von Frauen besetzt sein?"),
also Fragestellungen mit langfristigem Zeithorizont und schwer abbildbarem Ursachenkomplex. Die Befragung vollzieht sich in mehreren Schritten unter Verwendung eines standardisierten Fragebogens. Die Befragung erfolgt dabei anonym, um eine gegenseitige Beeinflussung der Experten zu verhindern. Angestrebt wird eine Konvergenz der Ergebnisse. Abb. 5.7 zeigt den typischen Ablauf einer Delphi-Befragung im Überblick.

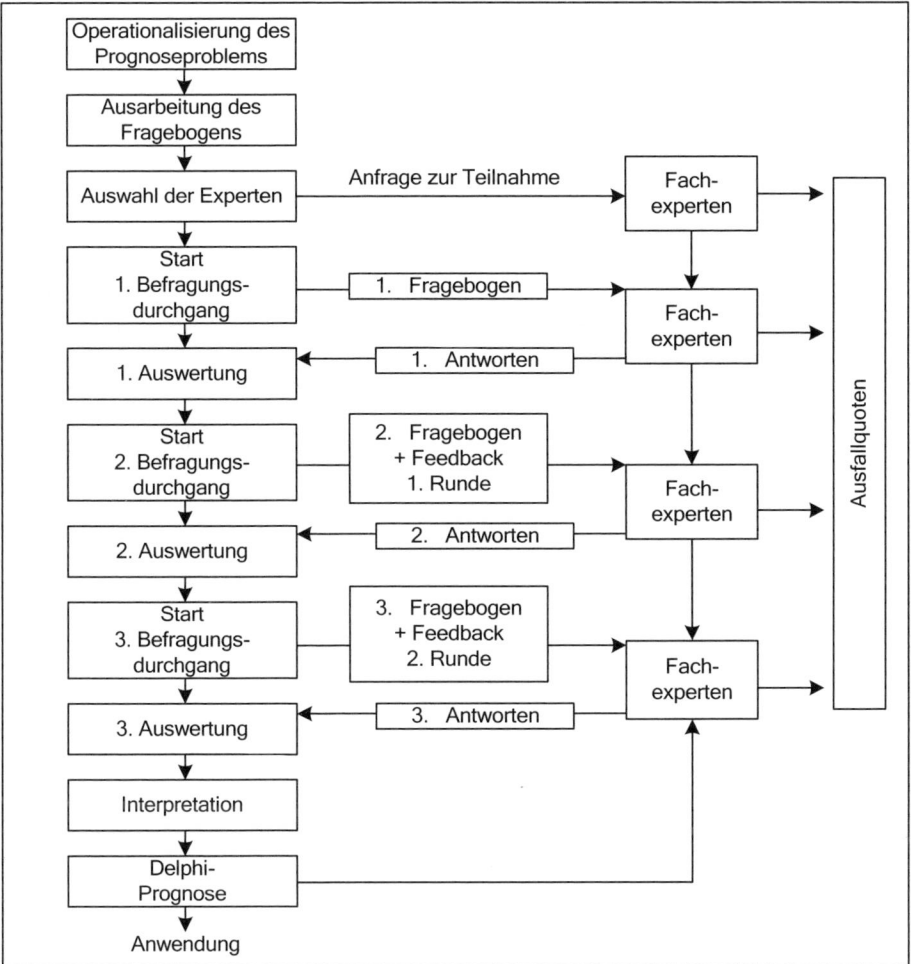

Abb. 5.7: Ablauf einer Delphi-Befragung

Nach jeder Befragungsrunde wird die statistische Gruppenantwort ermittelt (üblicherweise auf der Grundlage des Medians). Darüber hinaus wird der Quartilabstand (oder auch andere Streuungsmaße) als Maß für die Übereinstimmung der Experten errechnet.

In der 2. Befragungsrunde werden die Auswertungsergebnisse der 1. Runde den Experten als Zusatzinformation mit der Bitte mitgeteilt, ihre Aussagen anhand dieser Werte zu überprüfen und ggf. zu revidieren. Experten, deren Antwort stark von der durchschnittlichen Gruppenmeinung abweicht – i. d. R.

solche, deren Antworten außerhalb des Quartilabstands liegen – werden zusätzlich gebeten, ihre Aussagen zu begründen. Dadurch sollen der Informationsstand des Expertenteams verbessert und die Zuverlässigkeit der Prognoseergebnisse erhöht werden. In analoger Weise erfolgt die Auswertung für die Folgerunde. Dabei erfolgt i. A. eine Konvergenz der Gruppenmeinungen, d. h. von Runde zu Runde nähern sich die Expertenmeinungen einander an. Ein Problem besteht allerdings darin, dass die Expertenmeinungen in Richtung Median konvergieren; liegt der „wahre Wert" jedoch außerhalb des Quartilabstands der ersten Befragungsrunde, entfernt sich der Prognosewert mit jeder zusätzlichen Befragungsrunde vom wahren Wert, d. h. die Prognoseergebnisse werden zunehmend schlechter.

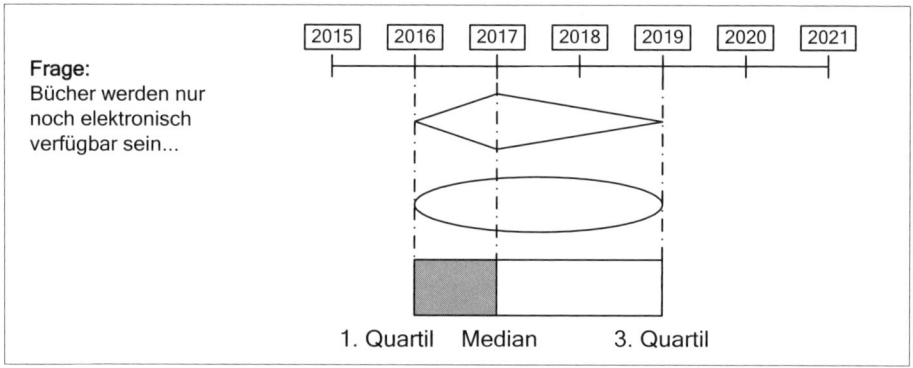

Abb. 5.8: Möglichkeiten zur Visualisierung von Delphi-Ergebnissen

Üblich sind 2 bis 3 Befragungsdurchgänge; dies ist jedoch u. a. von der Konvergenzgeschwindigkeit und der verfügbaren Zeit abhängig. Die Ergebnisse einer Delphi-Befragung werden i. d. R. durch Rauten, Ellipsen oder Rechtecke visualisiert (vgl. Abb. 5.8).

Neben der klassischen „Paper-and-Pencil"-Version setzt sich zunehmend die *Delphi-Konferenz* (auch: Elektronisches Delphi, Echtzeitdelphi) durch. Die Computer der Konferenzteilnehmer sind mit einem Leitcomputer vernetzt, der die Einzelbeiträge auswertet und zusammenfasst. Dadurch können erhebliche Zeitersparnisse realisiert werden.

Weitere Einsatzmöglichkeiten von Expertenbefragungen zu Prognosezwecken finden sich im Rahmen von Projektionsverfahren wie die Szenario- und die Cross-Impact-Analyse (vgl. Kap. 5).

4.2 Prognosen auf der Grundlage von Testmarktuntersuchungen

> Eine Testmarktuntersuchung ist dadurch charakterisiert, dass auf einem abgegrenzten Teilmarkt die Wirkungen von Marketingmaßnahmen auf eine Zielgröße – i. d. R. Absatzmenge oder Umsatz – überprüft werden.

Da Experimente zur Überprüfung von Kausalhypothesen eingesetzt werden (vgl. Abschn. 1.5 im 2. Teil), eignen sie sich vorzüglich zur Gewinnung von Wirkungsprognosen. Auf der Grundlage von Testmarktuntersuchungen lassen sich Ursache-Wirkungs-Beziehungen verschiedenster Art ermitteln. Die Marketingvariablen werden unter kontrollierten Bedingungen systematisch variiert (z. B. alternative Preishöhen), und es werden die zugehörigen Ausprägungen der abhängigen Variablen (z. B. Absatzmenge) gemessen. Die Auswertung der auf diese Weise gewonnenen Daten kann beispielsweise mit Hilfe der Regressionsanalyse erfolgen. Insofern sind Testmarktuntersuchungen ein geeignetes Instrument zur Ermittlung von Marktreaktionsfunktionen, wenn keine Vergangenheitsdaten vorliegen.

Typische *Erscheinungsformen* von Testmarktuntersuchungen sind:
– Regionaler Markttest,
– Store-Test (Mikrotestmarkt),
– Mini-Testmarktpanel und
– Testmarktsimulation.

Da die einzelnen Formen von Testmarktuntersuchungen bereits in Abschn. 1.4 des 4. Teils behandelt wurden, wird an dieser Stelle nicht weiter darauf eingegangen.

4.3 Prognosen auf der Grundlage von Panelerhebungen

> Als Panel gilt ein gleich bleibender Kreis von Erhebungseinheiten, welche über einen längeren Zeitraum über den gleichen Erhebungsgegenstand in regelmäßigen Abständen befragt werden (vgl. die Abschn. 1.4 des 2. Teils).

Panelerhebungen erlauben es, das Markenwahlverhalten von Käufern im Zeitablauf zu erfassen. Wie in Abschn. 1.4.2 des 2. Teils bereits beschrieben wurde, erfasst die Analyse der *Käuferwanderung* die Wanderungsbewegungen zwischen konkurrierenden Marken, d. h. sie beantwortet die Frage, welche Marken von Zuwanderung profitieren und welche Marken hingegen Abwanderungen in Kauf nehmen mussten. Neben dem Markov-Modell, das hier nicht weiter dargestellt wird (vgl. dazu z. B. Massy/Montgomery/Morrison 1970, S. 80 ff.), ist in der Praxis für Neuproduktprognosen das Parfitt-Collins-Modell verbreitet (vgl. Parfitt/Collins 1968).

Das Grundprinzip des *Parfitt-Collins-Modells* beruht auf folgender Überlegung (vgl. auch Günther/Vossebein/Wildner 2006, S. 319 ff.): Bei Einführung eines neuen Produkts lässt sich dessen Marktanteil m wie folgt aufspalten:

$$m = m_E + m_W \text{ mit}$$

m_E = Erstkaufanteil,
m_W = Wiederkaufanteil.

Eine dauerhafte Marktdurchdringung der Produktinnovation ist nur dann möglich, wenn der Wiederkaufanteil ausreichend groß ist. Langfristig kann der Erstkaufanteil vernachlässigt werden, d. h. der langfristige Marktanteil entspricht annähernd dem Wiederkaufanteil. Dabei gilt:

$$m = P \cdot W \cdot Q.$$

Die Variablen P, W und Q sind die Grenzwerte folgender Variablen:

P_t = Penetration (Erstkäuferrate) in t,
W_s = Wiederkaufrate (Bedarfsdeckungsrate) in der Periode s nach dem erfolgten Erstkauf,
Q_t = Kaufindex (relative Kaufintensität in t).

Die *Penetration* P_t (Käuferreichweite) errechnet sich als Zahl der Abnehmer, welche das neue Produkt mindestens einmal gekauft haben (N(t)), bezogen auf das Sättigungsniveau, d. h. die maximale Anzahl an Abnehmern $\left(\overline{N}\right)$:

$$P_t = \frac{N(t)}{\overline{N}}.$$

Mit fortschreitendem Diffusionsprozess wird die Zahl der Erstkäufer vernachlässigbar; der Absatz wird von den Wiederkäufern getragen. Die *Wiederkaufrate* W_s bezeichnet den Anteil der Kaufmenge des neuen Produkts an der Kaufmenge aller Marken in der Produktklasse, die von den Erstkäufern des neuen Produkts in der Periode s nach ihrem Erstkauf (Adoptionszeitpunkt) gekauft wurde. Der Index s gibt also an, welche individuelle Zeitspanne zwischen dem Erstkauf und dem Wiederkauf der betreffenden Person vergangen ist. Die Wiederkaufrate wird durch Aggregation über alle Erstkäufer gebildet.

Beispiel 5.4:

Das Unternehmen Leckerei führt zum Zeitpunkt t = 0 einen neuen Fruchtaufstrich auf dem Markt ein. Eine Panelerhebung führt zu folgenden Daten (die oberen Werte in den Zellen bezeichnen die Käufe des neuen Produkts, die unteren Werte die Käufe in der Produktklasse insgesamt).

Periode s nach Erstkauf	Periode t nach Einführung			Wiederkaufraten W_s
	1	2	3	
1	5 40	4 35	4 25	$\frac{13}{100} = 13\%$
2		6 35	4 45	$\frac{10}{80} = 12,5\%$
3			3 25	$\frac{3}{25} = 12\%$

Beispielsweise haben die Erstkäufer von Periode t = 1 in der ersten Periode nach dem Erstkauf (s = 1) 40 Käufe in der Produktklasse getätigt, wovon 5 auf das neue Produkt entfallen. In der zweiten Periode nach dem Erstkauf entfallen von den 35 Käufen in der Produktklasse 6 auf das neue Produkt, usw. Die Wiederkaufrate resultiert als Summe der Werte der oberen Zeilen dividiert durch die Summe der Werte der unteren Zeile.

Im Gleichgewichtszustand hat die Penetration ihren oberen Grenzwert erreicht, und es treten keine weiteren Erstkäufer mehr auf. Bei einer langfristig erreichbaren Penetration von 50 %, einer langfristigen Wiederkaufrate von 10 % und einem Intensitätsfaktor Q von 1,1 würde demnach folgender langfristiger Marktanteil resultieren:

$$m = 0,5 \cdot 0,1 \cdot 1,1 = 6,6\%.$$

Die langfristige Entwicklung der Penetration und der Wiederkaufrate können auf der Grundlage der Zeitreihen der aus Paneldaten errechneten Werte regressionsanalytisch ermittelt werden. Für die Entwicklung der Penetration wird dabei eine Exponentialfunktion der Form

$$P_t = a - b \cdot e^{-c \cdot t},$$

für die Entwicklung der Wiederkaufrate eine Hyperbelfunktion der Form

$$W_s = \alpha + \frac{\beta}{\gamma + s}$$

zu Grunde gelegt (vgl. Shoemaker/Staelin 1976).

Das Modell kann dahingehend erweitert werden, dass eine Segmentierung der Erstkäufer nach dem Erstkaufzeitpunkt vorgenommen wird.

Vorteilhaft am Modell ist seine einfache Umsetzung in die Praxis, da sämtliche Inputdaten aus Panelerhebungen gewonnen werden können. Als nachteilig erweist sich insb. die Tatsache, dass das Modell rein endogener Natur ist.

5. Projektionsverfahren

Bei Projektionsverfahren handelt es sich um qualitative Prognoseverfahren lang-fristiger Natur, die auf der Grundlage von Expertenurteilen erstellt werden. Im Folgenden werden die Szenarioanalyse und Früherkennungssysteme dargestellt.

5.1 Szenarioanalyse

Im Gegensatz zu herkömmlichen Prognoseverfahren wird im Rahmen der Szenarioanalyse keine eindimensionale Vorhersage, sondern ein mehrdimensionales Spektrum alternativer Umweltentwicklungen erstellt (Szenarien).

Grundlage für die Szenarioerstellung sind dabei Expertenbefragungen (zur Szenariotechnik vgl. ausführlich z. B. Reibnitz 1987; Geschka/Hammer 1992; Götze 1993).

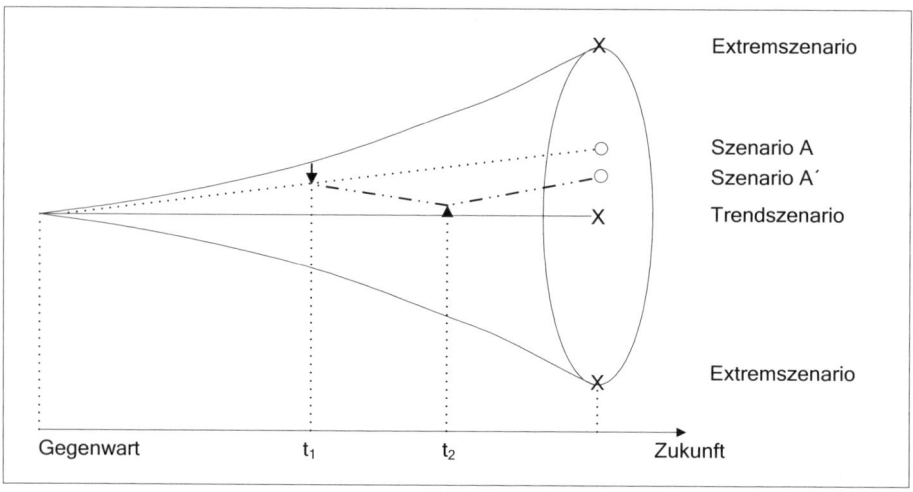

Quelle: Bea/Haas 2005, S. 289.
Abb. 5.9: Szenarioanalyse

Abb. 5.9 zeigt grafisch alternative Szenarien. Der sich öffnende Trichter sym-bolisiert alle denkbaren Umweltentwicklungen, wobei sich die möglichen Sze-narien im Zeitablauf immer stärker auseinander entwickeln. Im Zentrum des Trichters befindet sich ein Trendszenario, das die bisherige Entwicklung fort-schreibt (z. B. mit Hilfe der Trendextrapolation). Begrenzt wird das Spektrum möglicher Entwicklungen durch sog. Extremszenarien. Szenario A repräsen-tiert eine denkbare störungsfreie Entwicklung; bei Szenario A´ wird hingegen berücksichtigt, dass im Zeitpunkt t_1 ein Störereignis eintreten kann, auf welches in t_2 mit Gegenmaßnahmen reagiert wird, um die Entwicklung in die alte Richtung zu korrigieren. Abb. 5.10 zeigt die Phasen der Szenarioerstellung im Überblick.

Phasen	Teilaufgaben
(1) Analyse	• Abgrenzung des Untersuchungsgegenstands (sachlich, zeitlich, räumlich) • Umfeldanalyse: Identifizierung, Strukturierung, Bewertung der wichtigsten Einflussbereiche auf das Untersuchungsfeld (z. B. gesamtwirtschaftliche, technologische, politische Umwelt)
(2) Projektion	• Erfassung aller wichtigen Einflussfaktoren (Deskriptoren) der relevanten Umfelder (z. B. Entwicklung des BIP für die gesamtwirtschaftliche Entwicklung) • Ermittlung von Ist-Werten und Prognose der Entwicklung der einzelnen Deskriptoren • Bildung konsistenter Annahmenbündel für sog. kritische Deskriptoren, welche sich nicht mit einwertigen Prognosen erfassen lassen • Ergänzung der gebildeten Annahmenbündel durch die Trends der unkritischen Deskriptoren und Zusammenfassung zu Szenarien • Störfallanalyse (Analyse der Auswirkungen möglicher Störereignisse auf die Szenarien und ggf. Modifikation/Ergänzung der bisherigen Szenarien)
(3) Auswertung	• Analyse der Konsequenzen der ermittelten Szenarien auf den Untersuchungsgegenstand • Entwicklung von Maßnahmen für alternative Szenarien

Quelle: Fantapié Altobelli 1998, S. 349.
Abb. 5.10: Phasen der Szenarioerstellung

Die verschiedenen bislang entwickelten Szenarioansätze unterscheiden sich insb. im Hinblick auf die bei der Szenarioerstellung angewandte Methode: Sie reichen von rein verbalen Ansätzen bis hin zu anspruchsvollen Konzepten auf der Grundlage mathematischer Methoden wie z. B. der Cross-Impact-Analyse.

Vorteilhaft an der Szenarioanalyse ist die Berücksichtigung mehrerer Einflussfaktoren auf den Prognosegegenstand; auch wird das Prognoseproblem systematisch durchdacht, eine Einbeziehung von Störereignissen ist ebenfalls möglich. Problematisch ist jedoch zum einen die zur Komplexitätsreduktion notwendige Abgrenzung der relevanten Umwelt, da hierdurch unter Umständen Bereiche ausgeklammert werden, die evtl. von hoher Relevanz sind. Zum anderen erfordert die Szenarioanalyse eine hohe Qualifikation der beteiligten Personen, u. a. im Hinblick auf Kreativität und vernetztes Denken. Des Weiteren ist das Top-Management an der Szenarioerstellung zu beteiligen, um Akzeptanzprobleme zu vermeiden (vgl. Bea/Haas 2005, S. 291 f.).

5.2 Früherkennungssysteme

> Früherkennungssysteme (FES) sind spezielle Informationssysteme, deren Ziel eine möglichst frühzeitige Identifikation, Diagnose und Weitergabe von führungsrelevantem Wissen ist (vgl. Bea/Haas 2005, S. 293).

Ziel ist die Entwicklung eines „strategischen Radars", durch das die Unternehmensumwelt (und das Unternehmen selbst) permanent auf Anzeichen von Veränderungen hin überwacht werden. Grundlegend ist dabei das von Ansoff entwickelte *Konzept der schwachen Signale* (vgl. Ansoff 1981), welches auf folgenden Überlegungen basiert:

– Strategische Überraschungen kündigen sich durch schwache Signale an.

– Schwache Signale müssen erkannt und verarbeitet werden.

– Auf schwache Signale ist mit abgestuften strategischen Reaktionen zu reagieren.

> Eine *strategische Überraschung (Diskontinuität)* ist eine plötzliche Veränderung der Unternehmensperspektive, welche eine Bedrohung oder Chance darstellen kann.

Solche Diskontinuitäten werden i. d. R. durch schwache Signale angekündigt, welche einen Indikatorcharakter aufweisen und meist qualitativer Natur sind. Gelingt es, solche schwachen Signale frühzeitig zu erkennen und zu verarbeiten, kann Zeit gewonnen werden, um potenzielle Bedrohungen abzuwehren oder Chancen zu nutzen. Die wahrgenommenen Signale sind umso schwächer, je frühzeitiger das Signal beobachtet wird. Ansoff (1981, S. 238 ff.) unterscheidet dabei fünf *Ungewissheitsgrade*:

– *Anzeichen der Bedrohung oder Chance*: Der Informationsstand ist noch sehr vage, die Quelle der Bedrohung ist noch unbekannt.

– *Ursachen der Bedrohung oder Chance*: Die Bedrohung selbst ist noch nicht bekannt, wohl aber deren Quelle.

– *Konkrete Bedrohung oder Chance*: Die Merkmale der Bedrohung oder Chance sowie Art, Ausmaß und Zeitpunkt der Wirkung sind bekannt; konkrete Maßnahmen können jedoch noch nicht eingeleitet werden.

– *Konkrete Reaktion:* Es können erste Reaktionen stattfinden; deren Wirkungen können jedoch noch nicht exakt prognostiziert werden.

– *Konkretes Ergebnis:* Eine Abschätzung der konkreten Folgen der strategischen Überraschung auf den Gewinn sowie Wirkungsprognosen bezüglich der Reaktionen sind möglich.

Beispiel 5.5:

Der Hersteller der Schokoladenmarke Alpengrün beobachtet die nachfolgend beschriebene Entwicklung:

Anzeichen der Bedrohung oder Chance:	Kinderschutzorganisationen erfahren ein überproportionales Spendenaufkommen.
Ursachen der Bedrohung oder Chance:	Im Internet wird Kinderarbeit zunehmend thematisiert.
Konkrete Bedrohung oder Chance:	Einige Kunden erkundigen sich, wer die Lieferanten für die Schokolade von Alpengrün sind.
Konkrete Reaktion:	In einer groß angelegten Werbekampagne weist Alpengrün darauf hin, dass unsere Zutaten sämtlich aus fairem Handel stammen.
Konkretes Ergebnis:	Der Marktanteil steigt; Alpengrün erhält eine positive Presseresonanz.

In Abhängigkeit vom Ungewissheitsgrad der strategischen Überraschung sind abgestufte *Reaktionsstrategien* einzusetzen. Ansoff unterscheidet dabei (Ansoff 1981, S. 242 ff.):

– *Strategie der Selbstwahrnehmung:* Prüfung kritischer Ressourcen, Stärken-Schwächen-Analyse, Kennzahlenanalyse u. a.;

– *Strategie der Umweltwahrnehmung:* Umweltanalyse und -prognose, Einsatz von FES;

– *Strategie der internen Flexibilität:* Schaffung von Reaktionsbereitschaft beim Management und im Realgüterprozess, flexible Planung, Bereitstellung flexibler Kapazitäten;

– *Strategie der externen Flexibilität:* Positionierung des Unternehmens zur Sicherung einer langfristig angemessenen Rentabilität, ausreichende Diversifikation zu Risikostreuung;

– *Strategie der unternehmensinternen Bereitschaft:* Anpassung von Leistungspotential, Struktur und Ressourcen des Unternehmens an die Erfordernisse der Bedrohung oder Chance;

– *Strategie des externen Handelns:* konkrete Wahl der Strategie sowie ihre taktisch-operative Umsetzung und Realisation.

Positiv ist am Konzept der schwachen Signale die Tatsache, dass die Notwendigkeit herausgestellt wird, künftige Umweltentwicklungen zu antizipieren und ihnen bereits in einem frühen Stadium zu begegnen. Als problematisch erweist sich, dass eine genaue allgemeine Charakterisierung schwacher Signale nicht möglich ist; auch deren Erfassung, Operationalisierung und Bewertung ist mit Schwierigkeiten verbunden. Die Implementierung des Konzepts im Sinne eines Diskontinuitätenmanagements ist ebenfalls nicht ganz unproblematisch (ein diesbezüglicher Ansatz findet sich bei Bea/Haas 2005, S. 306 ff.).

Wiederholungsfragen

1. Charakterisieren Sie die Prognoseverfahren arithmetisches Mittel, gleitende Durchschnitte und exponentielle Glättung und beurteilen diese kritisch.

2. Legen Sie dar, in welcher Weise eine Trendextrapolation erfolgen kann. Zu welchem Zweck wird das Verfahren angewendet?

3. Charakterisieren Sie die Delphi-Methode. Wie ist das Verfahren zu beurteilen?

4. Worin unterscheiden sich Projektionsverfahren von Prognoseverfahren?

5. Charakterisieren Sie die Szenariomethode und beurteilen das Verfahren kritisch.

---

6. Weiterführende Literatur

Brown, R. G. (1963): Smoothing, Forecasting and Prediction of Discrete Stationary Times Series, Englewood Cliffs 1963.

Dormayer, H. J., Lindlbauer, J. D. (1984): Sectoral Indicators by Use of Survey Data, in: Oppenländer, K. H., Poser, G. (Hrsg.): Leading Indicators and Business Cycle Surveys, Aldershot 1984, S. 467-484.

Häder, M., Häder, S. (1994): Die Grundlagen der Delphi-Methode. Ein Literaturbericht, ZUMA Arbeitsbericht Nr. 94/2, o. O. 1994.

Holt, C. C. (1957): Forecasting Seasonals and Trends by Exponentially Weighted Moving Averages, Office of Naval Research Memorandum, Pittsburgh 1957.

Makridakis, S., Wheelwright, S. C. (1989): Forecasting Methods for Management, 4. Aufl., New York u. a. 1989.

Anhang

Statistische Tabellen

Im Folgenden sind die gängigsten statistischen Tafeln abgebildet, teilweise als Auszüge. Tabelliert sind im Einzelnen für ausgewählte Vertrauenswahrscheinlichkeiten $(1-\alpha)$ die Quantile folgender Verteilungen:

– χ^2-Verteilung (Chi-Quadrat-Verteilung),
– t-Verteilung,
– Standardnormalverteilung sowie
– F-Verteilung.

Auf die Darstellung weniger gebräuchlicher Verteilungen wie z. B. der U-Verteilung wurde hier verzichtet. Die Darstellung der F-Verteilung musste in stark gekürzter Form erfolgen. Vollständige tabellarische Darstellungen finden sich beispielsweise in:

– Graf, U., Henning, H.-J., Stange, K., Willrich, P.-T. (1997): Formeln und Tabellen der angewandten Statistik, Berlin u. a. 1987, korr. Nachdruck 1997.
– Müller, P. H., Neumann, P., Storm, R. (1979): Tafeln der mathematischen Statistik, 3. Aufl., Leipzig 1979.
– Pearson, E.S., Hartley H.O. (1976): Biometrika Tables for Statisticians, 3rd ed., Cambridge 1976.
– Wetzel, W., Jöhnk, M.-D., Naeve, P. (1976): Statistische Tabellen, Berlin 1976.

Darüber hinaus soll an dieser Stelle darauf hingewiesen werden, dass statistische Tabellen auch aus dem Statistik-Softwarepaket „R" generiert werden können.

Bei der praktischen Anwendung der in Teil 3 dargestellten Verfahren der Datenanalyse ist darauf hinzuweisen, dass ein „Nachschlagen" der Quantile der jeweils relevanten Verteilung bei einer bestimmten Vertrauenswahrscheinlichkeit in den Tabellen zumeist entfällt, da die gebräuchlichen Softwarepakete das jeweilige exakte Signifikanzniveau der Ergebnisse unmittelbar angeben (z. B. als $p = .0247$, was bedeuten würde, dass das betreffende Ergebnis auf dem 0,95 %-Niveau signifikant wäre, nicht aber auf dem 99 %-Niveau).

Chi-Quadrat-Verteilung (Auszug)

Quantile der Chi-Quadrat-Verteilung bei der Vertrauenswahrscheinlichkeit 1-α;

Approximation für n > 30: $\chi_\alpha^2(n) \approx \frac{1}{2}\left(z_\alpha + \sqrt{2n-1}\right)^2$

FG	0,01	0,025	0,05	0,1	0,5	0,9	0,95	0,975	0,99
1	0,0002	0,0010	0,0039	0,0158	0,4549	2,7055	3,8415	5,0239	6,6349
2	0,0201	0,0506	0,1026	0,2107	1,3863	4,6052	5,9915	7,3778	9,2103
3	0,1148	0,2158	0,3518	0,5844	2,3660	6,2514	7,8147	9,3484	11,345
4	0,2971	0,4844	0,7107	1,0636	3,3567	7,7794	9,4877	11,143	13,277
5	0,5543	0,8312	1,1455	1,6103	4,3515	9,2364	11,070	12,833	15,086
6	0,8721	1,2373	1,6354	2,2041	5,3481	10,645	12,592	14,449	16,812
7	1,2390	1,6899	2,1674	2,8331	6,3458	12,017	14,067	16,013	18,475
8	1,6465	2,1797	2,7326	3,4895	7,3441	13,362	15,507	17,535	20,090
9	2,0879	2,7004	3,3251	4,1682	8,3428	14,684	16,919	19,023	21,666
10	2,5582	3,2470	3,9403	4,8652	9,3418	15,987	18,307	20,483	23,209
11	3,0535	3,8157	4,5748	5,5778	10,341	17,275	19,675	21,920	24,725
12	3,5706	4,4038	5,2260	6,3038	11,340	18,549	21,026	23,337	26,217
13	4,1069	5,0088	5,8919	7,0415	12,340	19,812	22,362	24,736	27,688
14	4,6604	5,6287	6,5706	7,7895	13,339	21,064	23,685	26,119	29,141
15	5,2293	6,2621	7,2609	8,5468	14,339	22,307	24,996	27,488	30,578
16	5,8122	6,9077	7,9616	9,3122	15,338	23,542	26,296	28,845	32,000
17	6,4078	7,5642	8,6718	10,085	16,338	24,769	27,587	30,191	33,409
18	7,0149	8,2307	9,3905	10,865	17,338	25,989	28,869	31,526	34,805
19	7,6327	8,9065	10,117	11,651	18,338	27,204	30,144	32,852	36,191
20	8,2604	9,5908	10,851	12,443	19,337	28,412	31,410	34,170	37,566
21	8,8972	10,283	11,591	13,240	20,337	29,615	32,671	35,479	38,932
22	9,5425	10,982	12,338	14,041	21,337	30,813	33,924	36,781	40,289
23	10,196	11,689	13,091	14,848	22,337	32,007	35,172	38,076	41,638
24	10,856	12,401	13,848	15,659	23,337	33,196	36,415	39,364	42,980
25	11,524	13,120	14,611	16,473	24,337	34,382	37,652	40,646	44,314
26	12,198	13,844	15,379	17,292	25,336	35,563	38,885	41,923	45,642
27	12,879	14,573	16,151	18,114	26,336	36,741	40,113	43,195	46,963
28	13,565	15,308	16,928	18,939	27,336	37,916	41,337	44,461	48,278
29	14,256	16,047	17,708	19,768	28,336	39,087	42,557	45,722	49,588
30	14,953	16,791	18,493	20,599	29,336	40,256	43,773	46,979	50,892

t-Verteilung (Auszug)

Quantile $t_{1-\alpha;\,v}$ der t-Verteilung bei der Vertrauenswahrscheinlichkeit $1-\alpha$ in Abhängigkeit vom Freiheitsgrad v (einseitig)

v	Statistische Sicherheit 1-α						v
	0,90	0,95	0,975	0,99	0,995	0,999	
1	3,078	6,314	12,71	31,82	63,66	318,3	1
2	1,886	2,920	4,303	6,965	9,925	22,33	2
3	1,638	2,353	3,182	4,541	5,841	10,21	3
4	1,533	2,132	2,776	3,747	4,604	7,173	4
5	1,476	2,015	2,571	3,365	4,032	5,893	5
6	1,440	1,943	2,447	3,143	3,707	5,208	6
7	1,415	1,895	2,365	2,998	3,499	4,785	7
8	1,397	1,860	2,306	2,896	3,355	4,501	8
9	1,383	1,833	2,262	2,821	3,250	4,297	9
10	1,372	1,812	2,228	2,764	3,169	4,144	10
11	1,363	1,796	2,201	2,718	3,106	4,025	11
12	1,356	1,782	2,179	2,681	3,055	3,930	12
13	1,350	1,771	2,160	2,650	3,012	3,852	13
14	1,345	1,761	2,145	2,624	2,977	3,787	14
15	1,341	1,753	2,131	2,602	2,947	3,733	15
16	1,337	1,746	2,120	2,583	2,921	3,686	16
17	1,333	1,740	2,110	2,567	2,898	3,646	17
18	1,330	1,734	2,101	2,552	2,878	3,610	18
19	1,328	1,729	2,093	2,539	2,861	3,579	19
20	1,325	1,725	2,086	2,528	2,845	3,552	20
21	1,323	1,721	2,080	2,518	2,831	3,527	21
22	1,321	1,717	2,074	2,508	2,819	3,505	22
23	1,319	1,714	2,069	2,500	2,807	3,485	23
24	1,318	1,711	2,064	2,592	2,797	3,467	24
25	1,316	1,708	2,060	2,485	2,787	3,450	25
26	1,315	1,706	2,056	2,479	2,779	3,435	26
27	1,314	1,703	2,052	2,473	2,771	3,421	27
28	1,313	1,701	2,048	2,467	2,763	3,408	28
29	1,311	1,699	2,045	2,462	2,756	3,396	29
30	1,310	1,697	2,042	2,457	2,750	3,385	30
40	1,303	1,684	2,021	2,443	2,704	3,307	40
50	1,299	1,676	2,009	2,403	2,678	3,261	50
60	1,296	1,671	2,000	2,390	2,660	3,232	60
70	1,294	1,667	1,994	2,381	2,648	3,211	70
80	1,292	1,664	1,990	2,374	2,639	3,195	80
90	1,291	1,662	1,987	2,368	2,632	3,183	90
100	1,290	1,660	1,984	2,364	2,626	3,174	100
200	1,286	1,652	1,972	2,345	2,601	3,131	200
500	1,283	1,648	1,965	2,334	2,586	3,107	500
oo	1,282	1,645	1,960	2,326	2,576	3,090	oo

t-Verteilung (Auszug)

Quantile $t_{1-\alpha;\,v}$ der t-Verteilung bei der Vertrauenswahrscheinlichkeit $1-\alpha$ in Abhängigkeit vom Freiheitsgrad v (zweiseitig)

v	Statistische Sicherheit 1-α							v
	0,80	0,90	0,95	0,98	0,99	0,998	0,999	
1	3,078	6,314	12,71	31,82	63,66	318,3	636,6	1
2	1,886	2,920	4,303	6,965	9,925	22,33	31,60	2
3	1,638	2,353	3,182	4,541	5,841	10,21	12,92	3
4	1,533	2,132	2,776	3,747	4,604	7,173	8,610	4
5	1,476	2,015	2,571	3,365	4,032	5,893	6,869	5
6	1,440	1,943	2,447	3,143	3,707	5,208	5,959	6
7	1,415	1,895	2,365	2,998	3,499	4,785	5,408	7
8	1,397	1,860	2,306	2,896	3,355	4,501	5,041	8
9	1,383	1,833	2,262	2,821	3,250	4,297	4,781	9
10	1,372	1,812	2,228	2,764	3,169	4,144	4,587	10
11	1,363	1,796	2,201	2,718	3,106	4,025	4,437	11
12	1,356	1,782	2,179	2,681	3,055	3,930	4,318	12
13	1,350	1,771	2,160	2,650	3,012	3,852	4,221	13
14	1,345	1,761	2,145	2,624	2,977	3,787	4,140	14
15	1,341	1,753	2,131	2,602	2,947	3,733	4,073	15
16	1,337	1,746	2,120	2,583	2,921	3,686	4,015	16
17	1,333	1,740	2,110	2,567	2,898	3,646	3,965	17
18	1,330	1,734	2,101	2,552	2,878	3,610	3,992	18
19	1,328	1,729	2,093	2,539	2,861	3,579	3,883	19
20	1,325	1,725	2,086	2,528	2,845	3,552	3,850	20
21	1,323	1,721	2,080	2,518	2,831	3,527	3,819	21
22	1,321	1,717	2,074	2,508	2,819	3,505	3,792	22
23	1,319	1,714	2,069	2,500	2,807	3,485	3,768	23
24	1,318	1,711	2,064	2,592	2,797	3,467	3,745	24
25	1,316	1,708	2,060	2,485	2,787	3,450	3,725	25
26	1,315	1,706	2,056	2,479	2,779	3,435	3,707	26
27	1,314	1,703	2,052	2,473	2,771	3,421	3,690	27
28	1,313	1,701	2,048	2,467	2,763	3,408	3,674	28
29	1,311	1,699	2,045	2,462	2,756	3,396	3,659	29
30	1,310	1,697	2,042	2,457	2,750	3,385	3,646	30
40	1,303	1,684	2,021	2,443	2,704	3,307	3,551	40
50	1,299	1,676	2,009	2,403	2,678	3,261	3,496	50
60	1,296	1,671	2,000	2,390	2,660	3,232	3,460	60
80	1,292	1,664	1,990	2,374	2,639	3,195	3,416	80
100	1,290	1,660	1,984	2,364	2,626	3,174	3,390	100
200	1,286	1,652	1,972	2,345	2,601	3,131	3,340	200
500	1,283	1,648	1,965	2,334	2,586	3,107	3,310	500
oo	1,282	1,645	1,960	2,326	2,576	3,090	3,291	oo

Normalverteilung

Werte der Verteilungsfunktion der Standardnormalverteilung für Ausprägungen der standardisierten Variablen z zwischen 0,00 und 3,99.

z	0,00	0,01	0,02	0,03	0,04	0,05	0,06	0,07	0,08	0,09
0,0	0,5000	0,5040	0,5080	0,5120	0,5160	0,5199	0,5239	0,5279	0,5319	0,5359
0,1	0,5398	0,5438	0,5478	0,5517	0,5557	0,5596	0,5636	0,5675	0,5714	0,5753
0,2	0,5793	0,5832	0,5871	0,5910	0,5948	0,5987	0,6026	0,6064	0,6103	0,6141
0,3	0,6179	0,6217	0,6255	0,6293	0,6331	0,6368	0,6406	0,6443	0,6480	0,6517
0,4	0,6554	0,6591	0,6628	0,6664	0,6700	0,6736	0,6772	0,6808	0,6844	0,6879
0,5	0,6915	0,6950	0,6985	0,7019	0,7054	0,7088	0,7123	0,7157	0,7190	0,7224
0,6	0,7257	0,7291	0,7324	0,7357	0,7389	0,7422	0,7454	0,7486	0,7517	0,7549
0,7	0,7580	0,7611	0,7642	0,7673	0,7704	0,7734	0,7764	0,7794	0,7823	0,7852
0,8	0,7881	0,7910	0,7939	0,7967	0,7995	0,8023	0,8051	0,8078	0,8106	0,8133
0,9	0,8159	0,8186	0,8212	0,8238	0,8264	0,8289	0,8315	0,8340	0,8365	0,8389
1,0	0,8413	0,8438	0,8461	0,8485	0,8508	0,8531	0,8554	0,8577	0,8599	0,8621
1,1	0,8643	0,8665	0,8686	0,8708	0,8729	0,8749	0,8770	0,8790	0,8810	0,8830
1,2	0,8849	0,8869	0,8888	0,8907	0,8925	0,8944	0,8962	0,8980	0,8997	0,9015
1,3	0,9032	0,9049	0,9066	0,9082	0,9099	0,9115	0,9131	0,9147	0,9162	0,9177
1,4	0,9192	0,9207	0,9222	0,9236	0,9251	0,9265	0,9279	0,9292	0,9306	0,9319
1,5	0,9332	0,9345	0,9357	0,9370	0,9382	0,9394	0,9406	0,9418	0,9429	0,9441
1,6	0,9452	0,9463	0,9474	0,9484	0,9495	0,9505	0,9515	0,9525	0,9535	0,9545
1,7	0,9554	0,9564	0,9573	0,9582	0,9591	0,9599	0,9608	0,9616	0,9625	0,9633
1,8	0,9641	0,9649	0,9656	0,9664	0,9671	0,9678	0,9686	0,9693	0,9699	0,9706
1,9	0,9713	0,9719	0,9726	0,9732	0,9738	0,9744	0,9750	0,9756	0,9761	0,9767
2,0	0,9772	0,9778	0,9783	0,9788	0,9793	0,9798	0,9803	0,9808	0,9812	0,9817
2,1	0,9821	0,9826	0,9830	0,9834	0,9838	0,9842	0,9846	0,9850	0,9854	0,9857
2,2	0,9861	0,9864	0,9868	0,9871	0,9875	0,9878	0,9881	0,9884	0,9887	0,9890
2,3	0,9893	0,9896	0,9898	0,9901	0,9904	0,9906	0,9909	0,9911	0,9913	0,9916
2,4	0,9918	0,9920	0,9922	0,9925	0,9927	0,9929	0,9931	0,9932	0,9934	0,9936
2,5	0,9938	0,9940	0,9941	0,9943	0,9945	0,9946	0,9948	0,9949	0,9951	0,9952
2,6	0,9953	0,9955	0,9956	0,9957	0,9959	0,9960	0,9961	0,9962	0,9963	0,9964
2,7	0,9965	0,9966	0,9967	0,9968	0,9969	0,9970	0,9971	0,9972	0,9973	0,9974
2,8	0,9974	0,9975	0,9976	0,9977	0,9977	0,9978	0,9979	0,9979	0,9980	0,9981
2,9	0,9981	0,9982	0,9982	0,9983	0,9984	0,9984	0,9985	0,9985	0,9986	0,9986
3,0	0,9987	0,9987	0,9987	0,9988	0,9988	0,9989	0,9989	0,9989	0,9990	0,9990
3,1	0,9990	0,9991	0,9991	0,9991	0,9992	0,9992	0,9992	0,9992	0,9993	0,9993
3,2	0,9993	0,9993	0,9994	0,9994	0,9994	0,9994	0,9994	0,9995	0,9995	0,9995
3,3	0,9995	0,9995	0,9995	0,9996	0,9996	0,9996	0,9996	0,9996	0,9996	0,9997
3,4	0,9997	0,9997	0,9997	0,9997	0,9997	0,9997	0,9997	0,9997	0,9997	0,9998
3,5	0,9990	0,9008	0,9998	0,9998	0,9998	0,9998	0,9998	0,9998	0,9998	0,9998
3,6	0,9998	0,9998	0,9999	0,9999	0,9999	0,9999	0,9999	0,9999	0,9999	0,9999
3,7	0,9999	0,9999	0,9999	0,9999	0,9999	0,9999	0,9999	0,9999	0,9999	0,9999
3,8	0,9999	0,9999	0,9999	0,9999	0,9999	0,9999	0,9999	0,9999	0,9999	0,9999
3,9	1,0000	1,0000	1,0000	1,0000	1,0000	1,0000	1,0000	1,0000	1,0000	1,0000

F-Verteilung (Auszug)

Werte der F-Verteilung mit v1 Freiheitsgraden im Zähler, v2 Freiheitsgraden im Nenner und einer Vertrauenswahrscheinlichkeit $(1-\alpha)=0{,}95$ bzw. einem Signifikanzniveau $\alpha=0{,}05$

v1＼v2	1	2	3	4	5	6	7	8	9	10	11	12	13	14	15	20	25	30	40	60	120	∞
1	161,45	18,51	10,13	7,71	6,61	5,99	5,59	5,32	5,12	4,96	4,84	4,75	4,67	4,60	4,54	4,35	4,24	4,17	4,08	4,00	3,92	3,84
2	199,50	19,00	9,55	6,94	5,79	5,14	4,74	4,46	4,26	4,10	3,98	3,89	3,81	3,74	3,68	3,49	3,39	3,32	3,23	3,15	3,07	3,00
3	215,71	19,16	9,28	6,59	5,41	4,76	4,35	4,07	3,86	3,71	3,59	3,49	3,41	3,34	3,29	3,10	2,99	2,92	2,84	2,76	2,68	2,60
4	224,58	19,25	9,12	6,39	5,19	4,53	4,12	3,84	3,63	3,48	3,36	3,26	3,18	3,11	3,06	2,87	2,76	2,69	2,61	2,53	2,45	2,37
5	230,16	19,30	9,01	6,26	5,05	4,39	3,97	3,69	3,48	3,33	3,20	3,11	3,03	2,96	2,90	2,71	2,60	2,53	2,45	2,37	2,29	2,21
6	233,99	19,33	8,94	6,16	4,95	4,28	3,87	3,58	3,37	3,22	3,09	3,00	2,92	2,85	2,79	2,60	2,49	2,42	2,34	2,25	2,17	2,10
7	236,77	19,35	8,89	6,09	4,88	4,21	3,79	3,50	3,29	3,14	3,01	2,91	2,83	2,76	2,71	2,51	2,40	2,33	2,25	2,17	2,09	2,01
8	238,88	19,37	8,85	6,04	4,82	4,15	3,73	3,44	3,23	3,07	2,95	2,85	2,77	2,70	2,64	2,45	2,34	2,27	2,18	2,10	2,02	1,94
9	240,54	19,39	8,81	6,00	4,77	4,10	3,68	3,39	3,18	3,02	2,90	2,80	2,71	2,65	2,59	2,39	2,28	2,21	2,12	2,04	1,96	1,88
10	241,88	19,40	8,79	5,96	4,74	4,06	3,64	3,35	3,14	2,98	2,85	2,75	2,67	2,60	2,54	2,35	2,24	2,16	2,08	1,99	1,91	1,83
12	243,91	19,41	8,74	5,91	4,68	4,00	3,57	3,28	3,07	2,91	2,79	2,69	2,60	2,53	2,48	2,28	2,16	2,09	2,00	1,92	1,83	1,75
15	245,90	19,43	8,70	5,86	4,62	3,94	3,51	3,22	3,01	2,85	2,72	2,62	2,53	2,46	2,40	2,20	2,09	2,01	1,92	1,84	1,75	1,67
20	248,00	19,45	8,66	5,80	4,56	3,87	3,44	3,15	2,94	2,77	2,65	2,54	2,46	2,39	2,33	2,12	2,01	1,93	1,84	1,75	1,66	1,57
24	249,10	19,45	8,64	5,77	4,53	3,84	3,41	3,12	2,90	2,74	2,61	2,51	2,42	2,35	2,29	2,08	1,96	1,89	1,79	1,70	1,61	1,52
30	250,10	19,46	8,62	5,75	4,50	3,81	3,38	3,08	2,86	2,70	2,57	2,47	2,38	2,31	2,25	2,04	1,92	1,84	1,74	1,65	1,55	1,46
40	251,10	19,47	8,59	5,72	4,46	3,77	3,34	3,04	2,83	2,66	2,53	2,43	2,34	2,27	2,20	1,99	1,87	1,79	1,69	1,59	1,50	1,39
60	252,20	19,48	8,57	5,69	4,43	3,74	3,30	3,01	0,79	2,62	2,49	2,38	2,30	2,22	2,16	1,95	1,82	1,74	1,64	1,53	1,43	1,32
120	253,30	19,49	8,55	5,66	4,40	3,70	3,27	2,97	2,75	2,58	2,45	2,34	2,25	2,18	2,11	1,90	1,77	1,68	1,58	1,47	1,35	1,22
∞	254,30	19,50	8,53	5,63	4,36	3,67	3,23	2,93	2,71	2,54	2,40	2,30	2,21	2,13	2,07	1,84	1,71	1,62	1,51	1,39	1,25	1,00

Literaturverzeichnis

Aaker, D. A., Kumar, V., Day, G. S. (2007): Marketing Research, 9. Aufl., New York u. a. 2007.

Adler, J. (2003): Möglichkeiten der Messung von Zahlungsbereitschaften der Nachfrage, Duisburger Arbeitspapiere zum Marketing, Nr. 7, Duisburg 2003.

ADM Arbeitskreis Deutscher Marktforschungsinstitute (1979): Muster-Stichproben-Pläne, bearb. v. F. Schaefer, München 1979.

ADM Arbeitskreis Deutscher Marktforschungsinstitute (2008): Jahresbericht 2008.

Agresti, A. (2002): Categorical Data Analysis, 2. Aufl., New York 2002.

Albers, S., Hildebrandt, L. (2006): Methodische Probleme bei der Erfolgsfaktorenforschung – Messfehler, formative versus reflexive Indikatoren und die Wahl des Strukturgleichungs-Modells, in: zfbf, 58. Jg. (2006), Nr. 3, S. 2-33.

Amoo, T., Friedman, H. H. (2000): Overall Evaluation Rating Scales: An Assessment, in: International Journal of Market Research, Vol. 42, No. 3 (Summer 2000), S. 301-311.

Anderson, E. B. (1990): The Statistical Analysis of Categorical Data, New York 1990.

Ansoff, H. I. (1981): Die Bewältigung von Überraschungen und Diskontinuitäten durch die Unternehmensführung – Strategische Reaktionen auf schwache Signale, in: Steinmann, H. (Hrsg.): Planung und Kontrolle, München 1981, S. 233-265.

AOL Deutschland (o. J.): Werbewirksamkeitsstudie zum Internet-Auftritt von AOL. Auszüge aus einer vom Institut Dr. von Keitz durchgeführten Studie, [http://www.aol.de/content/Mediaspace_ Studien Unterseite/333642-1037965000636.ppt], Abruf vom 22.1.06.

Arndt, R. (2003): Konzept- und Produkttests im Internet, in: Theobald, A., Dreyer, M., Starsetski, T. (Hrsg.): Online Marktforschung. Theoretische Grundlagen und praktische Erfahrungen, 2. Aufl., Wiesbaden 2003, S. 271-280.

Aßmann, J., Böpple, O., Riedel, A. (2009): Crowdsourcing oder wie man andere gewinnbringend für sich arbeiten lässt (II), http://www.businesswissen.de/businessvillage/bv/Management /720_Crowdsourcing_oder_wie_man_andere_gewinnbringend_fuer_sich_arbeiten_laesst _II /, BusinessVillage, 27.08.2009, Abruf vom 29. 6. 2010.

Auger, P., Devinney, T. M., Louviere, J. J. (2007): Using Best-Worse Scaling Methodology to Investigate Consumer Ethical Beliefs Across Countries, in: Journal of Business Ethics, Vol. 70 (2007), No. 3, S. 299-326.

Backhaus, K., Erichson, B., Plinke, W., Weiber, R. (2006): Multivariate Analysemethoden, 11. überarb. Aufl., Berlin u. a. 2006.

Backhaus, K., Erichson, B., Plinke, W., Weiber, R. (2008): Multivariate Analysemethoden, 12. überarb. Aufl., Berlin u. a. 2008.

Bagozzi, R. P. (1980): Causal Models in Marketing, New York 1980.

Bailey, R. A. (2008). Design of Comparative Experiments, Series: Cambridge Series in Statistical and Probabilistic Mathematics (No. 25), Oxford 2008.

Baker, S. (2000): Laddering: Making Sense of Meaning, in: Partington, D. (ed.): Essential Skills for Management Research, London 2002, S. 226-253.

Bartl, M. (2010): Wie Co-Creation und Open Innovation die Marktforschung verändern, in: BVM inbrief, März 2010, S. 24-27.

Batinic, B. (2002): Online-Marktforschung auf dem Prüfstand, in: Diller, H. (Hrsg.): Neue Entwicklungen in der Marktforschung, Nürnberg 2002, S. 77-95.

Bauer, E. (1981): Produkttests in der Marketingforschung, Göttingen 1981.

Bea, F. X., Haas, J. (2005): Strategisches Management, 4. Aufl., Stuttgart 2005.

Becker, D. (1974): Analyse der Delphi-Methode und Ansätze zu ihrer optimalen Gestaltung, Frankfurt, Zürich 1974.

Becker, G. M., DeGroot, M. H., Marschak, J. (1964): Measuring Utility by a Single-Response Sequential Method, in: Behavioral Science, Vol. 9 (1964), No. 3, S. 226-232.

Becker, W. (1973): Beobachtungsverfahren in der demoskopischen Marktforschung, Stuttgart 1973.

Bemmaor, A. C., Wagner, O. (2000): A Multiple-Item Model of Paired Comparisons: Separating Chance from Latent Performance, in: Journal of Marketing Research, Vol. 37, No. 4 (November 2000), S. 514-524.

Berekoven, L., Eckert, W., Ellenrieder, P. (2009): Marktforschung, 12. Aufl., Wiesbaden 2009.

Bergkvist, L., Rossiter, J. R. (2007): The Predictive Validity of Multiple-Item Versus Single-Item Measures of the Same Construct, in: Journal of Marketing Research, Vol. XLIV (May 2007), S. 175-184.

Berndt, R., Fantapié Altobelli, C., Sander, M. (2010): Internationales Marketing-Management, 4. Aufl., Berlin u. a. 2010.

Biemann, T. (2009): Logik und Kritik des Hypothesentestens, in: Albers, S. et al.. (Hrsg.): Methodik der empirischen Forschung, 3. Auflage, Wiesbaden 2009, S. 205-220.

Bidlingmaier, J. (1983): Marketing, Bd. 1, 10. Aufl., Opladen 1983.

Blamires, C. (1998): Pricing Research, in: McDonald, C.,Vangelder, P. (Hrsg.): ESOMAR Handbook of Market and Opinion Research, Amsterdam 1998, S. 739-773.

Blank, K. (2007): Gruppendiskussionsverfahren, in: Naderer, G., Balzer, E. (Hrsg.): Qualitative Marktforschung in Theorie und Praxis, Wiebaden 2007, S. 279-301.

Böhler, H. (2004): Marktforschung, 3. völlig neu bearb. und erw. Aufl., Stuttgart 2004.

Bollen, K. A. (1989): Structural Equations with Latent Variables, New York 1989.

Bonoma, T. V. (1985): Case Research in Marketing: Opportunities, Problems, and a Process, in: Journal of Marketing Research, Vol. 12 (1985), S. 199-208.

Borchard, A., Göttlich, S. E. (2009): Erkenntnisgewinnung durch Fallstudien, in: Albers, S., Klapper, D., Konradt, U., Walter, A., Wolf, J. (Hrsg.): Methodik der empirischen Forschung, 3. Aufl., Wiesbaden 2009, S. 33-48.

Borg, I., Groenen, P., Mair, P. (2010): Multidimensionale Skalierung, Reihe: Sozialwissenschaftliche Forschungsmethoden, Band 1, München, Mering 2010.

Borg, I., Staufenbiehl, T. (2007): Theorien und Methoden der Skalierung, 4. Aufl., Bern 2007.

Bortz, J, Döring, N. (2006): Forschungsmethoden und Evaluation für Human- und Sozialwissenschaftler, 4., überarb. Aufl., Berlin u. a. 2006.

Bortz, J. (2005): Statistik für Sozialwissenschaftler, 6. vollst. überarb. u. akt. Aufl., Berlin u. a. 2005.

Bottomley, P. A. (2000): Testing the Reliability of Weight Elicitation Methods: Direct Rating Versus Point Allocation, in: Journal of Marketing Research, Vol. 37 (2000), No. 4, S. 508-513.

Brosius, F. (2008): SPSS 16, Heidelberg 2008.

Brown, R. G. (1963): Smoothing, Forecasting and Prediction of Discrete Stationary Times Series, Englewood Cliffs 1963.

Bruhn, M. (2009): Kommunikationspolitik, 5. Aufl., München 2009.

Buber, R. (2009): Denke-Laut-Protokolle, in: Buber, R., Holzmüller, H. (Hrsg.): Qualitative Marktforschung, 2. Aufl., Wiesbaden 2009, S. 555-568.

Buber, R., Holzmüller, H. (Hrsg.): Qualitative Marktforschung, 2. Aufl., Wiesbaden 2009.

Buckler, F. (2001): NEUSREL - Neuer Kausalanalyseansatz auf Basis Neuronaler Netze als Instrument der Marketingforschung, Göttingen 2001.

Buckler, F., Hennig-Thurau, T. (2008): Identifying Hidden Structures in Marketing's Structural Models Through Universal Structure Modeling: An Explorative Bayesian Neural Network Complement to LISREL and PLS, in: Marketing - Journal of Research and Management, Vol. 4, No. 2, S. 47-66.

Bühl, A. (2010): SPSS 18, 12. Auflage, München 2010.

BVM (2006): ADM-Stichprobensystem Face to Face, Präsentation BVM Regionalgruppe Nord, 8. 2. 2006.

Calteral, M., Maclaran, P. (1998): Using Computer Software for the Analysis of Qualitative Market Research, in: Journal of the Market Research Society, Vol. 40 (1998), No. 3, S. 207-222.

Camerer, C. F., Loewenstein, G., Prelec, D. (2004): Neuroeconomics: Why Economics Needs Brains, in: Scandinavian Journal of Economics, Vol. 106 (2004), No. 3, S. 555579.

Campbell, D. T., Russo, M. J. (2001): Social Measurement, Thousand Oaks 2001.

Campbell, D. T., Stanley, J. C. (1963): Experimental and Quasi-Experimental Designs for Research on Teaching, in: Gage, N. L. (ed.): Handbook of Research on Teaching, Chicago 1963, S. 171-246.

Campbell, D. T., Stanley, J. C. (1966): Experimental and Quasi-Experimental Designs for Research, Boston 1966.

Carson, D. et al. (2001): Qualitative Marketing Research, London u. a. 2001.

Chrzanowska, J. (2002): Interviewing Groups and Individuals in Qualitative Marketing Research, London u. a. 2002.

Churchill, G. A. (1979): A Paradigm for Developing better Measures of Marketing Constructs, in: Journal of Marketing Research, Vol. 16 (1979), No. 1, S. 64-73.

Churchill, G. A. Jr., Iacobucci, D. (2005): Marketing Research, 9th ed., Mason 2005.

Clauss, G., Ebner, H. (1979): Grundlagen der Statistik für Psychologen, Pädagogen und Soziologen, 3. Aufl., Zürich u. a. 1979.

Cochran, W. G. (1977): Sampling Techniques, 3rd ed., New York 1977.

Coelho, P. S., Esteves, S. P. (2007): The Choice between a Five-Point and a Ten-Point Scale in the Framework of Customer Satisfaction Measurement, in: International Jourmnal of Market Research, Vol. 49, No. 3, S. 313-339.

Collins, M., Kalian, G. (1980): Coding Verbatim Answers to Open Questions, in: Journal of the Market Research Society, Vol. 22 (Oct. 1980), S. 239-247.

Converse, J. M., Presser, S. (1986): Survey Questions: Handcrafting the Standardized Questionnaire, Newbury Park 1986.

Cook, T. D., Campbell, D. T. (1979): Quasi-Experimentation, Design and Analysis Issues for Field Settings, Chicago 1979.

Cook, T. D., Campbell, D. T., Peracchio, L. (1990): Quasi Experimentation, in: Dunnette, M. D., Hough, L. M. (eds.): Handbook of Industrial and Organizational Psychology, Vol. 1, Palo Alto 1990, S. 491-576.

Cox, E. P. (1980): The Optimal Number of Response Alternatives for a Scale: A Review, in: Journal of Marketing Research, Vol. 17 (1980), S. 407-422.

Cropley, A. J. (2008): Qualitative Forschungsmethoden. Eine praxisnahe Einführung, 3. Aufl., Eschborn 2008.

Dabic, M., Schweiger G., Ebner, U. (2008): Printwerbung: Der erste Eindruck zählt! Werbeforschung mit dem Tachistoskop, in: transfer, 2008, Nr. 1, S. 26-35.

Daymon C., Holloway, I. (2002): Qualitative Research Methods in Public Relations and Marketing Communications, o. O. 2002.

Decker, R., Temme, T. (2000): Diskriminanzanalyse, in: Herrmann, A., Homburg, C. (Hrsg.): Marktforschung. Methoden, Anwendungen, Praxisbeispiele, 2. Aufl., Wiesbaden 2000, S. 295-335.

Desai, P. (2002): Methods beyond Interviewing in Qualitative Market-Research, London u. a. 2003.

Diamantopoulos, A., Winklhofer, H. M. (2001): Index Construction with Formative Indicators: An Alternative to Scale Development, in: Journal of Marketing Research, Vol. 38, No. 2, S. 269-277.

Diekmann, A. (2009): Empirische Sozialforschung. Grundlagen, Methoden, Anwendungen, 20. Auflage, Reinbek 2009.

Diller, H. (2000): Preispolitik, 3. Aufl., Stuttgart u. a. 2000.

Doeblin, J. (2007): Wirtschafts- und Finanzrecherche im World Wide Web, Heroldsberg 2007.

Dormayer, H. J., Lindlbauer, J. D. (1984): Sectoral Indicators by Use of Survey Data, in: Oppenländer, K. H., Poser, G. (Hrsg.): Leading Indicators and Business Cycle Surveys, Aldershot 1984, S. 467-484.

Eggers, F. (2008): Präferenzmessung zur Prognose und Erklärung des Markterfolgs unter besonderer Berücksichtigung von Preis und Marke, Diss. Universität Hamburg 2008.

Erichson, B. (2007): Prüfung von Produktideen und -konzepten, in: Albers, S., Herrmann, A. (Hrsg.): Handbuch Produktmanagement, 3. Aufl., Wiesbaden 2007, S. 395-420.

Erichson, B., Maretzki, J. (1993): Werbeerfolgskontrolle, in: Berndt, R., Hermanns, A. (Hrsg.): Handbuch Marketing-Kommunikation, Wiesbaden 1993, S. 521-560.

Fantapié Altobelli, C. (1998): Umwelt und Marktinformationen, in: Berndt, R., Fantapié Altobelli, C., Schuster, P. (Hrsg.): Springers Handbuch der Betriebswirtschaftslehre, Bd. 2, Berlin u. a. 1998, S. 304-353.

Fantapié Altobelli (2011a): Marktforschung, 2. Aufl., Stuttgart 2011.

Fantapié Altobelli, C. (2011b): Sachgebiet „Werbung", in: Sjurts, I. (Hrsg.): Lexikon der Werbewirtschaft, 2. Aufl., Wiesbaden 2011.

Fantapié Altobelli, C., Hoffmann, S. (1997): Die optimale Online-Werbung für jede Branche, Unterföhring 1997.

Fantapié Altobelli, C., Sander, M. (2001): Internet Branding. Marketing und Markenführung im Internet, Stuttgart 2001.

Frees, B., Bosenick, T. (2004): Mit qualitativen Methoden Webseiten optimieren, in: planung & analyse, 2004, Nr. 3, S. 79-82.

Frenzen, H., Krafft, M. (2008): Logistische Regression und Diskriminanzanalyse, in: Herrmann, A., Homburg, C. (Hrsg.): Marktforschung. Methoden, Anwendungen, Praxisbeispiele, 3. Aufl., Wiesbaden 2008, S. 606-649.

Frese, E., Werder, A. v. (1993): Zentralbereiche. Organisatorische Formen und Effizienzbeurteilung, in: Frese, E., Werder, A. v., Maly, W. (Hrsg.): Zentralbereiche. Theoretische Grundlagen und praktische Erfahrungen, Stuttgart 1993, S. 1-50.

Gable, J. (2010): Die Kraft des „Wir" – „We-Research" und Co-Creation, in: BVM inbrief, März 2010, S. 28-30.

Gaul, W., Baier, D., Apergis, A. (1996): Verfahren der Testmarktsimulation in Deutschland. Eine vergleichende Analyse, in: Marketing ZfP, 18. Jg. (1996), Nr. 3, S. 203-218.

gdp (2004): Kundenlaufstudie, [http://www.gdp-group.com/de/kundenlaufstudie.php], Abruf vom 5.8.2004.

Geschka, H., Hammer, R. (1992): Die Szenario-Technik in der strategischen Unternehmensplanung, in: Hahn, D., Taylor, B. (Hrsg.): Strategische Unternehmensplanung, 6. Aufl., Heidelberg 1992, S. 311-336.

GfK (2005a): GfK Consumer Tracking, Nürnberg 2005.

GfK (2005b): Fernsehzuschauerforschung in Deutschland, Nürnberg 2005.

GfK (2007): 50 Jahre GfK Panelforschung, o. O. 2007.

GfK (2009a): Consumer Scan, http://www.gfkps.com/scan/index.de.html, o. O. 2009, Abruf vom 20.5 2010.

GfK (2009b): ConsumerScope, http://www.gfkps.com/scope/index.de.html, o. O. 2009, Abruf vom 20.5.2010.

GfK (o. J. a): So entwickeln Sie kundenorientierte Produkte! GfK*Optimizer®. Die innovative Methode zur Bewertung und Optimierung neuer Produktkonzepte, Nürnberg o. J.

GfK (o. J. b): TeSi – Das transparente Testmarktsimulationsmodell, Nürnberg o. J.

GfK (o. J. c): GfK-BehaviorScan – Europe's first experimental test market using Targetable TV, Nürnberg o. J.

GfK (o. J. d): GfK Store Test, o. O. o. J.

GfK (o. J. e): AD*CREATOR®, Der Pretest zur Beurteilung von Storyboards, Nürnberg o. J.

GfK (o. J. f): AD*VANTAGE®, Der Pretest für ganzheitliche Werbewirkungsmessung, Nürnberg o. J.

GfK (o. J. g): ATS*. Das Tracking-System für den Markterfolg Ihrer Werbung, Nürnberg o. J.

GfK (o. J. h): Manche Preiskämpfe sind ganz einfach! GfK Price Challenger – Ermittelt den optimalen Preis Ihrer Produkte im Wettbewerbsumfeld, Nürnberg o. J.

Ghosh, S., Rao, C. R. (eds.) (1996): Design and Analysis of Experiments, Handbook of Statistics, Volume 13, North-Holland 1996.

Gilbert, N. (1993): Analyzing Tabular Data. Loglinear and Logistic Models for Social Researchers, London 1993.

Gisholt, D. (1976): Marketing-Prognosen unter besonderer Berücksichtigung der Delphi-Methode, Bern, Stuttgart 1976.

Glenn, N. D. (2005): Cohort Analysis. Quantitative Applications in the Social Sciences 5, 2nd ed., Beverly Hills u. a. 2005.

Globalpark (2010): Mobile Umfragen mit der EFS Mobile Extension, http://www.globalpark.at/produktuebersicht/efs-mobile-extension.html, Abruf vom 7. 7. 2010.

Goodman, L. A. (1961): Snowball Sampling, in: Annals of Mathematical Statistics, Vol. 32 (1961), S. 148-170.

Gordon, W. J. J. (1961): Synectics. The Development of Creative Capacity, New York 1961.

Göthlich, S. E. (2009): Zum Umgang mit fehlenden Daten in großzahligen empirischen Erhebungen, in: Albers, S. et al. (Hrsg.): Methodik der empirischen Forschung, 3. Auflage, Wiesbaden 2009, S. 119-135.

Götze, K. (1993): Szenario-Technik in der strategischen Unternehmensplanung, 2. Aufl., Wiesbaden 1993.

Grecco, C., King, H. (1999): Of Browsers and Plug-Ins: Researching Web Surfers' Technological Capabilities, in: Quirk Marketing Research Review, 1999, No. 7, S. 58-62.

Green, P. E., Rao, V. R. (1971): Conjoint Measurement of Qualifying Judgemental Data, in: Journal of Marketing Research, Vol. 8 (1971), No. 3, S. 355-363.

Green, P. E., Srinivasan, V. (1990): Conjoint Analysis in Marketing: New Developments with Implications for Research and Practice, in: Journal of Marketing, Vol. 54 (1990), No. 4, S. 3-19.

Grohs, R., Ebster, C., Kummer, C. (2009): „An meinen Fähigkeiten als Liebhaber habe ich schon gezweifelt". Die Messung sozial erwünschten Antwortverhaltens, in: Marketing ZfP, 31. Jg. (2009), Nr. 2, S. 87-100.

Gröppel-Klein, A., Königstorfer, J. (2009): Projektive Verfahren der Marktforschung, in: Buber, R., Holzmüller, H. (Hrsg.): Qualitative Marktforschung, 2. Aufl., Wiesbaden 2009, S. 537-554

Grüner, K. W. (1974): Beobachtung, Stuttgart 1974.

Gubrium, J. F., Holstein, J. (2001): Handbook on Interview Research: Context and Method, Thousand Oaks 2001.

Guenzel, P. J., Berkmans, T. R., Cannell, C. F. (1983): General Interviewing Techniques, Ann Arbour 1983.

Günther, M., Vossebein, V., Wildner, R. (2006): Marktforschung und Panels: Arten, Erhebung, Analyse, Anwendung, Wiesbaden 2006.

Häder, M., Häder, S. (1994): Die Grundlagen der Delphi-Methode. Ein Literaturbericht, ZUMA Arbeitsbericht Nr. 94/2, o. O. 1994.

Haedrich, G. (1964): Der Interviewereinfluss in der Marktforschung, Wiesbaden 1964.

Hafermalz, O. (1976): Schriftliche Befragung – Möglichkeiten und Grenzen, Wiesbaden 1976.

Haimerl, E., Lebok, U. (2004): Wenn Marken in die "Sackgasse" geraten … – Markentechnische Überwindung von Verbraucher-Vorurteilen mittels Psychodrama, in: planung & analyse, 2004, Nr. 3, S. 48-54.

Haimerl, E., Roleff, R. (2001): Role Play and Psychodrama in Market Research: Integration of Observation, Interviews and Experiments, in: Beckmann, S. C., Elliott, R. H. (Eds.): Interpretive Consumer Research, o. O. 2001, S. 109-132.

Hair, J. F., Black, B., Babin, B., Anderson, R. E., Tatham, R. (2010): Multivariate Data Analysis, 7th ed., Prentice Hall 2010.

Hansmann, K. W. (1983): Kurzlehrbuch Prognoseverfahren, Wiesbaden 1983.

Hartmann, A., Sattler H. (2004): Wie robust sind Methoden zur Präferenzmessung?, in: Zeitschrift für betriebswirtschaftliche Forschung (ZfbF), 56. Jg. (2004), Nr. 2, S. 3-22.

Hartung, J., Elpelt, B., Klösener, K. H. (2009): Statistik, 15. Aufl., München 2009.

Hauptmanns, P., Lander, B. (2003): Zur Problematik von Internet-Stichproben, in: Theobald, A., Dreyer, M., Starsetzky. T. (Hrsg.): Online-Marktforschung, 2. Aufl., Wiesbaden 2003, S. 27-40.

Hayduk, L. (1987): Structural equation modelling with LISREL, Baltimore 1987.

Heinzelbecker, K. (1995): Datenbanken, extern, in: Tietz, B., Köhler, R., Zentes, J. (Hrsg.): Handwörterbuch des Marketing, 2. Aufl., Stuttgart 1995, S. 420-430.

Hensel-Börner, S., Sattler, H. (2000): Ein empirischer Vergleich zwischen der Customized Computerized Conjoint Analysis (CCC), der Adaptive Conjoint Analysis (ACA) und Self-Explicated-Verfahren, in: Zeitschrift für Betriebswirtschaft (ZfB), 70. Jg. (2000), Nr. 6, S. 705-727.

Herrmann, A., Landwehr, J. R. (2008): Varianzanalyse, in: Herrmann, A., Homburg, C. (Hrsg.): Marktforschung. Methoden, Anwendungen, Praxisbeispiele, 3. Aufl., Wiesbaden 2008, S. 579-606.

Heyde, C. v. d. (2009): ADM Stichprobensystem, http://www.adm.de, Stand: Juli 2009, Abruf vom 25. 5. 2010.

Hilbert, A., Opitz, O. (1997): Mehrdimensionale Skalierung und Property Fitting, Arbeitspapiere zur Mathematischen Wirtschaftsforschung, Universität Augsburg, Heft 155, 1997.

Hildebrandt, L. (2000): Hypothesenbildung und empirische Überprüfung, in: Herrmann, A., Homburg, C. (Hrsg.): Marktforschung. Methoden, Anwendungen, Praxisbeispiele, 2. Aufl., Wiesbaden 2000, S. 33-57.

Hill, R. P. (1995): Researching Sensitive Topics in Marketing – The Special Case of Vulnerable Populations, in: Journal of Public Policy & Marketing, Vol. 14 (1995), No. 1, S. 143-148.

Hoberg, R. (2003): Clusteranalyse, Klassifikation und Datentiefe, Diss., Lohmar, Köln 2003.

Hoffmann, E., Menkhaus, D., Chahravarti, D., Field, R., Whipple, G. D. (1993): Using Laboratory Experimental Auctions in Marketing Research: A Case Study of New Packaging for Fresh Beef, in: Marketing Science, Vol. 12 (1993), No. 3, S. 318-338.

Hoffmann, N. (2009): Weblogs als Medium der qualitativen Marktbeobachtung und –forschung, in: Buber, R., Holzmüller, H. (Hrsg.): Qualitarive Marktforschung, 2. Aufl., Wiesbaden 2009, S. 601-616.

Höfinghof, T. (2004): Das Ohr isst mit, in: Der Spiegel, Nr. 22 vom 24.5.2004, S. 88.

Höfner, K. (1996): Der Markttest für Konsumgüter in Deutschland, Stuttgart 1996.

Höld, R. (2009): Zur Transkription von Audiodateien, in: Buber, R., Holzmüller, H. H. (Hrsg.): Qualitative Marktforschung. Konzepte – Methoden – Analysen, Wiesbaden 2009, S. 655-668.

Holt, C. C. (1957): Forecasting Seasonals and Trends by Exponentially Weighted Moving Averages, Office of Naval Research Memorandum, Pittsburgh 1957.

Holzmüller, H. (1986): Zur Strukturierung der grenzüberschreitenden Konsumentenforschung und spezifischen Methodenproblemen in der Datengewinnung, in: Jahrbuch der Absatz- und Verbrauchsforschung, 32. Jg. (1986), Nr. 1, S. 42-70.

Homburg, C. (2007): Betriebswirtschaftslehre als empirische Wissenschaft – Bestandsaufnahme und Empfehlungen, in: Zeitschrift für betriebswirtschaftliche Forschung, 56. Jg. (2007), Nr. 7, S. 27-60.

Homburg, C. (1992): Die Kausalanalyse, eine Einführung, in: Wirtschaftswissenschaftliches Studium, 21. Jg. (1992), Nr. 10, S. 499-508.

Homburg, C., Baumgartner, H. (1995a): Beurteilung von Kausalmodellen – Bestandsaufnahme und Anwendungsempfehlungen, in: Marketing – Zeitschrift für Forschung und Praxis, 17. Jg. (1995), Nr. 3, S. 162-176.

Homburg, C., Baumgartner, H. (1995b): Die Kausalanalyse als Instrument der Marketingforschung: eine Bestandsaufnahme, in: Zeitschrift für Betriebswirtschaft (ZfB), 65. Jg. (1995), Nr. 10, S. 1091-1108.

Homburg, C., Giering, A. (1996): Konzeptualisierung und Operationalisierung komplexer Konstrukte - Ein Leitfaden für die Marketingforschung, in: Marketing ZfP, 18. Jg. (1996), S. 5-24.

Homburg, C., Hildebrandt, L. (1998): Die Kausalanalyse: ein Instrument der empirischen betriebswirtschaftlichen Forschung, Stuttgart 1998.

Homburg, C., Klarmann, M. (2006): Die Kausalanalyse in der empirischen betriebswirtschaftlichen Forschung. Problemfelder und Anwendungsempfehlungen, in: Die Betriebswirtschaft, 66. Jg. (2006), Nr. 6, S. 727-749.

Homburg, C., Klarmann, M., Pflesser, C. (2008): Konfirmatorische Faktorenanalyse, in: Herrmann, A., Homburg, C. (Hrsg.): Marktforschung. Methoden, Anwendungen, Praxisbeispiele, 3. Aufl., Wiesbaden 2008, S. 271-304.

Homburg, C., Krohmer, H. (2003): Marketingmanagement, 2. Aufl., Wiesbaden 2003.

Homburg, C., Pflesser, C., Klarmann, M. (2008): Strukturgleichungsmodelle mit latenten Variablen: Kausalanalyse, in: Herrmann, A., Homburg, C. (Hrsg.): Marktforschung. Methoden, Anwendungen, Praxisbeispiele, 3. Aufl., Wiesbaden 2008, S. 547-578.

Horváth, P., Herter, R. N. (1992): Benchmarking. Vergleich mit den Besten der Besten, in: Controlling, 4. Jg. (1992), Nr. 1, S. 4-11.

Hubert, M., Kenning, P. (2008): A Current Overview of Consumer Neuroscience, in: Journal of Consumer Behaviour, Vol. 7 (2008), No. 4/5, S. 272-292.

Hüttner, M., Schwarting V. (2002): Grundzüge der Marktforschung, 7. überarb. Aufl., München, Wien 2002.

ifuma (2004a): Blickaufzeichnung in der Werbeforschung, [http://www.ifuma.de/mainNeu. htm?page=blick. htm&subMenu=aparalDRAGLyr&menu=menu3Lyr], Erstelldatum: 2004, Abruf vom 30.1.2006.

ifuma (2004b): Elektrodermale Aktivierungsmessung (EDR), [http://www.ifuma.de/mainNeu. htm?page=blick. htm&subMenu=aparalDRAGLyr&menu=menu3Lyr], Erstelldatum: 2004, Abruf vom 30.1.2006.

Jacoby, J., Chestnut, R. W. (1978): Brand Loyalty: Measurement and Management, New York 1978.

Janssen, J., Laatz, W. (2010): Statistische Datenanalyse mit SPSS: eine anwendungsorientierte Einführung in das Basissystem und das Modul Exakte Tests, 7. Auflage, Berlin u. a. 2010.

Johnson, J. C. (1990): Selecting Ethnographic Informants, Newbury Park 1990.

Jöreskog, K. G. (1973): A general method for estimating a linear structural equation system, Uppsala 1973.

Jöreskog, K. G. (1978): Casual models with latent variables especially for longitudinal data, Uppsala 1978.

Jöreskog, K. G., Sörbom, D. (1979): Advances in factor analysis and structural equation models, Cambridge 1979.

Jöreskog, K. G., Sörbom, D. (1982): System under indirect observation: causality, structure, prediction, Amsterdam, New York 1982.

Kaiser, W. (2004): Die Bedeutung qualitativer Marktforschung in der Praxis der betrieblichen Marktforschung, [http://www.qualitative-research.net/fqs-texte/2-04/2-04Kaiser-d.htm], Erstelldatum 27.5.2004, Abruf vom 23.8.2004.

Karle, R. (2008): Der Druck wächst, in: Horizont Report 37 vom 11. 9. 2008, S. 70.

Keitz, B. v. (1997): Kommunikations-Tests mit apparativer Unterstützung. The State of the Art, in: poplanung & analyse, 1997, Nr. 2, S. 40-45.

Kelle, U., Kluge, S. (1999): Vom Einzelfall zum Typus, Opladen 1999.

Kellerer, H. (1963): Theorie und Technik des Stichprobenverfahrens, 3. Aufl., München 1963.

Kenning, P., Plassmann, H., Ahlert, D. (2007): Consumer Neuroscience – Implikationen neurowissenschaftlicher Forschung für das Marketing, in: Marketing ZFP, 29. Jg. (2007), Nr. 1, S. 57-68.

Kepper, G. (1995): Qualitative Marktforschung – über Urteile und Vorurteile, in: planung & analyse, 1995, Nr. 6, S. 58-63.

Kepper, G. (1996): Qualitative Marktforschung: Methoden, Einsatzmöglichkeiten und Beurteilungskriterien, 2. Aufl., Wiesbaden 1996.

Kepper, G. (2008): Methoden der qualitativen Marktforschung, in: Herrmann, A., Homburg, C. (Hrsg.): Marktforschung. Methoden, Anwendungen, Praxisbeispiele, 3. Aufl., Wiesbaden 2008, S. 175 – 212.

Kern, Christian (2006): Anwendung von RFID-Systemen, 2. Aufl., Berlin u. a. 2006.

Kirchmair, R. (2007): Indirekte psychologische Methoden, in: Naderer, G., Balzer, E. (Hrsg.): Qualitative Marktforschung in Theorie und Praxis, Wiebaden 2007, S. 321-341.

Koppelmann, U. (2001): Produktmarketing – Entscheidungsgrundlagen für Produktmanager, 5. Aufl., Berlin 2001.

Koschnik, W. J. (2003): FOWS-Lexikon. Werbeplanung, Mediaplanung, Marktforschung, Kommunikationsforschung, Mediaforschung, 3 Bd., 3. Aufl., München 2003.

Kroeber-Riel, W., Weinberg, P., Groeppel-Klein, A. (2008): Konsumentenverhalten, 9. Aufl., München 2008.

Krosnick, J. A., Alwin, D. F. (1987): An Evaluation of a Cognitive Theory of Response-Order Effects in Survey Measurement, in: Public Opinion Quarterly, Vol. 51 (1987), No. 2, S. 201-219.

Kuckartz, U. (2009): Computergestützte Analyse qualitativer Daten, in: Buber, R., Holzmüller, H. H. (Hrsg.): Qualitative Marktforschung. Konzepte – Methoden – Analysen, Wiesbaden 2009, S. 713-730.

Kusch, C. (2001): Präsentation eines Fachvortrags, in: Wirtschaftswissenschaftliches Studium, 30. Jg. (2001), Nr. 4, S. 237-240.

Kuß, A., Eisend, M. (2010): Marktforschung. Grundlagen der Datenerhebung und Datenanalyse, 2. Aufl., Wiesbaden 2010.

Kuß, A., Tomczak, T. (2007): Käuferverhalten, 4. Aufl., Stuttgart 2007.

Lamnek, S. (2005): Qualitative Sozialforschung. Methoden und Techniken, 4. Aufl., Weinheim 2005.

Lange, M. (1972): Preisbildung bei neuen Produkten, Berlin 1972.

Lee, J. A., Soutar, G., Louviere, J. (2007): Measuring Values Using Best-Worse-Scaling: The LOV Example, in: Psychology & Marketing, Vol. 24, No. 2 (Dec. 2007), S. 1043-1058.

Lee, R. M. (1993): Doing Research on Sensitive Topics, Thousand Oaks 1993.

Likert, R., Roslow, S., Murphy, G. (1993): A Simple and Reliable Method of Scoring the Thurston Attitude Scales, in: Personnel Psychology, Vol. 46 (1993), No. 3, S. 689-690.

Lueger, M. (2000): Grundlagen qualitativer Feldforschung, Wien 2000.

Lütters, H. (2009): Web 2.0 Marktforschung, in: transfer-Werbeforschung & Praxis, 55. Jg. (2009), Nr. 2, S. 48-55.

Luyens, S. (1995): Coding Verbatims by Computers, in: Marketing Research: A Magazine of Management & Applications, Vol. 7 (1995), No. 2, S. 20-25.

Makridakis, S., Wheelwright, S. C. (1989): Forecasting Methods for Management, 4. Aufl., New York u. a. 1989.

Malhotra, N. K. (2007): Marketing Research, 5th ed., Upper Saddle River 2007.

Mangold, U., Kunert, A. (2007): Qualitative Beobachtungsverfahren, in: Naderer, G., Balzer, E. (Hrsg.): Qualitative Marktforschung in Theorie und Praxis, Wiebaden 2007, S. 303-319.

Massy, W. F., Montgomery, D. B., Morrison, D. G. (1970): Stochastic Models of Buying Behavior, London, Cambridge (Mass.) 1970.

Maxl, E., Döring, N. (2010): Selbst-administrierte mobile Non-Voice-Marktforschung: Methoden- und Forschungsüberblick, in: transfer-Werbeforschung & Praxis, 56. Jg. (2010), Nr. 1, S. 22-32.

Mayring, P. (2000): Qualitative Sozialforschung/Forum: Qualitative Social Research, Vol. 1 (Juni 2000), No. 2, o. S.

Mayring, P. (2008): Qualitative Inhaltsanalyse. Grundlagen und Techniken, 10. Aufl., Weinheim 2008.

Mayring, P., Brunner, E. (2009): Qualitative Inhaltsanalyse, in: Buber, R., Holzmüller, H. H. (Hrsg.): Qualitative Marktforschung. Konzepte – Methoden – Analysen, Wiesbaden 2009, S. 669-680.

Mengen, A., Simon, H. (1996): Produkt- und Preisgestaltung mit Conjoint Measurement, in: WISU, 1996, Nr. 3, S. 229-236.

Mertens, P., Rässler, S. (Hrsg.) (2005): Prognoserechnung, 6. Aufl., Heidelberg 2005.

Merton, R. K., Fiske, M., Kendall, P. L. (1990): The Focused Interview. A Manual of Problems and Procedures, 2. Aufl., New York u. a. 1990.

Merton, R. K., Kendall, P. L. (1979): Das fokussierte Interview, in: Hopf, C., Weingarten, E. (Hrsg.): Qualitative Sozialforschung, Stuttgart 1979, S. 171-204.

Miles, M. B., Huberman, A. M. (1994): Qualitative Data Analysis: An Expanded Sourcebook, 2nd ed., Thousand Oaks 1994.

Miller, C. C., Salkind, N. (2002): Handbook of Research Design and Social Measurement, 6th ed., Thousand Oaks 2002.

Mindah, W. A. (1961): Fitting the Semantic Differential to the Marketing-Problem, in: Journal of Marketing, Vol. 25, No. 4 (April 1961), S. 28-33.

Montague, P. R., McClure, S. M., Li, J., Tomlin, D., Cypert, K. S., Montague, L. M. (2004): Neural Correlates of Behavioral Preference for Culturally Familiar Drinks in: Neuron, Vol. 44 (2004), No. 2, S. 379-387.

Müller, S. (2000): Grundlagen der qualitativen Marktforschung, in: Herrmann, A., Homburg, C. (Hrsg.): Marktforschung. Methoden, Anwendungen, Praxisbeispiele, 2. Aufl., Wiesbaden 2000, S. 127-157.

Naderer, G. (2000): Online-Gruppendiskussionen, Möglichkeiten und Grenzen, [http://www.ifm-mannheim.de/ index3_v.html], Erstelldatum: 2000, Abruf vom 2.11.2004.

Naderer, G. (2007): Auswertung und Analyse von qualitativen Daten, in: Naderer, G., Balzer, E. (Hrsg.): Qualitative Marktforschung in Theorie und Praxis, Wiebaden 2007, S. 363-391.

Naether Marktforschung (2001a): Knorr Pasta Sauces, a qualitative survey conducted on behalf of Unilever Bestfoods, Hamburg 2001.

Naether Marktforschung (2001b): Young parents – a qualitative study on attitudes and behaviour of young parents, Hamburg 2001.

Niederhübner, N. (2005): Indikatorprognose, in: Mertens, P., Rässler, S. (Hrsg.): Prognoserechnung, 6. Aufl., Heidelberg 2005, S. 205-214.

Nielsen (2005): BASES Price Advisor, [http://www.bases.com/services/price_advisor.html], Abruf vom 16.2. 2005.

Nielsen (2010): Nielsen Retail Measurement Services-Handelspanel, http://de.nielsen.com/ products/rms.shtml, Abruf vom 16. 5. 2010.

Nielsen (o. J. a): Nielsen Testmarketing: A.C. Nielsen QUARTZ, o. O. o. J.

Nielsen (o. J. b): Nielsen Testmarketing: A.C. Nielsen Kontrollierter Markttest, o. O. o. J.

Nieschlag, R., Dichtl, F., Hörschgen, H. (2002), Marketing, 19. Aufl., Berlin 2002.

Noelle-Neumann, E. (1970): Wanted: Rules for Wording Structured Questionnaires, in: Public Opinion Quarterly, Vol. 34 (Summer 1970), S. 200.

Noelle-Neumann, E. (1974): Probleme des Fragebogenaufbaus, in: Behrens, K. C. (Hrsg.): Handbuch der Marktforschung, Wiesbaden 1974, S. 243-253.

Noelle-Neumann, E., Petersen, T. (2000): Alle, nicht jeder. Einführung in die Methoden der Demoskopie, 3. Aufl., Berlin 2000.

Nolte, D. A. (2004): Qualitative Marktforschung. Grundlagen, Methoden und Anwendungsbereiche, Diplomarbeit, Helmut-Schmidt-Universität Hamburg, Hamburg 2004.

Olson, J., Reynolds, T. (1983): Understanding Consumers' Cognitive Structures – Implications for Advertising and Consumer Psychology, Lexington (Mass.), Toronto 1983, S. 77-90.

Osborn, A. F. (1953): Applied Imagination, New York 1953.

Parfitt, J. H., Collins, B. J. K. (1968): Use of Consumer Panels for Brand Share Prediction, in: Journal of Marketing Research, Vol. 5 (1968), No. 2, S. 131-148.

Patzer, G. (1995): Using Secondary Data in Marketing Research, Westport 1995.

Payne, S. L. (1951): The Art of Asking Questions, Princeton 1951.

Pepels, W. (1995): Käuferverhalten und Marktforschung, Stuttgart 1995.

Pepels, W. (1996): Werbeeffizienzmessung, Stuttgart 1996.

Petersohn, H. (2005): Data Mining. Verfahren, Prozesse, Anwendungsarchitektur, München 2005.

Poddig, T., Dichtl, H., Petersmeier, K. (2003): Statistik, Ökonometrie, Optimierung. Methoden und ihre praktische Anwendung in Finanzanalyse und Portfoliomanagement, 3. Aufl., Bad Soden 2003.

Pokropp, F. (1996): Stichproben: Theorien und Verfahren, 2. Aufl., München 1996.

Popping, R. (2000): Computer-Assisted Text Analysis, Thousand Oaks 2000.

Produkt + Markt (2002): Internationaler Namenstest NameScan: Welche Namen eignen sich für den internationalen Einsatz und können für die Zulassung bei der FDA/EMEA eingereicht werden?, [http://www.produktundmarkt.de/index.php2.id=46], Erstelldatum: 2002, Abruf vom 6.10.2004.

Raab, G., Unger, A., Unger, F. (2004): Methoden der Marktforschung, Wiesbaden 2004.

Rahman, S. H. (2003): Modelling of International Market Selection Process: a Qualitative Study of Successful Australian International Businesses, in: Qualitative Market Research. An International Journal, Vol. 6 (2003), No. 2, S. 119-132.

Reibnitz, U. v. (1987): Szenarien. Optionen für die Zukunft, Hamburg 1987.

Rossiter, J. R., Bergkvist, L. (2009): The Importance of Choosing One Good Item for Single-Item Measures of Attitude towards the Ad and Attitude towards the Brand and its Generalization to all Measures, in: transfer, 55. Jg. (2009), Nr. 2, S. 8-18.

Ruso, B. (2009): Qualitative Beobachtung, in: Buber, R., Holzmüller, H. (Hrsg.): Qualitative Marktforschung, 2. Aufl., Wiesbaden 2009, S. 525-536.

Salcher, E. F. (1995): Psychologische Marktforschung, 2., neubearb. Aufl., Berlin u.a. 1995.

Sampath, S. (2005): Sampling Theory and Methods, 2nd ed., Boca Raton 2005.

Sander, M. (2004): Marketing-Management, Stuttgart 2004.

Sarris, V. (1992): Methodologische Grundlagen der Experimentalpsychologie. Bd. 2: Versuchsplanung und Stadien des psychologischen Experiments, München 1992.

Sattler, H., Hartmann, A., Kröger, S. (2003): Number of Tasks in Choice-Based Conjoint Analysis, Arbeitspapier Nr. 13, Universität Hamburg, Hamburg 2003.

Sattler, H., Nitschke, T. (2003): Ein empirischer Vergleich von Instrumenten zur Erhebung von Zahlungsbereitschaften, in: Zeitschrift für betriebswirtschaftliche Forschung (ZfbF), 55. Jg. (2003), Nr. 4, S. 364-381.

Sayre, S. (2001): Qualitative Methods for Marketplace Research, Thousand Oaks u. a. 2001.

Schaefer Marktforschung GmbH (2003): CUTE™. Das Produkttest-Programm des Instituts, Hamburg 2003.

Schaeffer, N. C. (1991): Hardly Ever of Constantly? Group Comparisons using Vague Quantifiers, in: Public Opinion Quarterly, Vol. 55 (Fall 1991), S. 395-423.

Schaich, E. (1998): Schätz- und Testmethoden für Sozialwissenschaftler, 3. Aufl., München 1998.

Scheer, A. W. (1983): Absatzprognosen, Berlin u. a. 1983.

Schlicksupp, H. (1995): Kreativitätstechniken, in: Tietz, B., Köhler, R., Zentes, J. (Hrsg.): Handwörterbuch des Marketing, 2. Aufl., Stuttgart 1995, S. 1289-1309.

Schlicksupp, H., Dagneaud, N. (2007): Innovationsforschung, in: Naderer, G., Balzer, E. (Hrsg.): Qualitative Marktforschung in Theorie und Praxis, Wiebaden 2007, S. 395-413.

Scholderer, J., Balderjahn, I. (2006): Was unterscheidet harte und weiche Strukturgleichungsmodelle nun wirklich? Ein Klärungsversuch zur LISREL-PLS-Frage, in: Marketing ZFP, 28. Jg. (2006), Nr. 1, S. 57-70.

Schram, A. (2005): Artificiality: The tension between internal and external validity in economic experiments, in: Journal of Economic Methodology, Vol. 12, No. 2 (June 2005), S. 225-237.

Schreier, M. (2007): Qualitative Stichprobenkonzepte, in: Naderer, G., Balzer, E. (Hrsg.): Qualitative Marktforschung in Theorie und Praxis, Wiebaden 2007, S. 231-245.

Schröder, M. (2005): Einführung in die kurzfristige Zeitreihenprognose und Vergleich der einzelnen Verfahren, in: Mertens, P., Rässler, S. (Hrsg.): Prognoserechnung, 6. Aufl., Heidelberg 2005, S. 7-38.

Schroiff, H.-W. (2009): Chancen des Internet für die Markenführung, in: GEM Markendialog (Hrsg.): Marken im Einfluss des Internet, Berlin 2009, S. 73-98.

Schub von Bossiatzky, G. (1992): Psychologische Marktforschung. Qualitative Methoden und ihre Anwendung in der Markt-, Produkt- und Kommunikationsforschung, München 1992.

Schuman, H., Presser S. (1979): The Assessment of "No Opinions" in Attitude Surveys, in: Schnessler, K. F. (Ed.): Sociological Methodology, San Francisco 1979, S. 245-275.

Schuman, H., Presser, S. (1981): Questions and Answers in Attitude Surveys, Orlando 1981.

Schwarz, N. et al. (1985): Response Scales: Effects of Category Range on Reported Behavior and Comparative Judgments, in: Public Opinion Quarterly, Vol. 49 (Fall 1985), S. 388-395.

Schweiger, G., Schrattenecker, G. (2009): Werbung, 7. Aufl., Stuttgart 2009.

Sellitz, C., Whritsman, L., Cook, S. W. (1976): Research Methods in Social Relations, 3rd ed., New York 1976.

Shoemaker, R., Staelin, R. (1976): The Effects of Sampling Variation on Sales Forecasts for New Consumer Products, in: Journal of Marketing Research, Vol. 13 (1976), No. 2, S. 138-143.

Simon, H.; Fassnacht, M. (2009): Preismanagement, 3. Aufl., Wiesbaden 2009.

Simon, H., Kucher, E. (1988): Die Bestimmung empirischer Preisabsatzfunktionen. Methoden, Befunde, Erfahrungen, in: Zeitschrift für Betriebswirtschaft (ZfB), 58. Jg. (1988), Nr. 1, S. 171-183.

Sinkovics, R. R.; Penz, E.; Castillo, F. J. M. (2009): Qualitative Analyse von Online Communities für Neuproduktentscheidungen, in: der markt, 48. Jg. (2009), Nr. 1-2, S. 61-72.

Skiera, B., Albers, S. (2008): Regressionsanalyse, in: Herrmann, A., Homburg, C. (Hrsg.): Marktforschung. Methoden, Anwendungen, Praxisbeispiele, 3. Aufl., Wiesbaden 2008, S. 467-498.

Skiera, B., Spann, M. (2003): Auktionen, in: Diller, H., Herrmann, A. (Hrsg.): Handbuch Preispolitik, Wiesbaden 2003, S. 625-641.

Snider, J. G., Osgood, C. E. (1969): Semantic Differential Technique: A Sourcebook, Chicago 1969.

Spieß, M. (2009): Missing Data Techniken. Analyse von Daten mit fehlenden Werten, Münster 2009.

Starsetzki, T. (2003): Rekrutierungsformen und ihre Einsatzbereiche, in: Theobald, A., Dreyer, M., Starsetzki, T. (Hrsg.): Online-Marktforschung, 2. Aufl., Wiesbaden 2003, S. 41-50.

Steffenhagen, H. (1999): Werbewirkungsforschung, in: WiSt, 28. Jg. (1999), Nr. 6, S. 292-298.

Strauss, A., Corbin, J. (1990): Basics of Qualitative Research: Grounded Theory Procedures and Techniques, Newbury Park 1990.

Studman, S., Blair, E. (1998): Marketing Research. A Problem Solving Approach, Boston u. a. 1998.

Sudman, S. (1976): Applied Sampling, New York 1976.

Swain, S. D., Weathers, D., Niedrich, R. W. (2008): Assessing Three Sources of Misresponse to Reversed Likert Items, in: Journal of Marketing Research, Vol. 45 (Feb. 2008), S. 116-131.

Teichert, T., Sattler, H., Völckner, F. (2008): Traditionelle Verfahren der Conjoint-Analyse, in: Herrmann, A., Homburg, C. (Hrsg.): Marktforschung. Methoden, Anwendungen, Praxisbeispiele, 3. Aufl., Wiesbaden 2008, S. 651-686.

Thompson, S. K. (2002): Sampling, 2nd ed., New York 2002.

TNS Infratest (2001): Optima™ Strategien zur Optimierung des Markenportfolios, o. O. 2001.

TNS Infratest (2010): Das AdEval™ System, http://www.tns-infratest.com/marketing_ tools/ AdEval _system.asp, Abruf vom 1. 7. 2010.

TNS Infratest (o. J.): Kommunikationsforschung. Das TNS Produktportfolio AdEval, Hamburg o. J.

Tourangeau, R., Smith, J. (1996): Asking Sensitive Questions: The Impact of Data Collection Mode, Question Format, and Question Context, in: Public Opinion Quarterly, Vol. 60 (Summer 1996), S. 275-304.

Trommsdorff, V. (2003): Werbepretests – Praxis und Erfolgsfaktoren, Hamburg 2003.

Trommsdorff, V. (2008): Konsumentenverhalten, 7. Aufl., Stuttgart 2008.

Ungar, A. J. (1986): Projectable Surveys: Separating Useful Data from Illusions, in: Business Marketing, Vol. 71 (December 1986), S. 90.

Urban, G., Katz, G. (1983): Pretest Market Models, in: Journal of Marketing Research, Vol. 20 (1983), No. 3, S. 221-234.

Voeth, M., Hahn, C. (1998): Limit Conjoint-Analyse, in: Marketing ZfP, 20. Jg. (1998), Nr. 2, S. 119-132.

Wallisch, A., Maxl, E. (2009): A Consumer Satisfaction Study for Vodafone Live, in: Mobile Market Research, Neue Schriften zur Online-Forschung, Köln 2009.

Wanke, M., Schwarz, N., Noelle-Neumann, E. (1995): Asking Comparative Questions: The Impact of the Direction of Comparison, in: Public Opinion Quarterly, Vol. 59 (Fall 1995), S. 347-372.

Wedel, M., Kamakura, W. (2000): Market Segmentation: Conceptual and Methodological Foundations, 2nd ed., Boston u. a. 2000.

Wegener Marktforschung (2004): Grabrede, Heidelberg 2004.

Weller, D., Grimmer, W. (2004): Qualitative Methoden als Bestandteil einer integralen Marktforschung, in: planung & analyse, 2004, Nr. 3, S. 61-65.

Wertenbroch, K., Skiera, B. (2002): Measuring Consumers' Willingness to Pay at the Point of Purchase, in: Journal of Marketing Research, Vol. 39 (2002), No. 2, S. 228-241.

Westendorp, P. H. v. (1976): NSS Price Sensitivity Meter – A New Approach to the Study of Consumer Perception of Price, Proceedings of the 29th ESOMAR Congress, Amsterdam 1976.

Westphal, J. (2004): Produktforschung, Diplomarbeit am Institut für Marketing an der Universität der Bundeswehr Hamburg, Hamburg 2004.

Wildner, R. (2003): Marktforschung für den Preis, in: Jahrbuch der Absatz- und Verbrauchsforschung, 49. Jg. (2003), Nr. 1, S. 4-25.

Wildner, R., Graf, C. (1998): Pricing – Preisfindung für Verbrauchsgüter durch Marktforschung, in: Schmengler, H. J. (Hrsg.): Marketing Praxis: Jahrbuch 1998, Düsseldorf 1998, S. 174-180.

Wührer, G. A. (2008): Mehrdimensionale Skalierung, in: Herrmann, A., Homburg, C. (Hrsg.): Marktforschung. Methoden, Anwendungen, Praxisbeispiele, 3. Aufl., Wiesbaden 2008, S. 305-334.

Zentes, J. (2005): Marketing, in: Baetge, J. u. a. (Hrsg.): Vahlens Kompendium der Betriebswirtschaftslehre, Bd. 1, 4. Aufl., München 1998, S. 309-384.

Zwicky, F. (1966): Entdecken, Erfinden, Forschen im Morphologischen Weltbild, München 1966.

Sachverzeichnis

UVK:Weiterlesen
bei UTB

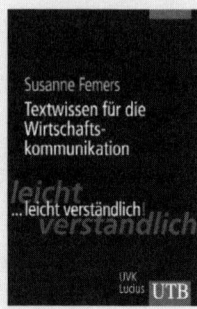

UTB 8446
Susanne Femers
Textwissen für die Wirtschaftskommunikation
»... leicht verständlich«
Unter Mitarbeit von
Marcus Matysiak
2011, XVI, 388 Seiten
mit 104 zweifarb. Abb. u.
Übersichten, broschiert
ISBN 978-3-8252-8446-6

Unternehmen sind stärker denn je darauf angewiesen, sich, ihre Produkte oder Dienstleistungen in der Öffentlichkeit zu präsentieren. Das ist eine anspruchsvolle Aufgabe. Bei der Vermittlung von Unternehmes- oder Produktinformationen sind daher PR- und Werbespezialisten, aber auch Journalisten als Textgestalter gefragt. Die dafür erforderlichen Techniken zeigt dieses Buch sowohl theoretisch als auch praxisnah mit vielen Beispielen.

UTB 8365
Bernd Lieber
Personalführung
»... leicht verständlich«
2007. XVIII, 276 Seiten
mit 120 zweifarb. Abb., broschiert
ISBN 978-3-8252-8365-0.

Die Leistungsbereitschaft der Mitarbeiter wird immer mehr zum zentralen Erfolgsfaktor für Unternehmen.
Dieses Buch gibt zukünftigen Führungskräften, insbesondere Studenten, Hinweise zur Gestaltung von Führungskommunikation und -verhalten. Es wird u.a. eingegangen auf Goodwillbeiträge, Commitments mit dem Unternehmen, Mitarbeitermotivation, »Emotionale Intelligenz«.
Didaktische Merkmale sind: kompakte Darstellung, zahlreiche Übersichten und Schemata, ausgeprägter Anwendungsbezug, Fallstudien und Aufgaben.

UTB 8413
Georg Siedenbiedel
Organisation
»... leicht verständlich«
Einflussgrößen • Erfolgskriterien
• Konzepte
2010. XXVI, 546 Seiten
mit 220 zweifarb. Abb. u.
Übersichten, broschiert
ISBN 978-3-8252-8413-8

Das Buch stellt den aktuellen Stand der Organisationslehre (»State of the Art«) in didaktisch sorgfältig aufbereiteter Form dar. Zahlreiche Grafiken und Übersichten unterstützen die Vermittlung der Inhalte. Schwerpunkte der Darstellung sind: Grundbegriffe der Organisationslehre – Organisationstheorien – Formale Organisationsstrukturen – Prozessmanagement – Konzepte struktureller Unternehmensführung – Die Rolle der Informationstechnologie – Organisationsdynamik – Die didaktische Konzeption des Werkes basiert in hohem Maße auf langjährigen betriebspraktischen – Forschungsprojekten und führt damit zu der oft schwierigen Praxis-Theorie-Kooperation hin.

Klicken + Blättern

Leseproben und Inhaltsverzeichnisse unter

www.uvk.de

Erhältlich auch in Ihrer Buchhandlung.

UVK:Weiterlesen
bei UTB

Grundwissen der Ökonomik BWL
Herausgegeben von Franz X. Bea und Marcell Schweitzer

Bea/Göbel
Organisation
4. A. 2010, UTB 2077

Bea/Helm/Schweitzer
BWL-Lexikon
2009, UTB 8395

Bea/Schweitzer
Allgemeine BWL
Band 1: Grundfragen
10. A. 2009, UTB 1081

Band 2: Führung
10. A. 2011, UTB 1082

Band 3:
Leistungsprozess
9. A. 2006, UTB 1083

Bea/Haas
Strategisches
Management
5. A. 2009, UTB 1458

Bea/Scheurer/
Hesselmann
Projektmanagement
2. A. 2011, UTB 2388

Büschgen/Börner
Bankbetriebslehre
4. A. 2003, UTB 917

Drukarczyk
Finanzierung
10. A. 2008, UTB 1229

Friedl
Controlling
2002, UTB 2117

Friedl
Kostenmanagement
2009, UTB 2706

Göbel
Neue
Institutionenökonomik
2002, UTB 2235

Göbel
Unternehmensethik
2. A. 2010, UTB 2797

Hansen/Neumann
Wirtschaftsinformatik 1
Grundlagen und
Anwendungen
10. A. 2009, UTB 2669

Hansen/Neumann
Wirtschaftsinformatik 2
Informationstechnik
9. A. 2005, UTB 2670

Hansen/Neumann
Arbeitsbuch
Wirtschaftsinformatik
7. A. 2007, UTB 1281

Heinhold
Kosten- und
Erfolgsrechnung
5. A. 2010, UTB 1974

Helm
Marketing
8. A. 2009, UTB 919

Helm/Gierl
Marketing Arbeitsbuch
4. A. 2005, UTB 1801

Heyd
Internationale
Rechnungslegung
2003, UTB 2451

Klimecki/Gmür
Personalmanagement
3. A. 2005, UTB 2025

Kuhnle
Bilanzen
2004, UTB 2119

Kuß/Tomczak
Käuferverhalten
4. A. 2007, UTB 1604

Pechtl
Preispolitik
2005, UTB 2643

Perlitz
Internationales
Management
6. A. 2011, UTB 1560

Schünemann
Wirtschaftsprivatrecht
6. A. 2011, UTB 1584

Schwarz/Gebicke
Wörterbuch Wirtschaft
für Studium und Praxis
Dt.-Russ./Russ.-Dt.
2004, UTB 2624

Schweiger/
Schrattenecker
Werbung
7. A. 2009, UTB 1370

Spremann/Gantenbein
Kapitalmärkte
2005, UTB 2517

Troßmann/Werkmeister
Arbeitsbuch Investition
2001, UTB 2205

Klicken + Blättern

Leseproben und Inhaltsverzeichnisse unter

www.uvk.de

Erhältlich auch in Ihrer Buchhandlung.

UVK
Lucius

UVK:Weiterlesen
bei UTB

UVK
Lucius